山东药用蕨类植物图典

Atlas of Medicinal Pteridophytes in Shandong Province

李建秀　李晓娟　刘谦◎主编

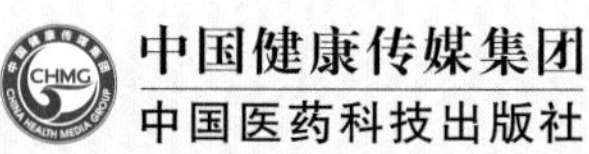

中国健康传媒集团
中国医药科技出版社

内容提要

《山东药用蕨类植物图典》是依据我国蕨类植物奠基人秦仁昌院士中国蕨类植物分类系统（1978），采用扫描电镜对蕨类植物孢子形态进行深入系统研究，把孢粉学与蕨类植物分类学、形态解剖学及药用功效研究紧密结合，全面地记载了山东分布的蕨类植物资源。全书分总论和各论两部分，各论分别将山东分布的蕨类植物31科、50属、130种（含种下分类等级）作了规范地分类（其中药用76种），每个种都给出中文名和拉丁学名、重要异名，对科、属、种的植物形态特征及药用部位、功效、分布区域做了详细的描述，并附有特征墨线图132幅，62种附有孢子扫描电镜亚显微结构形态照片450幅，多数种类的孢子形态照片属首次观察，111种附有生境生态彩照449幅。资料丰富、内容新颖、图文并茂，体现了本书的创新性、科学性和应用性，是编者从事蕨类植物研究近四十余年成果的总结和展示。

本书是高等医药院校中药专业、中药资源专业、综合性大学生命学院相关专业及中医药研究院师生和科研人员教学、学习的重要参考书；也是中药生产、药检及植保、林业、农业等相关学科的参考书；同时是植物学、孢粉学，特别是蕨类植物及花卉爱好者的参考书。

图书在版编目（CIP）数据

山东药用蕨类植物图典 / 李建秀，李晓娟，刘谦主编. —北京：中国医药科技出版社，2022.1

ISBN 978-7-5214-2899-5

Ⅰ. ①山…　Ⅱ. ①李…②李…③刘…　Ⅲ. ①蕨类植物—药用植物—山东—图集　Ⅳ. ①S682.35-64

中国版本图书馆CIP数据核字（2021）第268556号

责任编辑　王　梓
美术编辑　陈君杞
版式设计　锋尚设计

出版　**中国健康传媒集团 | 中国医药科技出版社**
地址　北京市海淀区文慧园北路甲22号
邮编　100082
电话　发行：010-62227427　邮购：010-62236938
网址　www.cmstp.com
规格　889×1194mm　1/16
印张　29
字数　758千字
版次　2022年1月第1版
印次　2022年1月第1次印刷
印刷　北京盛通印刷股份有限公司
经销　全国各地新华书店
书号　ISBN 978-7-5214-2899-5
定价　280.00元

获取新书信息、投稿、为图书纠错，请扫码联系我们。

本书编委会

主　编

李建秀　李晓娟　刘　谦

副主编

周凤琴　万　鹏　辛晓伟　刘　刚

扫描电镜

李建秀　李晓娟　周凤琴

摄　影

李晓娟　李建秀　万　鹏　辛晓伟　曲京峰

主编简介

李建秀　男，1937年生，山东中医药大学教授，博士生导师，学科带头人，山东名中医药专家。1985—2010年，获“山东省优秀教师”“国务院政府特殊津贴”、山东省“科教兴鲁”先进工作者和“老教授新贡献奖”等荣誉称号和奖励，2020年获“中国蕨类植物研究终身成就奖”荣誉称号。国际蕨类植物学家协会会员，历任山东植物学会副理事长、山东宏济堂博物馆馆长、北京国医药研究院研究员、山东省第四次中药资源普查专家组专家、山东力明科技职业学院中医药博物馆馆长、世界中医药学会联合会道地药材多维评价专业委员会理事、山东省老教授协会理事等职。

从事蕨类植物学、中药资源学、孢粉学教学和科研工作四十余年，主持科研项目多项。山东蕨类植物研究和山东蕨类植物孢子形态的研究，分别获省科技进步二、三等奖及厅局级奖多项，发表学术论文80余篇，近5年通讯作者发表SCI论文10篇。发表18新种，分别收录于《中国植物志》《中国高等植物》及Flora of China等专著中。1990年编著《山东植物志》上卷（蕨类植物门）；2013年主编《山东药用植物志》（2017年获山东中医药著作一等奖），2015年主编《新编简明中药学》（全国医药类高等院校规划教材）；目前参加国家及省级自然科学基金项目2项。

中国蕨类植物研究终身成就奖

李建秀 教授

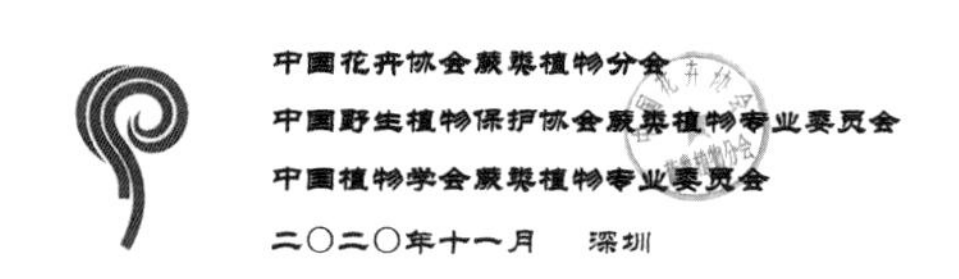

李晓娟　女，1985年生，2018年获北京师范大学博士学位，现就职于山东现代学院，博士、副教授、学科带头人。

主要从事国家中药标准化项目“优质地黄种植、药材、炮制的标准体系构建、技术规范制定及示范性基地建设”的研究；目前主持国家及省级科研项目3项；近5年第一作者发表SCI论文10篇，在北大核心期刊发表论文11篇，发表5新种。副主编《山东药用植物志》和《新编简明中药学》两部专著。

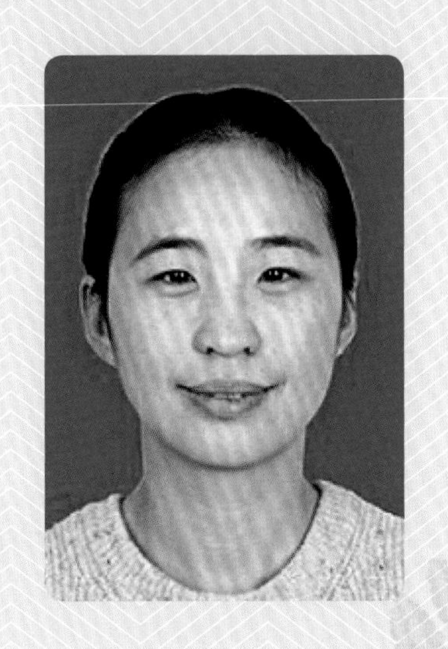

刘谦　女，1982年生，2011年任职于山东中医药大学药学院，博士，副教授。研究方向为中药质量控制与资源开发。近5年，主持国家自然基金“SmSnRK2.8响应干旱胁迫调控丹参酮类物质生物合成的分子机理研究”、国家“十三五”重点研发计划“丹参大健康产品研发”、山东省科技发展计划“金银花真空冷冻干燥工艺参数优化及产品质量分析”；参加国家科技支撑计划、山东省重点研究计划等项目5项。发表科技论文10余篇，出版专著2部，参编3部。授权国际发明专利3项，国家发明专利1项，实用新型专利4项，软件著作权1项。2017年“金银花提质增效、综合开发关键技术研究与产业化应用”获山东省科技进步一等奖，2018年“金银花、丹参、瓜蒌产业化关键技术研究与产学研深度合作开发”获中国产学研合作促进会二等奖。

前言

蕨类植物是植物界中的重要类群，因依孢子繁殖，属于孢子植物。其植物体内具有维管系统，是其他孢子植物所没有的，因此它是孢子植物中的进化类群。蕨类植物与裸子植物和被子植物相比较更原始，它是维管植物中的原始类群。所以，蕨类植物既是进化的孢子植物，又是原始的维管植物。现知全球蕨类植物约10000余种。中国产2000余种，山东产130种（含种下分类等级）。

我国蕨类植物之父秦仁昌院士终生潜心研究中国蕨类植物，于1978年建立中国蕨类植物科属分类系统，得到国内外学者高度认可，依此系统出版《中国植物志》（2～6卷）及各省区植物志（蕨类植物门），并开展一系列蕨类植物研究，培养出大批优秀知名学者，为我国蕨类植物研究和学术水平提升做出杰出贡献。

山东地区蕨类植物研究始于20世纪80年代初，在此之前，山东地区没有完整、系统的蕨类植物资料，仅在零星的文献中记载不足20种。1980—1990年间，编者带领团队进行了山东蕨类植物资源调查，得到省科委和教育厅支持。在秦仁昌院士亲切关怀和热情指导下，先后开展“山东药用蕨类植物资源调查”“山东蕨类植物研究”和“山东蕨类植物孢子形态研究”等专项研究，并将其成果依据秦仁昌分类系统（1978），1990年编著出版《山东植物志》上卷（蕨类植物门），记载山东蕨类植物25科41属98种和9变种。之后30年间，编者带领团队采用植物分类学、植物解剖学与孢粉学相结合的方法，继续潜心深入研究，取得大量新资料，并倡导在研究和发表新分类群时，遵循《国际植物命名法规》；经典分类学与孢粉学相结合，把孢子形态亚显微结构特征作为鉴定和发表新分类群不可缺少的重要依据，率先示范，在国内外同行间得到高度认可。近几年研究中，先后发表密齿贯众*Cyrtomium confertiserratum* J. X. Li, H. S. Kung et X. J. Li和倒鳞贯众*C. reflexosquamatum* J. X. Li et F. Q. Zhou（植物分类与资源学报2012）、密毛肿足蕨*Hypodematium confertivillosum* J. X. Li, F. Q. Zhou & X. J. Li（Phytokeys 2018）、蒙山肿足蕨*H. mengshanensis* J. X. Li & X. J. Li（Bangladesh Journal of Botany 2019）等12新种和济南贯众*C. polypterum*（Diels）J. X. Li & X. J. Li（Bangladesh Journal of Botany 2017）新组合及蜈蚣草、粗茎鳞毛蕨、海金沙、伏地卷柏、远叶瓦韦、阔羽贯众、粗齿阔羽贯众、齿盖贯众、毛枝蕨、齿牙毛蕨等分布新纪录，进一步丰富了山东蕨类植物资源，依据秦仁昌分类系统（1978），现知山东蕨类植物31科50属130种（含种下分类等级）。2020年中国蕨协颁发了“中国蕨类植物研究终身成就奖”证书，这是对我们工作的肯定和鼓励，在此，衷心感谢中国蕨协领导和蕨协同行朋友们。

20世纪末至21世纪初，分子生物学资料中来自叶绿体基因片段的系统发育分析，更新了人们对整个维管植物演化关系的认识，一些学者对蕨类植物种级演化关系进行了分析，开展了分子系统研究，对整个蕨类各大类群间亲缘关系的认识逐渐清晰。基于已有的分子证据，Smith等（2006，2008）、Christenhusz等（2011）发表了现代世界蕨类分类系统，得到高度认同，一个和APG系统并行的包括石松类和蕨类植物的分类，也被正式提出和采用（APGI，2016）。

张宪春（2012，2015）和*Flora of China*（2～3）（2013）首先采用当今国际上新的分类系统，建立了中国石松类和蕨类植物科属分类系统，以此更新秦仁昌分类系统（1978）。根据此分类系统，编者依孢粉学资料，对一些科属分类的合理性进行探讨，发表了“山东水龙骨科植物孢粉学研究及在分类学的意义”（2020）、“山东对囊蕨属（蹄盖蕨科）植物孢粉学研究及其在分类上的意义”（2019），依据孢粉学与分类学特征结合，为这些科中亚科和属的分类提供了孢粉学科学依据，建立了对囊蕨属下的两个新亚属：亚属Ⅰ. 假蹄盖蕨亚属［Subgen. Ⅰ. Athuriopsis（Ching）J. X. Li & X. J. Li］；亚属Ⅱ. 峨眉蕨亚属［Subgen. Ⅱ. Lunathyrium（Koidz.）J. X. Li & X. J. Li］。

编者遵照秦仁昌分类系统（1978），将多年从事山东药用蕨类植物研究积累的资料，编为《山东药用蕨类植物图典》，收载山东分布31科50属130种（含种下分类等级）。本书分总论和各论两部分。总论阐述了蕨类植物形态特征、生活史及分科检索表；各论分别记载31科和50属形态特征、科中分属检索表及属中分种检索表；130种（含12新种和20余种分布新记录），每种给出了中文名、学名、形态特征描述、产地及分布、药用功效。收录62种（450幅）扫描电镜孢子亚显微结构精美照片、111种生境彩色照片（449幅）及132幅墨线图。本书具4个显著特点：（1）采用秦仁昌分类系统（1978）；（2）突出药用，收录药用蕨类植物76种，填补了山东地区药用蕨类植物专著的空白；（3）编者采用扫描电镜对山东62种蕨类植物孢子450幅精美照片进行亚显微结构研究，多数为首次报道，是我国首部采用扫描电镜对某一地区所分布的蕨类植物所有科属绝大多数种类孢子形态进行系统研究的专著，为蕨类植物分类鉴定提供了孢粉学科学依据；（4）首次将蕨类植物分类学、中药资源学、孢粉学、形态解剖学多学科紧密结合形成新体系。本书内容丰富，资料齐全，图片精美，文图并茂，具有创新性、科学性和应用性，是一部蕨类植物分类学、孢粉学、中药资源学、形态解剖学等多学科结合的著作，是我国首部地区性药用蕨类植物专著，全面展现了山东地区蕨类植物研究现状和水平，得到同行专家的高度评价，对蕨类植物分类学、孢粉学等学科发展，及药用蕨类植物资源开发应用和保护都具有重要的学术价值和实际意义。

长期研究工作中，得到王文采院士、孔宪需、邢公侠、林尤兴、朱维明、谢寅堂、王中仁、张玉龙等老教授及张宪春研究员、刘保东教授和美国密苏里植物园张丽兵研究员等同仁们的支持和帮助，在此表以最真诚地谢意。

由于受编写水平和能力所限，遗漏和错误之处在所难免，敬请读者批评、指正。

编者

2021年3月于济南

编写说明

1. 本书采用秦仁昌分类系统（1978）编写。

2. 本书内容分为总论和各论两部分，总论不分章节，各论中按科分章，即每一个科为一章，共有31章。

3. 大部分种或变种，分别附有植物形态墨线图、植物生境彩照和孢子扫描电镜（SEM）照片，均采用“图+阿拉伯数字”表示，如：图2-1-7-1，从左到右，图号中2表示“科”，本书中排序第2的科为卷柏科；1表示“属”在科中的排序，卷柏科仅有卷柏属1属；7表示“种”在属中的排序，伏地卷柏在卷柏属中排第7；7后面的“1”为该种植物下的图片编号。在伏地卷柏中文名一行右侧“图2-1-7-1～图2-1-7-3”，代表卷柏科卷柏属伏地卷柏项下附有3张图片。再如：图23-4-3-1～图23-4-3-3，代表鳞毛蕨科贯众属贯众，下面附有3张图片。

4. 本书植物墨线图，除著者原图外，部分引自《中国植物志》《中国蕨类植物图谱》等，均已注明，在此对原作者表示衷心感谢。

5. 本书中每个种的产地按先介绍山东、再介绍全国的顺序进行阐述，在介绍国内分布于某某地区时，不再重复山东，特此说明。

6. 本书拉丁学名索引，正名用正体，对应页码加粗，异名用斜体，对应页码不加粗；中文名索引，正名对应页码加粗，异名对应页码不加粗。

目录

总 论

各 论

总论

一、山东省自然环境和植物资源概况

山东省地处中国东部，黄河下游，位于东经114°48′～122°42′，北纬34°23′～38°17′，陆地南北最长约437km，东西最宽721km，陆域总面积155800km^2，海域面积159600km^2，海岸线长达3121km。现辖16个市136个县（市、区）。

山东省地形分为半岛和内陆两部分。半岛称为山东半岛，位于黄海与渤海之间，隔渤海海峡同辽东半岛遥遥相望，长山列岛屹立在渤海海峡，是渤海与黄海的分界处，扼海峡咽喉，成为拱卫首都北京的重要海防门户。西部内陆部分，自北向南依次与河北、河南、安徽、江苏4省接壤。

山东省地形比较复杂，有山地、丘陵和平原，习称山东丘陵。根据地形及成因的不同，总体分为鲁东丘陵区、鲁中南山地丘陵区和鲁西、北平原区。

鲁东丘陵区位于潍河以东的胶东丘陵，胶州湾以南、沭河以东的沭东丘陵。胶东丘陵较高的山有青岛市的崂山（1133m）；烟台市的昆嵛山（923m）、艾山（814m）、牙山（805m）；青岛市的大泽山（737m）、小珠山（724m）；日照市的五莲山（707m）等。

鲁中南山地丘陵区位于山东省中南部，东以潍河、沭河与鲁东丘陵为界，西以华北平原相接，整个地势以中部最高，泰山、蒙山、鲁山、沂山成为山地脊部，主峰海拔1000m以上，向四周逐渐降低为海拔300～500m的丘陵。主要的山有泰安市泰山（1524m）；临沂市蒙山（1155m）；淄博市鲁山（1180m）；临沂市沂山（1032m）；泰安市徂徕山（1027m）；临沂市望海楼（1001m）；泰安市莲花山（925m）等。较大的河流有沂河、大汶河、泗水等。

鲁西、北平原区位于山东省的西南部、西部和北部，为华北平原的组成部分，由黄河冲积而成。区内地形平坦，海拔一般在50m左右，由西南向东北渐低。分为鲁西南平原、鲁西北平原和黄河三角洲等。本区除黄河贯穿全境外，较大的河流有徒骇河、德惠新河、小清河、京杭运河、新万福河、东鱼河等。

在鲁中南山地丘陵和鲁西南平原交界地带，有一连串的大小湖泊，通常以济宁市为界，济宁市以南，以微山湖为代表的习称南四湖，济宁市以北，习称北四湖。

山东省的气候属于暖温带半湿润季风型气候，四季分明。夏季多偏南风，炎热多雨；冬季多偏北风，寒冷干燥；春季干旱少雨，而多风沙；秋季雨水较少，常为“秋高气爽”的晴朗天气。山东半岛及东南沿海为海洋性气候，鲁西北地区近大陆性气候，两者差异显著。全省年平均气温在11～14℃，由东部沿海向西南内陆递增。鲁西北平原平均气温多在13℃以上，胶东丘陵和黄河三角洲平均气温多在12℃以下。冬季气温一般1月份最低，平均温度为-4～-1℃，极端最低温度在-20～-11℃；夏季一般以7月份气温最高，平均温度在24～27℃，胶东半岛气温多在24℃以下。全省无霜期一般为180～220天。鲁南及鲁西南平原无霜期较长，一般为220天；鲁北、泰沂山区和胶东半岛则较短，一般为180天。如果以日平均气温5℃以上作为植物的生长期，省内的植物生长期为260天左右。热量资源丰富。全省年平均降水量一般为550～950mm，由东南向西北递减，鲁南和鲁东南降水量最大，一般为800～900mm以上，而鲁西北和黄河三角洲降水量最少，一般在600mm以下，其他地区为600～800mm。年降水多集中于6～8月，约占全年降水量的2/3。

山东省地带性土壤为棕壤（棕色森林土）和褐土（褐色森林土），自东向西有规律地分布着。棕壤主要分布于鲁东丘陵（胶东丘陵）区，成土母质主要为花岗岩和变质岩等，土色棕黄，全剖面无石灰反应，显微酸性（pH 6左右），土层深厚，通气良好，能蓄水保肥，抗旱抗涝。褐土主要分布于鲁中南山地丘陵区的中、下部梯田和河谷阶梯以上；成土母质多为石灰岩和钙质沙质岩，或富有钙质的厚层黄土及黄土堆积物；属于半湿润性的干旱地带，降水量为550～650mm，春旱明显，土壤显中性至碱性反应（pH 8左右），石灰反应强烈；土色黄褐，土层深厚，多为壤土或重壤土。

非地带性土壤为山地草甸土、潮土（浅色草甸土）、盐碱土和沼泽土。山地草甸土主要分布于省内海拔800m以上的山坡，处于多雨、低温、相对湿度大及多风等气候下。由于生境湿润，生长着丰富的草甸植物，相应的发育着山地草甸型土。潮土（浅色草甸土）广泛分布于鲁西北黄河冲积平原，由于地下水位较高，土体下部湿润，故称潮土。这类土壤质地适中，生产潜力大，是粮棉的重要生产基地。盐碱土是盐土和碱土的统称，主要是内陆盐碱土，其次是海滨盐碱土。内陆盐碱土主要分布于鲁西北平原的洼地边缘、河间洼地和黄河沿岸。海滨盐碱土主要分布在渤海湾沿岸，构成宽约20km的狭带，自胶莱河口向西，包括潍坊市北部、东营市及滨州市的沿海地带。这类盐碱土含盐量一般约为0.5%，以氯化钠为主，目前仅生长少量耐盐植物。沼泽土（湖洼黑土）仅分布于鲁西湖区、鲁南及胶东的低洼地带。这类土壤是低洼地长期积水，后干涸而形成的，土质黏重，湿时泥泞，干时坚硬。

总之，山东省地形比较复杂，土壤类型较多，气候四季分明，热量资源充足，降水集中，雨热同季，对药用植物的生长发育和分布以及植物体内有机物质的积累影响较大，在这样的环境因素影响下形成了本省特有的植物种质资源。

山东省属于暖温带落叶阔叶林区域，地带性植被是落叶阔叶林，植物种类较丰富。植物物种的分布特点是：山区多于平原，沿海多于内陆，胶东半岛地区的植物种类最丰富，鲁中南山地丘陵次之，鲁北地区植物种类最贫乏。根据《山东药用植物志》（2013年）记载，本省有维管植物2362种（含种下分类等级），隶属185科、925属；现知蕨类植物31科、50属、130种（含种下分类等级），药用76种。集中分布于胶东半岛、鲁中南山地丘陵。鲁西南、鲁西北种类贫乏。

二、蕨类植物分类系统及其生活史

1. 蕨类植物分类系统

植物界的高等植物（higher plants）是陆生植物进化类群，它包括苔藓植物（bryophytes）、蕨类植物（ferns）、裸子植物（gymnosperms）和被子植物（angiosperms）四大类群。除苔藓植物体内不具维管束外，其他类群均具维管束，所以称之为维管植物（vascular plants）。裸子植物和被子植物因为能开花结种子，称为种子植物。蕨类植物因靠孢子进行生殖，故称为孢子植物（cryptogams）。在孢子植物中，蕨类植物比苔藓植物等进化的多，所以它们是孢子植物中的进化类群。而在维管植物中，比起裸子植物和被子植物又是原始类型，所以石松类和蕨类在整个植物界中，是介于苔藓植物和种子植物之间的中间类群，较苔藓植物进化，又较种子植物原始，是进化的孢子植物，原始的维管植物。

传统的分类学将石松类列入蕨类植物中。我国蕨类植物之父秦仁昌院士建立了秦仁昌分类系统（1978），不仅为我国蕨类植物研究、世界蕨类植物分类系统做出了极大贡献，更为现代蕨类植物研究的发展奠定了基础。依据秦仁昌分类系统（1978），山东地区分布的现知蕨类植物有31科、50属、130种（含种下分类等级）。

20世纪末到21世纪初，国际上分子生物学资料中来自叶绿体基因片段的系统发育分析，更新了我们对于整个维管植物演化关系的认识。许多学者提出了新的观点。基于已有的分子生物学证据，Smith等（2006，2008）和Christenhusz等发表了现代世界蕨类植物分类系统，并得到业界的高度认同；*Flora of China*（2013）及张宪春（2012，2015）在国内提出了中国石松类和蕨类植物新的科属分类系统，以期待为中国石松类和蕨类植物的分类和进化研究提供依据。根据这一新分类系统，山东产石松类和蕨类植物分为23科、7亚科、45属。

秦仁昌分类系统（1978）与张宪春分类系统（2015）如下。

秦仁昌分类系统（1978）

石杉科 **Huperziaceae**

石杉属 **Huperzia** Bernh.

卷柏科 **Selaginellaceae**

卷柏属 **Selaginella** P. Beauv.

木贼科 **Equisetaceae**

问荆属 **Equisetum** L.

木贼属 **Hippochaete** Milde

阴地蕨科**Botrychiaceae**

阴地蕨属 **Sceptridium** Lyon

瓶尔小草科 **Ophioglossaceae**

瓶尔小草属 **Ophioglossum** L.

紫萁科 **Osmundaceae**

紫萁属 **Osmunda** L.

里白科 **Gleicheniaceae**

芒萁属 **Dicranopteris** Bernh.

海金沙科 **Lygodiaceae**

海金沙属 **Lygodium** Sw.

碗蕨科 **Dennstaedtiaceae**

碗蕨属 **Dennstaedtia** Bernh.

蕨科 **Pteridiaceae**

蕨属 **Pteridium** Scopoli

凤尾蕨科 **Pteridaceae**

凤尾蕨属 **Pteris** L.

中国蕨科 **Sinopteridaceae**

粉背蕨属 **Aleuritopteris** Fée

金粉蕨属 **Onychium** Kaulf.

铁线蕨科 **Adiantaceae**

铁线蕨属 **Adiantum** L.

水蕨科 **Parkeriaceae** (Ceratopteridaceae)

水蕨属 **Ceratopteris** Brongn.

裸子蕨科 **Hemionitidaceae**

拟金毛裸蕨属 **Paragymnopteris** K. H. Shing

蹄盖蕨科 **Athyriaceae**

冷蕨属**Cystopteris** Bernh.

峨眉蕨属 **Lunathyrium** Koidz.

假蹄盖蕨属 **Athyriopsis** Ching

蹄盖蕨属 **Athyrium** Roth

肿足蕨科 **Hypodematiaceae**

肿足蕨属 **Hypodematium** Kunze

金星蕨科 **Thelypteridaceae**

沼泽蕨属 **Thelypteris** Schmidel

金星蕨属 **Parathelypteris** (H. Ito) Ching

卵果蕨属 **Phegopteris** Fée

毛蕨属 **Cyclosorus** Link

铁角蕨科**Aspleniaceae**

铁角蕨属**Asplenium** L.

过山蕨属 **Camptosorus** Link

巢蕨属 **Neottopteris** J. Sm.

球子蕨科 **Onocleaceae**

球子蕨属 **Onoclea** L.

荚果蕨属 **Matteuccia** Todaro

岩蕨科 **Woodsiaceae**

岩蕨属 **Woodsia** R. Br.

膀胱蕨属 **Protowoodsia** Ching

乌毛蕨科 **Blechnaceae**

狗脊属 **Woodwardia** Sm.

鳞毛蕨科 **Dryopteridaceae**

毛枝蕨属 **Leptorumohra** H. Ito

复叶耳蕨属 **Arachniodes** Blume

鳞毛蕨属 **Dryopteris** Adanson

贯众属 **Cyrtomium** Presl

耳蕨属 **Polystichum** Roth

肾蕨科 **Nephrolepidaceae**

肾蕨属 **Nephrolepis** Schott
骨碎补科 **Davalliaceae**
骨碎补属 **Davallia** Sm.
水龙骨科 **Polypodiaceae**
瓦韦属 **Lepisorus** (J. Sm.) Ching
石韦属 **Pyrrosia** Mirbel
假瘤蕨属 **Phymatopteris** Pic. Serm.
星蕨属 **Microsorum** Link
槲蕨科 **Drynariaceae**
槲蕨属 **Drynaria** (Bory) J. Sm.
鹿角蕨科 **Platyceriaceae**
鹿角蕨属 **Platycerium** Desv.
蘋科 **Marsileaceae**
蘋属 **Marsilea** L.
槐叶蘋科 **Salviniaceae**
槐叶蘋属 **Salvinia** Adans
满江红科 **Azollaceae**
满江红属 **Azolla** Lam.

张宪春分类系统（2015）

石松类 **Lycophytes**
石松科 **Lycopodiaceae**
石杉属 **Huperzia** Bernh.
卷柏科 **Selaginellaceae**
卷柏属 **Selaginella** P. Beauv.
蕨类 **Ferns**
木贼科 **Equisetaceae**
木贼属 **Equisetum** L.
瓶尔小草科 **Ophioglossaceae**
阴地蕨属 **Botrychium** Sw.
瓶尔小草属 **Ophioglossum** L.
紫萁科 **Osmundaceae**
紫萁属 **Osmunda** L.
里白科 **Gleicheniaceae**
芒萁属 **Dicranopteris** Bernh.
海金沙科 **Lygodiaceae**

海金沙属 **Lygodium** Sw.

蘋科 **Marsileaceae**

蘋属 **Marsilea** L.

槐叶蘋科 **Salviniaceae**

满江红属 **Azolla** Lam.

槐叶蘋属 **Salvinia** Seg.

凤尾蕨科 **Pteridaceae**

水蕨亚科 **Ceratopteridoideae** (J. Sm.) R. M. Tryon

水蕨属 **Ceratopteris** Brongn.

凤尾蕨亚科 **Pterisdoideae** C. Chr. ex Crabbe, Jermy & Mickel

金粉蕨属 **Onychium** Kaulf.

凤尾蕨属 **Pteris** L.

碎米蕨亚科 **Cheilanthoideae** W. C. Shieh

粉背蕨属 **Aleuritopteris** Fée

金毛裸蕨属 **Paragymnopteris** K. H. Shing

书带蕨亚科 **Vittarioideae** (C. Presl) Crabbe, Jernny & Mickel

铁线蕨属 **Adiantum** L.

碗蕨科 **Dennstaedtiaceae**

蕨属 **Pteridium** Gled. ex Scop.

碗蕨属 **Dennstaedtia** Bernh.

冷蕨科 **Cystopteridaceae**

冷蕨属 **Cystopteris** Bernh.

铁角蕨科 **Aspleniacea**

铁角蕨属 **Asplenium** L.

金星蕨科 **Thelypteridaceae**

卵果蕨属 **Phegopteris** (C. Presl) Fee

沼泽蕨属 **Thelypteris** Schmidel

金星蕨属 **Parathelypteris** (H. Ito) Ching

毛蕨属 **Cyclosorus** Link

岩蕨科 **Woodsiaceae**

岩蕨属 **Woodsia** R. Br.

蹄盖蕨科 **Athyriaceae**

安蕨属 **Anisocampium** C. Presl

蹄盖蕨属 **Athyrium** Roth

对囊蕨属 **Deparia** Hook. & Grev.

球子蕨科 **Onocleaceae**

球子蕨属 **Onoclea** L.

荚果蕨属 **Matteuccia** Todaro

乌毛蕨科 **Blechnaceae**

狗脊属 **Woodwardia** Sm.

肿足蕨科 **Hypodematiaceae**

肿足蕨属 **Hypodematium** Kunze

鳞毛蕨科 **Dryopteridaceae**

耳蕨属 **Polystichum** Roth

贯众属 **Cyrtomium** Presl

复叶耳蕨属 **Arachniodes** Blume

鳞毛蕨属 **Dryopteris** Adanson

肾蕨科 **Nephrolepidaceae**

肾蕨属 **Nephrolepis** Schott

骨碎补科 **Davalliaceae**

骨碎补属 **Davallia** Sm.

水龙骨科 **Polypodiaceae**

槲蕨亚科 **Drynarioideae** Crabbe, Jermy & Mickel

槲蕨属 **Drynaria** (Bory) J. Sm.

修蕨属 **Selliguea** Bory

鹿角蕨亚科 **Platycerioideae** B. K. Nayar

鹿角蕨属 **Platycerium** Desv.

石韦属 **Pyrrosia** Mirbel

星蕨亚科 **Microsoroideae** B. K. Nayar

瓦韦属 **Lepisorus** (J. Sm.) Ching

盾蕨属 **Neolepisorus** Ching

本书采用秦仁昌分类系统（1978）。

2. 蕨类植物的生活史

蕨类植物的生活史包括孢子体（sporophyte）和配子体（gametophyte）两个世代，它们均能独立生活，只不过孢子体世代显著，生存时间长，是我们常见的绿色蕨类植物体，有根、茎、叶的分化。能育的孢子叶背面或其边缘产生孢子囊（石松类）或孢子囊群（蕨类）。孢子囊中的孢子母细胞（$2n$）经过减数分裂发育形成单倍体的孢子（n）。孢子成熟后，借助于多种方式，传播到适宜的环境条件下，萌发、生长，先由丝状体逐渐发育成原叶体（prothallus），即配子体。配子体多生活在阴湿处。进化的蕨类植物的原叶体多呈心形片状体，在其背面生有颈卵器和精子器，分别产生卵子（n）和精子（n）。精子具有鞭毛，借助水游动到颈卵器与卵子结合，形成受精卵（$2n$）。再由受精卵发育成胚，经过胚发育成幼小孢子体，寄生在配子体上继续发育生长。在配子体快速衰亡的过程中，幼孢子体长出第一片幼叶，开始进行光合作用，独立生活长大，成熟，再产生孢子囊和孢子，完成一个生活周期。如此循环，世代交替，种群得以繁衍（图1）。

孢子囊中的孢子母细胞（$2n$），从进行减数分裂产生孢子（n）开始，到精子（n）和卵子（n）

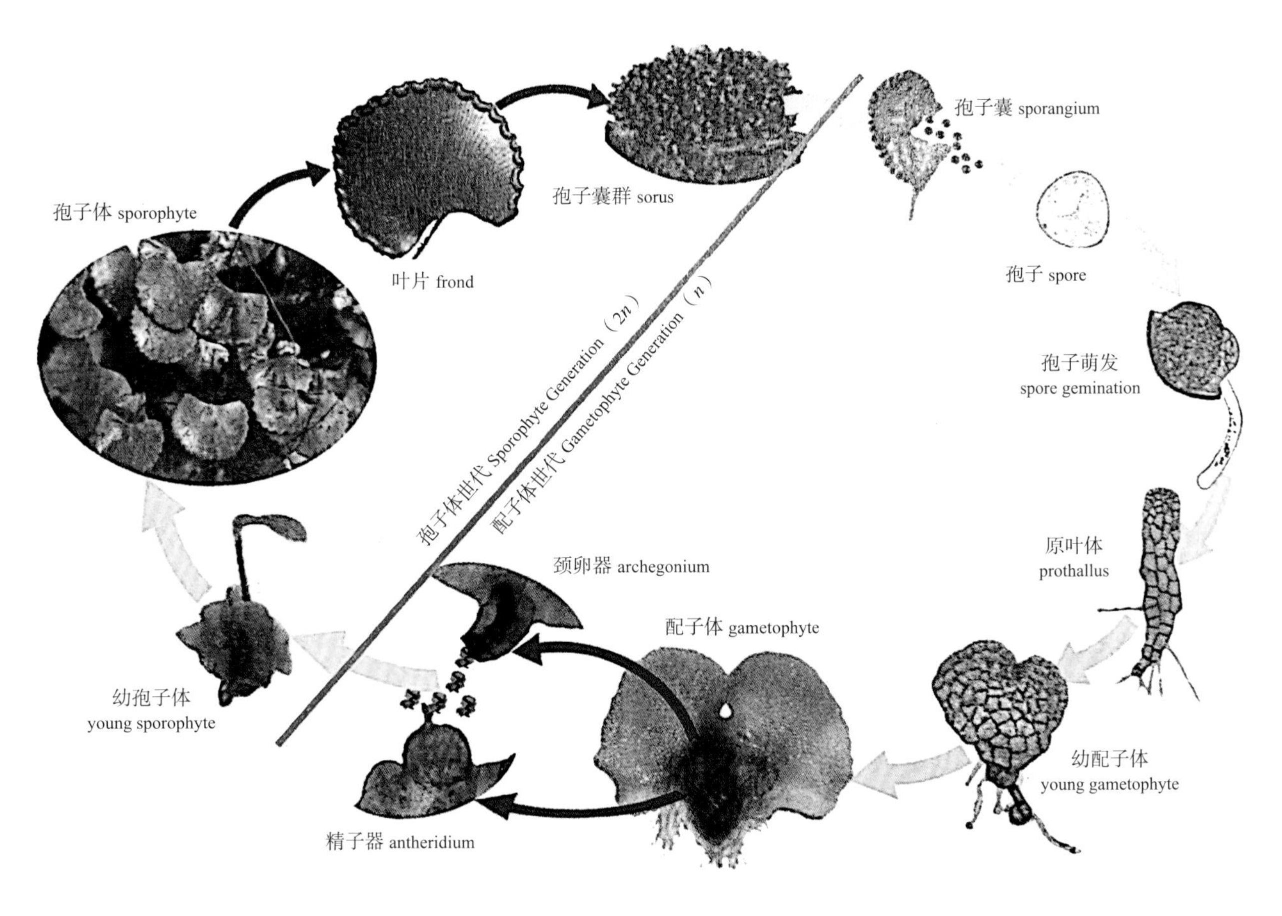

图 1　蕨类植物的生活史

（引自张宪春《中国石松类和蕨类植物》）

结合进行受精，是它们的有性世代，称配子体世代；从卵子（n）和精子（n）受精后发育成胚（$2n$）开始，到植物体发育成熟形成孢子囊，孢子囊中的孢子母细胞（$2n$）进行减数分裂前，是它们的无性世代，称孢子体世代。在石松类和蕨类植物生活周期中，孢子体世代（无性世代）和配子体世代（有性世代）交替出现，形成了世代交替。

三、蕨类植物形态特征

（一）孢子体植株

蕨类植物孢子体植株包括地下部分的根茎和根；地上部分的叶。叶分为叶片和叶柄（图2）。

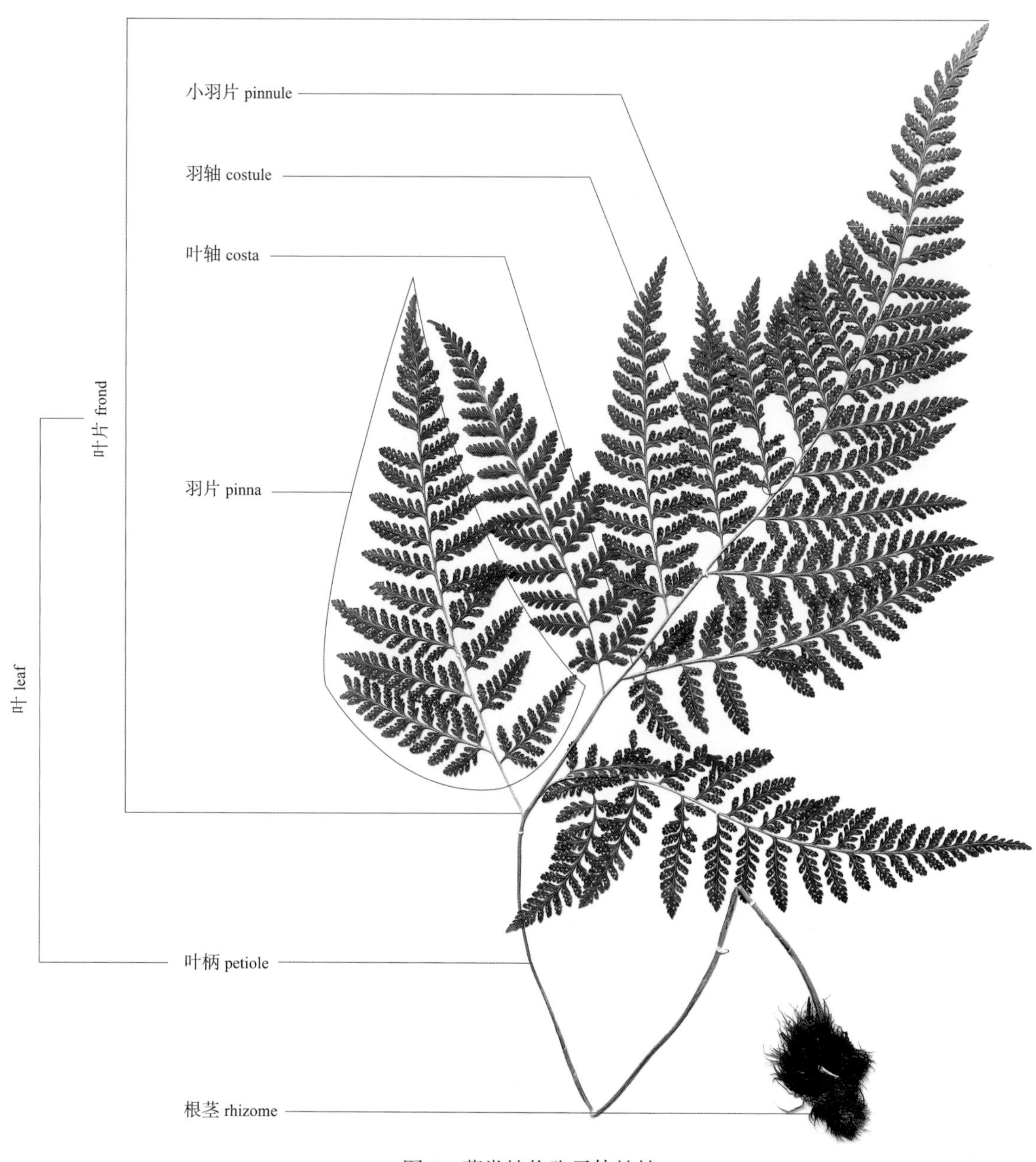

图 2　蕨类植物孢子体植株

（二）营养器官

1. 根（root）及根茎（rhizome）

现代石松类和蕨类植物均无真正的主根，只有着生在根茎上的不定根。卷柏属植物中的一些种类，在茎的分节处向下长出一种无叶的枝，插入土中长出不定根，对植物体有固着支撑作用，又有吸收功能，称为根托（rhizophore）。

蕨类植物一般没有地上茎，多具地下茎，称根茎，通常横走，斜升或直立。内具多种类型中柱。外表皮被附属物、鳞片或毛。

2. 叶（leaf）

石松类植物的叶为小型叶，单叶，只具1条叶脉，构造简单。叶二型，有营养叶和孢子叶之分。孢子叶通常聚成孢子叶穗。蕨类植物的叶为大型叶，叶形变化很多，是蕨类植物孢子体的绿色主体部分，构造复杂。幼叶拳卷，长大后分为叶柄和叶片两大部分。

（1）叶柄（petiole） 石松类和蕨类植物，叶柄外部形态及颜色多样，内部解剖构造、维管束类型和细胞间隙腺毛以及所被的鳞片和毛，在科、属、种的分类鉴定上都具有重要意义，是某些科、属分类的依据之一。

国产鳞毛蕨属*Dryopteris*，属下分3个亚属：奇羽亚属（Subgen. *Pycnopteris*）、平鳞亚属（Subgen. *Dryopteris*）、泡鳞亚属（Subgen. *Erythrovariae*）。奇羽亚属山东不产；编者对山东产的12种鳞毛蕨，依据叶轴、羽轴及小羽轴被小鳞片的类型分别鉴定为平鳞亚属（Subgen. *Dryopteris*）和泡鳞亚属（Subgen. *Erythrovariae*），前者叶轴、羽轴及小羽轴具扁平披针形小鳞片和纤维状鳞毛，后者叶轴、羽轴及小羽轴具泡状或基部扩大，先端被毛发状小鳞片。并对其根茎和叶柄基部进行解剖学观察，研究中首次发现，12种鳞毛蕨基本组织中均含细胞间隙腺毛。细胞间隙腺毛分为两类：一类腺毛头部近等径，呈类球形；另一类腺毛头部呈长棒槌形。12种鳞毛蕨中，7种鳞毛蕨细胞间隙腺毛头部呈类球形，均属于平鳞亚属，包括粗茎鳞毛蕨*Dryopteris crassirhizoma* Nakai、细叶鳞毛蕨*D. woodsiisora* Hayata、半岛鳞毛蕨*D. peninsulae* Kitag.、山东鳞毛蕨*D. shandongensis* J. X. Li et F. Z. Li、裸叶鳞毛蕨*D. gymnophylla* (Bak.) C. Chr.、华北鳞毛蕨*D. goeringiana* (Kunze) Koidz.和狭顶鳞毛蕨*D. lacera* (Thunb.) O. Ktze.；5种鳞毛蕨细胞间隙腺毛头部呈长棒槌形，均属于泡鳞亚属，包括崂山鳞毛蕨*D. laoshanensis* J. X. Li et S. T. Ma、棕边鳞毛蕨*D. sacrosancta* Koidz.、假异鳞毛蕨*D. immixta* Ching、两色鳞毛蕨*D. bissetiana* (Baker) C. Chr.和中华鳞毛蕨*D. chinensis* (Bak.) Koidz.（图3）。细胞间隙腺毛头部呈类球形和长棒槌形分别有规律的属于平鳞亚属和泡鳞亚属，为鳞毛蕨属中两个亚属的分类鉴定提供了解剖学依据。因此，根茎和叶柄基部基本组织中所具有的细胞间隙腺毛在亚属的分类上具有重要意义。

蕨类植物叶柄毛被和鳞片等附属物，不同科属有明显差别（图4，图5）。

（2）叶片（frond） 石松类叶片简单，小披针形或鳞片状，只具一条主脉；蕨类植物的叶片变化很大，大型，从单叶到复叶，复叶又可分为一至多回羽状或羽裂（图6）。

蕨类植物叶片分上、下表皮，科、属、种及种间特征差异显著。扫描电镜亚显微结构表明：鳞毛蕨属植物叶上表皮细胞垂周壁弯曲和外平周壁纹理特征种内稳定，种间差异显著，在分类鉴定中具有重要意义（图7）；肿足蕨属叶上、下表皮毛被类型差异显著，在分类鉴定中具有重要意义（图8，图9）。

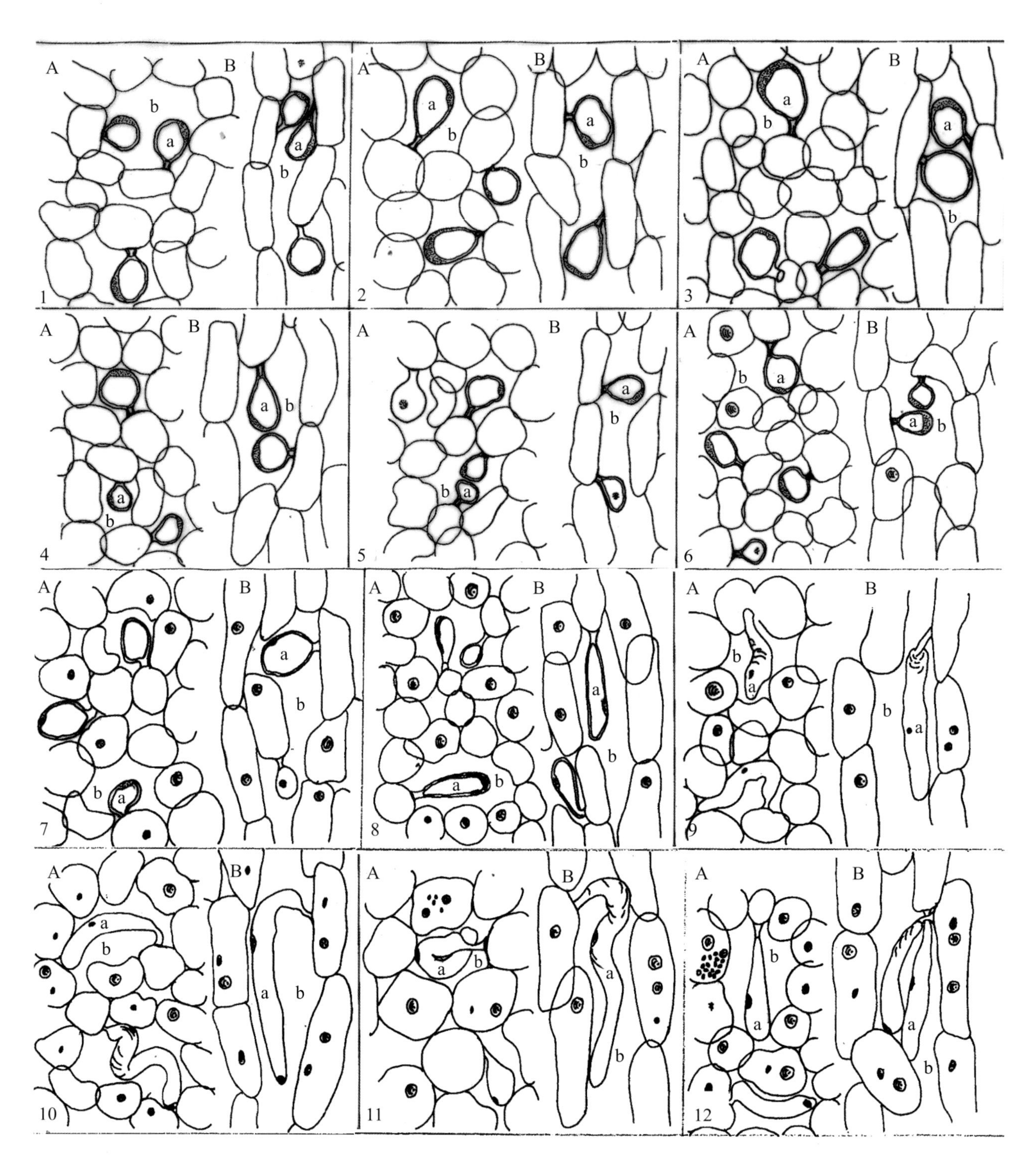

A. 横切面 B. 纵切面 a. 细胞间隙腺毛 b. 细胞间隙

图 3 鳞毛蕨属 *Dryopteris* 根茎及叶柄基部基本组织中含有间隙腺毛

1. 粗茎鳞毛蕨 *Dryopteris crassirhizoma* Nakai 2. 细叶鳞毛蕨 *D. woodsiisora* Hayata 3. 半岛鳞毛蕨 *D. peninsulae* Kitag.
4. 山东鳞毛蕨 *D. shandongensis* J. X. Li et F. Z. Li 5. 裸叶鳞毛蕨 *D. gymnophylla* (Bak.) C. Chr. 6. 华北鳞毛蕨 *D. goeringiana* (Kunze) Koidz.
7. 狭顶鳞毛蕨 *D. lacera* (Thunb.) O. Ktze. 8. 崂山鳞毛蕨 *D. laoshanensis* J. X. Li et S. T. Ma 9. 棕边鳞毛蕨 *D. sacrosancta* Koidz.
10. 假异鳞毛蕨 *D. immixta* Ching 11. 两色鳞毛蕨 *D. bissetiana* (Baker) C. Chr. 12. 中华鳞毛蕨 *D. chinensis* (Bak.) Koidz.

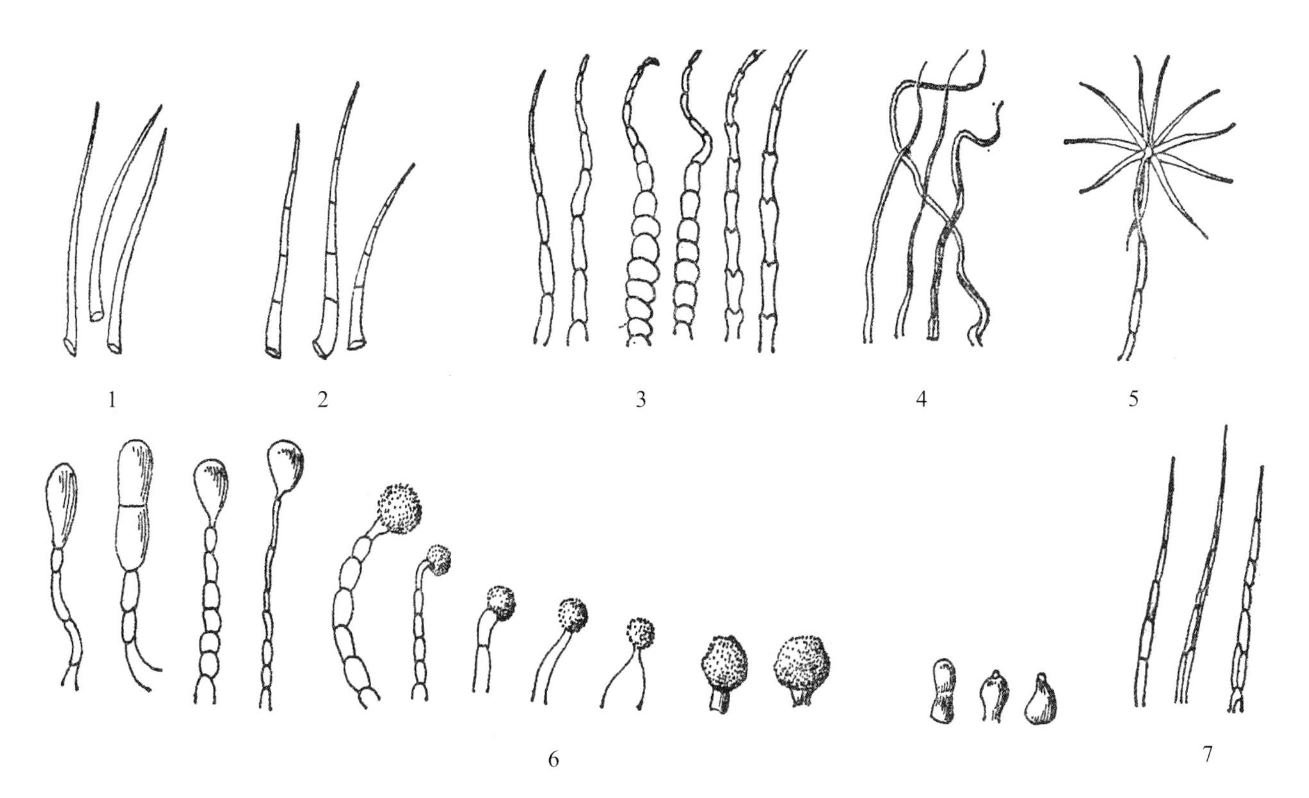

图 4　蕨类植物叶柄毛被类型

1. 单细胞针状毛　2. 单细胞针状毛（多分隔）　3. 节状毛　4. 柔毛
5. 星状毛　6. 各种形状的腺毛　7. 多细胞针状毛（引自《秦岭植物志》）

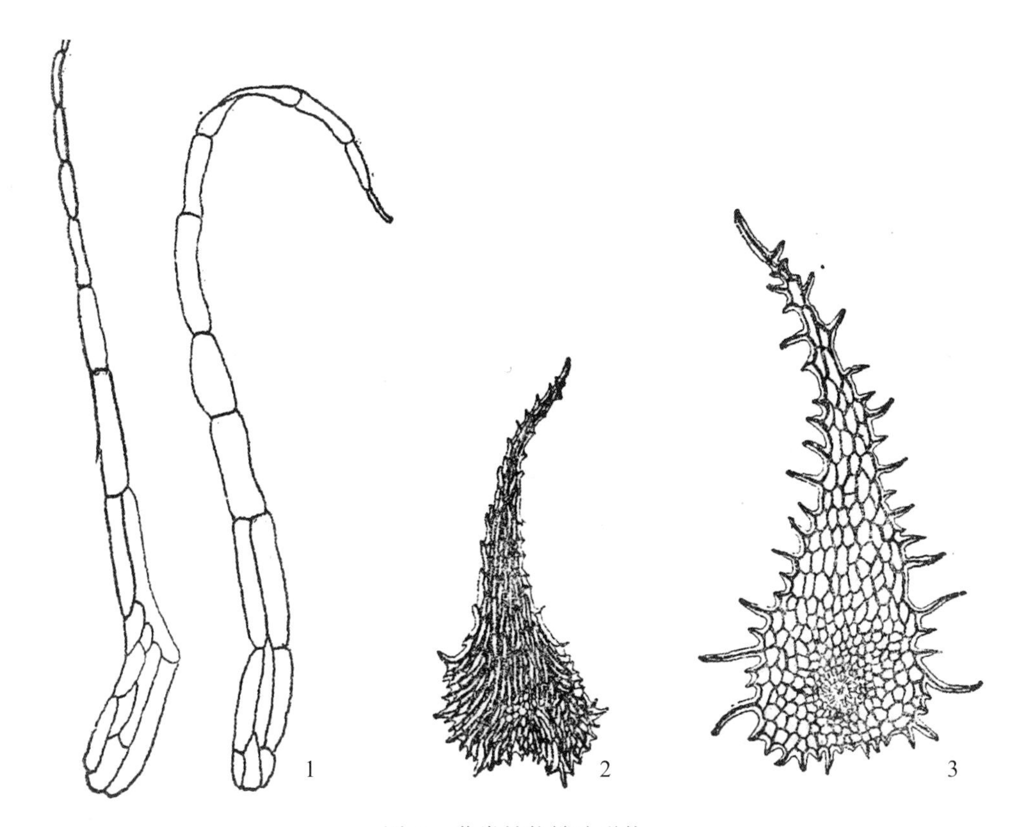

图 5　蕨类植物鳞片形状

1. 毛状原始鳞片　2. 细筛孔鳞片　3. 粗筛孔鳞片（引自《秦岭植物志》）

a. 蛇足石杉 *Huperzia serrata* (Thunb.) Trev.

b. 卷柏 *Selaginella tamariscina* (P. Beauv.) Spring

c. 山东假瘤蕨 *Selliguea shandongensis* (J. X. Li et C. Y. Wang) J. X. Li & X. J. Li（单叶）

d. 远叶瓦韦 *Lepisorus ussuriensis* var. *destatans* (Makino) Tagawa（单叶）

e. 贯众 *Cyrtomium fortunei* J. Sm.（叶片一回羽状）

图 6　蕨类植物叶片类型

f. 半岛鳞毛蕨 *Dryopteris peninsulae* Kitagawa（叶片二回羽状）

g. 两色鳞毛蕨 *Dryopteris bissetiana* (Baker) C. Chr.（叶片三回羽状）

h. 骨碎补 *Davallia trichomanoides* Blume（叶片四回羽状）

图 6　蕨类植物叶片类型（续）

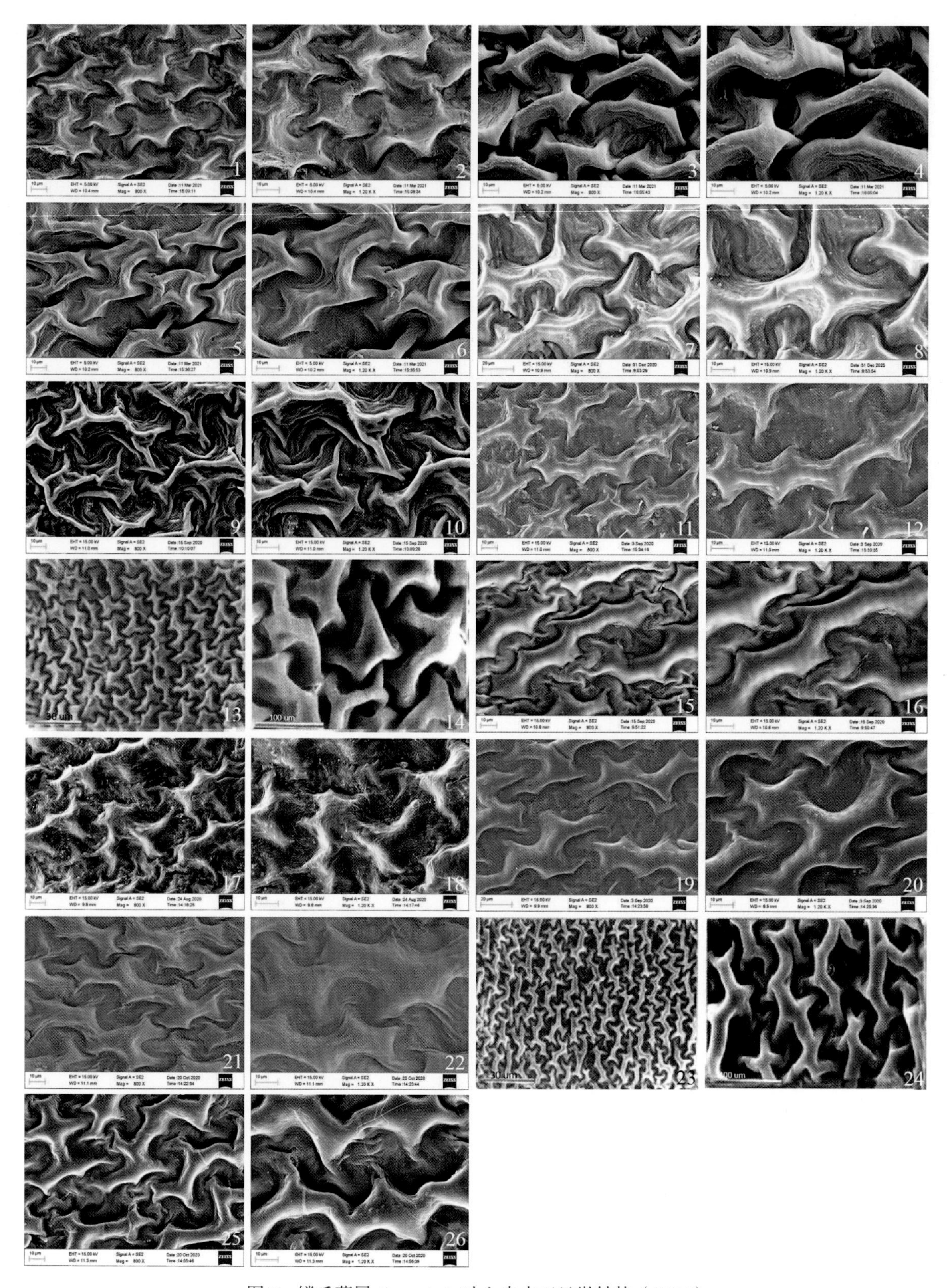

图 7　鳞毛蕨属 *Dryopteris* 叶上表皮亚显微结构（SEM）

1 ～ 2. 粗茎鳞毛蕨 *Dryopteris crassirhizoma* Nakai　3 ～ 4. 半岛鳞毛蕨 *D. peninsulae* Kitag.
5 ～ 6. 狭顶鳞毛蕨 *D. lacera* (Thunb.) O. Ktze.　7 ～ 8. 细叶鳞毛蕨 *D. woodsiisora* Hayata
9 ～ 10. 山东鳞毛蕨 *D. shandongensis* J. X. Li & F. Li　11 ～ 12. 中华鳞毛蕨 *D. chinensis* (Bak.) Koidz.
13 ～ 14. 裸叶鳞毛蕨 *D. gymnophylla* (Bak.) C. Chr.　15 ～ 16. 崂山鳞毛蕨 *D. laoshanensis* J. X. Li & S. T. Ma
17 ～ 18. 阔鳞鳞毛蕨 *D. championii* (Benth.) C. Chr.　19 ～ 20. 假中华鳞毛蕨 *D. parachinensis* Ching & F. Z. Li
21 ～ 22. 棕边鳞毛蕨 *D. sacrosancta* Koidz.　23 ～ 24. 两色鳞毛蕨 *D. setosa* (Thunb.) Akasawa　25 ～ 26. 假异鳞毛蕨 *D. immixta* Ching

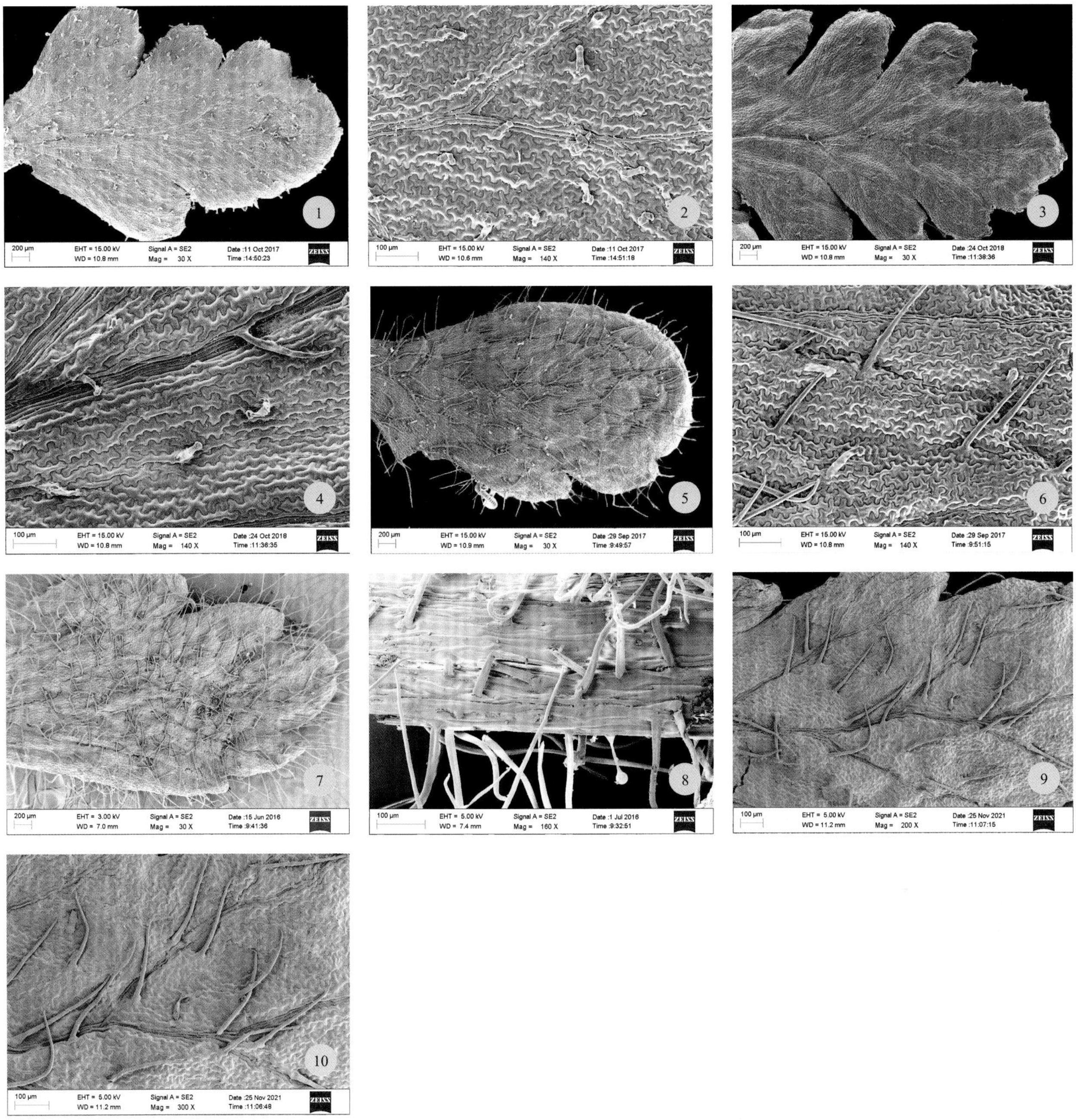

图 8　肿足蕨属 *Hypodematium* 叶上表皮亚显微结构（SEM）

1 ～ 2. 中华肿足蕨 *H. sinense* K. Iwatsuki　3 ～ 4. 修株肿足蕨 *H. gracile* Ching
5 ～ 6. 球腺肿足蕨 *H. glanduloso-pilosum* (Tagawa) Ohwi
7 ～ 8. 密毛肿足蕨 *H. confertivillosum* J. X. Li， F. Q. Zhou & X. J. Li
9 ～ 10. 蒙山肿足蕨 *H. mengshanense* J. X. Li & X. J. Li

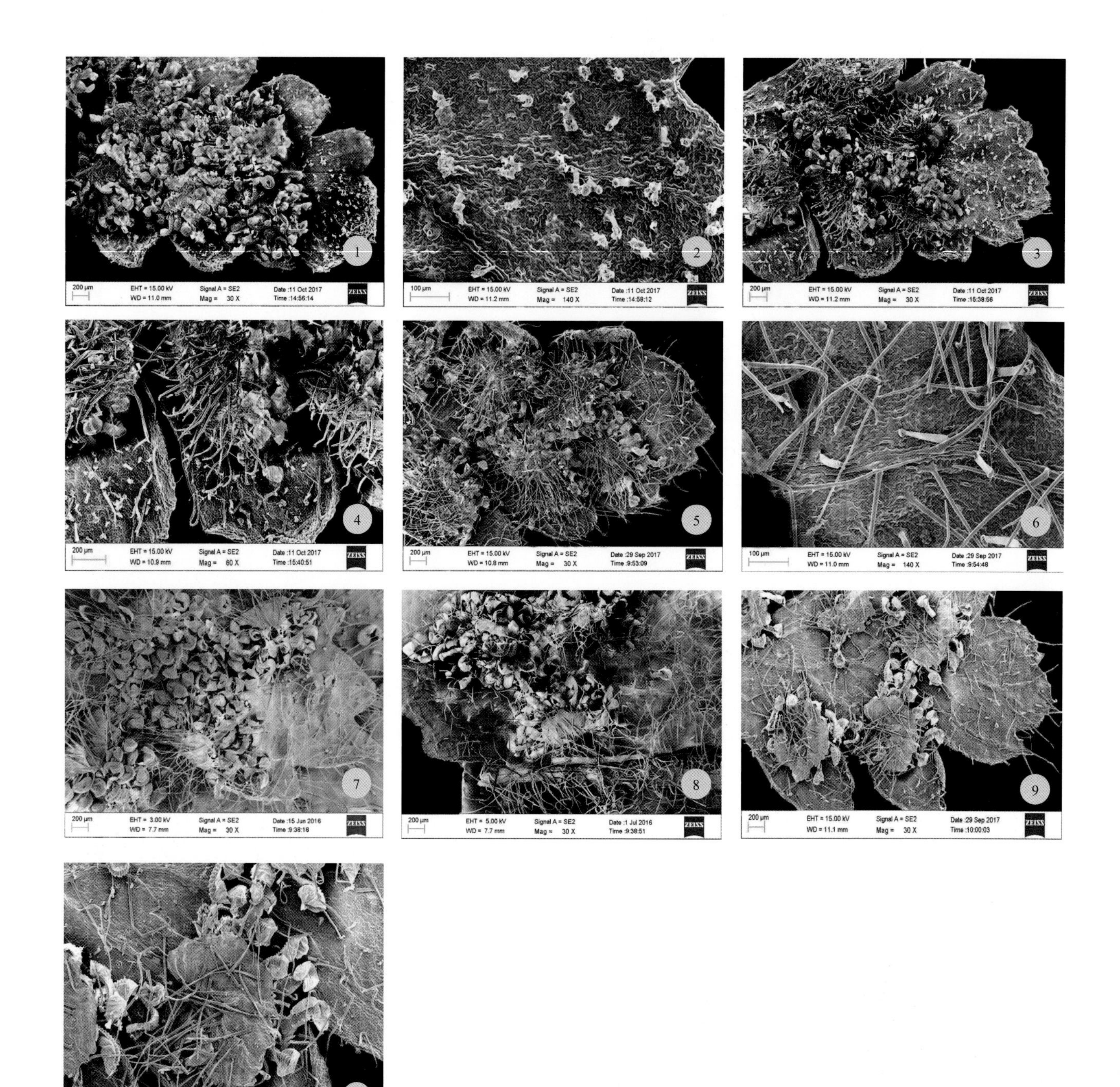

图 9　肿足蕨属 *Hypodematium* 叶下表皮亚显微结构（SEM）

1 ～ 2. 中华肿足蕨 *H. sinense* K. Iwatsuki　3 ～ 4. 修株肿足蕨 *H. gracile* Ching
5 ～ 6. 球腺肿足蕨 *H. glanduloso-pilosum* (Tagawa) Ohwi
7 ～ 8. 密毛肿足蕨 *H. confertivillosum* J. X. Li，F. Q. Zhou & X. J. Li
9 ～ 10. 蒙山肿足蕨 *H. mengshanense* J. X. Li & X. J. Li

（3）叶脉（vein） 蕨类植物的叶脉分为分离和网状（图10）。由于分出的次序有先后，故有下先出（下行脉序）和上先出（上行脉序）两大类型，其形状结构较为稳定，是蕨类植物分类学上某些科、属的重要依据之一。脉型有分离型、中间型和网结型三种，反映了一些蕨类植物类群的原始与进化水平，在分类学上具有重要意义。

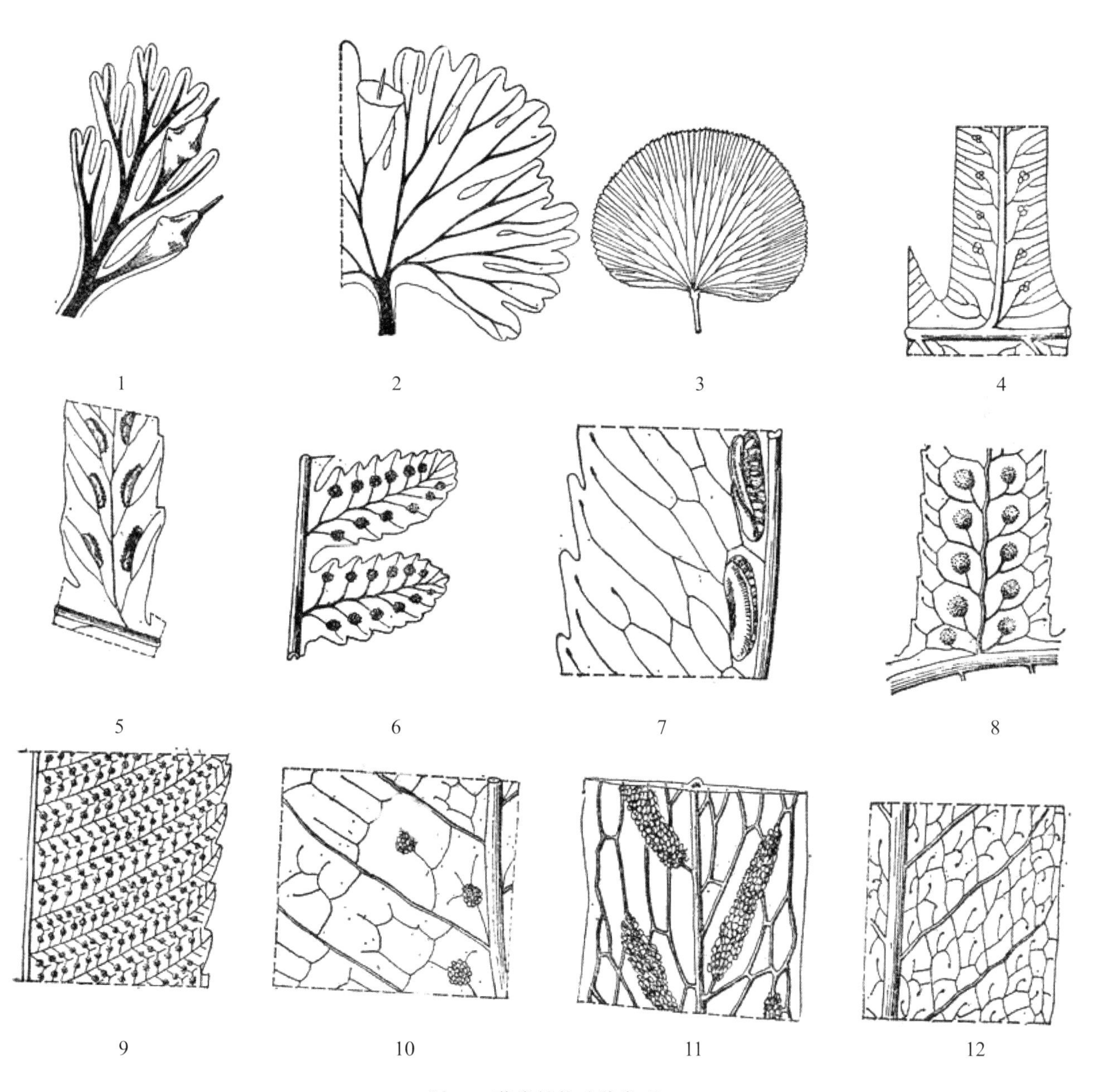

图10 蕨类植物叶脉类型

1～6. 分离型 7～8. 中间型 9～12. 网结型（引自《秦岭植物志》）

（三）生殖器官

孢子囊群、孢子囊、孢子、囊群盖或隔丝是蕨类植物孢子体生殖器官的组成部分，在分类学上具有重要意义，是某些科、属、种分类的重要依据之一。

1. 孢子囊群（sorus）

多数聚生在囊托上的孢子囊称为孢子囊群。一般着生在孢子叶背面或其叶缘，其形状、排列方式以及囊群盖的形状多种多样，在分类学上具有十分重要的意义，是蕨类植物分类的重要依据之一（图11）。

图 11　蕨类植物孢子囊群

a. 半岛鳞毛蕨 *Dryopteris peninsulae* Kitag.　b. 细叶鳞毛蕨 *Dryopteris woodsiisora* Hayata
c. 贯众 *Cyrtomium fortunei* J. Sm.　d. 骨碎补 *Davallia mariesii* Moore ex Baker

2. 孢子囊（sporangium）

孢子囊是由孢子叶背面或其叶缘的表皮细胞发育而来的，原始类群囊壁厚，具多层细胞，进化类群由一层细胞构成，它是组成孢子囊群的基本单位。除石松类（石松和卷柏等）和蕨类原始类型（瓶尔小草和阴地蕨等），大部分蕨类植物有多数孢子囊聚生于囊托上成群生，其形状有定形和不定形之分。定形是指具有一定的形状，如圆形、长形、肾形等，并以一定的形状排列于叶背面或叶缘，为最常见类型；不定形是指无一定形状或散乱状排列，成熟时满布于叶片背面。孢子囊的形状和位置在分类学上具有重要意义（图12）。

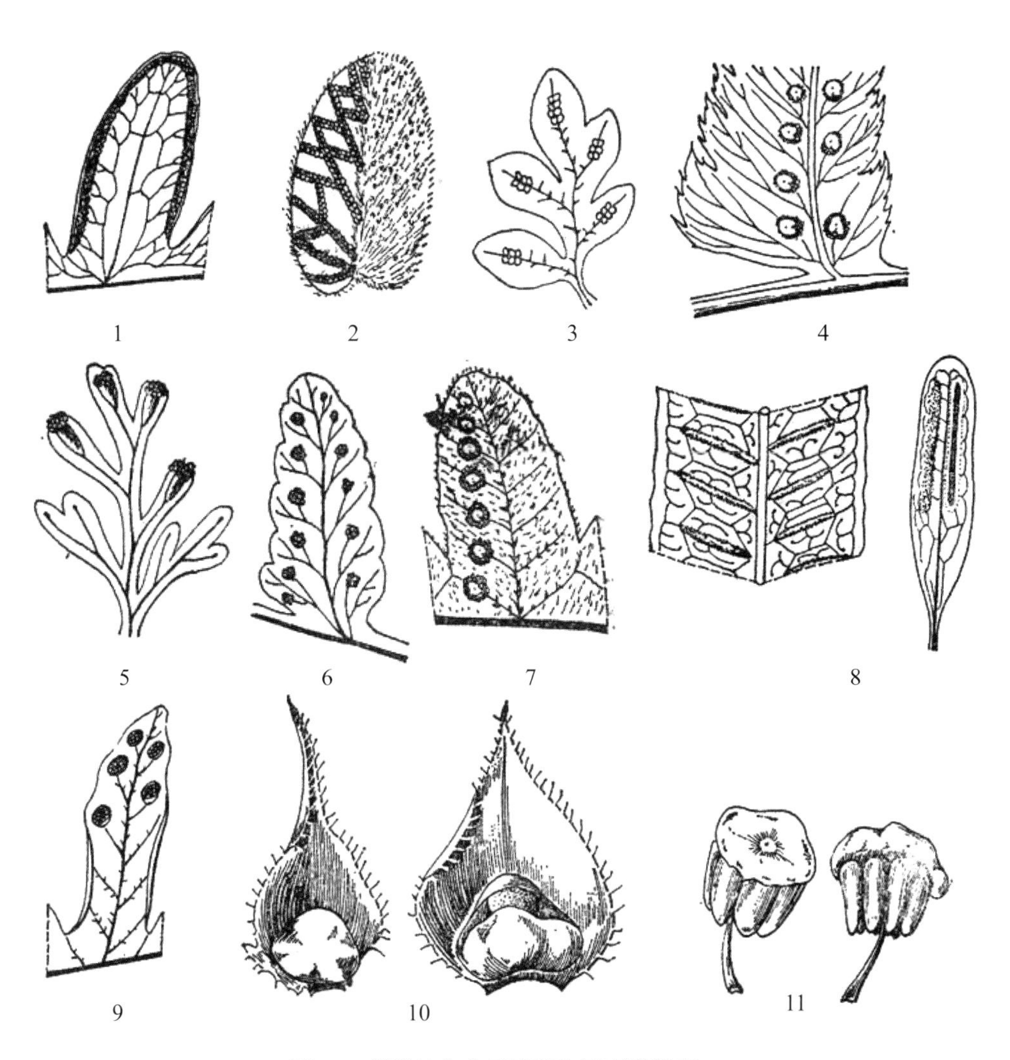

图 12　蕨类植物孢子囊及孢子囊群类型

1. 边生孢子囊群　2. 网状孢子囊群　3. 无盖孢子囊群　4. 有盖孢子囊群　5. 顶生孢子囊群　6. 脉端生孢子囊群　7. 脉背生孢子囊群　8. 条形孢子囊群　9. 穴生孢子囊群　10. 卷柏大、小孢子叶和孢子囊　11. 木贼孢子叶和孢子囊群（引自《秦岭植物志》）

孢子囊环带的有无、细胞壁加厚程度、排列方式及位置，显示着不同类群的演化等级。在进化类群中，环带纵向排列而下部中断，具有唇细胞（图13）。

图 13 蕨类植物进化类群孢子囊

1. 唇细胞 2. 环带 3. 短柄 4. 孢子 5. 薄壁细胞

3. 孢子（spore）

孢子是孢子囊中的孢子母细胞经过减数分裂而形成的单倍染色体（*n*）的具有繁殖能力的繁殖细胞。蕨类植物的孢子分为两大类型：孢子辐射对称，三裂缝；孢子两侧对称，单裂缝（图14）。

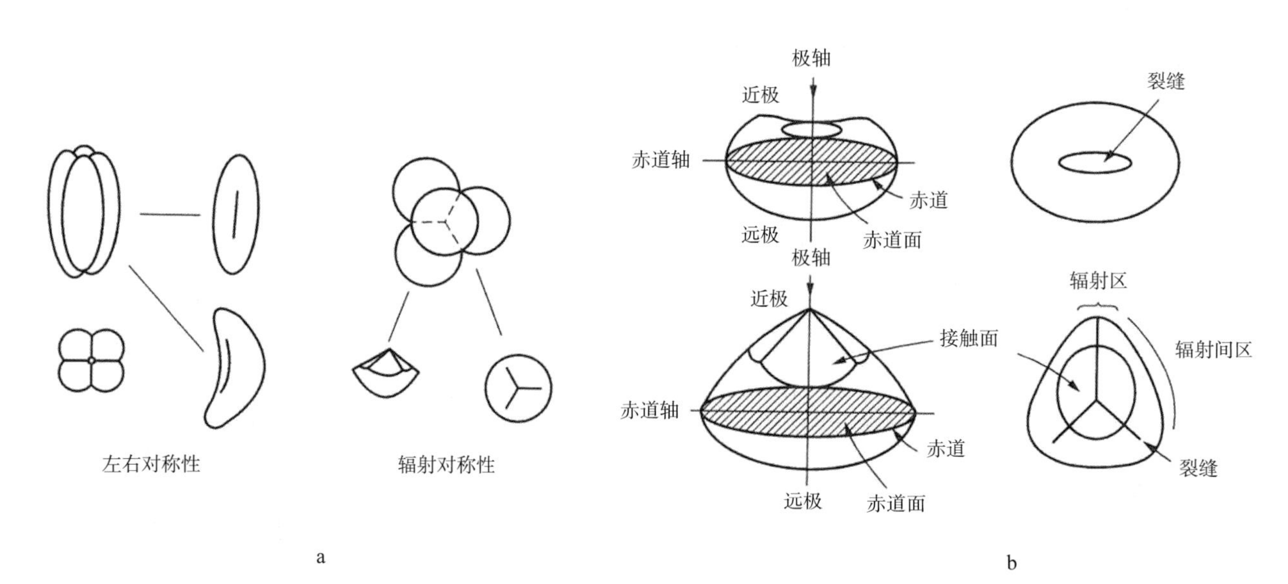

图 14 蕨类植物孢子类型

a. 孢子的对称性 b. 孢子的极性（张玉龙等，1976）

20世纪70年代之后，扫描电子显微镜的普遍应用，使蕨类植物孢粉学的研究进入一个崭新的发展阶段。扫描电子显微镜使我们看到了许多在光镜下看不到的微细纹饰并使纹饰呈现立体形象。我国应用扫描电子显微镜研究蕨类植物孢粉形态的工作起步较晚。张玉龙等（1974）首次应用扫描电子显微镜观察了几种蕨类植物的孢子并介绍了材料制备方法。进入80年代后期，李建秀等（1988，1989，1991）、刘保东等（1989）、王全喜等（1994、1997）、程志英等（1997）、刘家熙等（1997）、张宪春等（X. C. Zhang & Nooteboom 1988），采用扫描电镜对部分蕨类植物孢子进行研究。2000年以后，王全喜等（2001，2003）、石雷（2002）、戴锡玲等（2002，2005）、卢全梅等（2007）、李建秀等（2012，2013）、李晓娟等（2016，2017，2018，2019，2020）采用扫描电镜，深入探讨了我国产石松类和蕨类植物许多科属孢子亚显微结构在分类系统和近缘种间的意义，据不完全统计，这些研究达千种以上，不仅为孢粉学研究积累了大量资料，而且为其系统分类和近缘种的鉴定提供了令人信服的孢粉学依据，极大地促进了学科的深入发展。但对某些科属的研究远远不够，如鳞毛蕨科鳞毛蕨属83种，到目前为止研究的种类不超过50种。在一些科属中存在着部分复合体类群，单靠传统经典分类学难以分清，必须与孢子的亚显微结构特征相结合来进行分类。

孢粉结合植物分类和系统发育是石松类和蕨类植物孢粉形态研究的主要方向。大量实验研究证明，蕨类植物孢粉形态不仅能对某些植物分类位置提供一些佐证，而且对其系统发育和与邻近分类群的关系也能提供参考依据（张金谈等，1979，1988）。Wagner（1974）认为蕨类植物孢子外壁纹饰对在种和属的水平上理清进化上的亲缘关系极有价值，并指出孢子外壁具细纹饰是原始的，具粗纹饰是进化的；外壁无脊是原始的，具平行脊是进化的；具单纹饰是原始的，具双纹饰是进化的。目前对蕨类植物孢子形态的研究结果表明，蕨类植物孢子结构是按照如下方向进化的：

a. 孢子多数→孢子少数；

b. 孢子体积小→孢子体积大；

c. 孢子同型→孢子异型；

d. 孢子辐射对称→孢子两面对称；

e. 孢子具三裂缝→孢子具单裂缝；

f. 孢子具不明显的四分体痕迹→孢子具明显的四分体痕迹；

g. 孢子无赤道环结构→孢子有赤道环结构；

h. 孢子具薄的孢壁→孢子具厚的有纹饰的孢壁；

i. 孢子外壁纹饰为鸡冠状、皱纹状→孢子外壁纹饰为刺状、瘤状、网状、褶皱状或平坦。

蕨类植物孢粉形态也有助于一些新种的发现，如鳞毛蕨属的*Dryopteris guanchica*就是通过孢子周壁纹饰发现的一个新种（Jermy，1980）。而原来在光镜下观察认为真蕨类有些孢子无周壁的观点已被电镜下的观察结果所否认，事实上所有的真蕨都具周壁，只不过是某些种类孢子周壁很薄或在孢子处理中被破坏掉了。

各种类型的孢子形态各异，多数类群为同型孢子，无大小之分；少数为异型孢子，有大小之分（图15）。

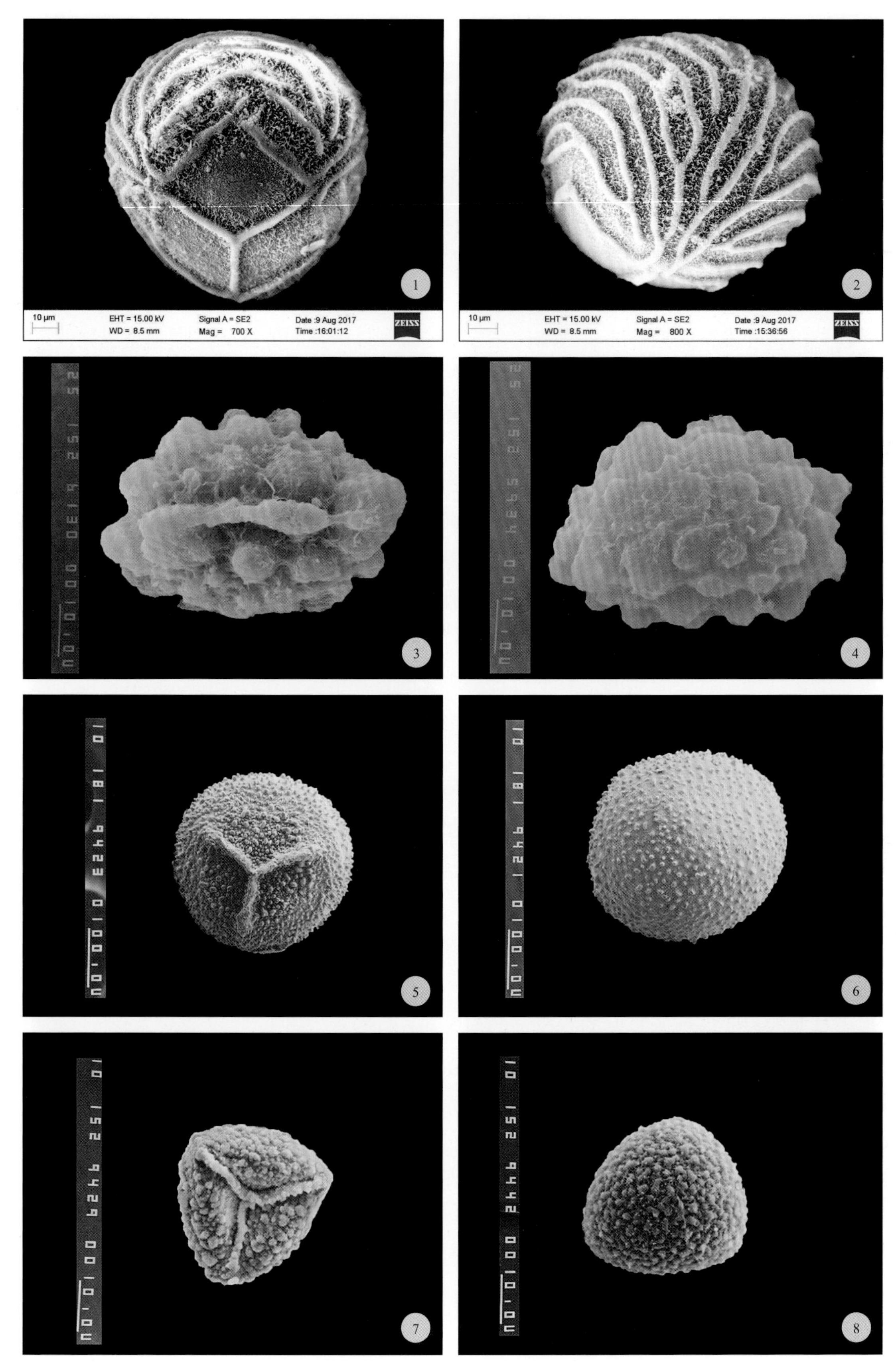

图 15　蕨类植物多样的孢子形态（SEM）

1 ～ 2. 水蕨 *Ceratopteris thalictroidesc* (L.) Brongn.

3 ～ 4. 密毛肿足蕨 *Hypodematium confertivillosum* J. X. Li, F. Q. Zhou & X. J. Li

5 ～ 8.　伏地卷柏 *Selaginella nipponica* Franch. et Sav.（5、6 为大孢子；7、8 为小孢子）

蕨类植物孢子具周壁，周壁形成各种各样的纹饰（突起），常见类型有以下几类（纹饰类型按张玉龙《中国孢粉学》）。

（1）颗粒状纹饰（granulate） 孢壁表面具颗粒，如山东假瘤蕨*Selliguea shandongensis* (J. X. Li et C. Y. Wang) J. X. Li & X. J. Li。（图16）

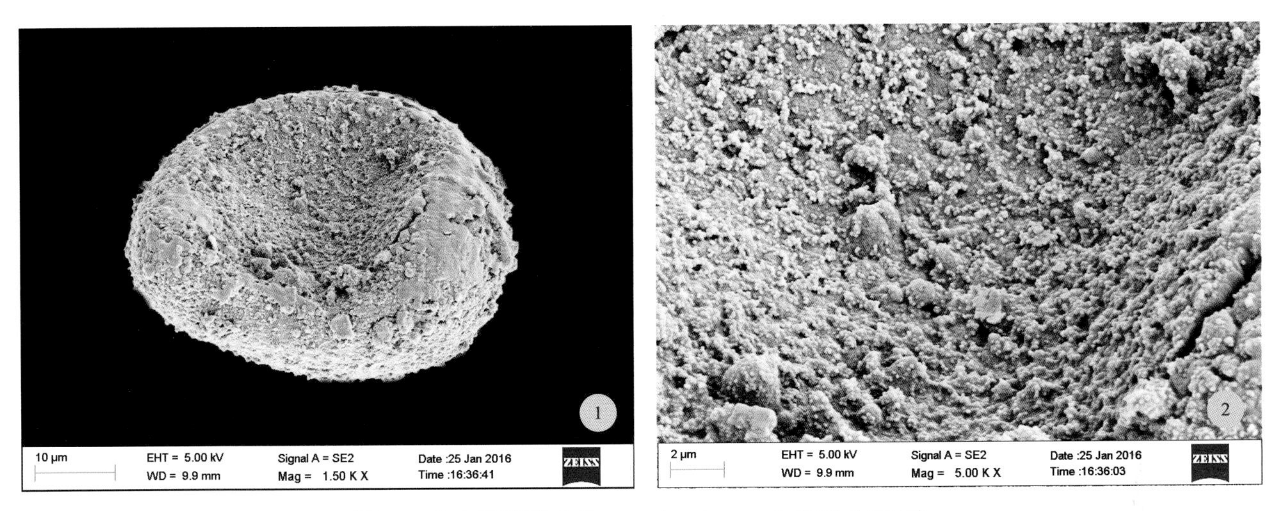

图 16　山东假瘤蕨 *Selliguea shandongensis* 孢子（SEM）

（2）瘤状纹饰（tuberculate） 瘤的高度稍大于或等于宽度（直径），顶部呈类圆形，较整齐。如全缘贯众*Cyrtomium falcatum*（L. f.）Presl。（图17）

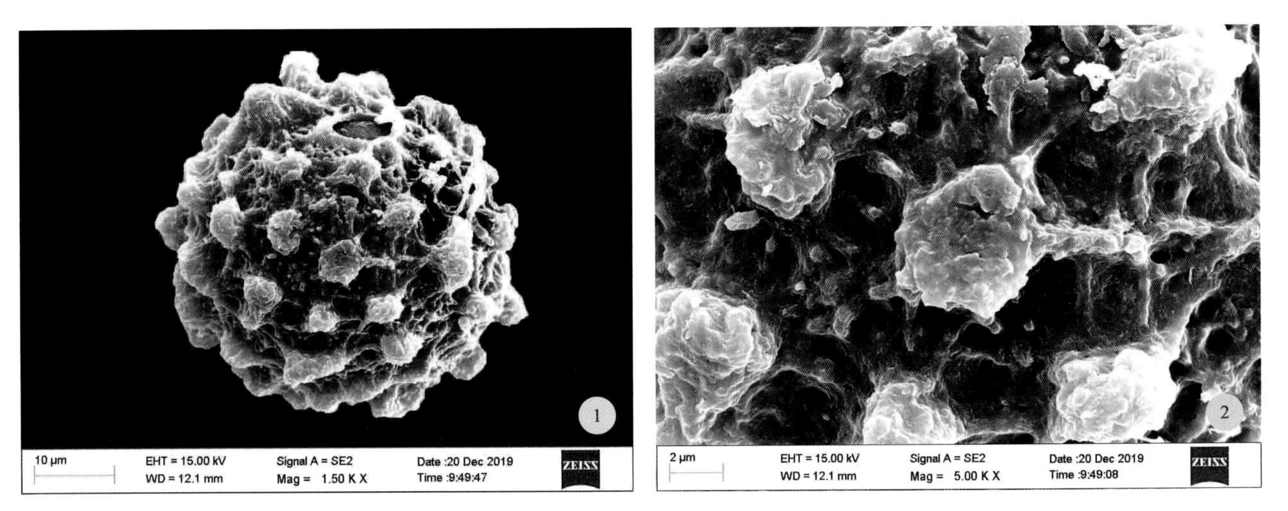

图 17　全缘贯众 *Cyrtomium falcatum* 孢子（SEM）

（3）疣状纹饰（verrucate） 疣的高度小于宽度，顶端呈扁圆形，较整齐。如密毛肿足蕨 *Hypodematium confertivillosum* J. X. Li，F. Q. Zhou & X. J. Li。（图18）

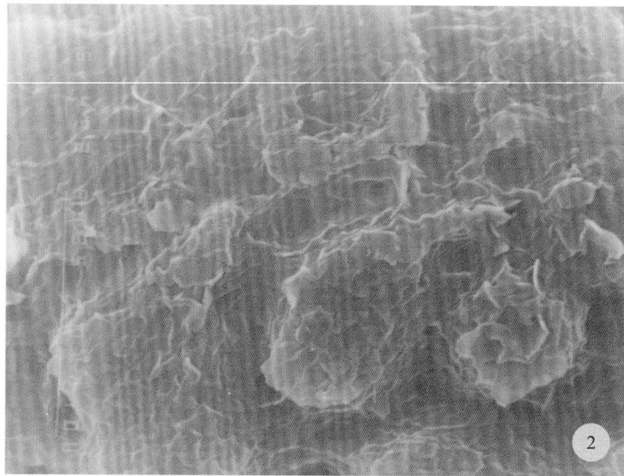

图 18 密毛肿足蕨 *Hypodematium confertivillosum* 孢子（SEM）

（4）刺状纹饰（spinate） 刺基部的宽度比末端的宽度大得多，刺的末端或尖或钝，也有的分叉，变化较大，其大小也相差很大。如冷蕨*Cystopteris fragilis* (L.)Bernk.。（图19）

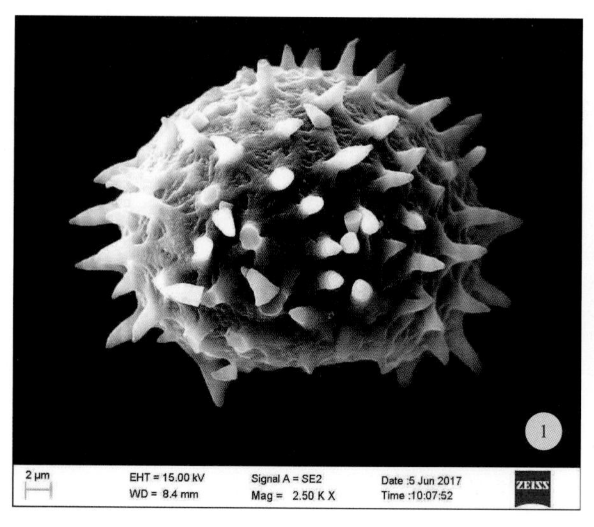

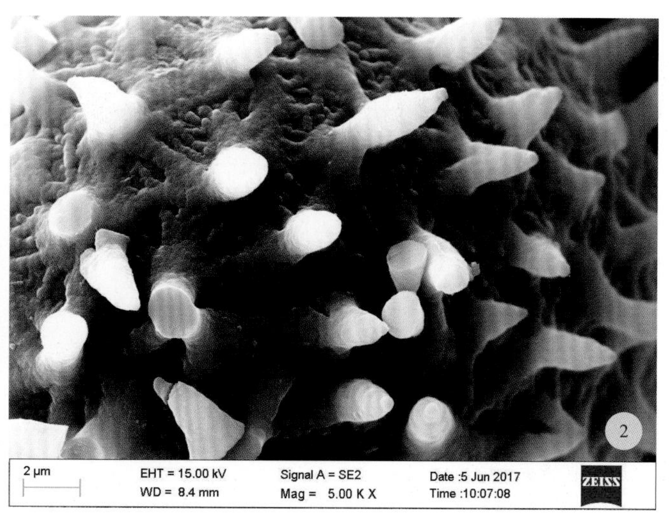

图 19 冷蕨 *Cystopteris fragilis* 孢子（SEM）

（5）肋条状纹饰（costate） 似肋条一样，肋条之间距离宽，彼此或多或少平行。如水蕨*Ceratopteris thalictroides* (L.) Brongn.。（图20）

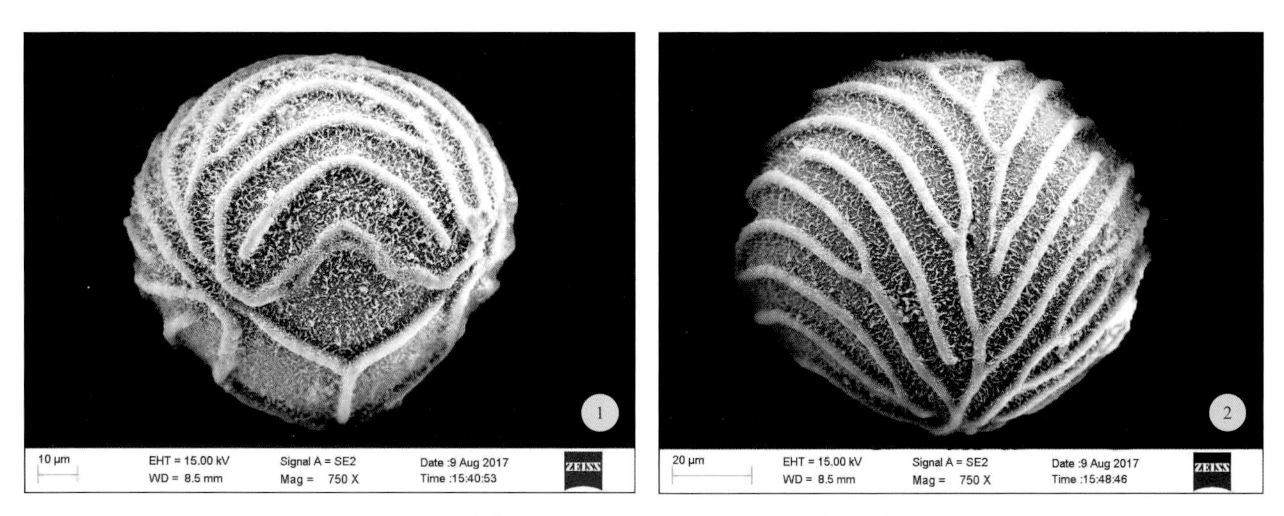

图 20　水蕨 *Ceratopteris thalictroides* 孢子（SEM）

（6）穴状纹饰（foveolate） 外壁上具圆形或类圆形凹陷。如乌苏里瓦韦*Lepisorus ussuriensis* (Regel et Maack) Ching。（图21）

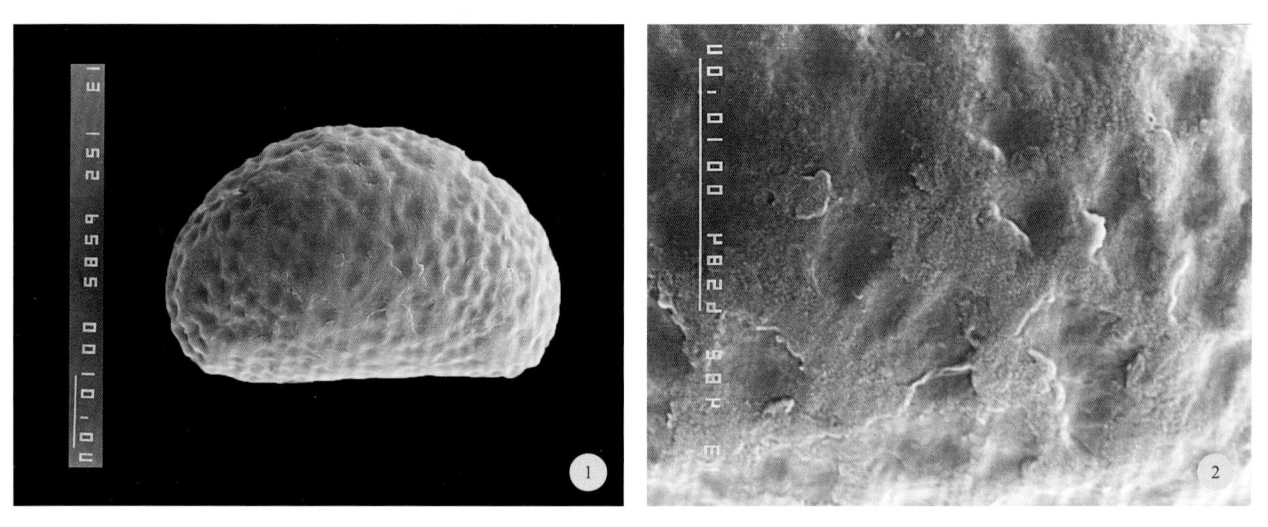

图 21　乌苏里瓦韦 *Lepisorus ussuriensis* 孢子（SEM）

（7）网状纹饰（reticulate） 由网脊（muri）和网眼（lumina）组成，网眼和包围着它的一半网脊形成网胞（brochi）。网脊的宽窄及网眼的大小和形状都有变化，如妙峰岩蕨*Woodsia oblonga* Ching & S. H. Wu和阴地蕨*Scepteridium ternatum* (Thunb.) Sw.。（图22）

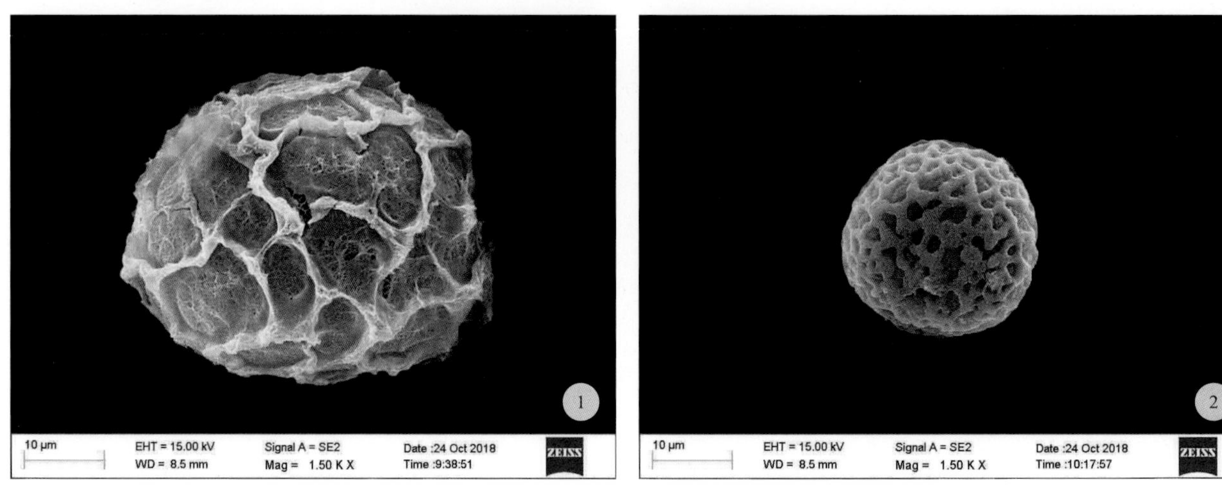

图 22 妙峰岩蕨 *Woodsia oblonga*（左）和阴地蕨 *Scepteridium ternatum*（右）孢子（SEM）

（8）块状纹饰（rugulate） 由于外壁表面高低起伏不平，形成较不规则的块状，有时类似于瘤或疣。它们之间的区别是瘤或疣形状都较整齐规则，而块则不规则，而且块的基部一般较宽。块状纹饰有时可与其他名词连用。

①瘤块状纹饰：形状近似瘤的块状纹饰。如球腺肿足蕨*Hypodematium glanduloso-pilosum* (Tagawa) Ohwi。（图23）

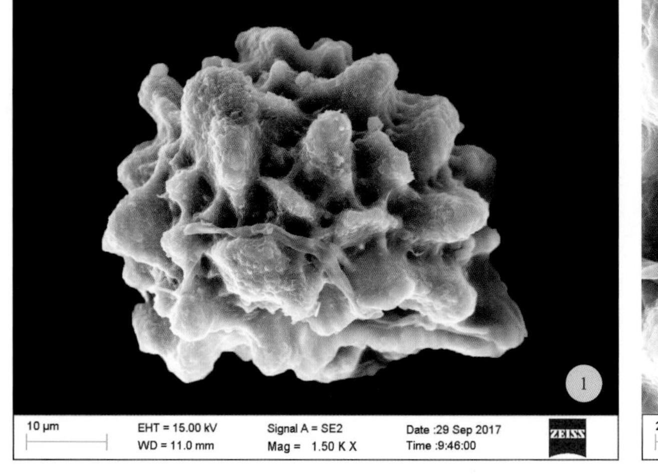

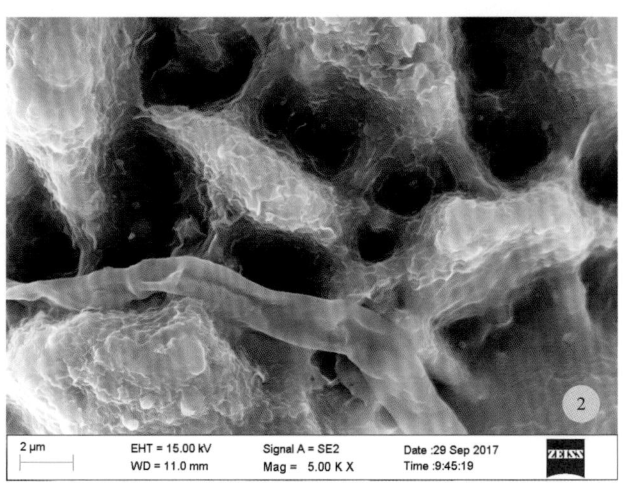

图 23 球腺肿足蕨 *Hypodematium glanduloso-pilosum* 孢子（SEM）

②疣块状纹饰：形状近似疣的块状纹饰。

③云块状纹饰：块之间的界限模糊不清，近似天空中的云块。如石韦*Pyrrosia lingua* (Thunb.) Farw.。（图24）

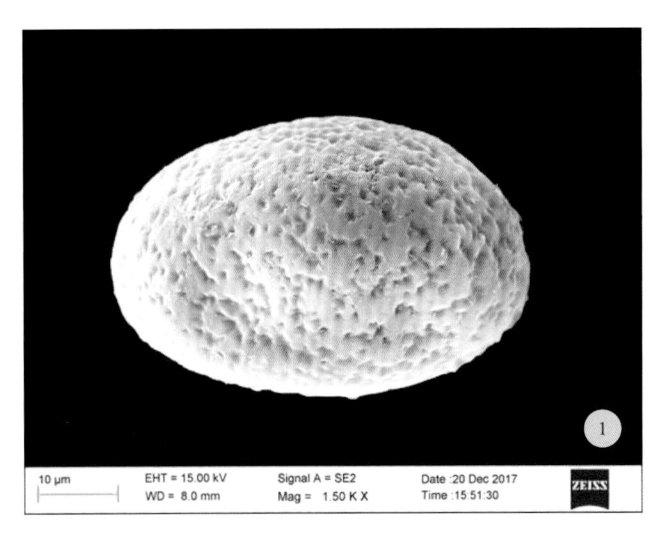

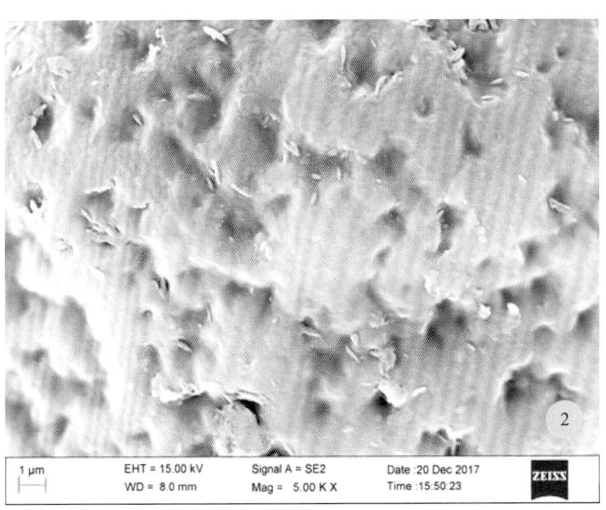

图24　石韦*Pyrrosia lingua*孢子（SEM）

真蕨类孢子都具有周壁，一般薄而柔软，孢子外面常形成褶皱，易脱落。如狗脊*Woodwardia japonica* (L. f.) Sm.的孢子周壁褶皱向外突起。（图25）

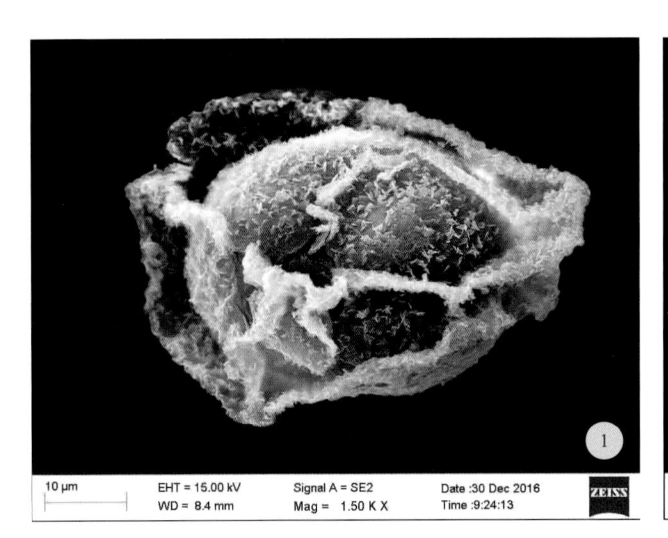

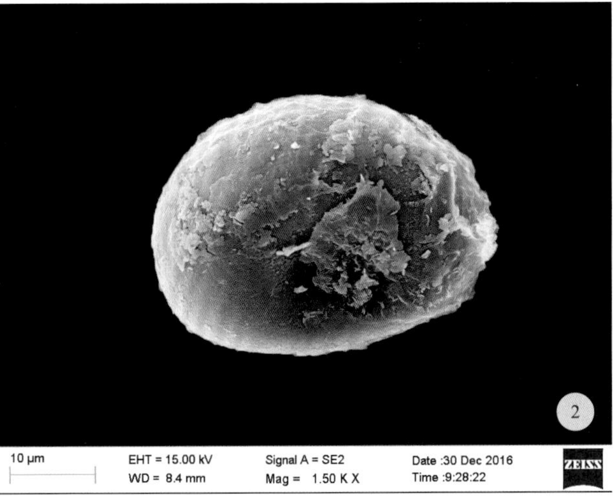

图25　狗脊*Woodwardia japonica*孢子（SEM）

孢子及其孢壁（perispore）纹饰的超微结构特征在石松类和蕨类植物分类学上具有极其重要的意义。

4. 囊群盖（indusium）

囊群盖是覆盖或包被着孢子囊群的保护器官，通常由一层细胞构成，它的形状和着生位置，大都与孢子囊群相适应，主要有圆形、肾形、马蹄形、碟形、长形等。囊群盖的形状，其边缘全缘或齿状，囊群盖上面是否被有毛茸，在蕨类植物分类学上有重要意义。如《中国植物志》贯众属*Cyrtomium*检索表中，明确地将囊群盖全缘或齿状作为区别鳞毛贯众*C. retrosopaleaceum* Chinget Shing、大叶贯众*C. macrophyllum* (Makino) Tagawa与齿盖贯众*C. tukusicola* Tagawa，维西贯众*C. neocaryotideum* Ching et Shing与秦岭贯众*C. tsinglingense* Ching et Shing，膜叶贯众*C. membranifolium* Ching et Shing ex H. S. Kung与尖齿贯众*C. serratum* Ching et Shing，贯众*C. fortunei* J. Sm与山东贯众*C. shandongense* J. X. Li（图26. a）这四组贯众的重要分类特征。济南贯众*C. polypterum* (Diels) J. X. Li & X. J. Li（图26. b）囊群盖边缘齿状也是作为与贯众*C. fortunei* J. Sm区别的特征。

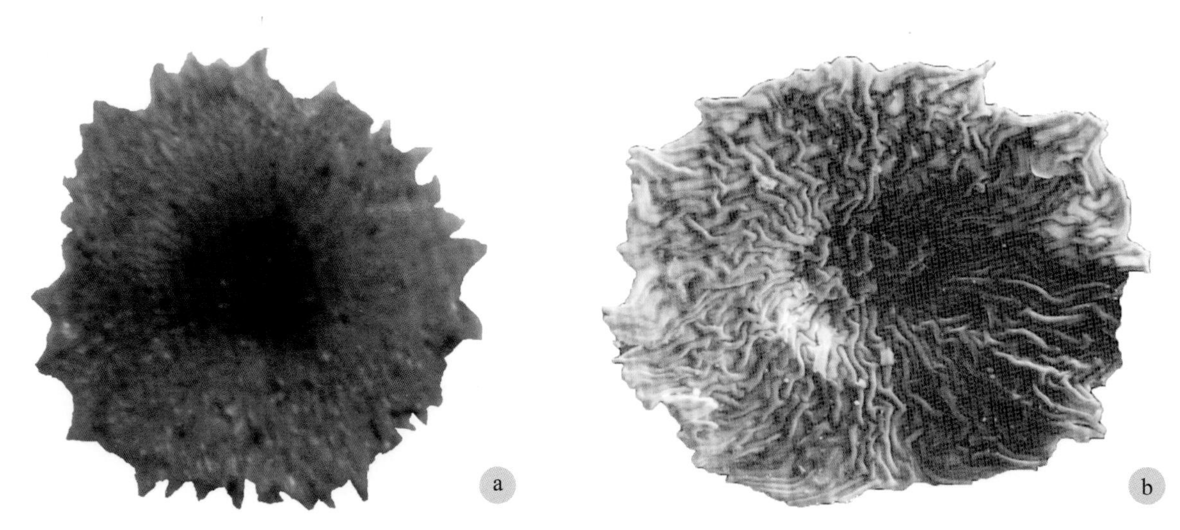

图 26　蕨类植物囊群盖形状（SEM）

a. 山东贯众 *C. shandongense* J. X. Li　b. 济南贯众 *C. polypterum* (Diels) J. X. Li & X. J. Li

5. 孢芽（gemma）

无性繁殖（vegetative production）是指一些蕨类植物体的叶片先端或某一部位产生孢芽（gemma），生出新植株的现象，在山东常见的有山东耳蕨*Polystichum shandongense* J. X. Li et Y. Wei、鞭叶耳蕨*Polystichum craspedosorum* (Maxim.) Diels和过山蕨*Asplenium ruprechtii* Sa. Kurata（图27）。

图 27　过山蕨 *Asplenium ruprechtii* Sa. Kurata 无性繁殖产生孢芽

四、植物命名和命名法

《国际植物命名法规》（International Code of Botanical Nomennclatuae，ICBN）是1867年8月在法国巴黎举行的首届国际植物学大会上产生的。每届国际植物学大会后都会出版新的法规以代替旧的法规，它是各国植物分类学家对植物命名时必须遵守的规章。2011年7月在墨尔本的国际植物学大会上，对规则提出了新的重大修改，取消了新分类群的发表必须使用拉丁文的硬性规定，2012年1月1日以后发表新分类群可以只使用英文进行描述，并且可以在有资质的网络出版物上在线发表。新的法规将更名为《国际藻类、真菌和植物命名法规》（International Code of Nomenclature for algae，fungi and plants，ICN）。

国际上各国通用的植物命名法，是采用瑞典植物分类大师林奈（C. Linnaeus，1707～1778）的命名法，在植物学上常缩写为L.或Linn.。在他1753年出版巨著*Species plantarum*（《植物种志》）中应用了其创立的双名法，是指一种植物的种名，由两个拉丁词或拉丁化词构成，第一个词是属名，第二个词是种加词，在植物分类学上，一个完整合法的植物学名，还要在种加词的后面加上为此种植物定名的定名人（汉语拼音拉丁化），则写为属名+种加词+定名人，如山东贯众*Cyrtomium*（属名）+ *shandongense*（种加词）+ J. X. Li（定名人汉语拼音缩写）、密毛肿足蕨 *Hypodematium*（属名）+ *confertivillosum*（种加词）+ J. X. Li，F. Q. Zhou & X. J. Li（定名人汉语拼音缩写）。

五、植物资源的应用及保护

资源的保护是指对整个自然资源，包括山体资源、森林资源、土壤资源、水系资源、植物资源、动物资源等。各种资源彼此间有相互依存的关系，如山体破坏了，这座山体的水系资源、土壤资源、森林资源必然被破坏，生长在林下的植物群落也难以生存，其中生长在林下的蕨类植物必然灭绝。再如水蕨*Ceratopteris thalictroidesc* (L.) Brongn.，水系、湿地被破坏，生长在湿地的水蕨，无论采取什么措施，都难以得到保护，因此保护植物资源首先要保护大环境，为植物的生存创造有利的自然环境。植物资源是人们赖以生存的物质基础，绿水青山就是金山银山。保护植物资源对于生态文明建设、深入践行发展理念具有十分重要的意义。

蕨类植物既是孢子植物中的进化类群，又是维管植物中的原始类群，是植物界植物资源的重要组成部分，对国民经济的发展、科学研究及生态环境保护都有重要意义。

1. 药用价值

本省分布的130种（含少数栽培种）有76种具有药用价值。

（1）重要的传统中药　本省分布的种类中，其中卷柏*Selaginella tamariscina* (P. Beauv.) Spring、垫状卷柏*Selaginella pulvinata* (Hook. & Grev.) Maxim.、紫萁*Osmunda japonica* Thunb.、海金沙*Lygodium japonicum* (Thunb.) Sw.、粗茎鳞毛蕨*Dryopteris crassirhizoma* Nakai、有柄石韦*Pyrrosia petiolosa* (Christ) Ching、槲蕨*Drynaria roosii* Nakaike均收载于2020年版《中国药典》，为重要的中药材。特别是卷柏、垫状卷柏、紫萁、有柄石韦，山东是这些药用植物的主产区，在药材市场和临床上都占有重要地位（图28）。

（2）民间草药　本省分布的130种（含种下分类等级）中，76种具有药用价值，除2020年版《中国药典》收载的传统中药，还有很多种在不同地区作为民间草药使用，如中华蹄盖蕨*Athyrium sinense* Rupr.，根茎清热解毒，杀虫；乌苏里瓦韦*Lepisorus ussuriensis* (Regel et Maack) Ching，全草消肿止痛，止血，利尿，祛风清热；水蕨*Ceratopteris thalictroidesc* (L.) Brongn.，全草活血解毒，止血止痛；华北石韦*Pyrrosia davidii* (Giesech.ex Diesl) Ching，全草清热利尿，在青岛崂山民间治疗尿路感染、血尿等；骨碎补*Davallia trichomanoides* Blume，根茎有补肾，强筋骨之功效，治疗跌打损伤、筋骨痛及腰脊关节疼痛等；银粉背蕨*Aleuritopteris argentea* (Gmél.) Fée，全草在泰安称金牛草，有活血散瘀，解毒消肿之功效，可用于治疗暴发火眼及痈肿疔毒等；半岛鳞毛蕨*Dryopteris peninsulae* Kitagawa在昆嵛山根茎称“小贯众”，有清热解毒，止血，杀虫之功效，治疗血崩、产后出血、吐血、赤痢便，驱绦虫；旱生卷柏*Selaginella stauntoniana* Spring，有活血散瘀，凉血止咳之功效，在产地用全草治疗便血、尿血、子宫出血、跌打损伤等；节节草*Equisetum ramosissimum* (Desf.) Boerner，在诸城、五莲等产地称麻蒿，有明目祛瘀，疏风解肌之功效。

（3）古本草考证　本草考证是开发中药资源的重要途径，据邢公侠考证贯众时指出：历代古本草中都有一些蕨类药材的记载，如贯众*Cyrtomium fortunei* J. Sm.。“贯众”这一名称最早出现于《神农本草经》，列为下品，之后我国历代植物学文献中均有收载。特别于1578年我国植物学家李时珍总结了前人的记载和经验，研究了它的异名、形态、生态和效用，在《本草纲目》中做了较为详细的描述，并附有图。在释名一节里，他写道：“此草叶茎如凤尾，其根一本而众枝贯之，故叶名凤尾，

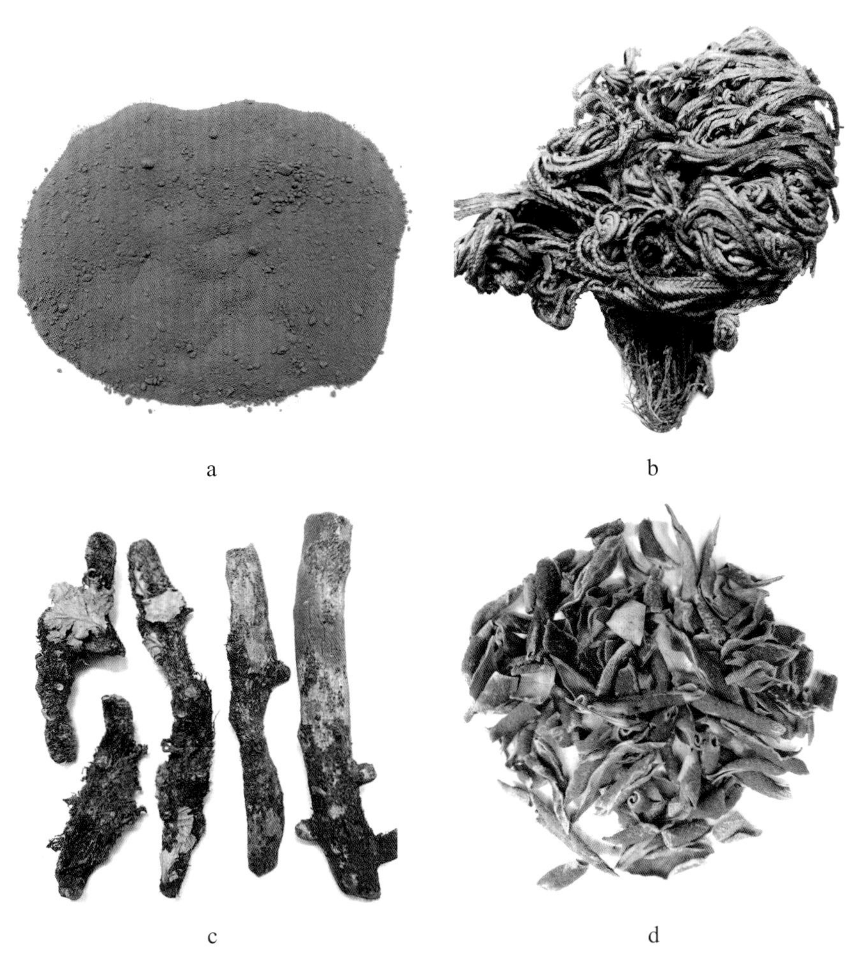

图 28　传统蕨类植物中药材

a. 海金沙 LYGODII SPORA　b. 卷柏 SELAGINELLAE HERBA
c. 骨碎补 DRYNARIAE RHIZOMA　d. 石韦 PYRROSIAE FOLIUM

根名贯众……”，此乃今日中文属名的来源。根据蕨类学家秦仁昌教授考证，本草中的“贯众”即今日分类学上的“贯众*Cyrtomium fortunei* J. Sm.”。过去有人根据李时珍所说“……其叶两两对生，如狗脊之叶而无锯齿……”，认为贯众是指全缘贯众*Cyrtomium falcatum* (L. f.) Presl。实际上，李时珍所指的“锯齿”系针对狗脊叶的羽裂情况而言，而绝非现代分类学上所称的锯齿。李时珍在谈到贯众的分布时写道“今陕西河东州郡及荆襄间多有之……”，则更证明了绝非全缘贯众，因为全缘贯众迄今只见于滨海地区，从不分布到内陆。

贯众是我国的一种习用药材，历史悠久。李时珍写道：“主治下血崩中，带下，产后血气胀痛，斑疹毒，漆毒，骨哽。”我国农民常以此投入水缸中，据说有保持水质清洁之效（或因有抗菌作用）。近年来对贯众的生药、临床均有过一些研究。但由于历代本草版本不一，描述不详，绘图欠真，以误传误，种类极为混乱，虽经李时珍整理研究，并绘有较准确的图，但因各地沿用已久，迄今从产地及文献看来，各地所采用的所谓贯众约有七、八种，然大都为蕨类植物其他科属的不同种类，如四川用狗脊*Woodwardia japonica* (Linn. f.) J. Sm.及紫萁*Osmunda japonica* Thunb.，江苏亦用后者，而东北、华北则多用粗茎鳞毛蕨*Dryopteris crassirhizoma* Nakai及亚美蹄盖蕨*Athyrium acrostichoides* (Sw.) Diels等，而贯众*C. fortunei* J. Sm.及本属其他种实际很少采用，因此，有必要对本属植物进行一次系统地研究，摸清它的种类和分布，为今后生药学研究工作提供一些资料，是很有意义的。

2. 观赏价值

石松类和蕨类植物是进化的孢子植物，虽然无花果，但终年常绿，植株奇特，姿态优雅，叶形多变，有很高的观赏价值。不论是群株栽培、单株家养盆栽或搭配盆景，还是用于插花艺术，都是人们绿化庭园和室内布置的佳品，越来越受到青睐。如常见的肾蕨、铁线蕨、巢蕨、鹿角蕨、卷柏、骨碎补、贯众等（图29）。

3. 指示植物

石松类和蕨类植物的多数种类对生态环境反应敏感，不同种属中的不同种类各自要求不同的生态环境，因此是良好的生态环境指示植物。如蜈蚣草*Pteris vittata* L.、肿足蕨属*Hypodematium*几个种、银粉背蕨属*Aleuritopteris*的银粉背蕨*Aleuritopteris argentea* (Gmél.) Fée、雪白粉背蕨*Aleuritopteris niphobola* (C. Chr.) Ching、陕西粉背蕨*Aleuritopteris argentea* var. *obscura* (Christ) Ching及铁线蕨属*Adiantum*的普通铁线蕨*Adiantum edgeworthii* Hook.生活在干旱石灰岩山地丘陵（图30）；芒萁*Dicranopteris pedata* (Houtt.) Nakaikee生长在亚热带气候和酸性土的土壤生境中； 全缘贯众*Cyrtomium falcatum* (L. f.) Presl仅生于沿海潮水线的岩石缝间，内陆从未发现有它的生长；在山东地区近几年采集到的山东贯众*Cyrtomium shandongense* J. X. Li、倒鳞贯众*Cyrtomium reflexosquamatum* J. X. Li et F. Q. Zhou、密齿贯众*Cyrtomium confertiserratum* J. X. Li, H. S. Kung et X. J. Li模式产地均为多年枯井、石缝湿润环境，可能是因为这些种类不适应陆地的干旱，孢子被风吹散落在枯井壁潮湿的环境条件下，萌发产生新株得以生存。

a　　b　　c

图 29　观赏蕨类植物

a. 肾蕨 *Nephrolepis cordifolia* (L.) C. Presl　b. 卷柏 *Selaginella tamariscina* (P. Beauv.) Spring　c. 骨碎补 *Davallia trichomanoides* Blume

a

b

图 30　指示植物

a. 中华肿足蕨 *Hypodematium sinense* K. Iwatsuki
b. 雪白粉背蕨 *Aleuritopteris niphobola* (C. Chr.) Ching

此外，某些蕨类植物还有植物修复（Phytoremediation）作用。据张宪春记载，蜈蚣草*Pteris vittata* L.是被发现的第一种砷超富集植物。有资料显示，蜈蚣草具有非常强的耐砷和富集砷能力，吸收的砷可很快地转移到地上部，羽片含砷量是普通植物的数万倍，可超过普通植物的含磷量。由于其生长速度快、量大、地理分布广、适应性强，故在修复砷污染土壤方面具有广泛的应用前景。除蜈蚣草外，凤尾蕨*Pteris cretica*和粉叶蕨*Pityrogramma calomelanos*也能超富集砷元素。

4. 珍稀濒危植物的保护

（1）已列为国家珍稀濒危植物的种

①狭叶瓶尔小草*Ophioglossum thermate* Kom.
②水蕨*Ceratopteris thalictroidesc* (L.) Brongn.
③粗柄水蕨*Ceratopteris pteridoides* (Hook.) Hieron.

（2）建议列为山东省珍稀濒危石松类和蕨类植物的种

①蛇足石杉*Huperzia serrata* (Thunb.) Trev.
②阴地蕨*Scepteridium ternatum* (Thunb.) Sw.
③芒萁*Dicranopteris pedata* (Houtt.) Nakaike
④海金沙*Lygodium japonicum* (Thunb.) Sw.
⑤野雉尾金粉蕨*Onychium japonicum* (Thunb.) Kunze
⑥蜈蚣草*Pteris vittata* L.
⑦金毛裸蕨*Paragymnopteris vestita* (Hook.) K. H. Shing
⑧冷蕨*Cystopteris fragilis* (L.) Bernk.

⑨渐尖毛蕨*Cyclsorus acuminatus* (Houtt.) Nakai

⑩中日对囊蕨*Deparia kiousiana* (Koidz.) M. Kato

⑪东北对囊蕨*Deparia pycnosorum* (Christ) M. Kato

⑫球子蕨*Onoclea sensibilis* L.

⑬荚果蕨*Matteuccia struthipteris* (L.) Todaro

⑭狗脊*Woodwardia japonica* (L. f.) Sm.

⑮全缘贯众*Cyrtomium falcatum* (L. f.) Presl

（3）保护措施

①采取有力措施，切实认真落实已出台的《国家重点保护野生植物名录（第一批）》和《中华人民共和国野生植物保护条例》等相关文件和法律法规，目前全国已有北京、广西、海南、河北、吉林、江西、内蒙古、青海、山西、陕西、新疆和浙江出台保护野生植物名录，但山东至今未见出台保护野生珍稀濒危植物名录。

②建议山东植物学会和中医药学会等相关学会联合牵头，组织高等院校的有关专家、学者，根据山东第四次中药资源普查结果并结合有关资料，编写山东省珍稀濒危动、植物名录（含石松类和蕨类的珍稀濒危物种）并起草相关条文，提交省有关职能部门，对被列为珍稀濒危的动植物实施立法保护。

③呼吁山东植物学会等相关学会，组织一次以保护珍稀濒危动植物物种为中心内容的学术研讨会，动员动植物学工作者乃至整个社会树立保护珍稀濒危动、植物资源的思想意识，爱护资源、保护资源。

④呼吁建立省级珍稀濒危动植物保护机构，设立相关执法人员。

⑤各山区的自然保护区内应建立该地区分布的珍稀濒危植物档案，列入该保护区的管理内容和任务，并设科研人员及专项经费对珍稀濒危植物进行有效的研究和保护。

⑥各高等院校学生实习、野外采集动植物标本时，应对指导实习教师和学生进行保护珍稀濒危物种标本采集的培训和教育，严格遵守相关规定，对列入珍稀濒危保护的植物不允许多采集一株不需要的标本，认真做到采大留小，不得一采而光。

⑦呼吁省级有关职能部门，选择合适的地域，建立一个省级珍稀濒危物种活体基因库，除就地保护外，集中进行异地保护，建议与省自然博物馆联合，将保护、科研、繁育和宣传有机地结合起来。

六、山东蕨类植物分科检索表

秦仁昌分类系统（1978）

1a. 土生或附生蕨类。

2a. 叶小型或退化；叶片披针形或鳞片形、钻形，仅具中脉，远不如茎发达；孢子囊不聚成囊群，单生于孢子叶基部上面或叶腋中，或生于枝顶的孢子叶球内。

3a. 茎直立，圆柱形，有规则等位2叉分枝，无根托；叶片小，披针形；孢子叶与营养叶同形，

孢子同型……………………………………………………………………………1. 石杉科Huperziaceae

3b. 茎有背腹之分，匍匐或直立，中空；叶鳞片形、钻形或退化；孢子异型或孢子囊在枝顶聚成孢子叶球。

4a. 茎有背腹之分，常有根托；叶通常鳞片形，二型，四行排列；稀钻形，一型，螺旋状排列；孢子异型……………………………………………………………………………2. 卷柏科Selaginellaceae

4b. 茎细长直立，中空，有节，在节部有轮生枝；节间有纵沟；叶退化，各节被轮生管状锯齿的鞘所包；孢子囊多数，生于变质的盾状孢子叶下面，在枝顶形成椭圆形的孢子叶球……………………………………………………………………………3. 木贼科Equisetaceae

2b. 叶远比茎发达，单叶或一至多回羽状，具分支叶脉；孢子囊生于正常叶背面或边缘，聚生成圆形、椭圆形或线形的孢子囊群、囊序、囊穗，或密被叶片下面。

5a. 孢子囊壁厚，由几层细胞组成。

6a. 叶二至三回羽状或羽裂，叶脉分离；孢子囊序集成圆锥花序状……………………………………………………………………………4. 阴地蕨科Botrychiaceae

6b. 单叶，叶脉网状；孢子囊序为单穗状……………………………5. 瓶尔小草科Ophioglossaceae

5b. 孢子囊壁薄，由一层细胞组成。

7a. 植物体无鳞片，也无真正的毛；叶二型，营养叶二至三回羽状；孢子叶特化为穗状或复穗状的孢子囊穗……………………………………………………………6. 紫萁科Osmundaceae

7b. 植物体多少具鳞片或真正的毛。

8a. 叶二型，孢子叶的羽片在羽轴两侧内卷成圆筒形或聚合呈分离的圆球形……………………………………………………………………………20. 球子蕨科Onocleaceae

8b. 叶一型或二型；如二型，则孢子叶不成为上述内卷或聚合。

9a. 植株具腐殖质积聚叶，或叶片基部扩大成宽耳形，以积聚腐殖质。

10a. 腐殖质积聚叶圆形，正常叶为掌状2歧深裂，似鹿角状，被星状毛，无腺体；孢子囊群生于裂片分叉处或孢子叶裂片上，有星状隔丝……………………………………………………………28. 鹿角蕨科Plaryceriaceae

10b. 腐殖质积聚叶槲叶状，或仅叶片基部扩大成宽耳形以积聚腐殖质；正常叶一回深羽裂或羽状，无毛，在羽柄或主脉腋间常有腺体；孢子囊群着生于脉叉处或2脉之间，无隔丝……………………………27. 槲蕨科Drynariaceae

9b. 植株无上述腐殖质积聚叶或积聚腐殖质的叶片基部。

11a. 孢子囊群生于叶缘，囊群盖由叶缘反卷形成假盖，开向主脉方向。

12a. 羽片或小羽片为扇形或对开式，叶脉多回二叉状分枝；孢子囊群圆形、圆肾形或长圆肾形，生于囊群盖下面的小脉上……………………………………………………………13. 铁线蕨科Adiantaceae

12b. 羽片或小羽片不为扇形或对开式，叶脉也不为二叉状分枝；孢群盖线形或断裂。

13a. 孢子囊群沿叶缘的一条边脉着生，形成一条线形汇合囊群，囊群盖连续不断；叶柄禾秆色。

14a. 根茎长而横走；无鳞片，密被锈色多细胞节状长柔毛；叶片

有柔毛；囊群盖分为内外两层........................ 10. 蕨科Pteridiaceae

14b. 根茎短而直立或斜升，具鳞片；叶片无毛；囊群盖一层.................
.... 11. 凤尾蕨科Pteridiaceae

13b. 孢子囊群生于小脉顶端，幼时分离，成熟时往往向两侧扩展，彼此汇合成线状囊群盖连续不断，或为不同程度的断裂；叶柄和叶轴常为栗褐色 .... 12. 中国蕨科Sinopteridaceae

11b. 孢子囊群生于叶缘之内，囊群盖自叶缘内生出，向叶边开口，或生于叶面远离叶缘。

15a. 孢子囊群生于叶缘内小脉顶端，稍离叶缘，囊群盖开向叶缘。

16a. 附生蕨类；根茎被阔鳞片，叶柄基部有关节与根茎相连........................
.... 25. 骨碎补科Davalliaceae

16b. 土生蕨类；根茎上被灰白色针状刚毛；叶柄基部无关节与根茎相连.. 9. 碗蕨科Dennstaedtiaceae

15b. 孢子囊群生于叶背面，远离叶缘；如孢子囊群生于叶缘，则能育末回小羽片边缘生流苏状孢子囊群穗。

17a. 孢子囊群圆形、卵形、肾形、圆肾形。

18a. 孢子囊群有盖。

19a. 囊群盖下位，呈球形、半球形或蝶形，简化成睫毛状；叶一型. 21.岩蕨科Woodsiaceae

19b. 囊群盖上位。

20a. 囊群盖圆盾形、椭圆形、肾形或圆肾形。

21a. 叶一回羽状；羽片以关节着生于叶轴上；叶脉分离；孢子囊群着生于脉端；囊群盖肾形或圆肾形.............................. 24. 肾蕨科Nephrolepidaceae

21b. 叶一至多回羽状，羽片不以关节着生于叶轴上。

22a. 植物体被淡灰色针状刚毛、柔毛或球杆状腺毛；叶柄基部膨大呈纺锤形，断面具两条维管束......... 17. 肿足蕨科Hypodematiaceae

22b. 植物体无上述毛，叶柄基部横断面具多条维管束............... 23. 鳞毛蕨科Dryopteridaceae

20b. 囊群盖卵形，基部着生于囊托上，压在成熟的孢子囊群下面，宛如下位 ....
.... 16. 蹄盖蕨科（冷蕨属）Athyriaceae

18b. 孢子囊群无盖。

23a. 环带顶生或横生；叶二至多回羽状。

24a. 植物体缠绕攀援；环带仅生于孢子囊顶端；叶二至三回羽状.....................................8. 海金沙科Lygodiaceae

24b. 植物体直立；环带横生；叶二至多回等位二叉分枝，分叉处生一休眠芽；孢子囊群由2～10个孢子囊组成……7. 里白科Gleicheniaceae

23b. 环带直立或横生；叶为单叶或一至二回羽裂，背面不为灰白色；孢子囊群由多数孢子囊组成，环带直立或横生。

25a. 叶为一至二回羽裂；叶柄基部不以关节着生于根茎上；植株被针状毛或星状毛……18. 金星蕨科Thelypteridaceae

25b. 叶为单叶；叶柄基部上关节着生于根茎上；植株无针状毛……26. 水龙骨科Polypodiaceae

17b. 孢子囊群条形、线形、马蹄形或上端弯钩形。

26a. 孢子囊群有盖。

27a. 囊群盖线形。

28a. 孢子囊群生于网眼中……22. 乌毛蕨科 Blechnaceae

28b. 孢子囊群不生于网眼中，生于小脉向轴一侧……19. 铁角蕨科Aspleniaceae

27b. 囊群盖条形、半月形、圆肾形、线形，或上端弯钩形，或马蹄形，囊群盖生于小脉一侧或两侧；根茎被密筛孔型鳞片……16. 蹄盖蕨科Athyriaceae

26b. 孢子囊群无盖；囊群线形，沿侧脉分布……15. 裸子蕨科Hemionitidaceae

1b. 水生或沼泽生蕨类。

29a. 植物体中型；根茎短，直立；叶二型；孢子囊群生于孢子叶裂片主脉两侧，被反折的边缘包被；孢子一型……14. 水蕨科Parkeriaceae

29b. 小型蕨类；根茎细长而横走，或无根茎；孢子囊生于孢子果内，孢子二型。

30a. 浅水生或湿生；根茎细长而横走；叶由4片倒三角形的小叶排成十字形，生于长柄先端；孢子果生于叶柄基部……29. 蘋科Marsileaceae

30b. 漂浮蕨类；无根茎；单叶无柄，排成2～3列。

31a. 植物体无真正的根；3叶轮生，水面2叶长圆形，水中叶特化为须根状……30. 槐叶蘋科Salviniaceae

31b. 植物体有真正的根；叶小鳞片状，2列互生，每叶分上下裂片，上裂片漂浮水面，下裂片浸于水中……31. 满江红科Azollaceae

各论

第一章 ◆ 石杉科 Huperziaceae

小型或中型蕨类，附生或土生。茎直立或附生种类的茎柔软下垂或略下垂；具原生中柱或星芒状中柱；一至多回二叉分枝。叶小型，仅具中脉，一型或二型，无叶舌，螺旋状排列。孢子囊通常肾形，具小柄，2瓣裂，生于全枝或枝上部叶腋，或在枝顶端形成细长线形的孢子囊穗。孢子叶较小，与营养叶同形或异形。孢子球状四面体形，孢壁具孔穴状纹饰。配子体地下生，圆柱状或线形，长达数厘米，单一或不分枝。精子器和颈卵器生于原叶体背面。

共2属，广布于热带和亚热带。中国2属。山东1属。

石杉属 **Huperzia** Bernh.

小型或中型土生蕨类。茎直立；具原生中柱或星芒状中柱，二叉分枝，枝上部常有芽苞。叶小型，仅具中脉，一型；线形或披针形，螺旋状排列，常草质，无光泽，全缘或具锯齿。孢子叶较小。孢子囊生在全枝或枝上部孢子叶腋，肾形，2瓣裂。孢子球状四面体形，极面观钝三角形，三边内凹，赤道面观扇形。染色体基数常为x=11。

本属约100种，分布于热带和亚热带，温带也有。中国25种1变种。山东1种。

1. 蛇足石杉 千层塔

图1-1-1-1～图1-1-1-2

Huperzia serrata (Thunb.) Trev.

Lycopodium serratum Thunb.

多年生土生蕨类。茎直立或斜生，高10～30cm，中部直径1.5～3.5mm，枝连叶宽1.5～4cm，二至四回2叉分枝，枝上部常有芽孢。叶螺旋状排列，疏生，平伸，窄椭圆形，向基部明显变窄，通直，长1～3cm，宽1～8mm，基部楔形，下延具柄，先端尖或渐尖，边缘平直，有粗大或略小而不整齐的尖齿，两面光滑，有光泽，中脉突出，薄革质。孢子叶与营养叶同形；孢子囊生于孢子叶的叶腋，两端露出，肾形，黄色。

产山东崂山。生林下灌丛中。

国内分布于东北、陕西及长江以南各省区。日本、朝鲜半岛、俄罗斯也有分布。

药用全草。味苦、辛、微甘，性平，有小毒。散瘀消肿，止血生肌，清热解毒，镇痛，灭虱。主治跌打损伤，瘀血肿痛，坐骨神经痛，神经性头痛，劳伤出血，尿血，痔疮下血，白带，溃疡久不收口，烧烫伤。民间用以灭虱，灭臭虫，治疗蛇咬伤等。

植株含千层塔尼醇、托何醇、托何宁醇等。所含石杉碱甲（Huperzine A）具有抑制乙酰胆碱酯酶作用，用于治疗阿尔茨海默病（Alzheimer's disease，AD）、血管性痴呆（Vascular dementia，VD），预防和治疗多发性脑梗死性痴呆（MID）等。

图 1-1-1-1　**蛇足石杉 Huperzia serrata** (Thunb.) Trev.

1. 植株　2. 孢子叶（背面）　3. 孢子叶（腹面）　4. 孢子囊（引自《中国植物志》）

图 1-1-1-2　蛇足石杉

第二章 ◆ 卷柏科 Selaginellaceae

土生或石生，常绿或夏绿，通常为多年生石松类。茎内具原生中柱或管状中柱，单一或二叉分枝；根托生分枝腋部，从远轴面或近轴面生出，沿茎和枝遍体通生，或只生茎下部或基部。主茎直立或长匍匐，或短匍匐，后直立，多次分枝，或具明显不分枝的主茎，上部呈叶状的复合分枝系统，有时攀援生长。叶螺旋状排列或排成4行，单叶，具舌叶，主茎上的叶通常排列稀疏，一型或二型；分枝背腹扁，近轴面称腹面，通常叶成4行排列，中间两排称中叶，两侧两排称侧叶，中叶、侧叶二型，交互排列；远轴面称背面，叶两排，称侧叶（分枝腹面侧叶的背面观），一型。孢子叶穗生茎或枝先端，或侧生于小枝上端，紧密或疏松，四棱形或扁，偶呈圆柱形；孢子叶4行排列，一型或二型，孢子叶二型时通常倒置，和营养叶的中叶对应的上侧孢子叶大，长过和侧叶对应的下侧孢子叶，少有正置。孢子囊近轴面生于叶腋内叶舌的上方，二型，在孢子叶穗上各式排布；每个大孢子囊内有4个大孢子，偶有1个或多个；每个小孢子囊内小孢子100个以上。孢子表面纹饰多样，大孢子直径200～600μm，小孢子直径20～60μm。

单属科。

卷柏属 **Selaginella** P. Beauv.

属的形态特征同科。

本属约700种，全世界广布，主产热带地区。中国60～70种，分布全国各地。山东8种。

分种检索表

1a. 植株莲座状，干旱时拳卷。

  2a. 中叶和侧叶的叶缘具尖细齿……1. **卷柏S. tamariscina**

  2b. 中叶和侧叶的叶缘无细齿，中叶的叶缘反卷，侧叶上侧边缘棕褐色，膜质，撕裂状……2. **垫状卷柏S. pulvinata**

1b. 植株非莲座状。

  3a. 主茎直立，紫红色……3. **旱生卷柏S. stauntoniana**

  3b. 茎匍匐；根托生于茎枝各部。

    4a. 孢子叶排列紧密，孢子叶穗呈四棱形；孢子叶和营养叶不同形。

      5a. 植株干后叶不卷缩；中叶具细齿……4. **蔓出卷柏S. davidii**

      5b. 植株干后叶卷缩；叶缘具睫毛。

        6a. 茎枝鲜红色；侧叶反折；上侧基部具有稀疏睫毛，余全缘……5. **鹿角卷柏S. rossii**

6b. 茎枝禾秆色；侧叶不反折；叶缘具睫毛.................................. 6. **中华卷柏S. sinensis**

4b. 孢子叶排列较疏散，孢子叶穗疏散，不呈四棱形；孢子叶和营养叶同形或近同形。

7a. 孢子叶穗背腹略扁；孢子叶二型，和营养叶同大，相对应，上侧的较下侧的小..........
.... 7. **伏地卷柏S. nipponica**

7b. 孢子叶穗圆柱形；孢子叶较营养叶小，一型.................................. 8. **小卷柏S. helvetica**

1. 卷柏 还魂草 九死还魂草

图2-1-1-1～图2-1-1-3

Selaginella tamariscina (P. Beauv.) Spring

Stachygynandrum tamariscinum P. Beauv.

土生或石生，复苏蕨类，呈垫状。根托生于茎的基部，长0.5～3cm，直径0.3～1.8mm，根多分叉，密被毛，和茎及分枝密集形成树状主干，有时高达数十厘米。主茎自中部开始羽状分枝或不等二叉分枝，禾秆色或棕色，不分枝的主茎高10～25cm，圆柱状，无沟槽，光滑，内具维管束1条；侧枝2～5对，二至三回羽状分枝，小枝稀疏，规则，分枝无毛，背腹扁；腹面生鳞片状叶四排，中叶和侧叶各两排，交互排列，二型，叶质厚，光滑，边缘具白边。主茎上的叶较小枝上的略大，覆瓦状排列，绿色或棕色，边缘有细齿；分枝上的腋叶对称，卵形，卵状三角形或椭圆形，长0.8～2.6mm，边缘有细齿，黑褐色。中叶不对称，小枝上的椭圆形，长1.5～2.5mm，覆瓦状排列，背部非龙骨状，先端具芒，外展或与轴平行，基部平截，边缘有细齿（基部有短睫毛）；侧叶不对称，小枝上的卵形至三角形或矩圆状卵形，略斜生，重叠，长1.5～2.5mm，先端具芒，基部上侧扩大，覆盖小枝，基部上侧边缘撕裂状或具细齿，下侧边近全缘，基部有细齿或具睫毛，反卷。孢子叶穗紧密，四棱柱形，单生于小枝末端，1.2～1.5cm；孢子叶一型，卵状三角形，边缘有细齿，具膜质透明白边，先端有尖头或具芒；大孢子叶在孢子叶穗上下两面不规则排列。大孢子浅黄色，球状四面体形，辐射对称，三裂缝。极面观和赤道面观均为圆球形。孢壁具瘤状突起，其表面具细颗粒状纹饰；小孢子橘红色，辐射对称，三裂缝。极面观和赤道面观均为球状四面体形。孢壁具瘤状或瘤块状突起，其表面具细颗粒状纹饰。

产山东昆嵛山、崂山、牙山、艾山、正棋山、里口山、石岛、泰山、蒙山、塔山、莲花山、沂山、鲁山、曲阜、莱芜、沂源、济南南部山区。

国内分布于东北、华北及南方各省区。俄罗斯西伯利亚、朝鲜半岛、日本也有分布。

2020年版《中国药典》收载，药用全草，称卷柏。味辛，性平。归肝、心经。活血通经。主治经闭痛经，癥瘕痞块，跌扑损伤。卷柏炭化瘀止血，主治吐血，崩漏，便血，脱肛。

植株含黄酮类、苯丙素类、生物碱类、有机酸类等。能提高免疫力、抑菌抗炎、对血液系统产生影响、抗肿瘤等。

图 2-1-1-1　**卷柏 *Selaginella tamariscina*** (P. Beauv.) Spring

1. 植株　2. 小枝一段（腹面）　3. 小枝一段（背面）　4. 孢子叶穗
5. 侧叶　6. 中叶　7. 孢子叶（引自《中国植物志》）

图 2-1-1-2　卷柏

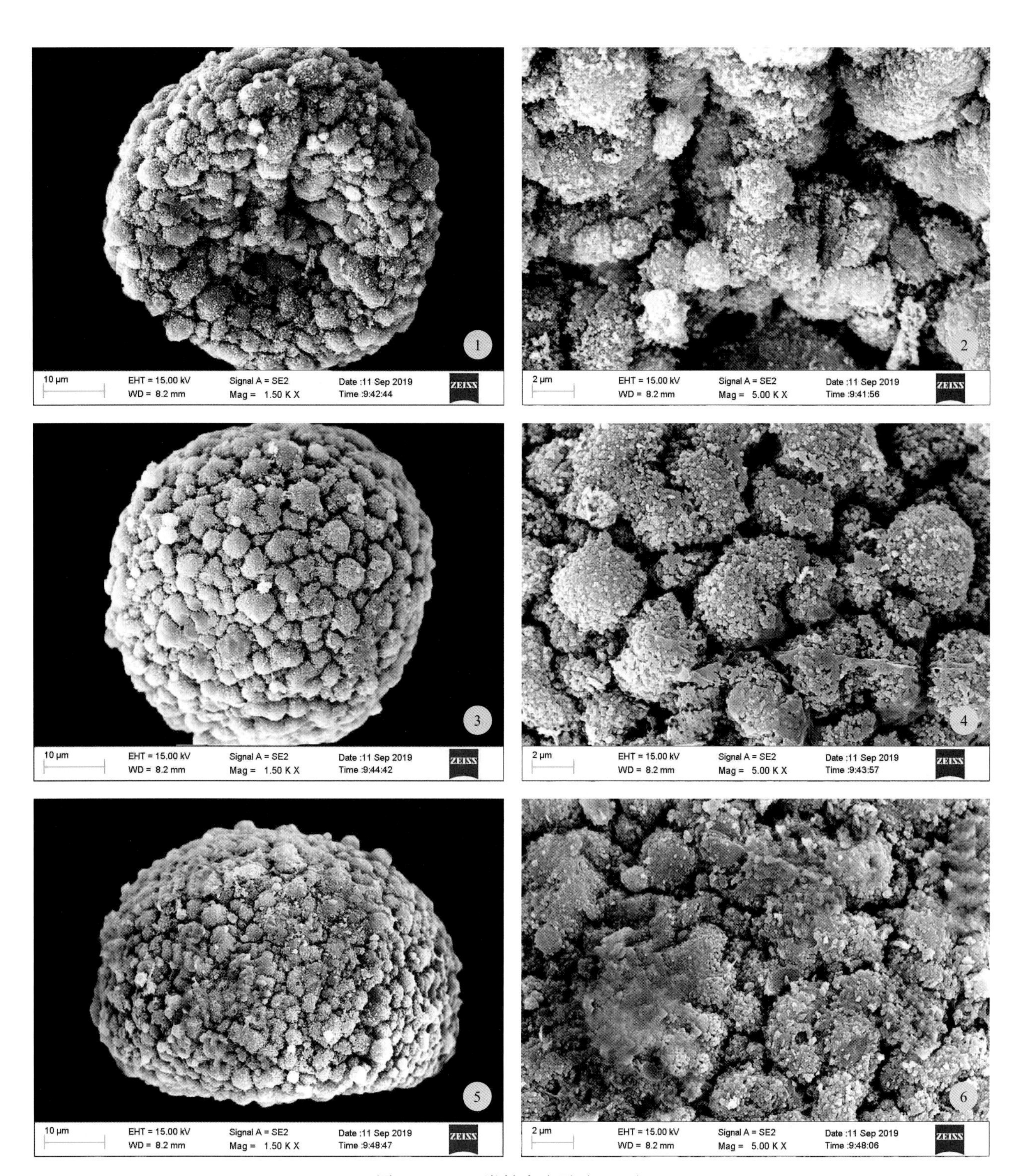

图 2-1-1-3A　卷柏大孢子（SEM）

1 ～ 2. 近极面　3 ～ 4. 远极面　5 ～ 6. 赤道面

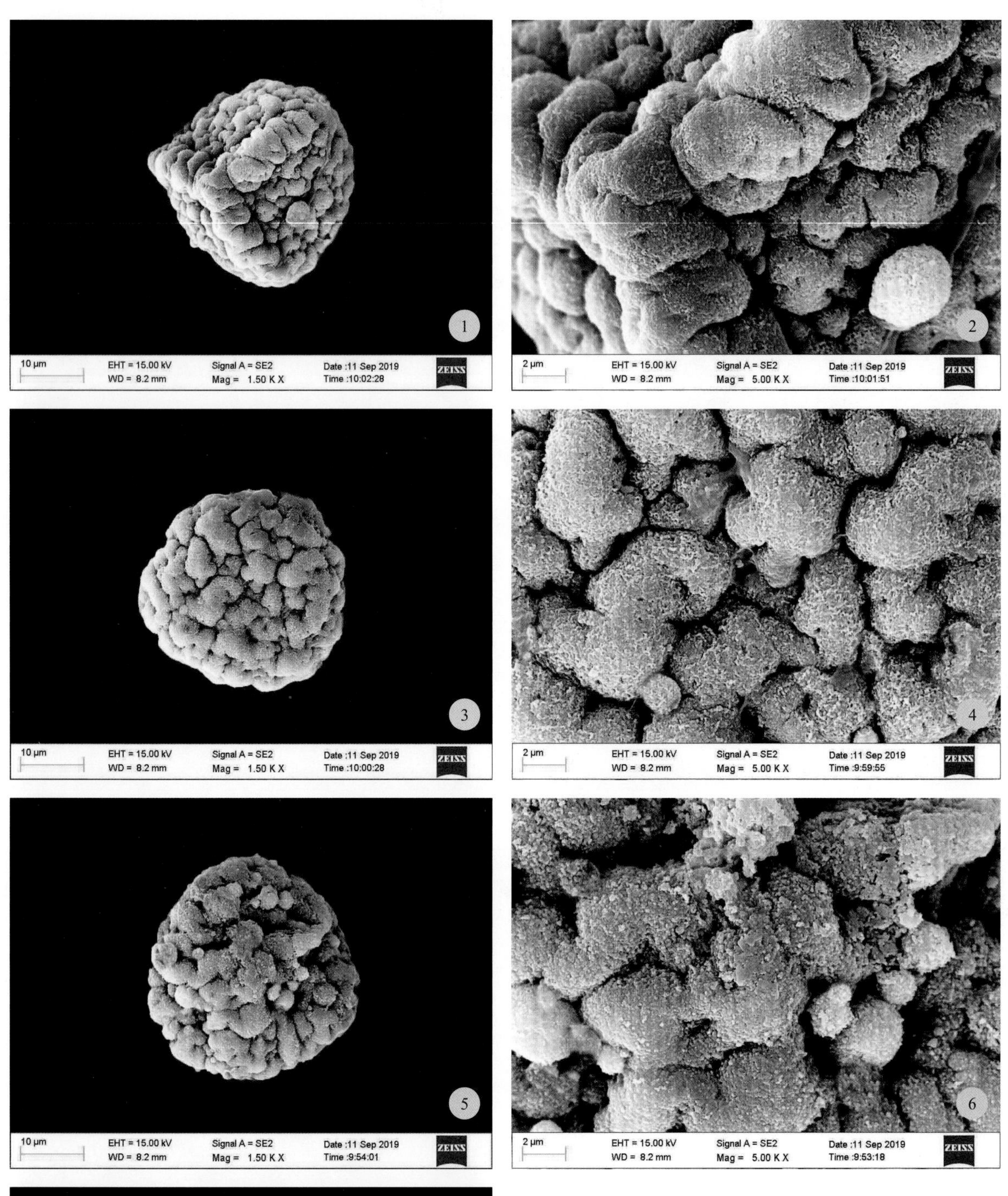

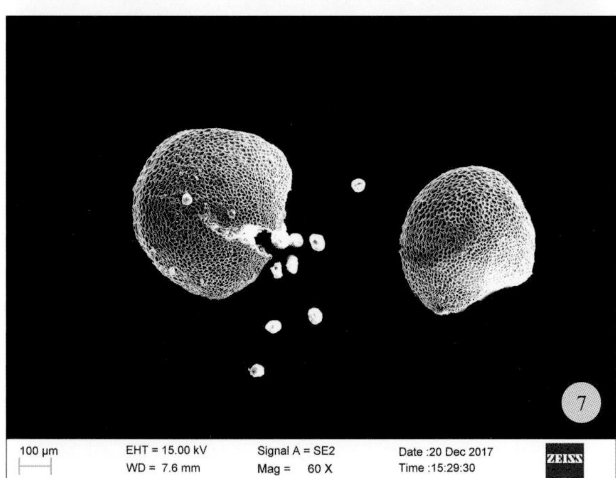

图 2-1-1-3B　卷柏小孢子（SEM）

1～2. 近极面　3～4. 远极面　5～6. 赤道面　7. 小孢子囊和小孢子

2. 垫状卷柏

图2-1-2-1～图2-1-2-3

Selaginella pulvinata (Hook. et Grev.) Maxim.

Lycopodium pulvinatum Hook. et Grev.

土生或石生，旱生复苏蕨类，呈垫状，无匍匐根茎或游走茎。根托生于茎基部，长2～4cm，直径0.2～0.4mm，根多分叉，密被毛，茎及分枝密集形成树状主干。主茎自近基部羽状分枝，非“之”字形，禾秆色或棕色，主茎下部直径1mm，无沟槽，光滑，维管束1条；侧枝4～7对，二至三回羽状分枝，小枝排列紧密，主茎上相邻分枝相距约1cm，分枝无毛，背腹扁，主茎在分枝部分中部连叶宽2.2～2.4mm，末回分枝连叶宽1.2～1.6mm。叶交互排列，二型，叶质厚，光滑，无白边；主茎的叶略大于分枝的叶，重叠，绿或棕色，斜升，边缘撕裂状。分枝的腋叶对称，卵圆形或三角形，长约2.5mm，宽约1mm，边缘撕裂状并具睫毛。小枝的叶斜卵形或三角形，长2.8～3.1mm，宽0.9～1.2mm, 覆瓦状排列，背部非龙骨状，先端具芒，基部平截（具簇毛），边缘撕裂状，并外卷。小枝上的叶距圆形，略斜升，长2.9～3.2mm，先端具芒，边缘全缘，基部上侧扩大，加宽，覆盖小枝，基部上侧边缘不为全缘，撕裂状，基部下侧非耳状，边缘非全缘，呈撕裂状，下侧边缘内卷。孢子叶穗紧密，四棱柱形，单生于小枝末端，长10～20mm，直径1.5～2.0mm；孢子叶一型，无白边，边缘撕裂状，具睫毛；大孢子叶分布于孢子叶穗下部下侧或中部下侧或上部下侧。大孢子为球状四面体形，黄白色或深褐色，三裂缝。孢壁具瘤块状突起，其表面具波纹状纹饰；小孢子浅黄色，为球状四面体形，孢壁具瘤状或瘤块状突起，其表面具波纹状纹饰。

产山东莒南、石岛。生石灰岩上，海拔1000～3000m。

国内分布于黑龙江、吉林、辽宁、河北、山西、河南、陕西、甘肃、台湾、福建、江西、广西、贵州、四川、云南及西藏。蒙古、俄罗斯西伯利亚、朝鲜半岛、日本、印度北部、越南、泰国也有分布。

2020年版《中国药典》收载，药用全草，称卷柏。味辛，性平。归肝、心经。活血通经。主治经闭痛经，癥瘕痞块，跌扑损伤。卷柏炭化瘀止血，主治吐血，崩漏，便血，脱肛。

含双黄酮、Selaginellin衍生物、 甾体、 多糖、 氨基酸、 鞣质等。 该植物所含Selaginellin、Selaginellin A具有较好的抗菌活性。

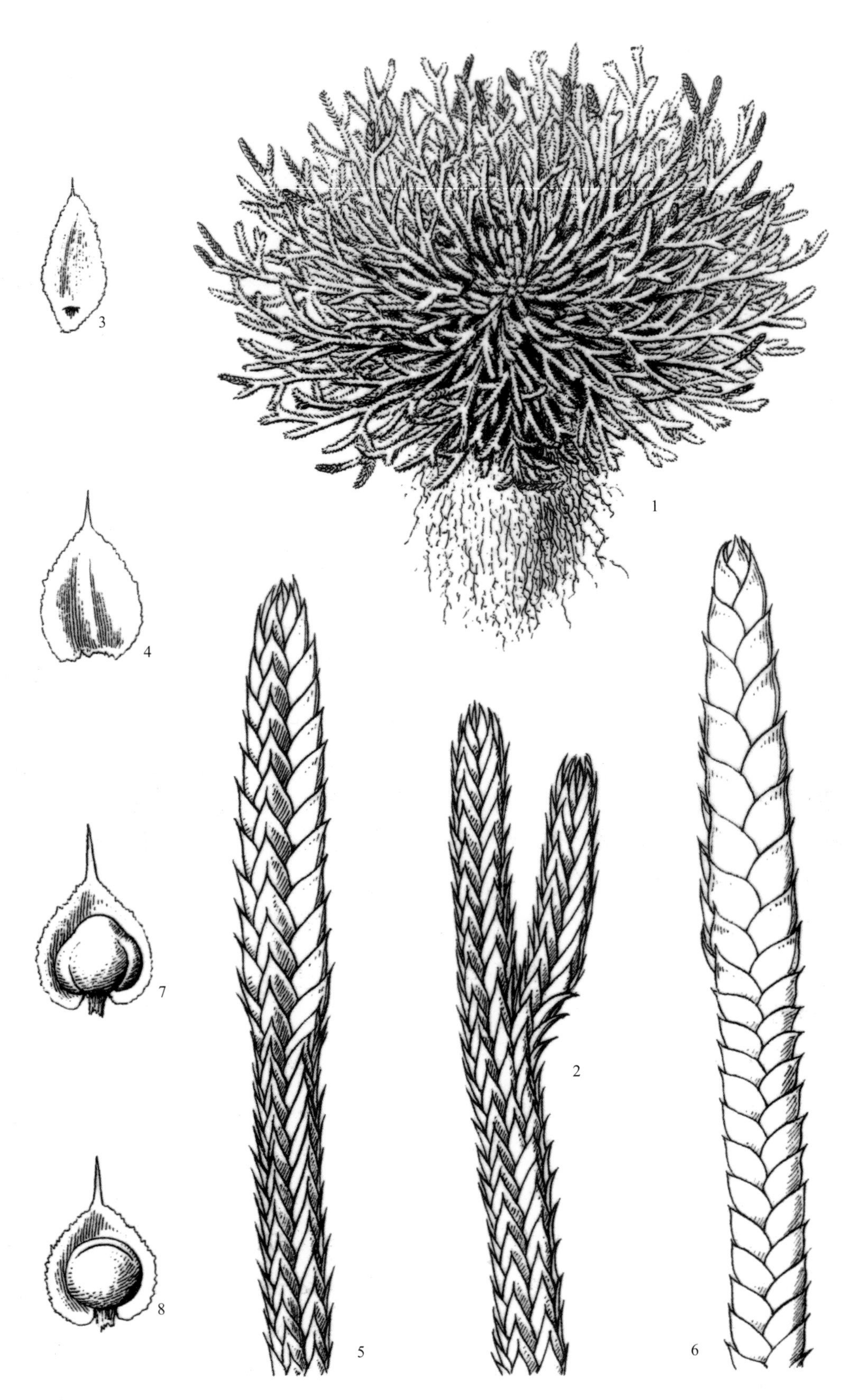

图 2-1-2-1　**垫状卷柏 Selaginella pulvinata** (Hook. et Grev.) Maxim.

1. 植株　2. 营养枝（腹面）　3. 中叶　4. 侧叶　5. 能育枝（腹面）
6. 能育枝（背面）　7. 大孢子叶　8. 小孢子叶（引自《中国植物志》）

图 2-1-2-2　垫状卷柏

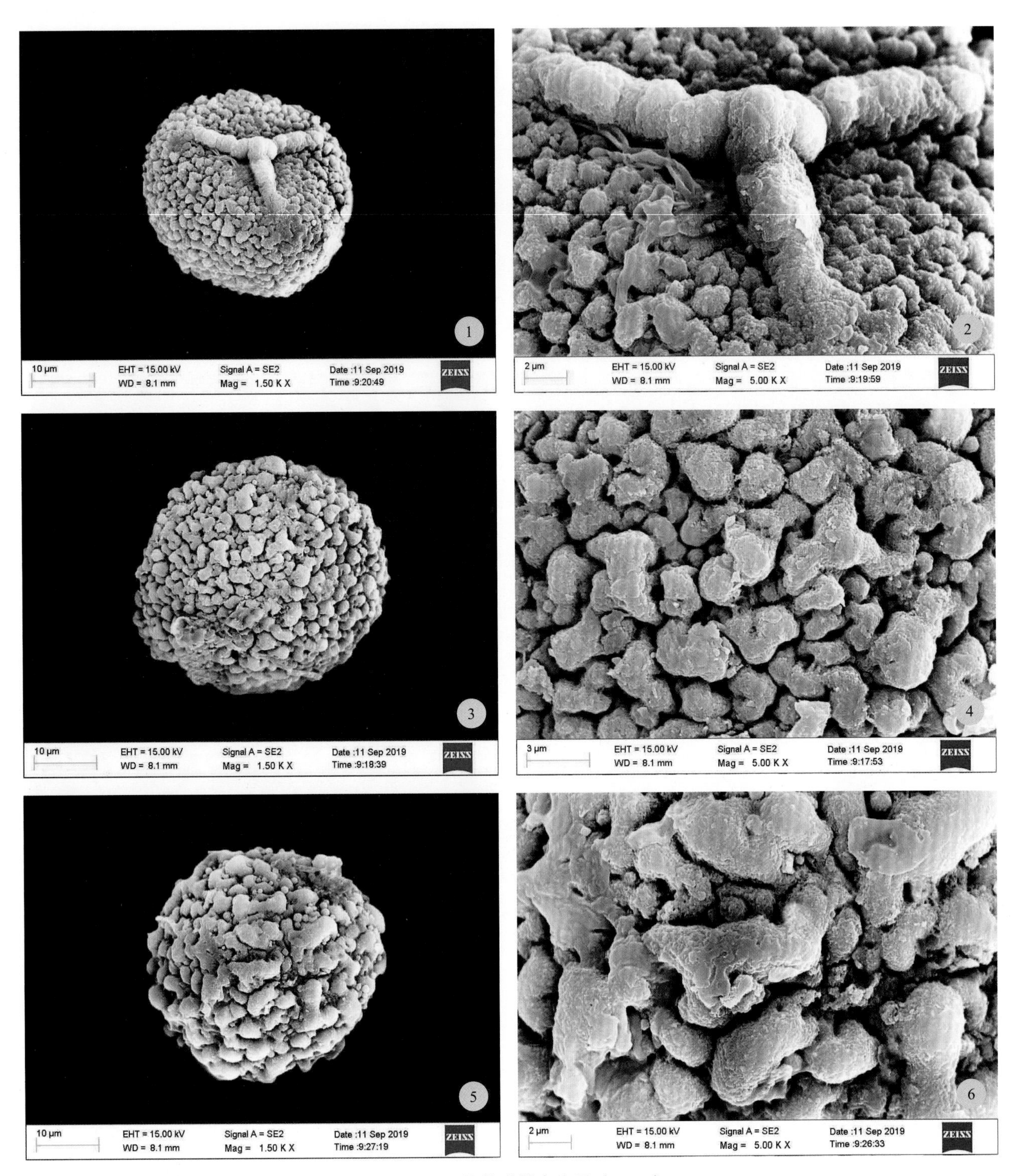

图 2-1-2-3A　垫状卷柏大孢子（SEM）

1 ～ 2. 近极面　3 ～ 4. 远极面　5 ～ 6. 赤道面

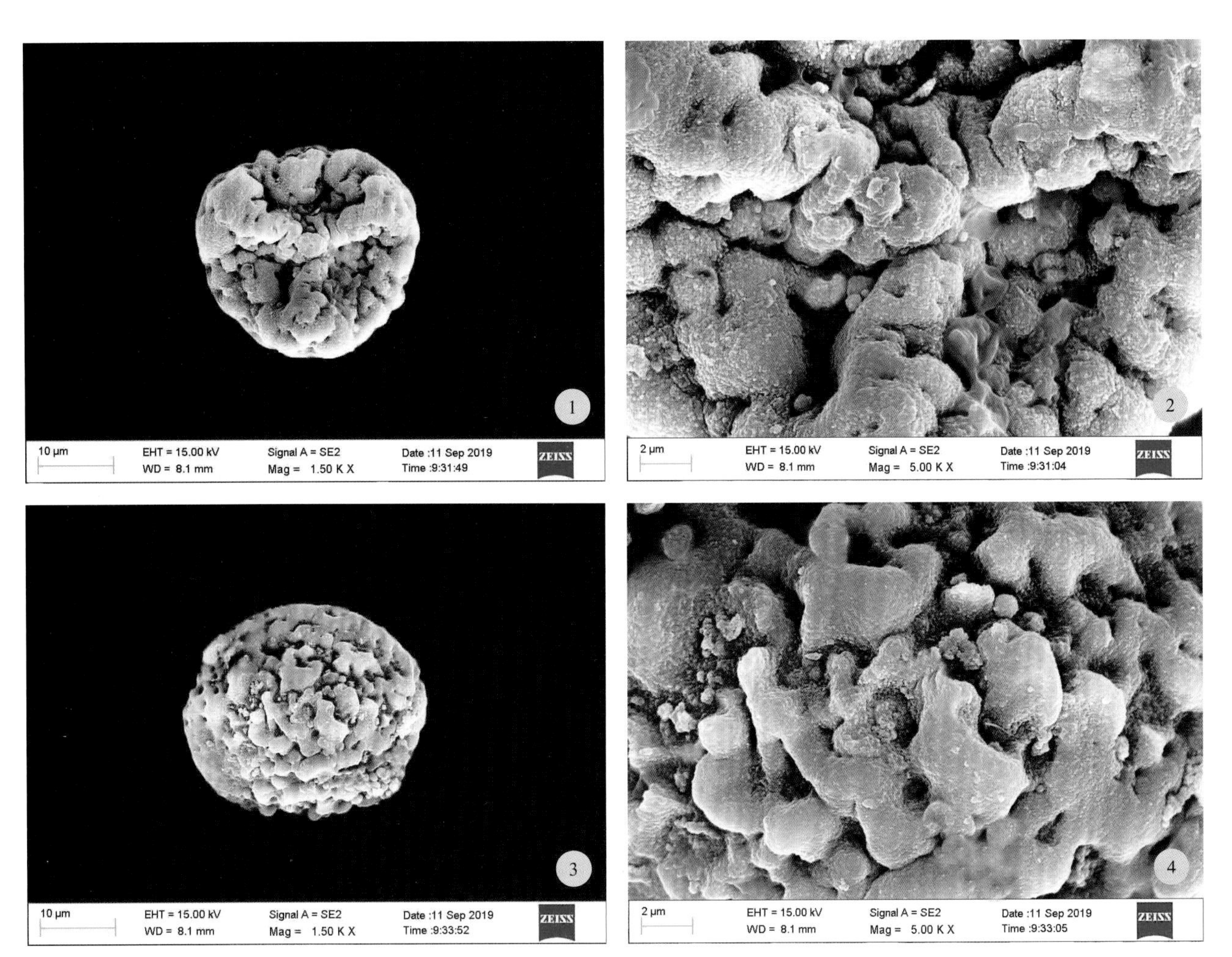

图 2-1-2-3B　垫状卷柏小孢子（SEM）

1～2. 近极面　3～4. 远极面

3. 旱生卷柏

图2-1-3-1～图2-1-3-3

Selaginella stauntoniana Spring

石生或旱生。植株直立，高12～28cm。根茎横走，其上生鳞片状红褐色的叶。根托只生横走茎上，长0.5～1.5cm，直径0.3～0.5mm，根多分叉，密被毛。主茎上部分枝或自下部开始分枝，分枝羽状，非“之”字形，无关节，紫红色或褐色，不分枝主茎高5～20cm，主茎下部直径0.8～2mm，圆柱状，不具沟槽，内具维管束1条；侧枝3～5对，二至三回羽状分枝，小枝规则，主茎相邻分枝相距1.4～3.4cm，分枝无毛，背腹扁，末回分枝连叶宽1.8～3.2mm。叶鳞片状，交互排列（除不分枝主茎上的叶外），二型（除不分枝主茎上的叶外），叶质厚，表面光滑，边缘不为全缘，不具白边；不分枝主茎上的叶排列紧密，一型，棕色或红色，卵状披针形，鞘状，基部盾状，紧贴，边缘撕裂状；分枝上的腋叶略不对称，三角形，长1.0～1.7mm，边缘膜质，撕裂状；中叶不对称，长1.0～1.7mm，卵状椭圆形，覆瓦状排列，背部不呈龙骨状，先端与轴平行，具芒，基部平截，全缘或近全缘，略反卷；侧叶不对称，主茎上的侧叶大于分枝上的，分枝上的侧叶斜卵形或斜长圆形，略斜生，排列紧密，长1.4～2.2mm，先端具芒，上侧基部圆，覆盖茎枝，上侧边缘非全缘，透明膜质，具细齿；下侧全缘（仅基部有一根睫毛）。孢子叶穗紧密，四棱柱形，单生于小枝末端，长5～20mm；孢子叶一型，卵状三角形，边缘膜质撕裂或撕裂状具睫毛，透明，先端具长尖头或具芒，龙骨状。大孢子叶和小孢子叶在孢子叶穗上相间排列，或大孢子叶分布于中部下侧，或散布于孢子叶穗的下侧。大孢子橘黄色，球状四面体形，辐射对称，三裂缝，近极面观和赤道面观均为圆球形，孢壁具疣状或粗颗粒状纹饰；小孢子橘黄色或橘红色，辐射对称，三裂缝，极面观和赤道面观均为圆球形，孢壁具颗粒状纹饰。

产山东昆嵛山、牙山、艾山、正棋山、里口山、石岛、泰山、蒙山、塔山、沂山、鲁山、济南南部山区（黄石崖、西营云梯山）、沂源。

国内分布于吉林、辽宁、河北、陕西、宁夏、台湾。朝鲜半岛也有分布。

药用全草。活血散瘀，凉血止血。主治便血、尿血、子宫出血、跌打损伤、瘀血作痛等症。

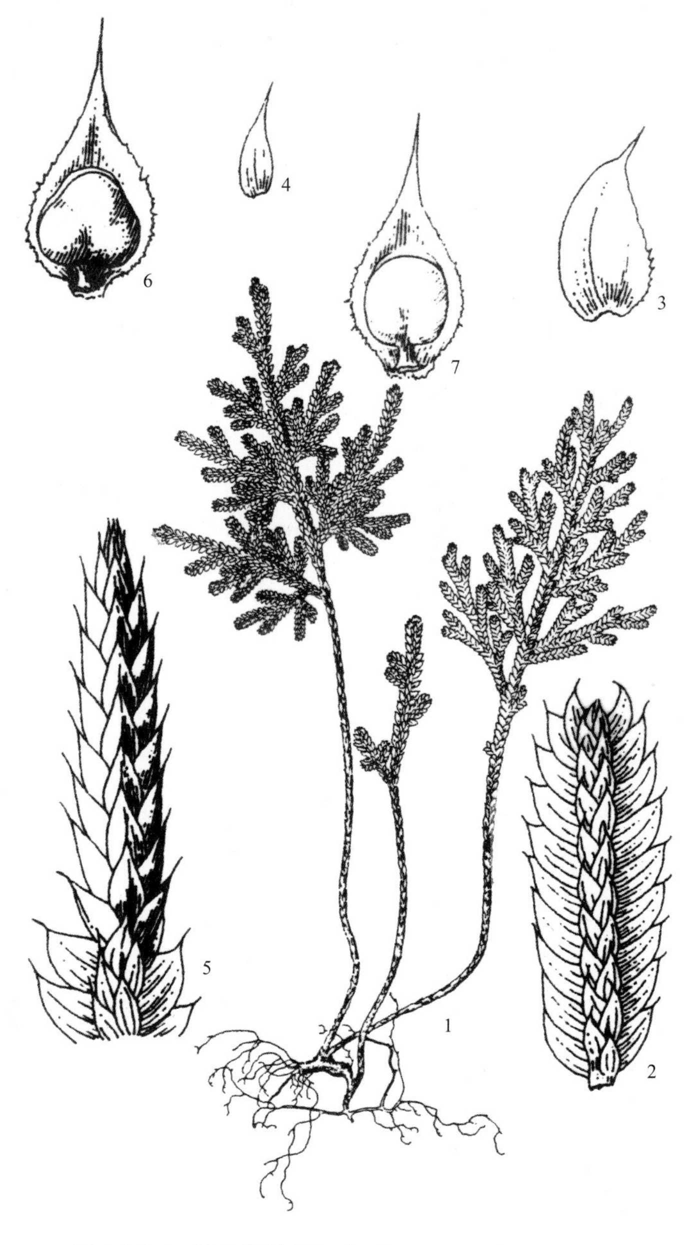

图 2-1-3-1　**旱生卷柏 *Selaginella stauntoniana*** Spring

1. 植株　2. 小枝一段（腹面）　3. 侧叶　4. 中叶　5. 孢子叶穗（腹面）　6. 大孢子叶　7. 小孢子叶

图 2-1-3-2　旱生卷柏

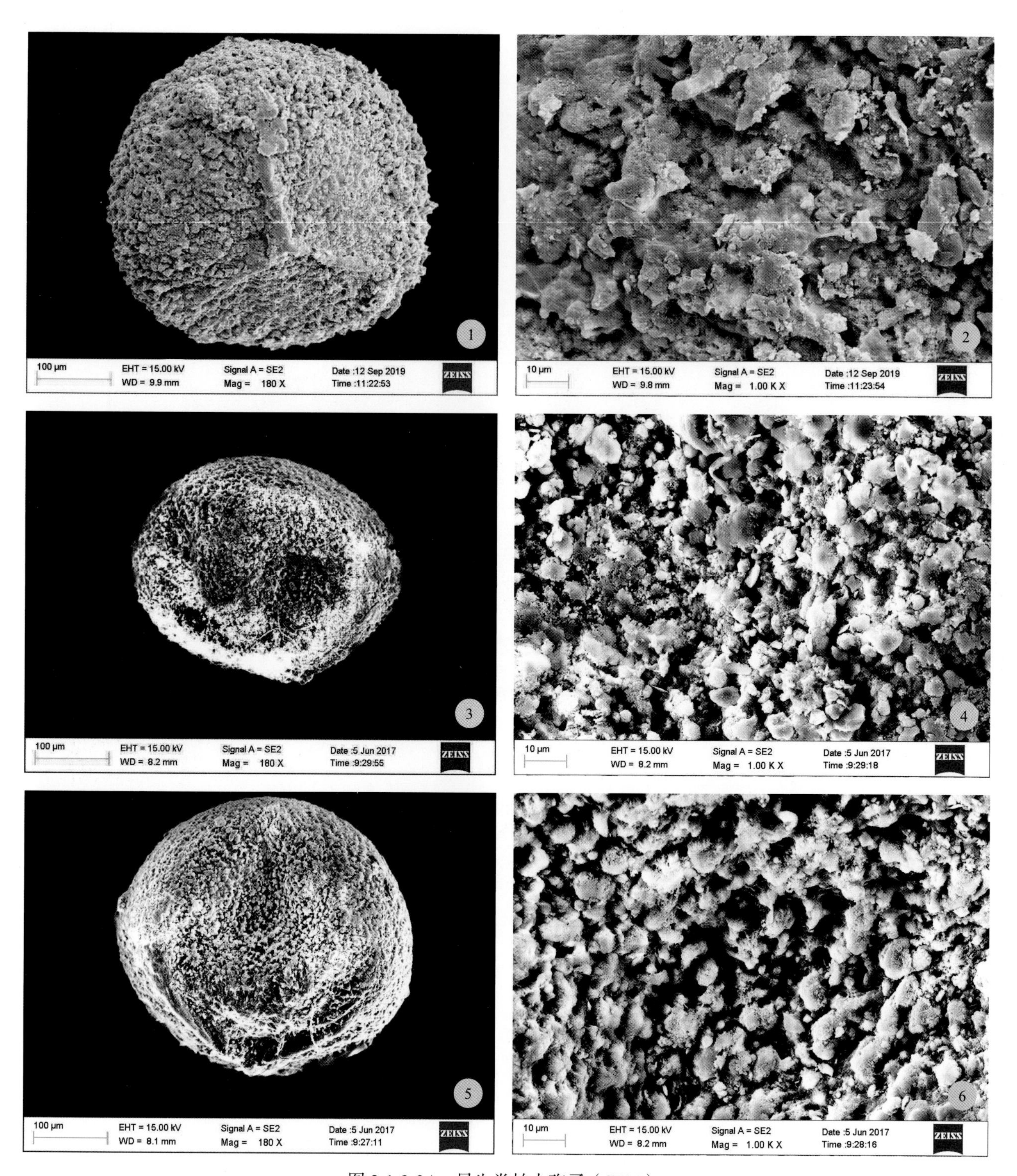

图 2-1-3-3A　旱生卷柏大孢子（SEM）

1～2. 近极面　3～6. 赤道面

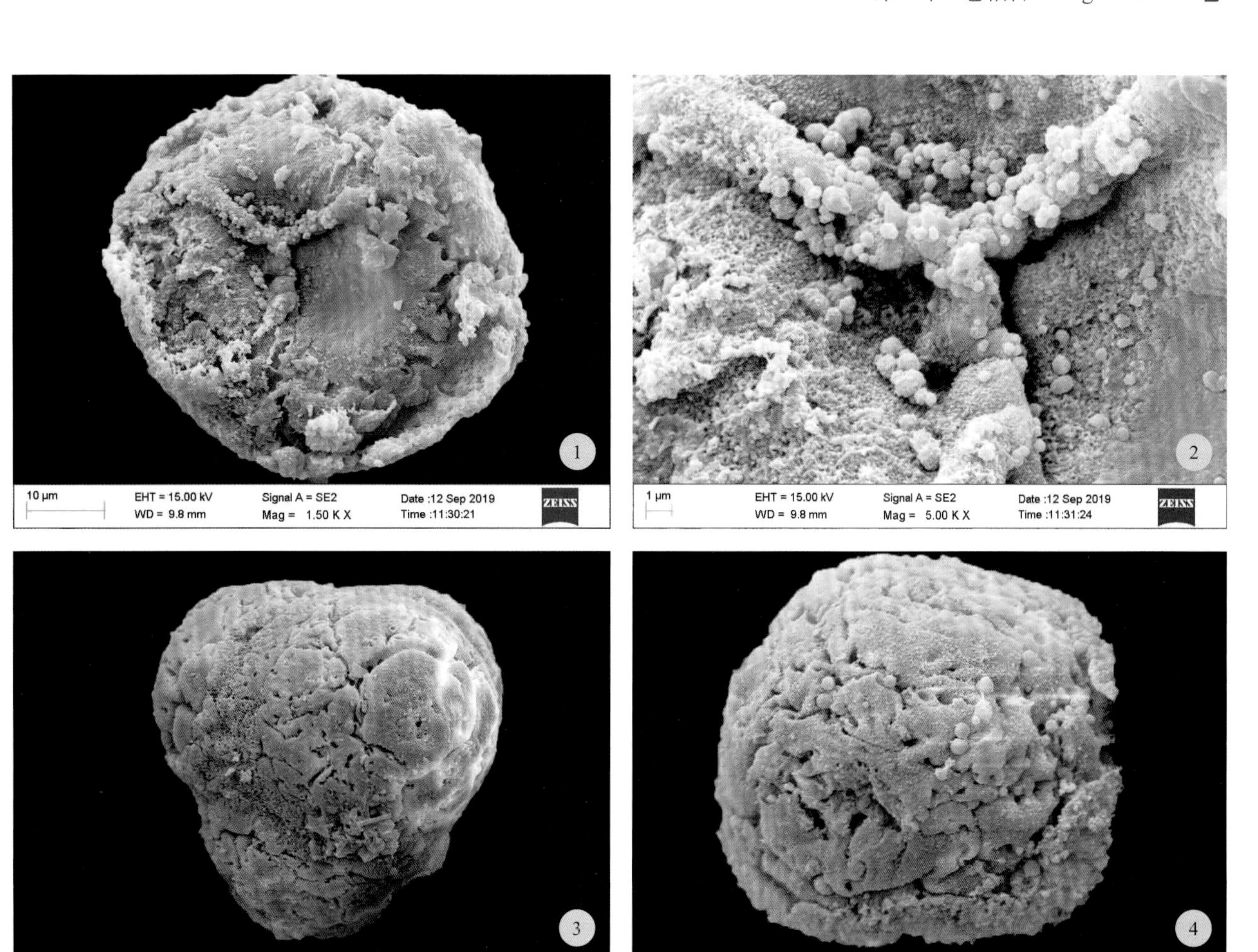

图 2-1-3-3B　旱生卷柏小孢子（SEM）

1～2. 近极面　3. 孢子四分体　4. 远极面

4. 蔓出卷柏 蔓生卷柏 小过江龙

图2-1-4-1～图2-1-4-3

Selaginella davidii Franch.

土生或石生。植株匍匐，长5～15cm。无横走根茎或游走茎。根托在主茎上断续着生，自主茎分叉处下方生出，长0.5～5cm，纤细，直径0.1～0.2mm，根多少分叉，被毛。主茎通体羽状分枝，禾秆色，主茎下部径0.2～0.4mm，近方形，具沟槽，无毛，内具维管束1条；侧枝3～6对，一回羽状分枝，分枝稀疏，主茎分枝相距1～2cm，分枝无毛，背腹扁，主茎分枝中部连叶宽4.4～5mm，末回分枝连叶宽3.6～4.2mm。叶鳞片状，交互排列，二型，草质，光滑，明显具白边，主茎上的叶排列紧密，较分枝上的大，绿色或黄色，边缘具细齿；分枝上的腋叶对称或不对称，卵状披针形，长1.6～2.0mm，近全缘或具微齿；中叶不对称，主茎上的叶明显大于侧枝上的，侧枝上的斜卵形，1.2～1.6mm，排列紧密或呈覆瓦状排列（小枝先端部分），先端常向后弯曲，先端具芒，基部近心形，具细齿或基部具短缘毛，略反卷；侧叶不对称，主茎上的侧叶明显大于分枝上的，分枝上的长圆状卵形（干后向后反卷），外展或略反折，长1.6～2.2mm，先端尖或钝，具微齿，上侧基部扩大，加宽，覆盖小枝，上侧基部边缘近全缘，具微齿，下侧具微齿。孢子叶穗紧密，四棱柱形，单生于小枝末端，长3.0～11mm，直径2.1～2.6mm；孢子叶一型，卵圆形，边缘有细齿，具白边，先端具芒，锐龙骨状；孢子叶穗基部下侧有一个大孢子叶，有时大、小孢子叶相间排列。大孢子黑色，球状四面体形，辐射对称，三裂缝，极面观和赤道面观均为类圆球形，孢壁具粗刺状或柱状纹饰；小孢子橘黄色，球状四面体形，辐射对称，三裂缝，极面观和赤道面观均为钝三角状圆球形，孢壁具粗刺状或瘤状突起，突起间具颗粒状纹饰。

产山东胶东地区、蒙山、泰山、沂山。

国内分布于华北、西北、长江及各省区山地。

药用全草。味苦、涩、微辛，性温。舒筋活络。主治风湿性关节炎，筋骨疼痛。

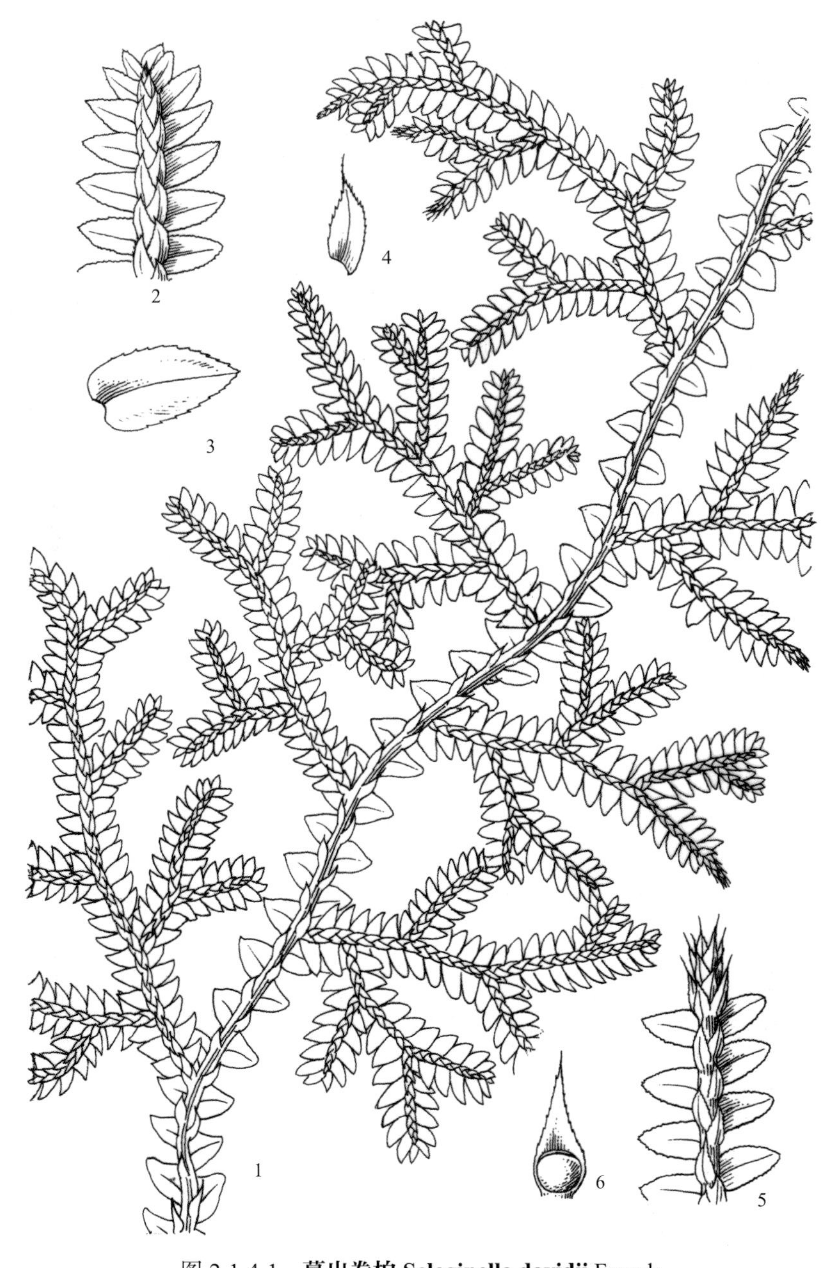

图 2-1-4-1　**蔓出卷柏 *Selaginella davidii*** Franch.

1. 植株（部分）　2. 小枝一段（腹面）　3. 侧叶　4. 中叶　5. 能育枝（腹面）　6. 小孢子叶（引自《中国植物志》）

图 2-1-4-2　蔓出卷柏

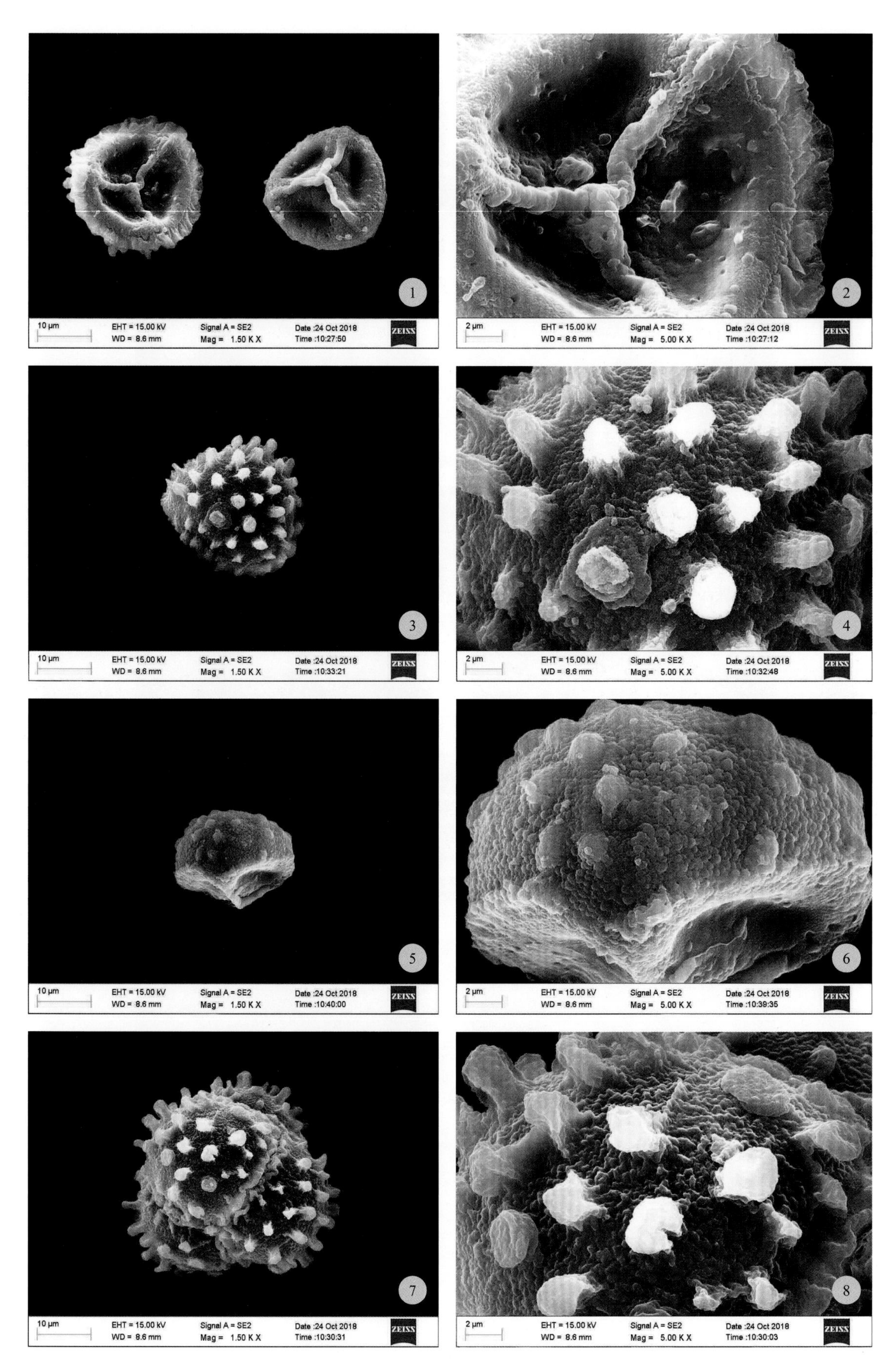

图 2-1-4-3　蔓出卷柏小孢子（SEM）

1 ～ 2. 近极面　3 ～ 4. 远极面　5 ～ 6. 赤道面　7 ～ 8. 孢子四分体

5. 鹿角卷柏

图2-1-5-1～图2-1-5-3

Selaginella rossii (Baker) Warb.

Selaginella mongholica var. *rossii* Baker

石生或旱生。植株匍匐，长10～25cm，或更长。无匍匐茎。根托在主茎上断续着生，自茎枝的分叉处上面生出，密被毛。主茎全部分枝，多少呈“之”字形，红色，主茎下部直径0.2mm，圆柱状，不具纵沟，无毛，内具维管束1条；主茎上相邻分枝相距2～3cm，分枝无毛，背腹扁，分枝中部连叶宽4～4.5mm，侧枝3～10对，1～2次分叉，分枝稀疏；末回分枝连叶宽3～4mm。鳞片状叶交互排列，二型，叶质厚，光滑，非全缘，无白边；主茎上的腋叶较分枝上的大，卵形，分枝上的腋叶对称，椭圆形，狭椭圆形或长圆形，长1.6～2.0mm，叶中部边缘撕裂状并具睫毛，向两端近全缘；中叶不对称，分枝上的卵状椭圆形或卵状斜方形，长1.4～1.6mm，紧接或覆瓦状排列，叶背呈龙骨状，先端渐尖或急尖，基部变狭，盾状，边缘略撕裂状具睫毛；侧叶不对称，分枝上的侧叶长圆形或倒卵状长圆形，通常向下反折，相距一个叶的宽度，长1.8～2.1mm，先端渐尖，上侧基部圆形，覆盖茎枝，上侧边缘下半部撕裂状并具睫毛，下侧边近全缘，内卷。孢子叶穗紧密，四棱柱形，单生于小枝末端，5.0～15mm；孢子叶一型，卵状三角形，边缘疏具睫毛，不具白边，先端急尖，锐龙骨状；大孢子叶分布于孢子叶穗下部的下侧。大孢子白色，球状四面体形，辐射对称，三裂缝。极面观类圆球形，孢壁具瘤状突起，突起表面具小颗粒状纹饰；小孢子球状四面体形，辐射对称，三裂缝。极面观具粗脊状突起，由中心向周边呈放射状排列。远极面观类圆形，孢壁具疣块状突起，表面较光滑。

产山东昆嵛山、牙山、艾山、正棋山、里口山、泰山、蒙山、塔山、莲花山、沂山、鲁山。生林下岩石上。

国内分布于黑龙江、吉林、辽宁等省。朝鲜半岛、俄罗斯也有分布。

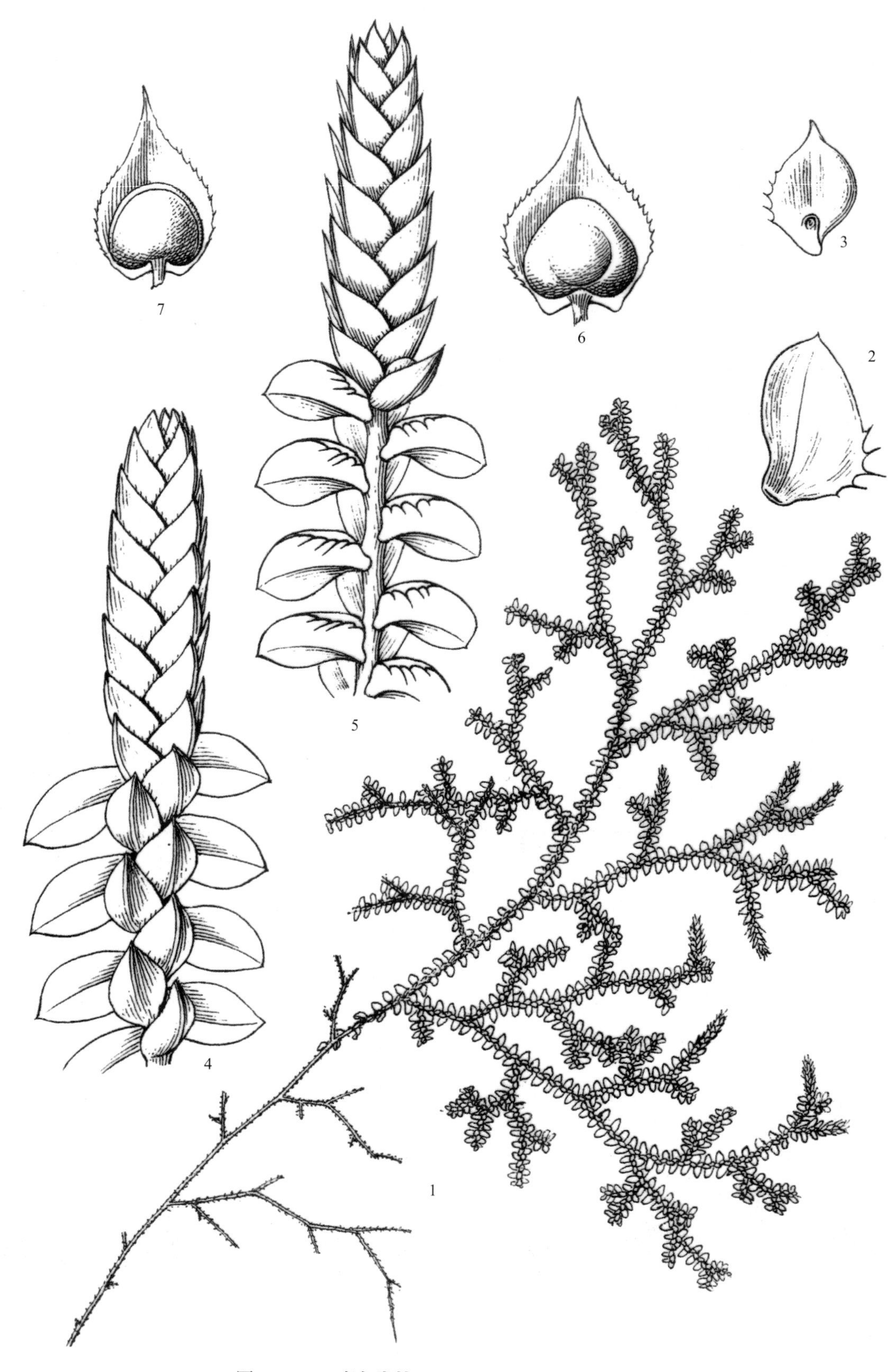

图 2-1-5-1　**鹿角卷柏 Selaginella rossii** (Baker)Warb.

1. 植株（部分）　2. 侧叶　3. 中叶　4. 孢子枝（腹面）　5. 孢子枝（背面）
6. 大孢子叶　7. 小孢子叶（引自《中国植物志》）

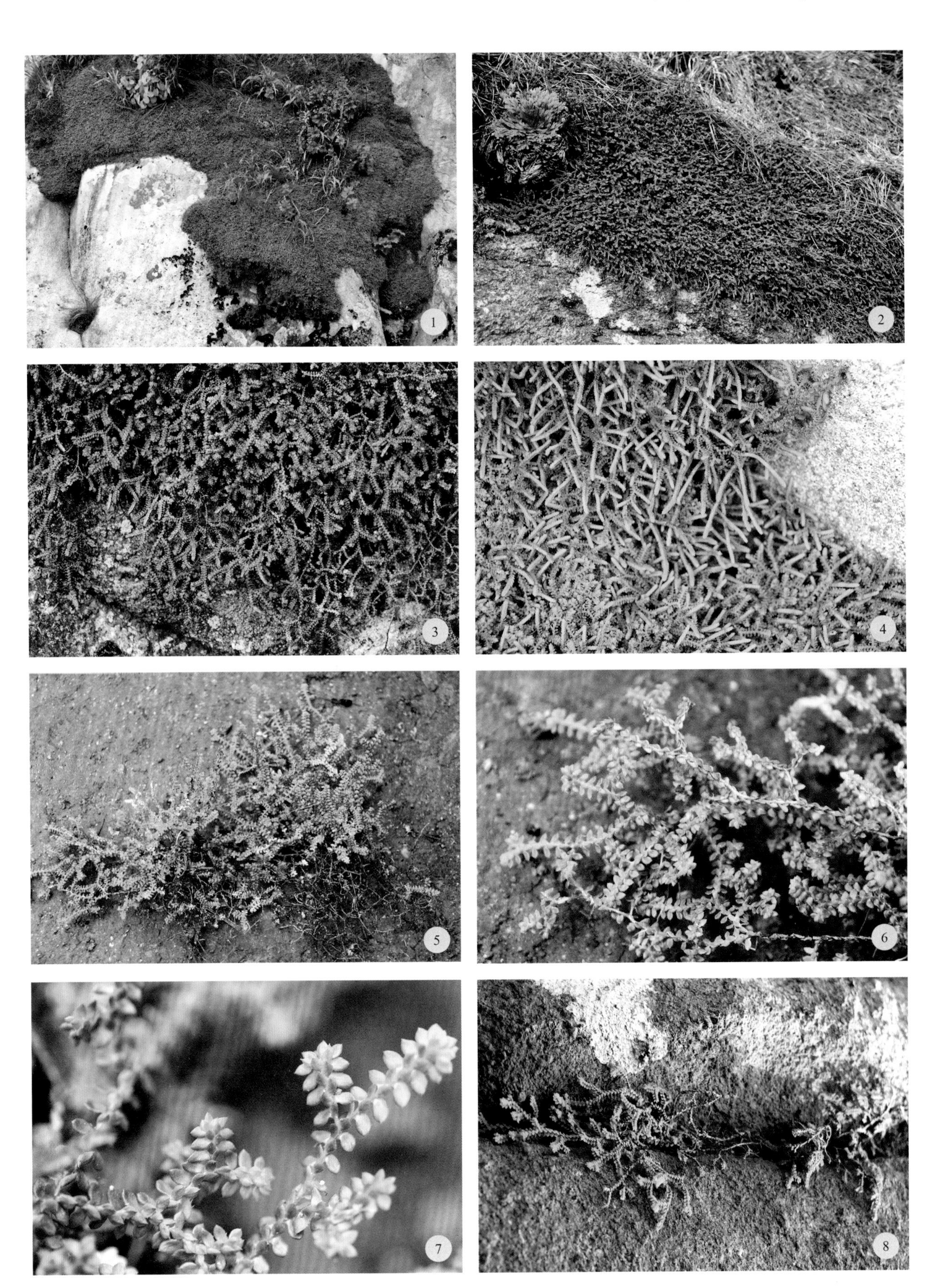

图 2-1-5-2　鹿角卷柏

图 2-1-5-3A　鹿角卷柏小孢子（SEM）

1～2. 近极面　3～4. 远极面　5～6. 赤道面　7. 孢子四分体　8. 小孢子

图 2-1-5-3B　鹿角卷柏大孢子（SEM）

1 ～ 2. 近极面

6. 中华卷柏

图2-1-6-1～图2-1-6-3

Selaginella sinensis (Desv.) Spring

Lycopodium sinense Desv.

土生或旱生。植株匍匐，15～45cm，或更长。根托在主茎上断续着生，自主茎分叉处下方生出，长2～5cm，纤细，直径0.1～0.3mm，根多分叉，光滑。主茎羽状分枝，禾秆色，主茎下部直径0.4～0.6mm，圆柱状，不具纵沟，无毛，内具维管束1条；侧枝多达10～20个，1～2次或2～3次分叉，小枝稀疏，主茎分枝相距1.5～3cm，分枝无毛，背腹扁，末回分枝连叶宽2～3mm。鳞片状叶交互排列，略二型，纸质，光滑，边缘不为全缘，具白边。分枝上的腋叶对称，窄倒卵形，长0.7～1.1mm，边缘睫毛状；中叶多少对称，卵状椭圆形，长0.6～1.2mm，排列紧密，先端尖，基部楔形，边缘具长睫毛；侧叶多少对称，略上斜，在枝的先端呈覆瓦状排列，长1～1.5mm，先端尖或钝，基部上侧不扩大，不覆盖小枝，上侧边缘具长睫毛，下侧基部略呈耳状，基部具长睫毛。孢子叶穗紧密，四棱柱形，单个或成对生于小枝末端，长5.0～12mm；孢子叶一型，卵形，边缘具睫毛，有白边，先端尖，龙骨状；只有一个大孢子叶位于孢子叶穗基部的下侧，其余均为小孢子叶。大孢子黄白色，球状四面体形，辐射对称，三裂缝。极面观和赤道面观均为圆球形。孢子表面具瘤状突起，突起表面粗糙，突起间具网状纹饰；小孢子橙红色，球状四面体形，辐射对称，三裂缝。极面观钝三角形，孢壁具瘤状突起，远极面观钝三角形，孢壁具瘤状突起，突起表面具颗粒状纹饰。

产山东昆嵛山、牙山、艾山、正棋山、里口山、石岛、泰山、蒙山、塔山、徂徕山、莲花山、沂山、鲁山、枣庄、微山县等山地丘陵，是本省分布最广的蕨类植物。

国内分布于黑龙江、吉林、辽宁、内蒙古、河北、山西、河南、陕西、宁夏、江苏、安徽、湖北及云南西北部。

药用全草。味淡、微苦，性凉。清热利湿，止血。主治肝炎，胆囊炎，痢疾，烫火伤，外伤出血。

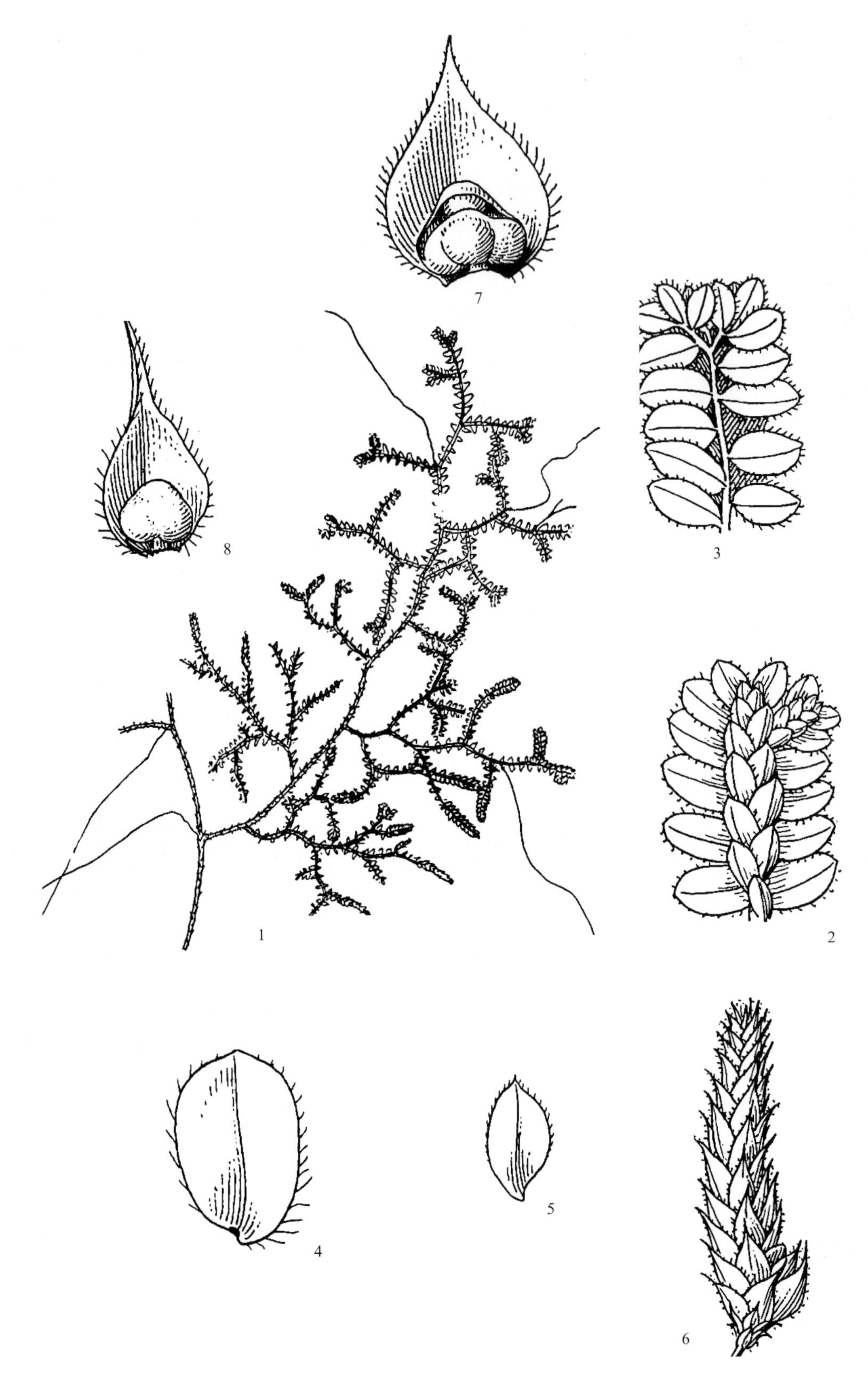

图 2-1-6-1　**中华卷柏 Selaginella sinensis** (Desv.) Spring

1. 植株（部分）　2. 小枝一段（腹面）　3. 小枝一段（背面）　4. 侧叶
5. 中叶　6. 孢子叶穗　7. 大孢子叶　8. 小孢子叶（引自《中国植物志》）

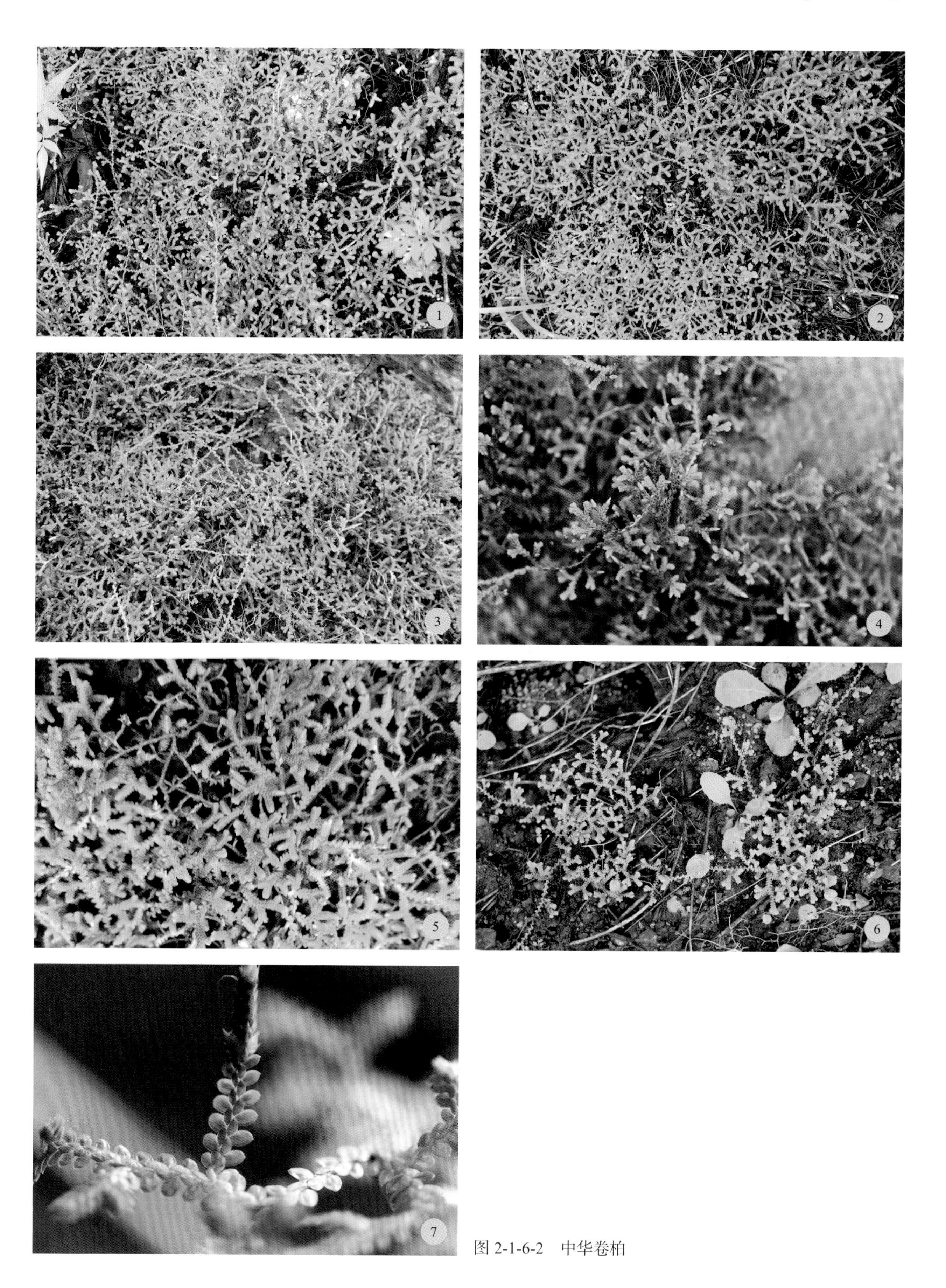

图 2-1-6-2　中华卷柏

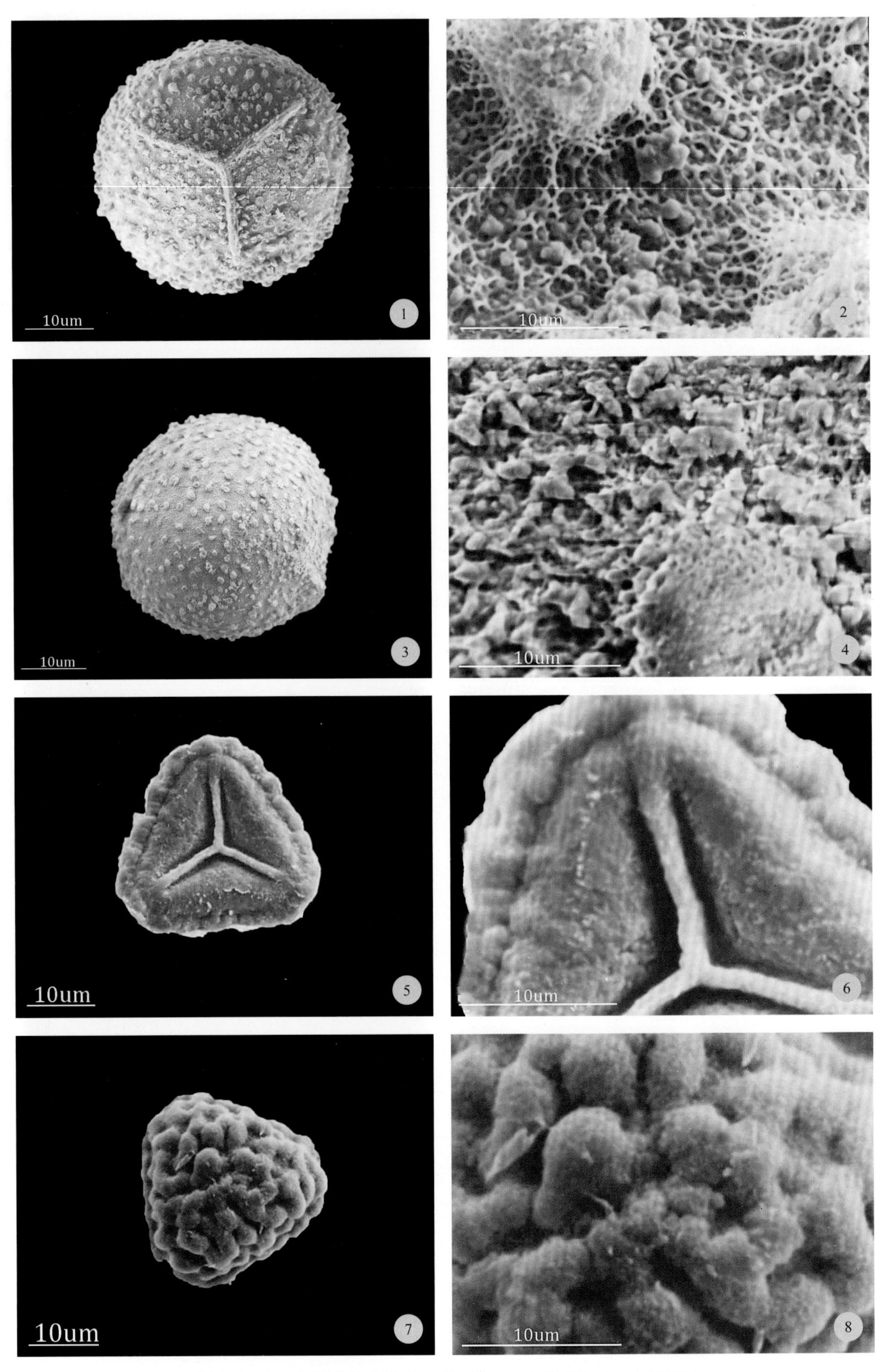

图 2-1-6-3　中华卷柏大孢子（SEM）1 ~ 2. 近极面　3 ~ 4. 远极面
中华卷柏小孢子（SEM）5 ~ 6. 近极面　7 ~ 8. 远极面

7. 伏地卷柏

图2-1-7-1～图2-1-7-3

Selaginella nipponica Franch. et Sav.

土生。植株匍匐，孢子枝直立，高5～12cm。无游走茎。根托沿匍匐茎和枝断续生长，自茎分叉处下方生出，长1～2.7cm，纤细，直径0.1mm，根少分叉，无毛。茎自基部开始分枝，不呈“之”字形，无关节，禾秆色，茎下部直径0.2～0.4mm，具沟槽，无毛，内具维管束1条；侧枝3～4对，不分叉或分叉或一回羽状分枝，分枝稀疏，茎上相邻分枝相距1～2cm，叶状分枝和茎无毛，背腹压扁，茎在分枝部分中部连叶宽4.5～5.4mm，末回分枝连叶宽2.8～4.2mm。叶全部交互排列，二型，草质，表面光滑，边缘非全缘，无白边；分枝上的腋叶对称或不对称，（1.5～1.8）mm×（0.8～1.0）mm，边缘有细齿。中叶多少对称，分枝上的中叶长圆状卵形或卵形，或卵状披针形，或椭圆形，（1.6～2.0）mm×（0.6～0.9）mm，紧接或覆瓦状（先端部分）排列，背面不呈龙骨状，先端具尖头或急尖，基部钝，边缘具不明显细齿。侧叶不对称，侧枝上的侧叶宽卵形或卵状三角形，常反折，（1.8～2.2）mm×（1.0～1.6）mm，先端急尖；上侧基部扩大，加宽，覆盖小枝，上侧基部边缘具微齿。孢子叶穗疏松，通常背腹压扁，单生于小枝末端，或1～2（3）次分叉，（1.8～5）cm×（2.0～4.6）mm；孢子叶二型或略二型，正置，和营养叶近似，排列一致，无白边，具细齿，背部不呈龙骨状，先端渐尖；大孢子叶分布于孢子叶穗下部的下侧。大孢子橘黄色，球状四面体形，辐射对称，三裂缝，极面观圆球形，表面具大、小两种乳头状突起，突起表面具鳞片状纹饰，突起间具根状纹饰，远极面观圆球形，表面具乳头状突起，突起表面不平滑，具小孔，突起间具网状纹饰；小孢子橘红色，三角状四面体形，辐射对称，三裂缝，极面观钝三角形，孢壁密被不规则瘤块状突起，远极面观钝三角形，孢壁密被不规则瘤块状突起，突起表面具小刺状纹饰。

产山东蒙山、沂山、济南南部山区（西营）。国内分布于长江以南等地。日本也有分布。

药用全草。味微苦、甘，性凉。归肺、肝经。止咳平喘，止血生肌，清热解毒。主治咳嗽，吐血，痔疮出血，外伤出血，淋证，烧烫伤。植株含黄酮等，如穗花杉双黄酮。

图 2-1-7-1　伏地卷柏

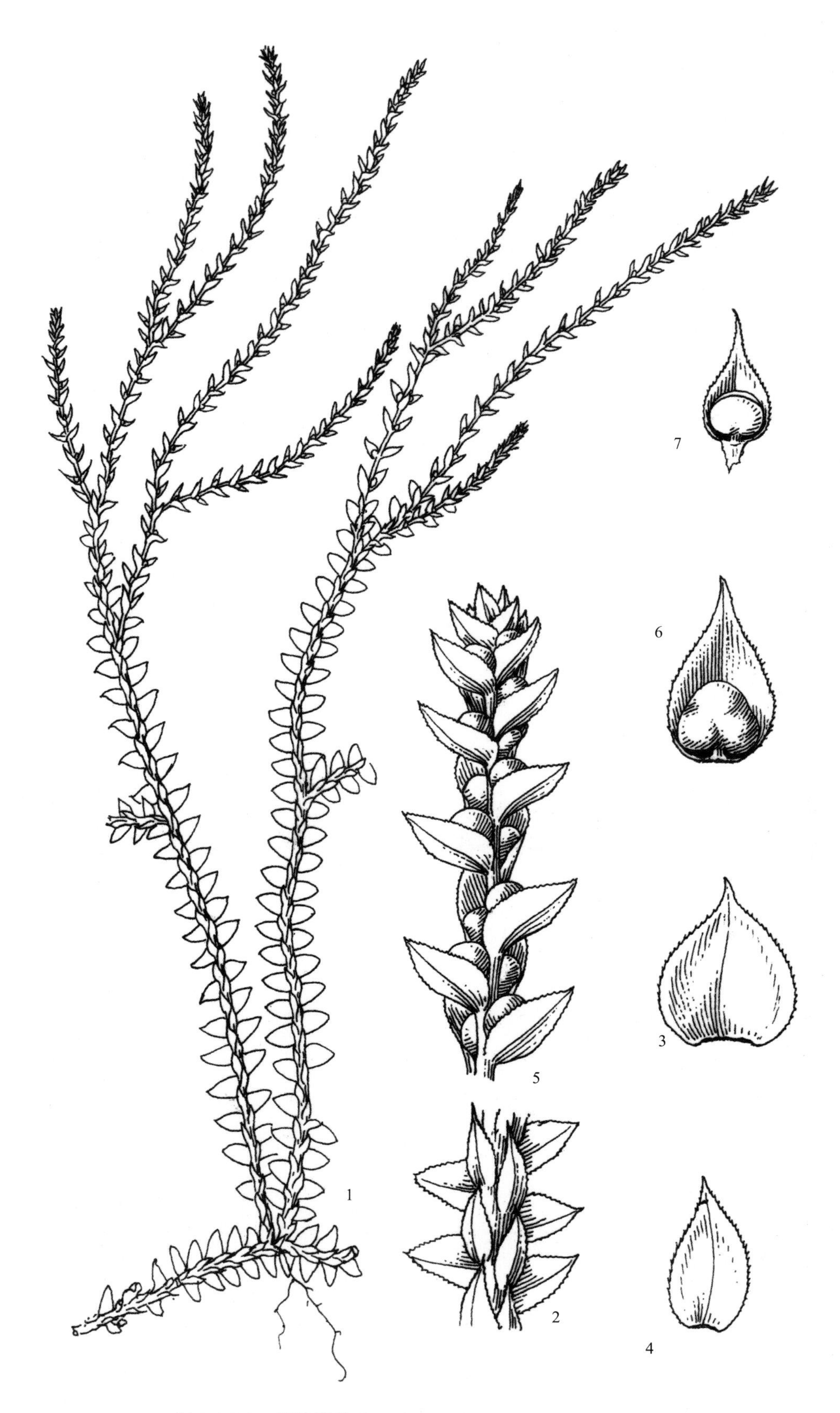

图 2-1-7-2　**伏地卷柏 *Selaginella nipponica*** Franch. et Sav.

1. 植株（部分）　2. 小枝一段（腹面）　3. 侧叶　4. 中叶
5. 孢子叶穗（部分）　6. 大孢子叶　7. 小孢子叶（引自《中国植物志》）

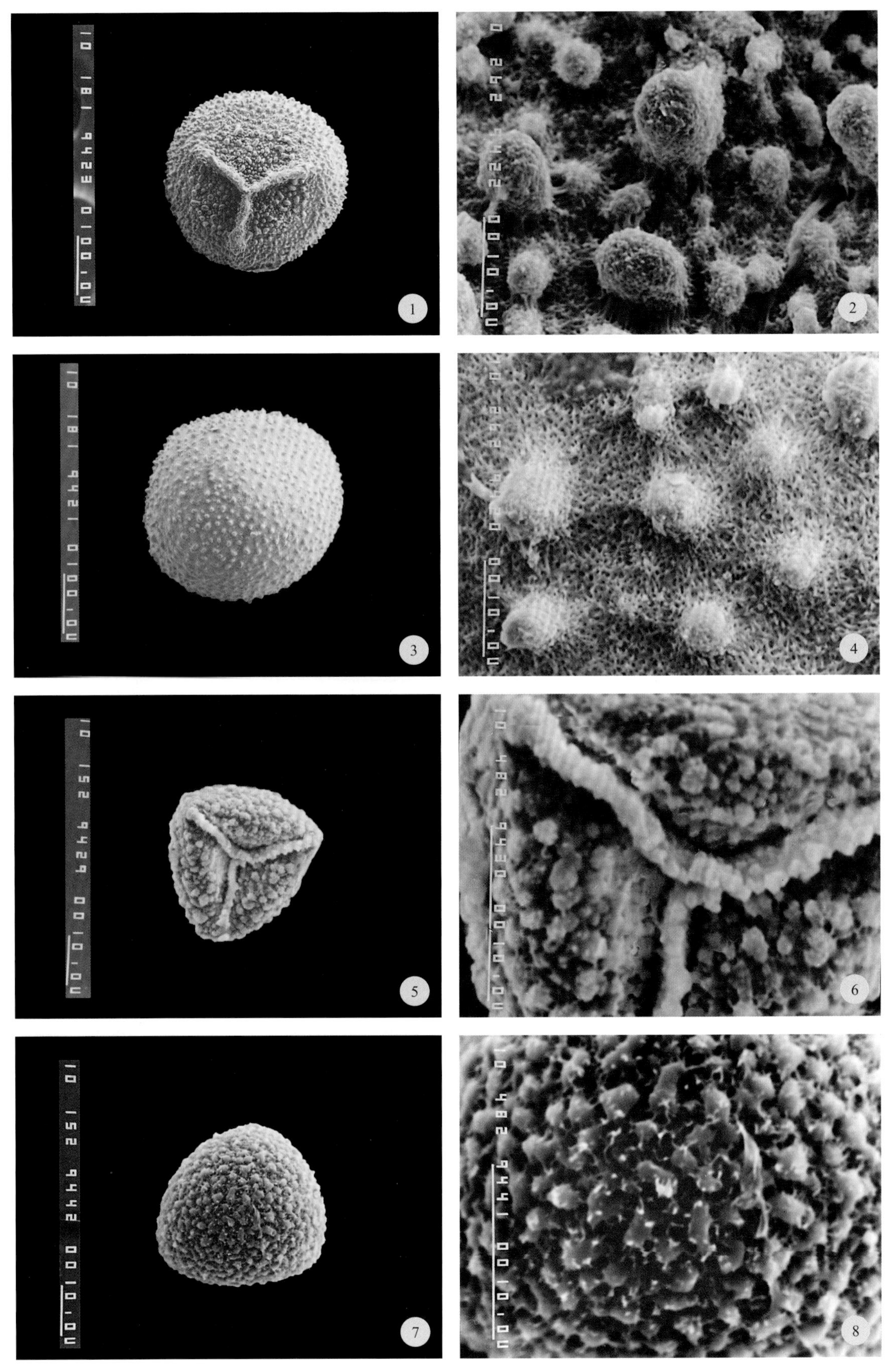

图 2-1-7-3　伏地卷柏大孢子（SEM）1 ~ 2. 近极面　3 ~ 4. 远极面
伏地卷柏小孢子（SEM）5 ~ 6. 近极面　7 ~ 8. 远极面

8. 小卷柏

图2-1-8-1～图2-1-8-2

Selaginella helvetica (L.) Spring

Lycopodium helveticum L.

土生或石生。植株短匍匐，孢子枝直立，高5～15cm，无游走茎。根托沿匍匐茎和枝断续生长，自茎分叉处下方生出，长1.5～4.5cm，纤细，直径0.1～0.2mm，根少分叉，无毛。直立茎分枝，无关节，禾秆色，茎下部直径0.2～0.4mm，具沟槽，无毛，内具维管束1条；侧枝2～5对，不分叉或分叉，或一回羽状分枝，分枝稀疏，茎分枝相距2～3cm，叶状分枝和茎无毛，背腹扁，茎分枝中部连叶宽3～3.8mm，末回分枝连叶宽2～3.6mm。叶交互排列，二型，光滑，非全缘，不具白边。分枝的腋叶近对称，卵状披针形或椭圆形，(1.4～1.6) mm×(0.4～0.8) mm，边缘睫毛状。中叶多少对称，卵形或卵状披针形，(1.2～1.6) mm×(0.5～0.8) mm，紧接或覆瓦状，背部不呈龙骨状，先端常向后弯曲，先端具长尖头或具芒，基部钝，边缘具睫毛；侧叶不对称，长圆状卵形或宽卵形，外展或略下折，(1.6～2.0) mm×(0.8～1.2) mm，先端尖和具芒(常向后弯)，上侧基部扩大，加宽，覆盖小枝，上侧基部边缘不为全缘，上侧边缘具睫毛，下侧边缘具睫毛。孢子叶穗疏松，或上部紧密，圆柱形，单生于小枝末端或分叉，(12～35) mm×(2.0～4.0) mm；孢子叶和营养叶略同形，不具白边，边缘具睫毛，略呈龙骨状，先端具长尖头；大孢子叶分布于孢子叶穗下部下侧或大孢子叶与小孢子叶相间排列。大孢子橙色或橘黄色，球状四面体形，辐射对称，三裂缝，裂缝短，孢壁具颗粒状或块状纹饰；小孢子橘红色，球状四面体形，三裂缝，裂缝细，孢壁具疣状和细颗粒状纹饰。

产山东济南南部山区(西营云梯山)、蒙山、崂山、艾山、牙山、沂山、泰山。

国内分布于华北、东北、西北各省区。蒙古、朝鲜半岛、日本、欧洲、俄罗斯也有分布。

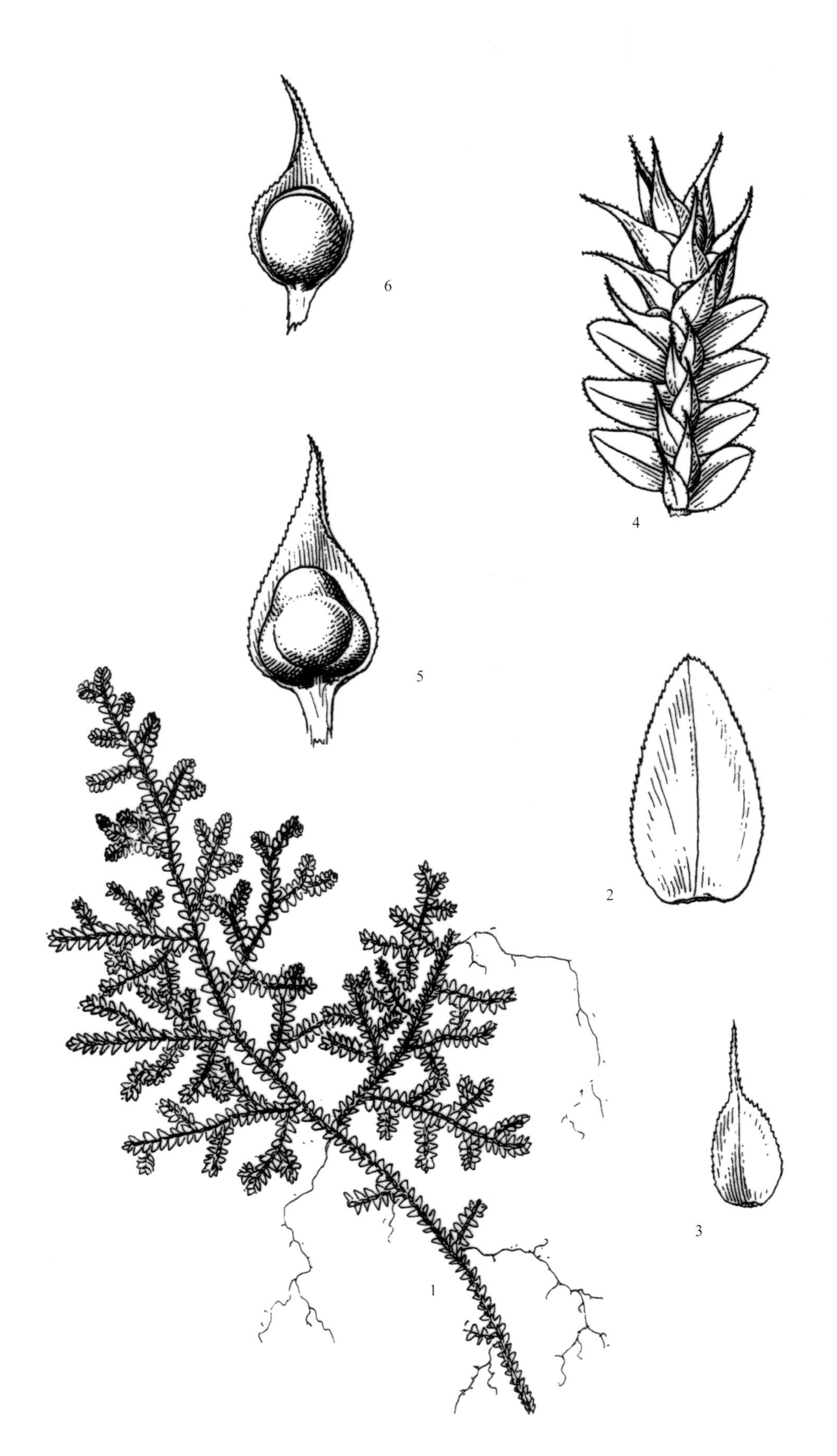

图 2-1-8-1　**小卷柏 *Selaginella helvetica*** (L.) Spring

1. 植株（部分）　2. 侧叶　3. 中叶　4. 孢子枝一段（腹面）
5. 大孢子叶　6. 小孢子叶（引自《中国植物志》）

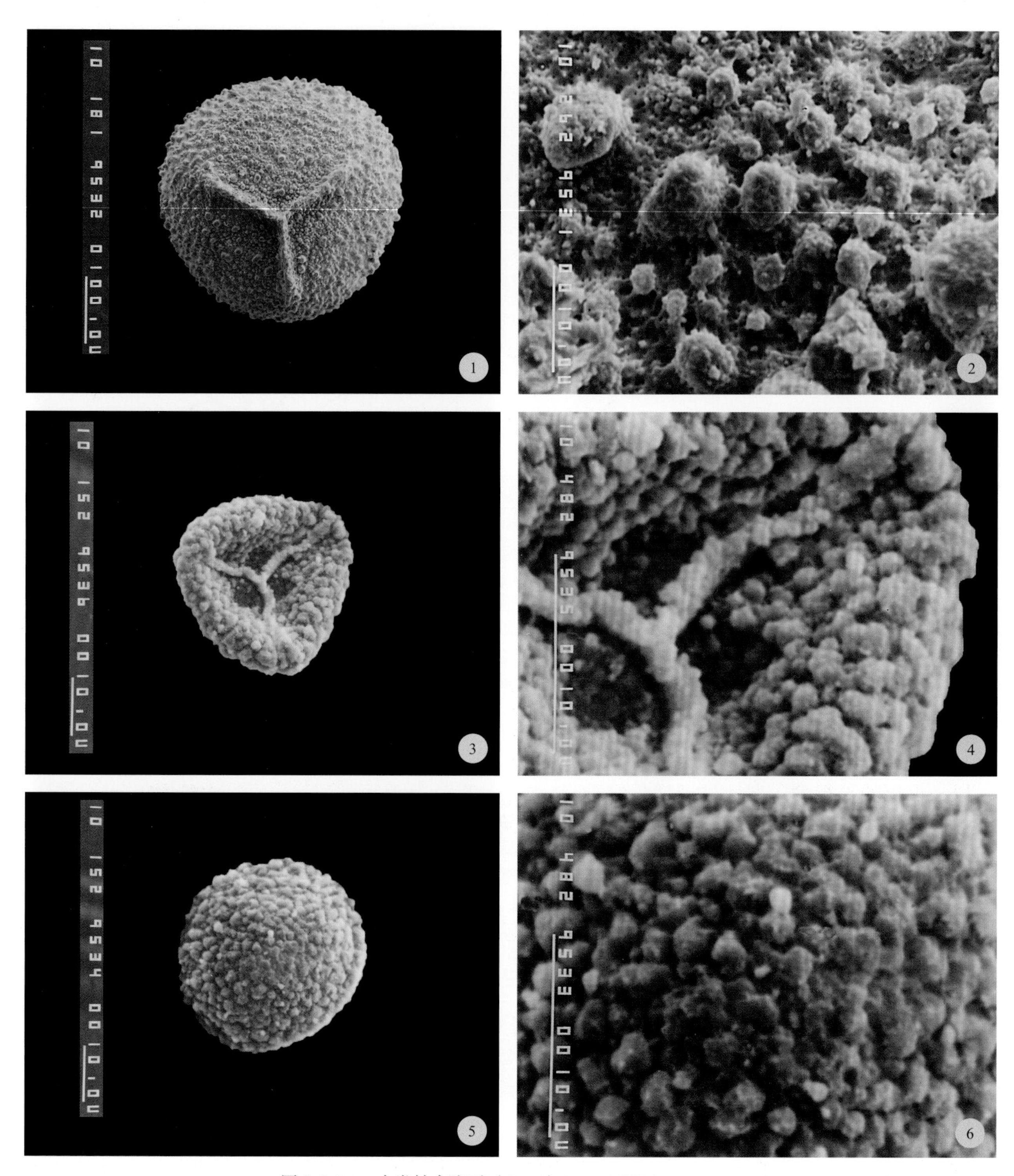

图 2-1-8-2　小卷柏大孢子（SEM）1 ~ 2. 近极面
小卷柏小孢子（SEM）3 ~ 4. 近极面　5 ~ 6. 远极面

第三章 ◆ 木贼科 Equisetaceae

土生、湿生或浅水生，小型或中型蕨类。根茎长而横生，通常黑褐色，分叉，具节，节上生根，黑褐色。植株二型或一型。地上枝直立，圆柱形，有明显的节和节间，中空，表面常有矽质小瘤，单一或在节上有轮生的分枝，节间有棱脊和沟。叶退化成为鳞片状，轮生，每个小节上合生成筒状叶鞘（鞘筒），包围在节间基部，前段分裂呈齿状（鞘齿）。孢子囊穗生于孢子茎顶端，圆柱形或椭圆形，有的具长柄；孢子叶轮生，六角形、分离、盾状着生，每个孢子叶下面着生3～10枚孢子囊。孢子同形异性，圆球形，外壁有4条弹丝，弹丝细长，卷成螺旋形，围绕着孢子。孢子无裂缝，孢壁薄而透明，有细颗粒状纹饰。

共2属，约25种，广布世界各地。中国2属，12种1变种，分布全国各地。山东2属。

分属检索表

1a. 地上茎软草质，一年生；二型或一型，二型者孢子茎早春出土，无分枝，也不含叶绿素，是短命的；营养茎侧枝密而轮生；气孔和表皮细胞生于同一水平面上，副卫细胞有少于14条加厚的辐射条纹；孢子囊穗钝头……1. **问荆属Equisetum**

1b. 地上茎坚硬；一型，无分枝或有少数不规则的轮状分枝，气孔深陷于表皮下，副卫细胞有16条以上加厚的平行横条；孢子囊穗尖头……2. **木贼属Hippochaete**

问荆属 Equisetum L.

陆生蕨类。根茎在地下横走，外表面平滑，有暗黑色球茎。地上茎一年生，二型或一型；营养茎节上侧枝密而轮生，绿色，内中空有腔，外有棱脊，叶退化为漏斗状的鞘，上部有披针形齿，气孔与表皮细胞生于同一水平面上，副卫细胞有少于14条加厚的辐射条纹。孢子茎自根茎上发出，无分枝，通常棕褐色，肉质，是短命的或近于短命的，鞘齿质厚，草质，不脱落。孢子囊穗单生于孢子茎的顶端，钝头，孢子叶六角状盾形，螺旋状着生。孢子一型，无裂缝，有“裂隙”，周壁表面有较粗的颗粒状纹饰。

约15种，广布北温带。中国8种，分布全国各地。山东3种。

分种检索表

1a. 孢子茎棕褐色，不含叶绿素，无分枝；孢子囊成熟后孢子茎枯萎；从生孢子茎的同一根茎上生出有轮状分枝的绿色营养茎……1. **问荆E. arvense**

1b. 孢子茎初为褐色，孢子囊成熟后孢子囊穗枯萎脱落，孢子茎变绿，在其茎节上生出绿色轮状分枝，分枝特别发达。

  2a. 营养枝再数次分支；鞘齿红褐色，每2～3齿相连接，成为3～4裂片……2. **林下问荆E. sylvaticum**

  2b. 营养枝不再次分枝；鞘齿14～22个窄三角形，鞘齿中部黑褐色，边缘浅棕色，薄膜彼此分离不接……3. **草问荆E. pratense**

1. 问荆

图3-1-1-1～图3-1-1-2

Equisetum arvense L.

植株高20～50cm。根状茎长而横走，匍匐根深埋地下，有暗黑色球茎。茎二型；孢子茎春季由根茎上生出，肉质，淡褐色，无叶绿素，无轮状分枝，高达15cm，直径2～4mm，有12～14条棱脊；叶鞘筒状漏斗型，长10～18mm，鞘齿棕褐色，厚膜质，阔三角形。孢子囊穗单生于孢子茎的顶端，有总梗，长椭圆形，钝头；孢子叶六角状盾形，下面生孢子囊6～8个。当孢子成熟时孢子茎枯萎，由生孢子茎的同一根茎上生出营养茎；营养茎绿色，在节上有密的轮状分布，高约25cm，有6～12条棱脊，脊背上有横的波状隆起，沟中有气孔带；叶鞘筒漏斗状，鞘齿三角状披针形，5～6枚，黑褐色，有膜质白色狭边；轮状分枝每节7～11枚，细长，实心，有3～4棱；鞘齿阔披针形，先端有膜质白色小尖头。

产山东昆嵛山、牙山、艾山、正棋山、里口山、泰山、蒙山、塔山、徂徕山、莲花山、沂山、鲁山。生山坡、山沟、溪水边、河滩等湿地草丛。

国内分布于东北、华北、西北。

药用全草。味苦、甘，性平。止血，利尿，清热。主治鼻出血，月经过多，尿路感染，骨折，气喘，目赤肿痛。

含木犀草素、对羟基苯甲酸、对香豆酸、问荆碱、异槲皮苷等。

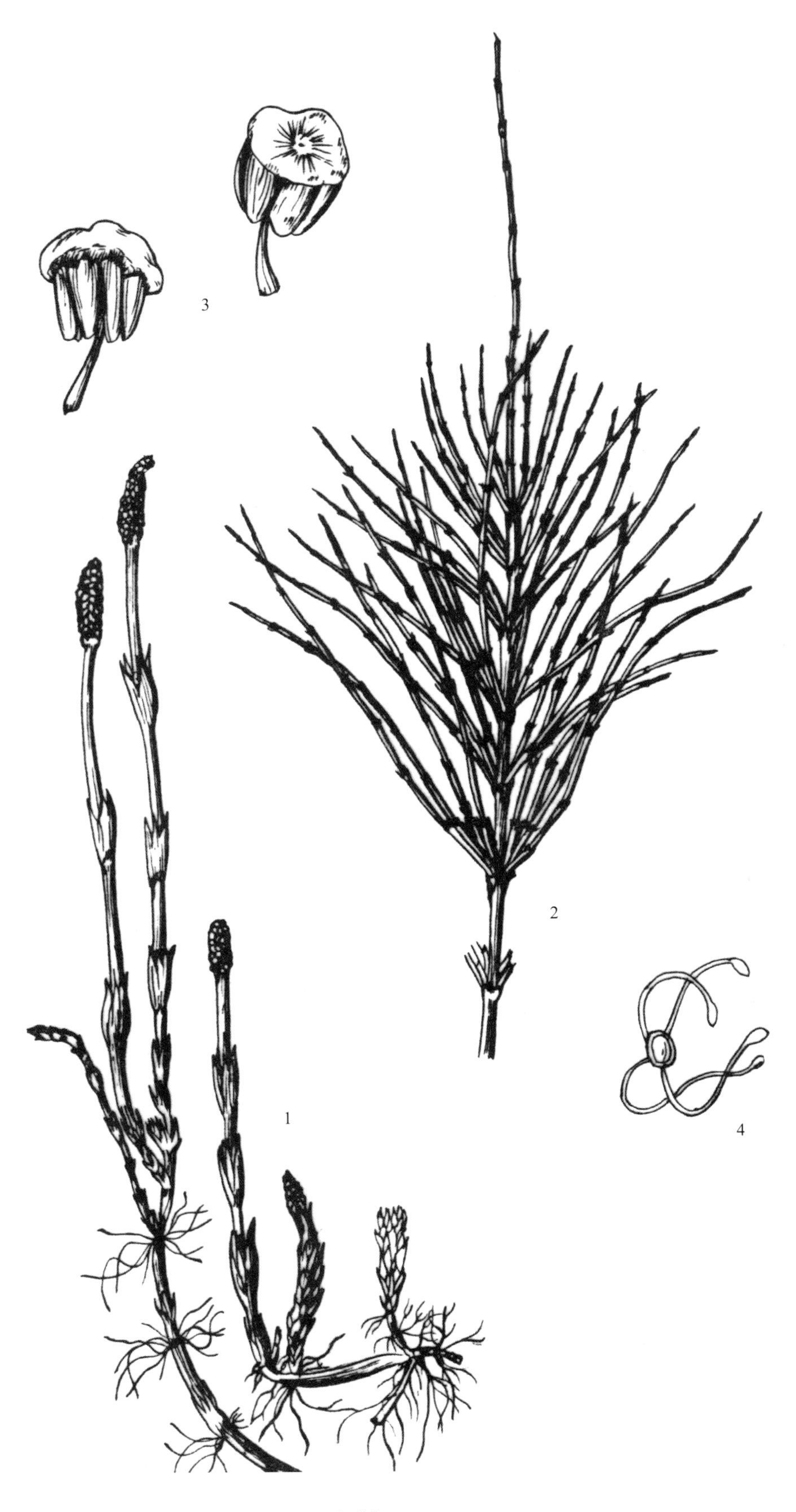

图 3-1-1-1　**问荆 Equisetum arvense** L.

1. 孢子枝　2. 营养枝（一段）　3. 孢子叶和孢子囊　4. 孢子

图 3-1-1-2　问荆

2. 林下问荆 林木贼

图3–1–2–1

Equisetum sylvaticum L.

植株高达35cm。根茎细长而横走，黑褐色。茎二型；孢子茎春季由根茎上生出，棕褐色，无分枝；叶鞘钟形，长1.3～3.5cm，鞘齿膜质红褐色，每2～3齿连接成3～4宽齿，呈卵状三角形，宿存。孢子囊穗生于茎顶端，长椭圆形，有梗，钝头，长1.2～2.8cm；孢子叶盾形，下面生孢子囊6～9个。孢子成熟后，孢子囊穗枯萎脱落，孢子茎渐变绿褐色，在其节上生出多数绿色轮生分枝，为其营养茎，分枝再数次分支，开展，细弱，中心孔大，棱脊有2列刺状突起，鞘齿狭披针形。

产山东蒙山、崂山、昆嵛山、牙山、艾山、正棋山、里口山等。生山坡林下草地。

国内分布于东北等地。

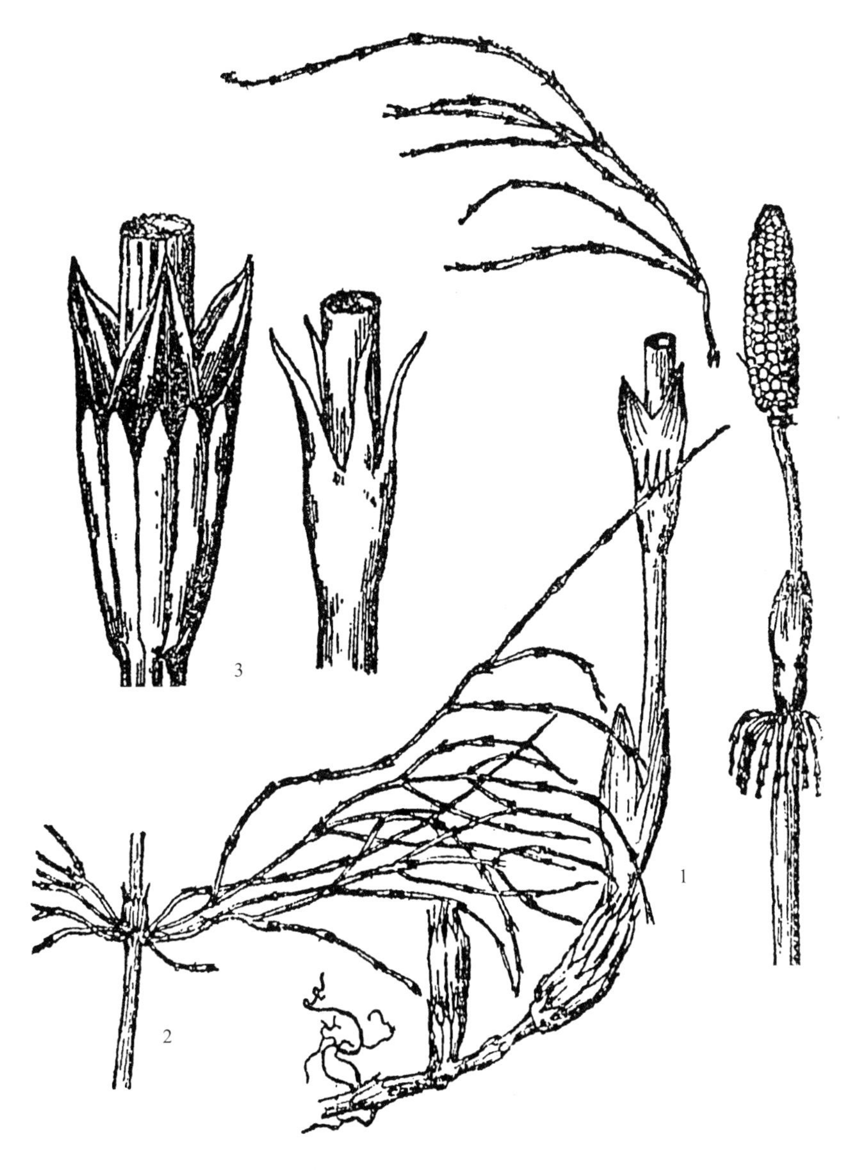

图 3-1-2-1 **林下问荆 Equisetum sylvaticum** L.

1. 孢子枝 2. 营养枝（一段） 3. 节部（示鞘筒）

3. 草问荆

图3-1-3-1～图3-1-3-2

Equisetum pratense Ehrh.

植株高达30cm。根茎细长而横走，黑褐色。茎二型；孢子茎春季有根茎生出，发达，淡褐色，不分枝，有明显的棱脊，鞘齿膜质，长三角形，有长尖。孢子囊穗单生于孢子茎顶端，长圆形，钝头，有梗。孢子成熟后茎先端枯萎，孢子囊穗脱落，从孢子茎的节上生出许多分枝，渐变绿色，为其营养茎，分枝细长，轮状排列，开展，与主茎成直角，柔软而先端下垂，叶鞘长8～17mm，鞘筒较鞘齿为长，鞘齿膜质，三角形，中央黑褐色，边缘色浅，常分离，稀有2～3齿连接。

产山东昆嵛山、牙山、艾山、正棋山、蒙山、塔山、沂山、鲁山。生溪边、林下阴湿处。

国内分布于东北、华北、中南及西南。

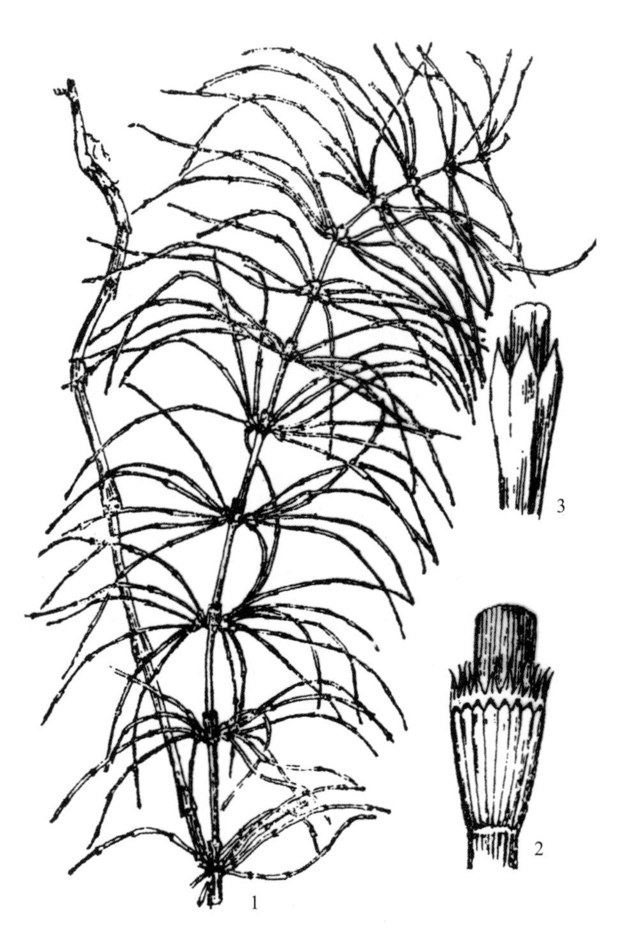

图 3-1-3-1　**草问荆 Equisetum pratense** Ehrh.

1. 植株　2. 主枝节部（示鞘筒）　3. 分枝节部（示鞘筒）

图 3-1-3-2　草问荆

木贼属 **Hippochaete** Milde

陆生植物。根茎横走或匍匐，黑褐色，表面有粗糙的硅质突起。地上茎一型，绿色，直立，无分枝或有少数不规则分枝，坚硬，中空，外有纵棱，宿存，气孔深陷于表皮下，副卫细胞具16条以上加厚的并行横条，叶退化成筒状鞘，鞘齿三角形，有薄膜质齿尖，逐渐脱落。孢子囊穗长圆形、尖头，生于茎的顶端，无柄或有柄，孢子一型。

约10种，广布北温带。中国4种1变种，分布全国各地。山东1种1变种。

分种检索表

1a. 植株高15～35cm，地上茎直径约2mm；中部以下茎节多生分枝，每轮常为2～5小枝……………………………………1. **节节草H. ramosissimum**

1b. 植株高80～120cm，地上茎直径4～5mm；中部以上茎节多生分枝，每轮常为2～5小枝……………………………………2. **中日节节草**var. **japonicum**

1. 节节草

图3-2-1-1～图3-2-1-2

Hippochaete ramosissimum Boerner.

Equisetum ramosissimum Desf.

植株高15～35cm。根茎细长而横走，有粗糙的硅质突起。地上茎一型，直径约2mm，中心孔大型，脊狭，有6～20条，极粗糙，有小疣状突起一列，或有小横纹，沟中有气孔线，1～4列；中部以下茎节多生分枝，每轮常为2～5小枝，稀不分枝或仅有1小枝；叶鞘圆筒状，伸长，长约为宽的2倍，鞘背面无棱脊，鞘齿短，呈三角形，黑色，有易脱落的膜质尖尾。孢子囊穗生于主茎或分枝顶端，长圆形，长5～20mm，小尖头，无柄；孢子叶六角形，中央凹陷，盾状着生，排列紧密，下面边缘着生长形孢子囊。孢子一型，无裂缝，有“裂隙”，裂隙中间弯曲，周壁表面有不明显的颗粒。

产山东昆嵛山、牙山、艾山、正棋山、里口山、石岛、泰山、蒙山、塔山、徂徕山、莲花山、沂山、鲁山、黄河三角洲、德州、聊城、滨州、枣庄、烟台、日照、微山县、定陶等地，为本省最常见的蕨类植物之一。生沟边湿地和田间。

国内广布于各省区。

药用全草。味甘、微苦，性微寒。归肺、肝、肾经。清热解毒，止咳平喘，明目退翳，止血，利尿。主治风热感冒，咳喘，目赤肿痛，利尿，肠风下血，水肿，淋证，黄疸型肝炎，带下，骨折。

植株含生物碱、三萜、黄酮、果糖、葡萄糖、甾体等。总黄酮对大肠埃希菌具有明显的抑制作用。

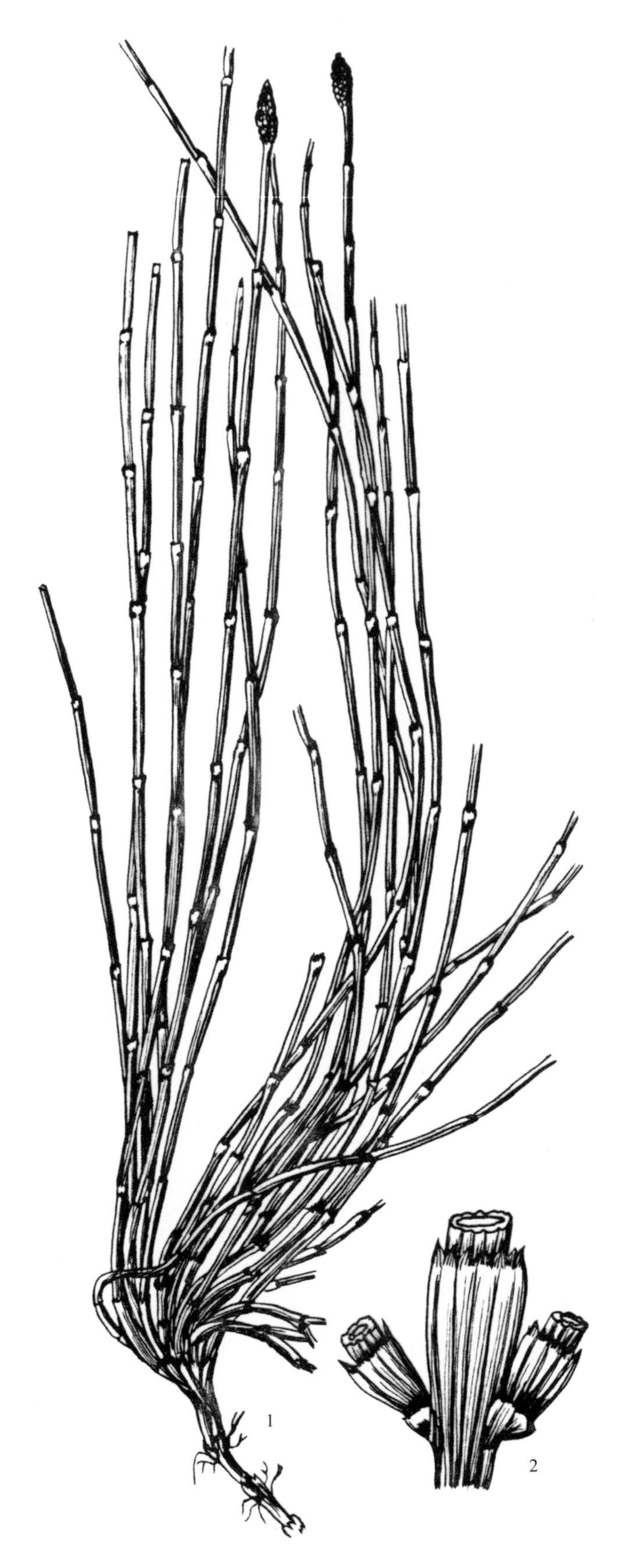

图 3-2-1-1　**节节草 Hippochaete ramosissimum** Boerner.

1. 植株　2. 节部（示鞘筒）

图 3-2-1-2　节节草

2. 中日节节草 笔管草

图3-2-2-1～图3-2-2-2

Hippochaete ramosissima var. **japonicum** (Milde) J. X. Li et F. Q. Zhou

Equisetum ramosissimum subsp. *debile* (Roxb. ex Vauch.) Hauke

Equisetum debile Roxb. ex Vauch.

土生大中型蕨类。植株高80～120cm。根茎直立或横走，直径2～4mm，黑褐色，节和根光滑无毛或密生黄棕色长毛。成熟主茎直立，下部不分枝，直径5～8mm，中上部少分枝；节间3～10cm，主茎稍扁圆，具脊10～20条；脊呈弧形，生一行小瘤状物或淡棕色横纹；鞘筒短，下部绿色，上部略显黑色；鞘齿10～22，狭三角形，齿上气孔明显，上部淡棕色，膜质，易脱落，偶有宿存。茎中上部侧枝3～5条，长20～30cm，有脊8～12条。孢子囊穗短棒状或椭圆形，顶端有小突尖，无柄。

产山东东营市黄河三角洲（黄河古道）、牙山、崂山（沙子口）。生海拔50～800m的溪边湿地、林缘、山沟。

国内分布于西北、华中、长江以南各省区。俄罗斯、日本也有分布。

药用全草。味甘、微苦，性凉。归肝经。明目退翳，清热利湿，疏肝散结，止血。主治肝热目赤肿痛，翳膜遮睛，小便淋痛，风热头痛，疳积，黄疸型肝炎，尿血，便血，石淋，痢疾，肾炎水肿。

植株含Megastigmane衍生物、黄酮等。醇提取物具有良好的调节血脂作用。

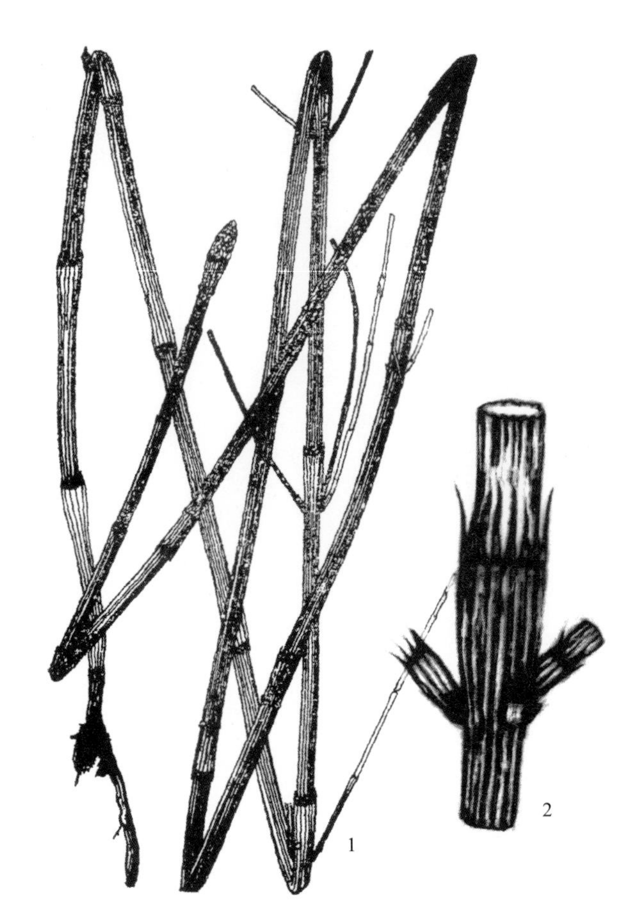

图 3-2-2-1 **中日节节草 Hippochaete ramosissima** var. **japonicum** (Milde) J. X. Li et F. Q. Zhou

1. 植株 2. 节部（示鞘筒）

图 3-2-2-2 中日节节草

第四章 ◆ 阴地蕨科 Botrychiaceae

土生蕨类。根茎短，直立，无鳞片，具肉质粗根。叶有营养叶和孢子叶，均出自总柄，总柄基部包有褐色鞘状托叶；营养叶为一至多回羽状分裂，有柄或几无柄，多三角形或五角形，稀一回羽状披针状长圆形，叶脉分离；孢子叶无叶绿素，具长柄，或出自总叶柄，或出自营养叶的基部或中轴，聚生成圆锥状。孢子囊圆球形，无柄，沿小穗两侧成2列，不陷入囊托内，横裂。孢子四面体形，3裂缝，无周壁，外壁具明显瘤状和不明显小瘤状纹饰。

共3属，主产温带，稀分布于热带或南极洲。中国3属。山东1属。

阴地蕨属 **Sceptridium** Lyon

中型蕨类。根茎短而直立，有簇生肉质粗根。叶二型；营养叶和孢子叶均出自总柄，总柄基部包有褐色鞘状托叶；营养叶片为三出复叶，呈三角形或五角形，有长柄。叶脉分离，通常不明显。叶草质。孢子叶出自总柄顶端，有长柄，无叶绿素。孢子囊序为圆锥花序状；孢子囊为圆球形，无柄，沿小穗轴排列成2行，不陷入囊托内，横裂。孢子球状四面体形，辐射对称，3裂缝。

约10种，主要分布于温带地区。中国8种，分布全国各地。山东1种。

1. 阴地蕨

图4-1-1-1～图4-1-1-2

Sceptridium ternatum (Thunb.) Y. X. Lin

Osmunda ternatum Thunb.

Botrychium ternatum (Thunb.) Sw.

植株高20～40cm。根茎短，直立；生有一簇肉质粗根。叶二型，通常单生；总柄长2～4cm，直径2～3mm；营养叶柄长3～8cm；叶片阔三角形，宽大于长，先端短渐尖，基部近平截，三回羽状分裂；侧生羽片3～4对，有柄，互生，倾斜向上，基部1对最大，阔三角形，长约5cm，宽约4cm，短尖头，二回羽状；一回小羽片3～4对，有柄，基部下方1片最大，一回羽状；末回小羽片为长卵形，先端钝圆，基部下方1片长1～1.5cm，略浅裂，有短柄，其余长4～6mm，边缘有不整齐的细锯齿。叶脉羽状，分离，不明显。鲜叶薄肉质，干后绿色草质，表面皱凸不平。孢子囊穗圆锥形，长4～10cm，宽2～3cm，二至三回羽状，小穗疏散，略张开，无毛，出自总柄顶端，有长柄，高出营养叶2～3倍。孢子球状四面体形，辐射对称，3裂缝。近极面观三角状类球形，远极面观类圆球形，赤道面观三角状类球形；孢子外壁具网状纹饰，网脊宽而粗糙，表面具细颗粒状纹饰，网眼多角形，大小不一。

产山东蒙山（天麻岭）、潍坊（安丘）、五莲山、威海、沂南（鼻子山）。生山坡林下草丛中。

国内分布于吉林、河北及长江以南各省区。

药用全草。味甘、苦，性微寒。归肺、肝经。清热解毒，平肝熄风，润肺止咳，止血，明目退翳。主治小儿高热，惊风抽搐，肺热咳嗽，咯血，久咳肺虚，百日咳，癫痫，瘰疬，痈肿疮毒，毒蛇咬伤，目赤火眼，目生翳障。

植株含多糖等。多糖成分有抑制病原微生物的作用。

图 4-1-1-1　**阴地蕨 *Sceptridium ternatum*** (Thunb.) Y. X. Lin

1. 植株　2. 小羽片

图 4-1-1-2　阴地蕨

第五章 • 瓶尔小草科 Ophioglossaceae

多土生、稀附生小型蕨类。植株通常直立，稀悬垂。根茎短而直立，基生肉质粗根。叶二型，营养叶与孢子叶均出自共同的总柄；营养叶单一，全缘，1～2片，稀更多，披针形或卵形，叶脉网状，中脉不显。孢子叶有柄，自总柄或营养叶的基部生出。孢子囊大，无柄，圆球形，无环带，下陷，沿囊托两侧排列，成窄长穗状，顶缝开裂或侧缝开裂。孢子四面形，3裂缝。原叶体块茎状，生于土中，无叶绿素，有菌根。

4属，分布全世界。中国2属。山东1属。

瓶尔小草属 Ophioglossum L.

土生小型直立蕨类。根茎短而直立，有一簇肉质粗根。叶二型；营养叶通常单生或2～3片，同出自根茎顶端，披针形，全缘；叶脉网状，网眼内无内藏小脉，中脉不明显。孢子叶自总柄顶部或营养叶基部生出，有长柄。孢子囊大，圆球形，陷入囊托内，成熟时横裂。孢子近圆形，三裂缝，裂缝短而直，孢壁有网状纹饰。

约28种，主要分布于北半球。中国6种。山东1种。

1. 狭叶瓶尔小草 一支箭

图5-1-1-1

Ophioglossum thermale Kom.

植株高10～16cm。根茎短而直立，有一簇细长而不分枝的肉质根，向四周横走，先端产生新植株。叶二型，同生一总柄，总柄长3～6cm，纤细，绿色，或下部埋于土中，灰白色；营养叶为单叶，自总柄顶部生出，倒披针形或矩圆状倒披针形，长2～5cm，宽5～10mm，向基部下延为狭楔形，先端微尖或稍钝，全缘；叶草质，淡绿色；叶脉网状，不明显。孢子叶自营养叶基部生出，柄长5～7cm，远高于营养叶。孢子囊序穗状，长2～3cm，由15～28对孢子囊组成。孢子灰白色，孢壁近平滑。

产山东平邑（卡桥）、石岛（小崂山）。生河边林下草丛中。

国内分布于吉林、辽宁、河北、河南、陕西、长江以南各省区。俄罗斯远东的堪察加半岛、朝鲜半岛、日本也有分布。

药用全草。味苦、甘，性微寒。归肝经。清热解毒，活血祛瘀。主治蛇咬伤，烧烫伤，瘀滞腹痛，跌打损伤。

图 5-1-1-1　**狭叶瓶尔小草 *Ophioglossum thermale*** Kom.

1. 植株　2. 植株上部（示孢子囊穗和营养叶）

第六章 ◆ 紫萁科 Osmundaceae

陆生中型蕨类。根茎粗壮，直立，或横走，被宿存的叶柄基部所包，无鳞片，也无真正的毛。叶簇生，二型；叶柄长而坚实，基部膨大而无关节，两侧有托叶状的附属物；叶片大，一至二回羽状，二型，或往往同一叶片上的羽片二型；叶脉分离，2叉分枝；纸质，幼时被棕色毛绒状长毛，老则脱落。孢子囊大，球形，通常有柄，裸露，着生于强度收缩变形的羽片边缘，形成穗状或复穗状的孢子囊序；孢子囊壁薄，环带不发育，顶端仅有几个增厚的细胞，常被看作不发育的环带，纵裂为两瓣状。孢子球状四面体形，辐射对称，有两极口，两极发芽。

2属，23种，其中1属特产南半球，紫萁属主产北半球，分布于热带或温带。中国2属。山东1属。

紫萁属 **Osmunda** L.

土生中型蕨类。根茎粗壮，直立或斜生，常形成树干状主轴，被宿存的叶柄基部覆盖着。叶簇生，二型，或往往同一叶片上的羽片二型；叶柄长而坚实，基部膨大而无关节，两侧有托叶状的附属物；叶片大，一至二回羽状，羽片基部有关节；叶脉羽状，分离，侧脉二至多回分叉，通常明显；叶草质或纸质，幼时被棕色棉绒状的毛，后渐脱落。孢子叶（或羽片）强度收缩，羽片或小羽片缩成条形，无叶绿素。孢子囊群着生于孢子叶羽片的边缘，密集；孢子囊群圆球形，有柄、成熟时顶端纵裂。孢子近圆形或三角状圆形，含叶绿素，三裂缝；无周壁，外壁分层，具瘤状、短棒状纹饰，具网状或弯曲条纹。

约15种，分布于北半球温带或热带。中国8种，主要分布于长江以南各省区。山东1种。

1. 紫萁

图6-1-1-1～图6-1-1-2

Osmunda japonica Thunb.

植株高40～80cm。根茎粗壮，直立或斜生。叶簇生；叶柄长20～30cm，禾秆色，基部庞大，两侧有红棕色至褐色的托叶状附属物，幼时密被绒毛，后渐脱落；叶二型，直立，营养叶为三角状阔卵形，长30～70cm，宽20～40cm；羽片5～7对，对生，长圆形，长15～25cm，宽8～12cm，基部一对最大，二回羽状，其余各对向上渐缩狭，上部一回羽状，有柄，以关节着生于叶轴上，奇数羽状；小羽片5～9对，长圆形或长圆状披针形，长4～6cm，宽1.5～2cm，先端渐尖或钝尖，基部不对称，边缘有均匀的细锯齿，有短柄或无柄；叶脉羽状分离，侧脉二至三回分叉，斜上，小脉平行，伸达齿端，两面明显；叶纸质，幼时有绒毛，以后全部脱落。孢子叶与营养叶等高，或稍高，羽片和小羽片强度收缩成条形，沿叶下面中脉两侧密生孢子囊群，成熟时褐色。孢子球状四面体形，辐射对称，三裂缝。极面观和赤道面观均为圆球形。孢子外壁表面具密集的不规则小块状和短脊状突起，并具细颗粒纹饰。

产山东崂山、昆嵛山、艾山、牙山、荣成（伟德山）、威海（里口山、正棋山）、海阳各山区。生山坡林下、溪边阴湿处，为酸性土指示植物。

国内分布于山东以南各省区。朝鲜半岛、日本也有分布。

2020年版《中国药典》收载，根茎及叶柄残基称“紫萁贯众”，山东为紫萁贯众药材主产区之一。味苦，性微寒，有小毒。归肺、胃、肝经。清热解毒，止血，杀虫。主治疫毒感冒，热毒泻痢，痈肿疮毒，吐血，衄血，便血，崩漏，虫积腹痛。

嫩苗及幼叶柄上的茸称紫萁苗。味苦、微涩，性微寒。归肝经。止血。主治外伤出血。

植物含糖类、内酯类、甾酮、挥发油等。其水及醇提取物对变形杆菌、金黄色葡萄球菌、铜绿假单胞菌、大肠埃希菌、痢疾杆菌有较好的抑制作用。

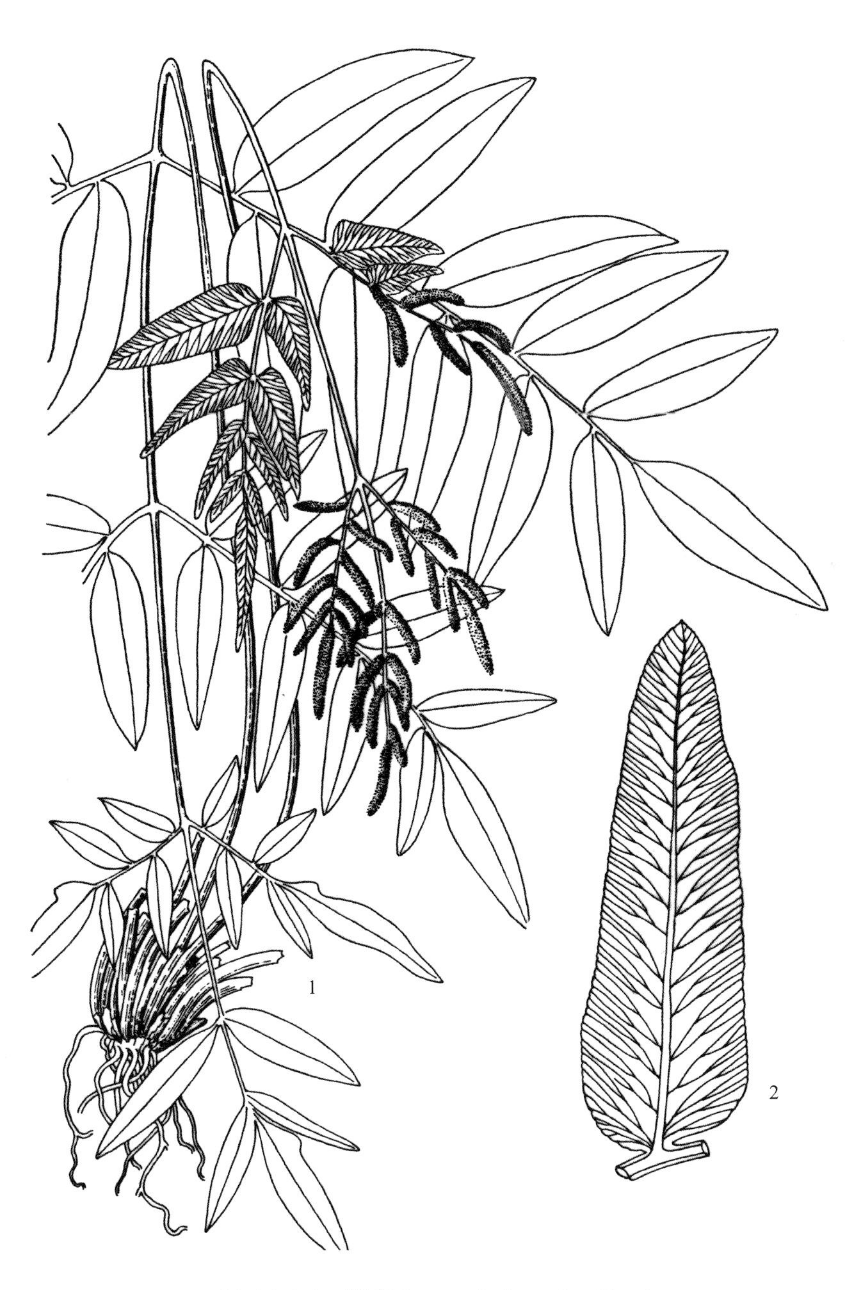

图 6-1-1-1 **紫萁 Osmunda japonica** Thunb.

1. 植株 2. 小羽片

图 6-1-1-2　紫萁

第七章 ◆ 里白科 Gleicheniaceae

土生蕨类。根茎长而横走，内具原生中柱，外被鳞片和节状毛。叶一型，远生，有长柄，不以关节着生于根茎上；叶片一回羽状，或顶芽不发育，主轴多为一回，多回叉状分枝，或假二叉分枝，每一分枝的腋间有一个被绒毛或鳞片和叶状苞片所包裹的休眠芽，其两侧有一对篦齿状的托叶；顶生羽片一至二回羽状；末回裂片线形；叶脉分离，小脉叉状或多回叉状分枝；叶纸质或近革质，下面常为灰白色或灰绿色；叶轴及叶片下面幼时有星状毛或小鳞片，老时脱落。孢子囊群小，圆形，由2～15个孢子囊组成，生于叶背面小脉中部，背生，通常为1行，位于中脉和叶缘之间，无囊群盖。孢子囊为陀螺形，环带横绕中部，纵裂。孢子辐射对称或两侧对称，极面观为钝三角形、三角形或椭圆形，赤道面观为半圆形，三裂缝或单裂缝，没有周壁或有周壁，孢子表面光滑。

6属，约150种，主要分布于热带。中国3属，分布于暖温带和亚热带。山东1属。

芒萁属 Dicranopteris Bernh.

土生中型蕨类，根茎细长而横走，密被棕褐色长毛。叶疏生，直立或蔓生，叶柄长20～30cm，直径2～3mm，基部棕褐色，幼时被棕色长毛，老时脱落，向上棕禾秆色，光滑，叶轴一至二回或多回二叉分枝，各回分叉处的腋间有一个密被棕褐色绒毛的休眠芽，外面有一对托叶状苞片所包裹，其基部两侧有一对羽状深裂的阔披针形羽片，末回羽片长9～14cm，宽3～3.5cm，披针形，深羽裂几达羽轴；侧脉2～3回分叉，每组有小脉3～4条，伸达叶缘；叶纸质，下面灰白色或粉绿色，沿中脉及侧脉疏被锈色星状毛，后渐脱落。孢子囊群圆形，生于小脉中部，在中脉两侧各排成1行，由5～8个孢子囊组成，无囊群盖。

约10种，分布于热带和亚热带地区。中国6种，分布于长江流域及其以南各省区。山东1种。

1. 芒萁

图7-1-1-1～图7-1-1-2

Dicranopteris pedata (Houtt.) Nakaike

Polypodium pedata Houtt.

Dicranopteris dichotoma (Thunb.) Bernh.

植株高30～50cm。根茎细长而横走，分枝，外密被红棕色多细胞长毛。叶疏生，直立或多少蔓生，无限生长，不同回的主轴上均无叶片，在末回主轴顶端有一堆不大的一回羽状羽片，每回主轴分叉常有一对平展或向下的齿状托叶，并有一个处于休眠状态的小叶芽，密被绒毛，通常外面包着一对叶状小苞片；末回一对羽片二分叉，无柄，披针形或阔披针形，羽状分裂；裂片条形或条状披针形，平展，先端微凹或钝圆，基部彼此相连，全缘，以狭缺刻隔开，呈齿状裂；叶脉羽状，分离，侧脉2～3回分叉，每组有小脉3～6条，基部一组下侧1小脉伸达缺刻；叶纸质至近革质，下面通常为灰白色，幼时多少有星状毛。孢子囊群圆形，生于小脉中部，通常由6～10个无柄的孢子囊组成，在中脉与叶缘间排成1行，稍近中脉；无囊群盖。孢子两侧对称，单裂缝。周壁很薄，表面呈小穴状纹饰。

产山东崂山（下清宫）。生山顶林下石缝间，为酸性土指示植物。国内分布于长江以南各省区。

药用幼叶及叶柄、全草或根茎。幼叶及叶柄称芒萁骨：味微苦、涩，性凉。归肝、肾、脾经。化瘀止血，清热利尿，解毒消肿。主治崩漏，带下，跌打肿痛，外伤出血，热淋涩痛，小儿腹泻，痔漏，目赤肿痛，烧烫伤，毒虫咬伤。全草称芒萁：味辛、苦，性凉。归肺、肝、肾经。清热止血，止咳利尿。主治肺热咳嗽，衄血，崩漏，小便涩痛，烧烫伤，外伤出血，蛇虫咬伤。根茎称芒萁骨根：味微苦，性凉。归肝、肾、肺经。清热利湿，止咳。主治湿热肿胀，小便涩痛，阴部湿痒，带下色黄，跌打肿痛，外伤出血，血崩，鼻衄，肺热咳嗽。

植株含黄酮、二萜等。所含Dichotomains B具有微弱的抗HIV-Ⅰ活性，芒萁多糖具有抗细菌及抗真菌作用，水提物对羟自由基具有很好的清除作用。

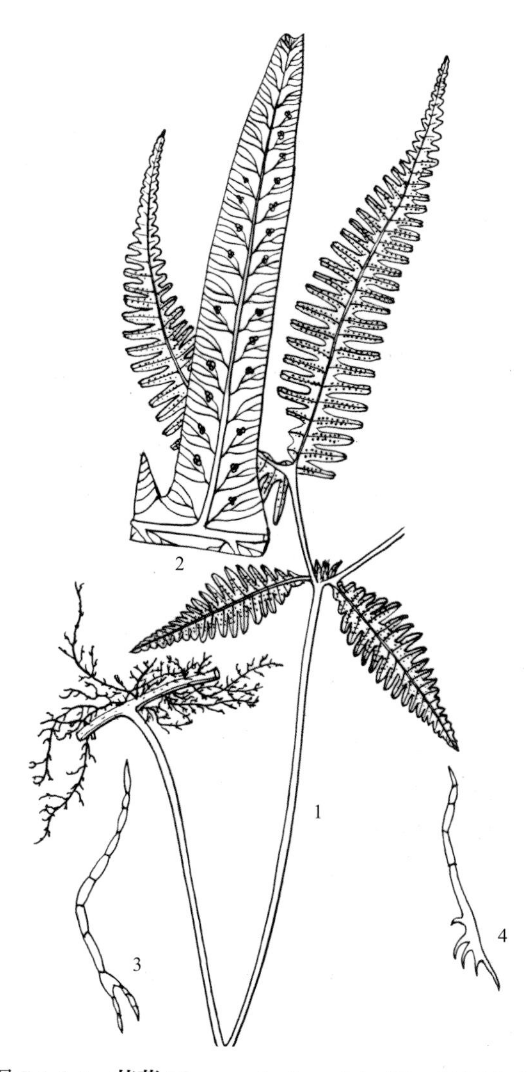

图 7-1-1-1　芒萁 **Dicranopteris pedata** (Houtt.) Nakaike

1. 植株的一部分　2. 小羽片（示叶脉及孢子囊群着生位置）　3～4. 根状茎及叶柄基部的毛

图 7-1-1-2　芒萁

第八章 · 海金沙科 Lygodiaceae

中型攀援蕨类。根茎长而横走。叶远生或近生，近二型，叶轴无限伸长，长达数米，沿叶轴相隔一定距离有一短枝，枝端有个不发育而被茸毛的休眠小芽，萌发后向两侧各生出一个羽片；羽片一至二回二叉掌状或一至二回羽状，营养叶羽片常位于下部，孢子叶羽片位于上部；末回小羽片或裂片为披针形，或长圆形，或三角状卵形，基部心脏形，戟形或圆耳形；叶脉羽状分离，罕见网状，网内不藏小脉；叶纸质，两面光滑或沿叶脉有柔毛；孢子叶羽片边缘有流苏状的孢子囊穗着生，由并列于小脉顶端的孢子囊组成，被有小苞片，形似囊盖。孢子囊大，环带由少数厚壁细胞组成，熟时纵裂。孢子球状四面体形。

单属科，广布于全世界热带和亚热带。

海金沙属 Lygodium Sw.

属的特征与科同。

全属约40种，广布于热带和亚热带。中国10余种，山东1种。

1. 海金沙

图8-1-1-1～图8-1-1-3

Lygodium japonicum (Thunb.) Sw.

Ophioglossum japonicum Thunb.

攀援蕨类，长1～4m。根茎细长，黑褐色，连同残存的叶柄基部密被鳞片。叶二型，有短柄，二至三回羽状；羽片对生于叶轴上的短枝上，短枝长约3mm，向左右平展，枝端有个被黄色柔毛的休眠芽，营养叶羽片尖三角形，长宽几相等，柄长约2cm，二回羽状；末回小羽片3～5枚，掌状或三裂；裂片披针形，中央一枚较长，长达2～3cm，边缘有不整齐的粗钝齿；叶脉明显，侧脉一至二回二叉分歧，伸达锯齿；叶纸质，连同叶轴和各回羽轴有疏短毛。孢子叶卵状三角形，长宽各约10～20cm，末回小羽片边缘生流苏状的孢子囊穗，穗长2～3mm，暗褐色。孢子棕黄色或浅棕黄色，球状四面体形，辐射对称，三裂缝；近极面观和远极面观钝三角形，赤道面观类三角形；孢子表面具密集的疣状突起，突起表面具细波纹状纹饰。

产山东临沂（罗庄）。生灌木丛中。

国内广布于暖温带和亚热带。日本、朝鲜也有分布。

2020年版《中国药典》收载干燥成熟孢子，称“海金沙”。味甘、咸，性寒。归膀胱、小肠经。清利湿热，通淋止痛。主治热淋，血淋，石淋，膏淋，尿道涩痛。据《庐山常见外伤止血药》载：“茎叶烘烧存性，研成极细粉末，用麻油调搽患处，可治创伤出血。”

含咖啡酸、黄酮、酚类、氨基酸、糖类。

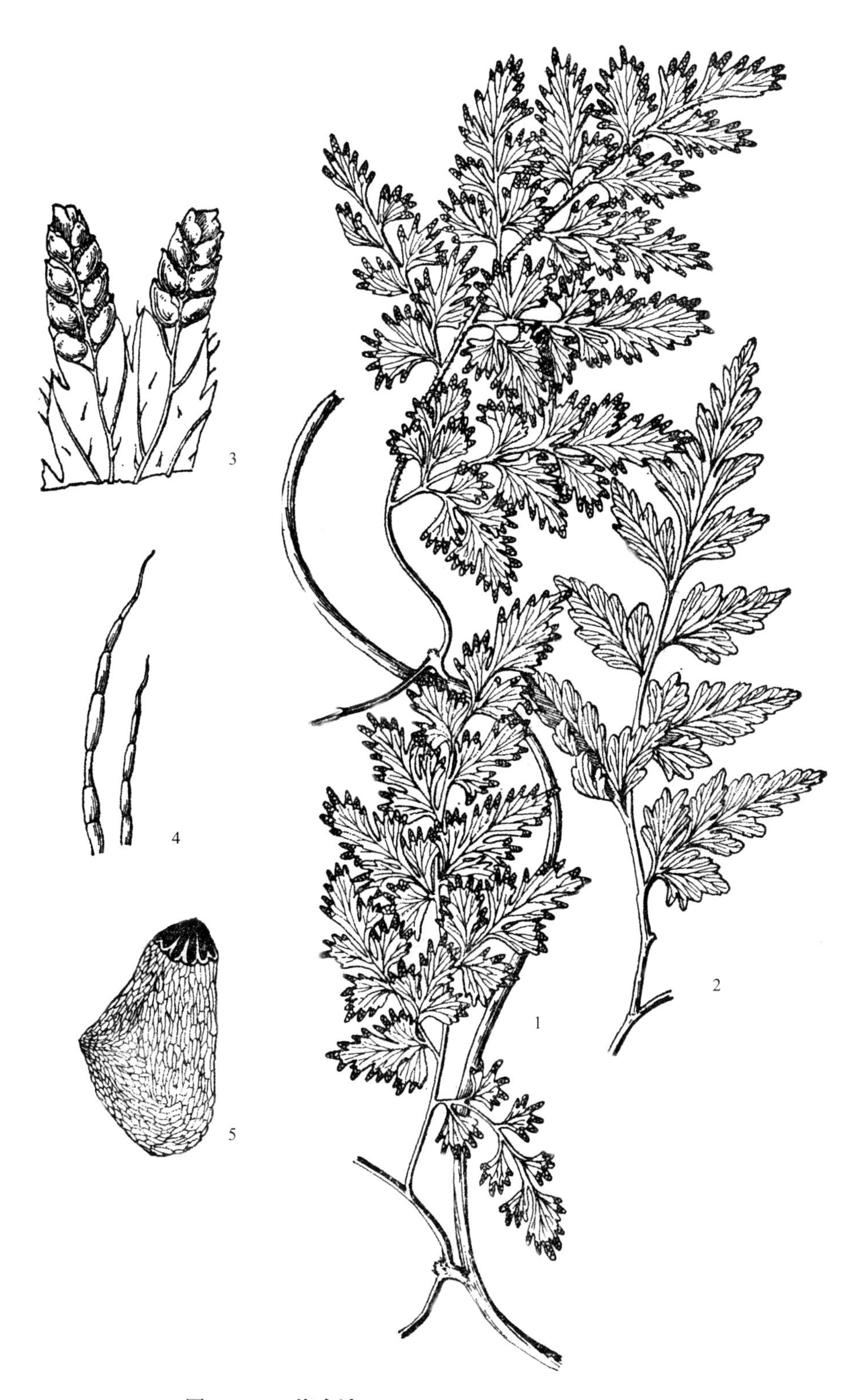

图 8-1-1-1 **海金沙 Lygodium japonicum** (Thunb.) Sw.

1. 孢子枝（一段） 2. 营养枝（一段） 3. 孢子囊穗
4. 叶轴及羽轴上的毛 5. 孢子囊

图 8-1-1-2　海金沙

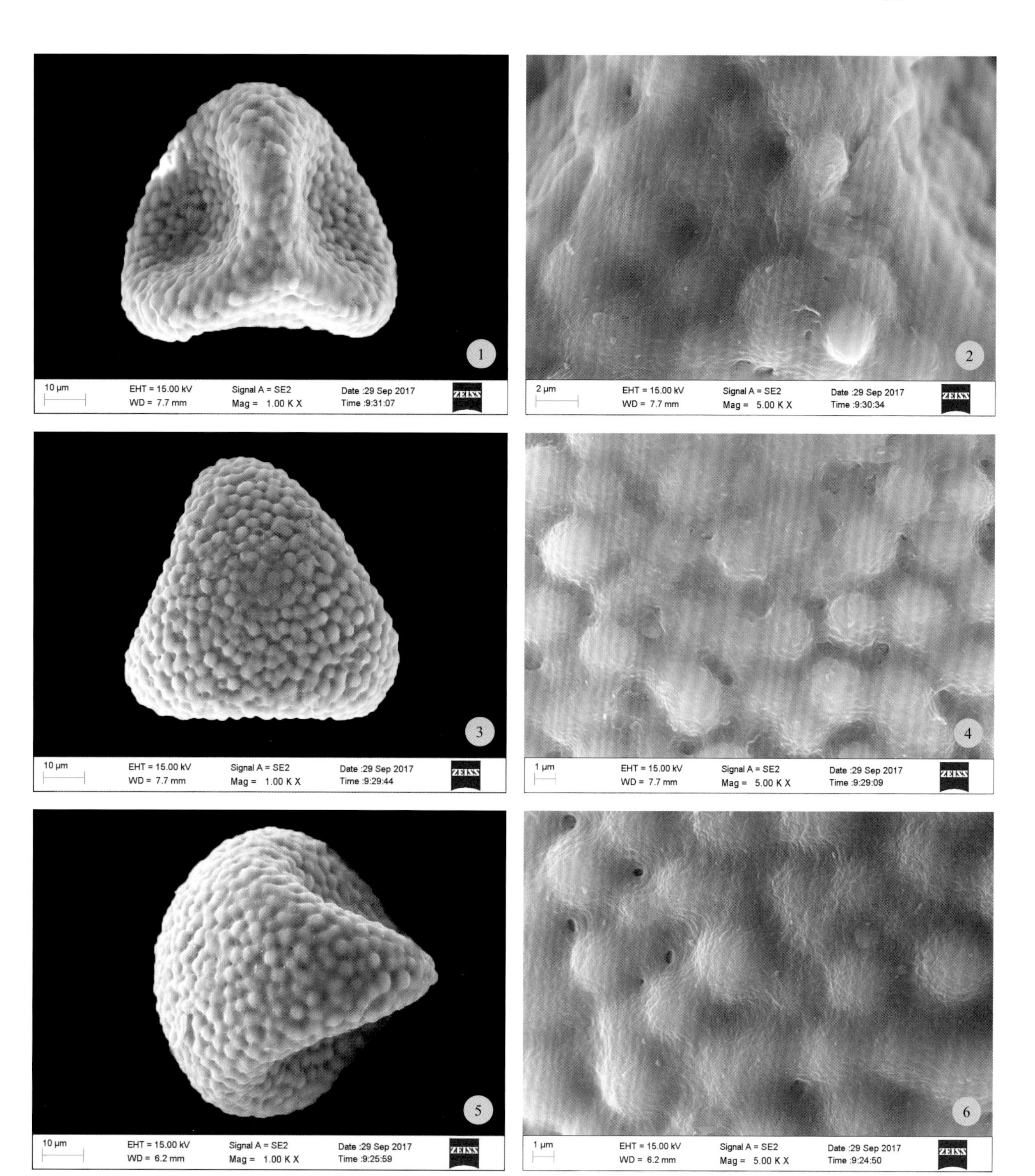

图 8-1-1-3　海金沙孢子（SEM）

1 ～ 2. 近极面　3 ～ 4. 远极面　5 ～ 6. 赤道面

第九章 ◆ 碗蕨科 Dennstaedtiaceae

土生中型蕨类。根茎横走，有管状中柱，被多细胞灰色刚毛。叶一型；叶柄基部不以关节着生，上面有浅纵沟，被毛；叶片一至四回羽状细裂，叶轴上面有纵沟，两侧圆，叶两面被毛；小羽片或末回裂片偏斜，基部下侧楔形，上侧平截，多少耳状；叶脉分离，羽状分枝，小脉不达叶缘；叶草质或厚纸质，稍粗糙。孢子囊群小，圆形，叶缘生或近叶缘顶生于小脉，囊托横切面长圆形或圆形；囊群盖位于小脉顶端并开向叶缘，或碗形，为一内瓣及一外瓣融合而成，或杯形，以基部及两侧着生于叶肉，或圆肾形，以宽的基部着生；孢子囊梨形，有由3行细胞组成的细长柄；环带直立，侧面开裂，常有线形多细胞隔丝混生。孢子四面体形，具3裂缝，有或无周壁。

约9属，分布于热带及亚热带。中国3属。山东1属。

碗蕨属 Dennstaedtia Bernh.

土生中型蕨类。根茎横走，较粗壮，被有多细胞淡灰色刚毛，无鳞片。叶一型；有叶柄，基部不以关节着生于根茎上，上面有一条纵沟，幼时有毛，老则往往脱落，多少变为粗糙；叶片为三角形，或长圆形，多回羽状细裂，多少被毛；小羽片偏斜，基部为不对称楔形；叶脉分离，羽状分枝，小脉不达叶缘，顶端有水囊；叶草质或纸质，遍体多少有毛，尤以叶轴及各回羽轴较密，稀无毛。孢子囊群圆形，着生于叶缘小脉顶端；囊群盖为碗形，由内外2层（即1内瓣和多少由叶缘变来的1外瓣）联合而成，通常多少向下弯曲，形如烟斗，质厚，常为淡绿色；囊托短；孢子囊有长柄，环带直立。孢子钝三角形，三裂缝；有周壁，表面有瘤状、带状或细网状纹饰。

约80种，主要分布于热带。中国10种，主要分布于长江以南各省区。山东2种。

分种检索表

1a. 叶片无毛；薄草质；叶柄具光泽，基部栗黑色，上部红棕色……1. **溪洞碗蕨D. wilfordii**

1b. 叶片密被灰色多细胞长毛；草质；叶柄无光泽，通常淡禾秆色……2. **细毛碗蕨D. hirsuta**

1. 溪洞碗蕨

图9-1-1-1～图9-1-1-2

Dennstaedtia wilfordii (Moore) Christ

Microlepia wilfordii Moore

植株高40～60cm。根茎细长横走，黑色，疏被棕色节状长毛。叶2列疏生或近生；叶柄长10～14cm，直径1.5mm，基部栗黑色，向上为红棕色或淡禾秆色，几无毛，有光泽；叶片长圆状披针形，长20～30cm，宽4～7cm，先端长渐尖或为尾尖，并为羽裂，基部不缩狭，二至三回羽状分裂；羽片10～14对，互生，卵状阔披针形或披针形，下部的羽片较大，有柄，长5～7cm，宽为2～3.5cm，先端渐尖，基部不对称，二回羽状深裂；小羽片约5对，长圆卵形，基部一对最大，羽状深裂或为粗锯齿状；末回裂片先端2～3叉，短尖头，全缘；叶脉羽状，每一锯齿有小脉1条，脉端有水囊，不达叶边；叶薄草质，无毛或几无毛。孢子囊群圆形，着生于末回裂片叶腋，或上侧小裂片顶端；囊群盖碗形，无毛，常反卷呈烟斗状。孢子两侧对称，单裂缝；极面观类圆形，赤道面观超半圆形，周壁表面具瘤状突起，突起表面及其间具细颗粒状纹饰。

产山东崂山、昆嵛山、伟德山、里口山、正棋山、艾山、牙山、蒙山、鲁山、沂源。生山谷湿地或林缘处。

国内分布于东北、华北、华东地区及湖北、湖南、四川等省。俄罗斯远东地区、朝鲜半岛、日本也有分布。

药用全草。味辛，性凉。归肺、肝经。祛风，清热解表。主治感冒头痛，风湿痹痛，筋骨劳伤疼痛，疮痈肿毒。

2. 细毛碗蕨

图9-1-2-1～图9-1-2-2

Dennstaedtia hirsuta (Sw.) Mett. ex Miq.

Davallia hirsuta Sw.

Dennstaedtia pilosella (Hook.) Ching

植株高15～30cm。根茎横走或斜升，密被灰棕色多细胞长毛。叶近生或几簇生；叶柄长10～15cm，直径约1mm，基部淡禾秆色，密被灰棕色多细胞长毛；叶片长圆披针形，长10～17cm，宽2～5cm，先端长渐尖并为羽裂，基部不缩狭，中部以下的为二回羽状；羽片15～18对，卵状披针形，下部的较大，长2～4cm，宽1.5～2.5cm，羽状至羽状深裂；小羽片4～6对，长圆形，长约为宽的两倍，基部上侧1片较长且与叶轴平行，下侧近楔形，下沿于羽轴，边缘浅裂；裂片倒卵形，先端有2～3个小尖；叶脉羽状，顶端水囊不明显；叶草质，密被灰棕色多细胞长毛。孢子囊群圆形，着生于小裂片腋叶；囊群盖浅碗形，绿色，有毛。孢子球状四面体形，辐射对称，三裂缝，裂缝细，其长度为孢子半径的1/2，近极面观凹边钝三角形，远极面观钝三角形，赤道面观超半圆形或近圆形，周壁具疣块状突起和弯曲条状凹陷，表面具细颗粒状纹饰。

产山东崂山、昆嵛山、伟德山、里口山、正棋山、艾山、牙山、蒙山、鲁山、沂源等山区。生山谷溪边湿地或林边岩石上。

国内分布于东北、华北、华东、长江流域各省区。俄罗斯远东地区、朝鲜半岛、日本也有分布。

药用全草。味辛，性温。归肝经。祛风除湿，通经活血。主治风湿痹痛，筋骨劳伤疼痛。

图 9-1-1-1 **溪洞碗蕨 Dennstaedtia wilfordii** (Moore) Christ

1. 植株 2. 小羽片

图 9-1-1-2　溪洞碗蕨

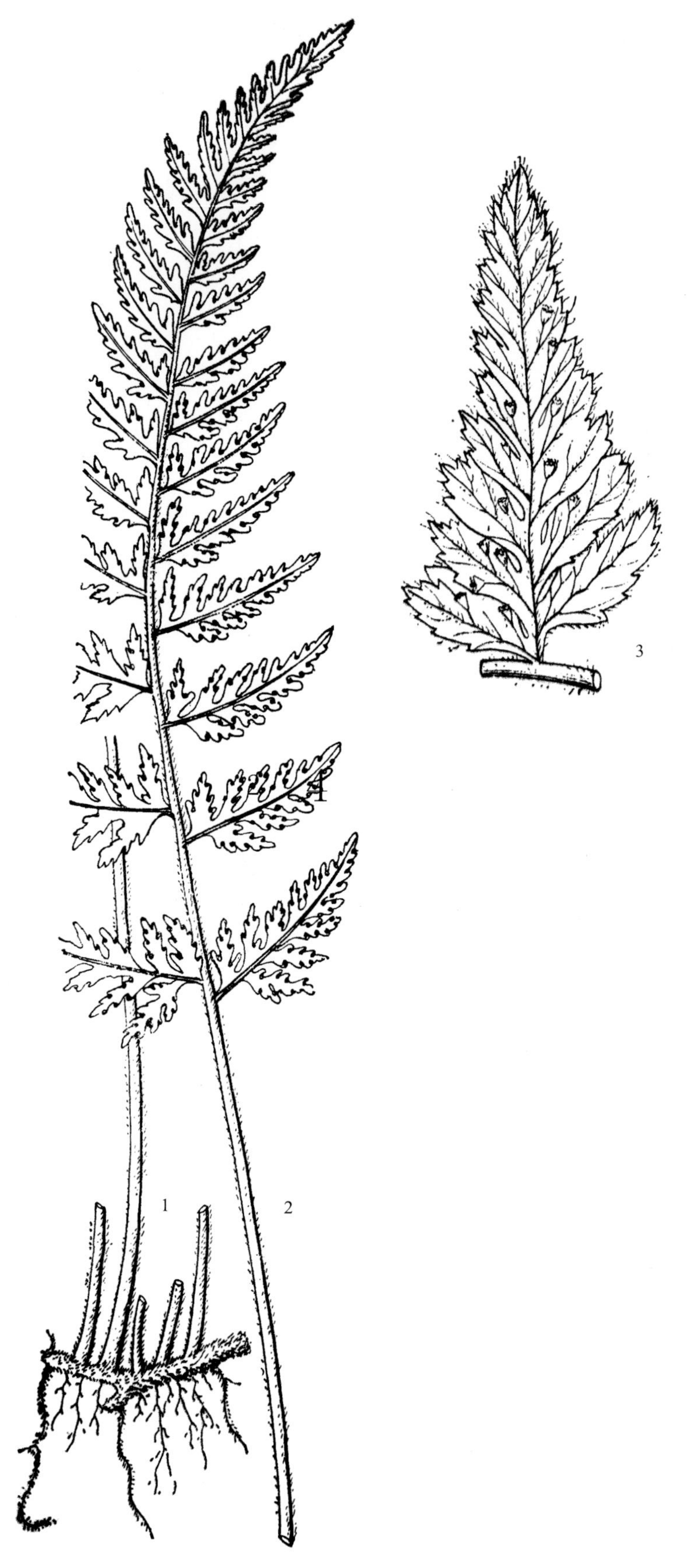

图 9-1-2-1　**细毛碗蕨 *Dennstaedtia hirsuta*** (Sw.) Mett. ex Miq.

1. 根茎及叶柄基部　2. 叶片　3. 羽片

图 9-1-2-2　细毛碗蕨

第十章 ◆ 蕨科 Pteridiaceae

土生、中型或大型蕨类。根茎长而横走，具双轮管状中柱，密被锈黄或栗色节状长毛。叶一型，疏生；具长柄；叶片卵形、卵状长圆形或卵状三角形，三回羽状，革质或纸质，上面无毛，下面多少被柔毛，稀近无毛；叶脉分离。孢子囊群线形，沿叶缘着生于连接小脉顶端的1条边脉上；囊群盖双层，外层为变质叶缘形成的假盖，线形，宿存，内层为真盖，质地薄，不明显，或发育或近退化，除叶缘顶端或缺刻处，连续不断。孢子四面形或二面形，光滑或具细微乳头状突起。

2属，以泛热带为分布中心。中国2属。山东1属。

蕨属 **Pteridium** Scopoli

中型蕨类，植株粗壮。根茎长而横走，有锈黄色刚毛，无鳞片。叶疏生；叶具长柄，基部无关节；叶片卵形或卵状三角形，二至多回羽状；羽片卵状三角形，对生或互生，有短柄，基部1对最大；叶革质或近革质，下面多少有毛，叶轴通直；叶脉羽状，有边脉，侧脉分叉。孢子囊群着生于叶缘内的联结脉上，沿叶缘连续伸长呈线性；囊群盖线形，内外2层，外层由变质而反卷的叶缘构成，假盖，厚膜质，内层为真正的囊群盖，质地薄，不明显，或毛状或撕裂状，位于线形的孢子囊群的内侧；孢子囊柄细长，环带常由13个增厚细胞组成。孢子球状四面体形，辐射对称，三裂缝，有周壁，表面有颗粒状与小刺状纹饰。

15种，广布世界各地。中国6种，主要分布于长江以南各省区。山东1变种。

1. 蕨 欧洲蕨

图10–1–1–1～图10–1–1–2

Pteridium aquilinum (L.) Kuhn var. **latiusculum** (Desv.) Underw. ex Heller

Pteris latiuscula Desv.

植株高1m或更高。根茎长而横走，黑色，密被锈黄色柔毛，后脱落。叶疏生；叶柄粗壮，长40～50cm，褐棕色或棕禾秆色，基部密被锈黄色短毛，向上光滑；叶片阔三角形或长圆状三角形，长30～50cm，宽20～40cm，先端渐尖并为羽裂，基部不狭缩，三回羽状或四回羽裂；羽片约10对，对生或近对生，基部一对最大，卵状三角形，长15～25cm，宽10～20cm，先端尾尖，基部楔形，二回羽状或三回羽裂；小羽片约10对，互生，斜展，披针形，尾状渐尖头，基部近平截，具短柄，一回羽状；末回小羽片或裂片互生，长圆形，圆钝头，全缘或下部有1～3对浅裂或呈波状圆齿；叶脉羽状，分离，侧脉2叉，下面隆起；叶革质，两面近光滑或沿各回羽轴及叶脉下面疏生灰色短毛。

孢子囊群线形，生于小脉顶端的联结脉上；囊群盖线形，薄纸质，并有变质的叶缘反卷而成的假盖。孢子球状四面体形，辐射对称，三裂缝。极面观钝三角形，赤道面观超半圆形。周壁具不规则的短棒与颗粒结合而成高低不平的突起和穴。

产山东崂山、昆嵛山、伟德山、里口山、正棋山、艾山、牙山、蒙山、沂源、鲁山、塔山。生向阳山坡杂草中或林缘。

分布于全国各地，长江以北较多。

药用嫩叶或根茎。嫩叶称蕨菜：味甘，性寒。归肺、肝、胃、大肠经。清热利湿，降气化痰，活血止痛，祛风除湿，健脾安神。主治感冒发热，痢疾，黄疸，带下，肺结核咯血，肠风便血，风湿痹痛，高血压病。根茎称蕨根：味甘，性寒，有毒。归肺、肝、脾、大肠经。清热利湿，平肝安神，解毒消肿。主治发热，咽喉肿痛，泄泻，痢疾，黄疸，带下，高血压，头昏失眠，风湿痹痛，痔疮，脱肛，湿疹，烧烫伤，蛇虫咬伤。孙思邈指出："久食成瘕，不宜多食。"

全株含胡萝卜素、维生素、蛋白质、脂肪、糖分、粗纤维、钾、钙、镁、蕨素A～G、蕨苷A～D、乙酰蕨素、胆碱、甾醇、18种氨基酸等。

该植物多糖具有抗氧化作用。

国外有报道称，长期低剂量食用蕨菜可能引发膀胱肿瘤，很多研究表明，蕨菜中所含的蕨苷毒性源物质为水溶性致癌物，主要是PTA（原蕨苷）和PTB（蕨素B）。PTA（原蕨苷）和PTB（蕨素B）不耐高温，经煮熟煮透，清洗和浸泡30分钟以上可有效清除。在日常对蕨菜进行加工的过程中，一些手段比如晒干、焯水等可有效清除蕨苷毒性源物质。

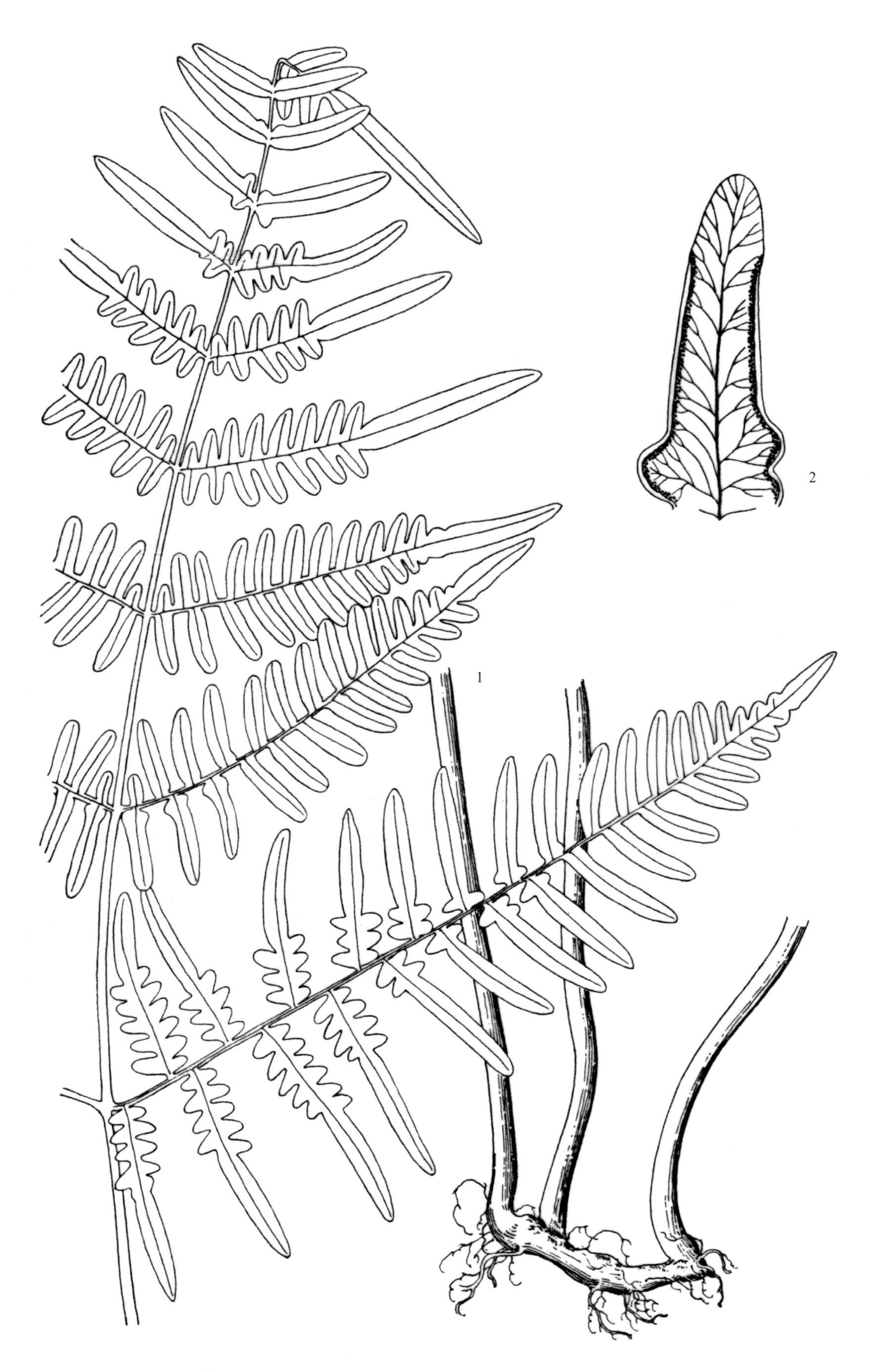

图 10-1-1-1 蕨 **Pteridium aquilinum** (L.) Kuhn var. **latiusculum** (Desv.) Underw. ex Heller

1. 植株 2. 小羽片

图 10-1-1-2　蕨

第十一章 · 凤尾蕨科 Pteridaceae

土生，大型或中型蕨类。根茎长而横走，有管状中柱（如栗蕨属），或短而直立或斜生，有网状中柱（如凤尾蕨属），密被窄长的厚质鳞片，鳞片以基部着生。叶一型，稀二型或近二型，疏生（如栗蕨属）或簇生（如凤尾蕨属）；有柄，柄通常禾秆色，间为栗红或褐色，光滑，稀被刚毛或鳞片；叶片长圆形或三角形，稀五角形，一回羽状或二至三回羽裂，稀掌状，偶为单叶或3叉，不细裂，草质、纸质或革质，光滑，稀被毛；叶脉分离，稀网状，网眼内无内藏小脉；凤尾蕨属少数种类在表皮层下具脉状异形细胞。孢子囊群线形，沿叶缘生于连接小脉顶端的1条边脉上，由反折变质叶缘所形成的线形、膜质宿存假盖，无内盖，除叶缘顶端或缺刻外，连续不断。孢子四面形，稀两面形（如栗蕨属），透明，表面通常粗糙或有瘤状突起。

约10属，分布于热带和亚热带，热带美洲为多。中国2属。山东1属。

凤尾蕨属 Pteris L.

土生中型蕨类。根茎短，直立或斜升，被鳞片；鳞片狭披针形，棕色或深棕色，膜质，边缘常有睫毛。叶簇生；叶柄基部无关节，上面有纵沟，内有“V”形维管束1条；叶片一回羽状或为篦齿状二至三回羽裂，或3分叉枝，基部羽片上侧羽轴或主脉上面有纵沟，沟两侧有啮蚀状狭翅，常有针状刺；常分枝，不分裂；叶脉分离常1或2叉，稀有沿羽轴两侧联结成1列狭长网眼，无内藏小脉，小脉先端不达叶缘，通常膨大为棒状水囊；叶干后草质或纸质，光滑，下面绿色。孢子囊群线形，沿叶缘连续延伸，着生叶缘内联结脉上，有隔丝；囊群盖由变形的叶缘反卷而成，膜质；孢子囊环带由16～34个增厚细胞组成。孢子球状四面体形，孢子表面有瘤块状纹饰。

约300种，主要分布于热带和亚热带。中国66种，主要分布于华南及西南各省区。山东3种。

分种检索表

1a. 叶一型；叶片奇数一回羽状……………………………………………………1. **蜈蚣草P. vittata**

1b. 叶二型或近二型。

  2a. 叶片一回羽状，仅基部一对羽片二至三叉，除基部一对有柄外，其他各对基部均下延成狭翅……………………………………………………………2. **井栏边草P. multifida**

  2b. 叶片二回深羽裂或二回半深羽裂；羽片三角状披针形或半边三角形…..3. **刺齿凤尾蕨P. dispar**

1. 蜈蚣草

图11-1-1-1～图11-1-1-2

Pteris vittata L.

植株高0.2～1.5m。根茎短而直立，密被疏散黄褐色鳞片。叶簇生，一型；叶柄长8～30cm，深禾秆色或浅褐色，幼时密被鳞片；叶片倒披针状长圆形，长20～94cm，长尾头，基部渐窄，奇数一回羽状；顶生羽片与侧生羽片同形，侧生羽片30～50对，几无柄，不与叶轴合生，线形，向下羽片渐短，基部羽片耳形，中部长6～15cm，渐尖头，基部浅心形，两侧稍耳形，不育的叶缘有细锯齿；主脉下面隆起，浅禾秆色，侧脉纤细，单一或分叉；叶干后纸质或薄革质，绿色，下面疏被黄棕色线形鳞片及节状毛。孢子囊群线形，着生羽片边缘的边脉；囊群盖同形，全缘，膜质，灰白色。孢子球状四面体形，辐射对称，三裂缝，极面观圆球形，裂缝边缘呈断续脊状褶皱，裂缝外围具三条长脊褶皱，形成钝三角形；赤道面观圆球形，孢子表面由脊状褶皱形成大网状纹饰，网眼中具一疣状突起。

产山东沂源（土门镇山区）。山东省分布新纪录：万鹏20140817707（凭证标本），2014年8月17日，采自沂源县土门镇山区。生钙质土或石灰岩上或旧石灰墙壁上，为钙质土和石灰岩的指示植物。

国内分布于河南、西北、长江以南各省区。

药用全草、根茎。味淡、苦，性凉。归肝、大肠、膀胱经。祛风除湿，舒筋活络，解毒杀虫。主治风湿筋骨疼痛，腰痛，肢体麻木，屈伸不利，跌打损伤，流行性感冒，痢疾，乳痈，蛔虫病，蛇虫咬伤。

含酚类衍生物等。

图 11-1-1-1　蜈蚣草

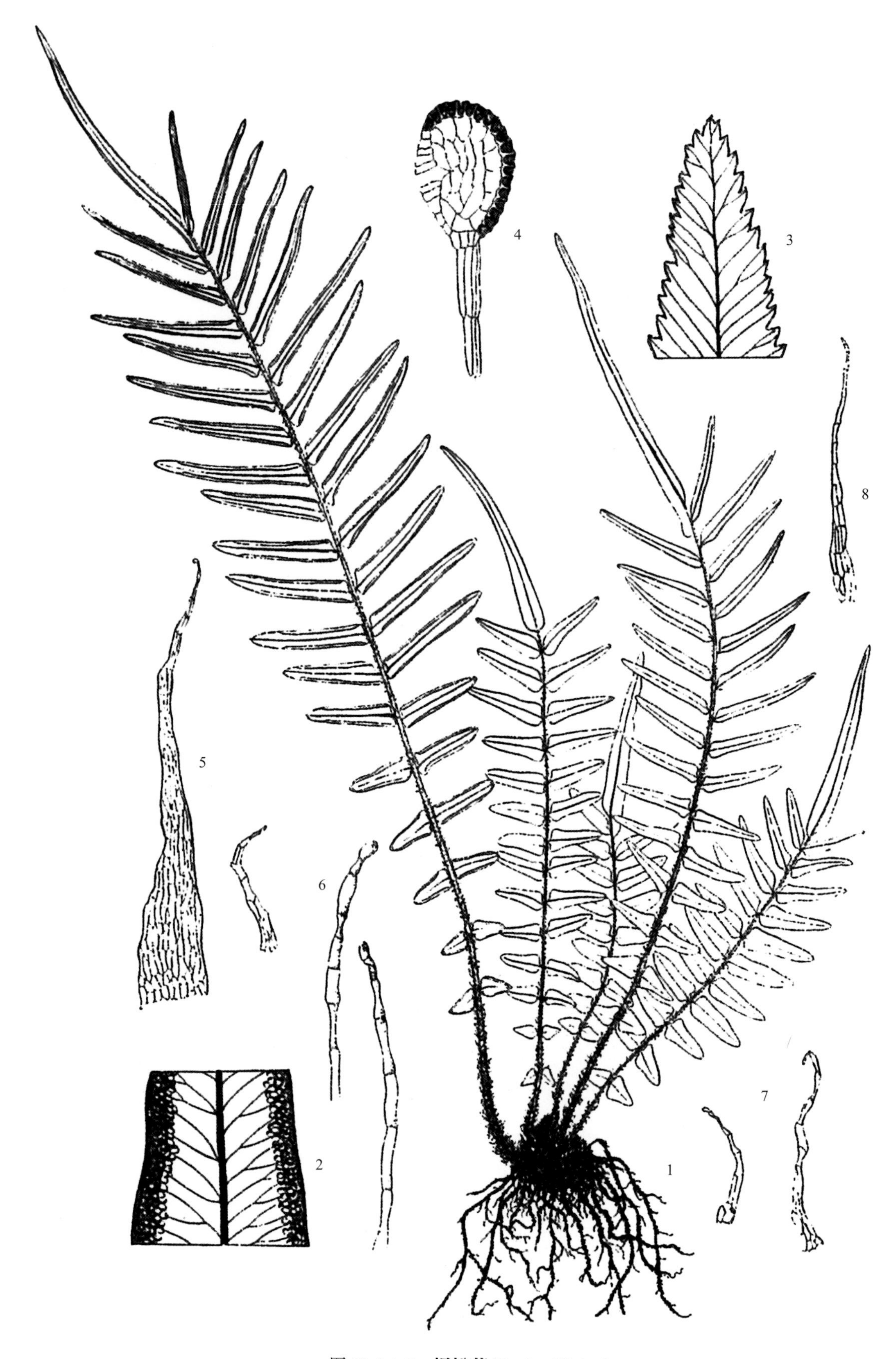

图 11-1-1-2　**蜈蚣草 *Pteris vittata*** L.

1. 植株　2. 孢子叶羽片（部分）　3. 营养叶羽片（部分）
4. 孢子囊　5. 根茎上的鳞片　6 ～ 8. 叶轴上的小鳞片和毛

2. 井栏边草 凤尾草

图11-1-2-1～图11-1-2-3

Pteris multifida Poir.

植株高20～40cm。根茎短而直立，顶端被钻形黑褐色鳞片。叶二型，簇生；叶柄长10～15cm，禾秆色或深禾秆色，柄上有1条深沟，直达叶轴顶部；孢子叶片长卵形，长15～25cm，宽10～20cm，一回羽状；羽片4～8对，基部一对羽片常2～3叉，除基部一对有柄外，其他各对基部下延，在叶轴两侧形成狭翅，翅下部较狭；小羽片条形，先端渐尖，不育，有细锯齿，向下为全缘；营养叶羽片或小羽片较宽，边缘有不整齐的尖锯齿；叶脉羽状分离，侧脉通常2叉，顶端有水囊体，伸达齿端；叶草质，光滑无毛。孢子囊群线形，沿叶缘连续分布；囊群盖同形，灰色，膜质。孢子球状四面体形，辐射对称，三裂缝，近极面观钝三角形，表面具瘤状和短脊状突起，远极面观具弯曲短脊状和瘤状突起；赤道面观半圆形，具瘤块状突起，突起表面光滑。

产山东泰山、徂徕山、崂山、昆嵛山、塔山、蒙山、峄山、微山县等山区。生旧石灰墙缝，山谷石井边或灌木林缘阴湿处。

国内分布于河北、陕西、河南、长江以南各省区。

药用全草或根茎。味淡、微苦，性寒。归大肠、肝、心经。清热利湿，解毒消肿，凉血止血。主治痢疾，泄泻，淋浊，带下，黄疸，疔疮肿毒，喉痹，乳痈，淋巴结结核，腮腺炎，高热抽搐，蛇虫咬伤，吐血，衄血，尿血，便血，胆道出血，外伤出血，烧烫伤。

含二萜、倍半萜、木脂素、鞣质、黄酮、氨基酸等。如Multifidoside A～C、Scaphopetalone。

3. 刺齿凤尾蕨 刺齿半边旗

图11-1-3-1～图11-1-3-2

Pteris dispar Kunze

植株高30～50cm；根茎斜生，顶端及叶柄基部有钻形褐色鳞片。叶近二型，簇生；叶柄长15～25cm，连同叶轴栗色至浅栗色，有三棱；叶片卵状长圆形或披针形，长10～25cm，宽6～12cm，二回深羽裂或二回半边深羽裂；顶生羽片三角状披针形，长尾尖，先端不育，有刺尖锯齿，下侧深羽裂，几达叶轴；侧生羽片5～8对，上、下侧不对称，下侧深羽裂，上侧羽片分裂变化较大，大多为不整齐的深羽裂或波状浅裂，稀全缘；营养叶边缘有长尖刺锯齿；侧脉通常分叉，小脉伸达锯齿内；叶干后草质。孢子囊群线形，沿孢子叶羽片先端以下的叶缘连续分布；囊群盖线形，全缘。孢子球状四面体形，辐射对称，三裂缝。近极面观钝三角形，表面具瘤状突起，远极面观具弯曲长条状突起，形成拟网状纹饰；赤道面观半圆形，具瘤块状突起，突起表面光滑。

产山东崂山。生疏林下。

国内分布于长江以南各省区。日本、韩国也有分布。

药用全草。味苦、涩，性凉。归肝、大肠经。清热解毒，凉血祛瘀，消肿止血。主治泄泻，痢疾，痄腮，风湿痹痛，跌打损伤，疮痈肿毒，毒蛇咬伤。

植株含二萜等，如刺齿凤尾蕨酸A～C。

图 11-1-2-1　**井栏边草 *Pteris multifida*** Poir.

1. 植株　2. 根茎上的鳞片　3～4. 叶柄下部横切面

图 11-1-2-2　井栏边草

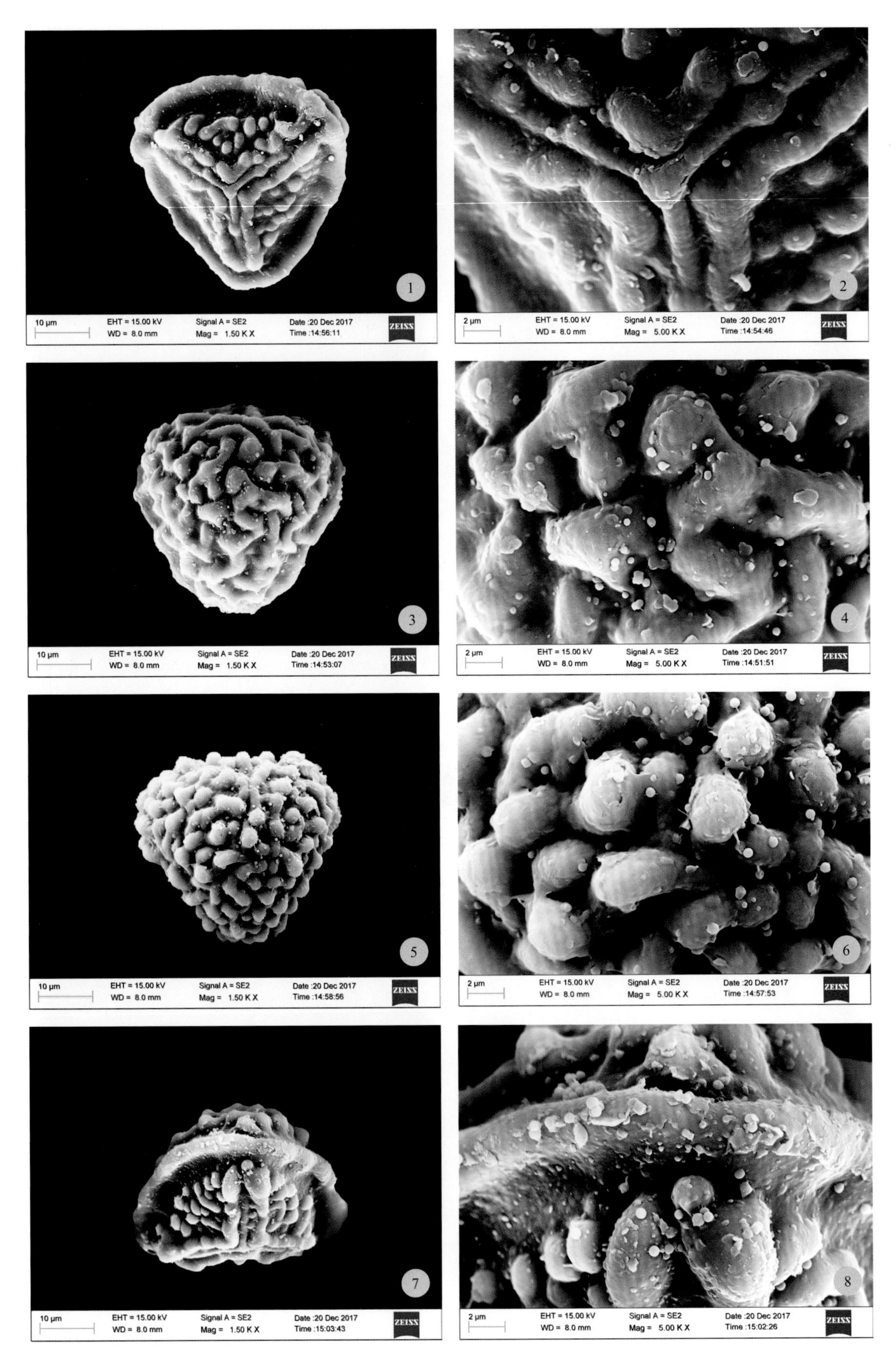

图 11-1-2-3　井栏边草孢子（SEM）

1 ～ 2. 近极面　3 ～ 6. 远极面　7 ～ 8. 赤道面

图 11-1-3-1 **刺齿凤尾蕨 *Pteris dispar*** Kunze

1. 植株 2. 孢子叶裂片

图 11-1-3-2　刺齿凤尾蕨

第十二章 ◆ 中国蕨科 Sinopteridaceae

中生或旱生中小型蕨类。根茎短，直立或斜升，稀横卧或细长横走（如金粉蕨），有管状中柱，稀为简单网状中柱，被披针形鳞片。叶簇生，稀疏生；有柄，柄圆柱形或腹面有纵沟，栗色或栗黑色，稀禾秆色，光滑，稀被柔毛或鳞片；叶一型，稀二型或近二型，二回羽状或三至四回羽状细裂，卵状三角形、五角形或长圆形，稀披针形；叶草质或坚纸质，下面绿色，或被白色或黄色腊质粉末，叶脉分离或偶为网状（网眼内无内藏小脉）。孢子囊群小，球形，沿叶缘着生于小脉顶端或顶部一段，稀着生于叶缘小脉顶端的连结脉上而成线形（如金粉蕨属、黑心蕨属），有盖（隐囊蕨属无盖），盖为反折叶缘部分形成，连续，稀断裂，全缘，有齿或撕裂。孢子球状四面体形，暗棕色，具颗粒状、拟网状或刺状纹饰。

约14属，主要分布于亚热带。中国9属。山东2属。

分属检索表

1a. 叶柄黑栗色或红棕色；叶片二至三回羽状分裂，末回裂片非荚果状......1. **粉背蕨属Aleuritopteris**

1b. 叶柄禾秆色；叶片四至五回羽状细裂，末回能育小羽片荚果状....................2. **金粉蕨属Onychium**

粉背蕨属 Aleuritopteris Fée

旱生常绿中小型蕨类。根状茎短，直立或斜生，密被鳞片；鳞片以基部着生，棕色或黑褐色，披针形或卵状披针形。叶簇生，多数；叶柄及叶轴栗色或红棕色，光滑或有鳞片；叶片五角形、三角形，卵形或三角状长圆形，二至三回羽状分裂；羽片无柄或几无柄，对生或近对生，通常基部一对伸长，较大；叶脉羽状，分离，通常不甚明显，叶缘大；叶纸质，下面通常具腺体，分泌黄色、白色或金黄色蜡质粉状物，偶光滑。孢子囊群圆形，生于叶脉顶端，具2～10个孢子囊，有柄，近叶缘排列，幼时分离，成熟后彼此联结；囊群盖膜质，由反卷的变质叶缘形成，通常连续，有时断裂。孢子圆球状三角形，辐射对称，三裂缝，极面观三角形或三角状圆形；赤道面观为椭圆形或超半圆形，具周壁，表面有颗粒状或拟网状纹饰。

约30种，分布于亚洲、非洲、中美洲，主产于温带。中国20种，分布于西南山地。山东5种和1变种。

分种检索表

1a. 叶片五角形或卵状五角形；囊群盖连续，全缘或近全缘。

2a. 叶片下面有雪白色、乳白色或乳黄色粉末。

3a. 叶片裂片较稀，裂片全缘，下面有雪白色粉末。

4a. 叶片长宽近相等，约2～3cm，裂片全缘；孢壁细密网状.....1. **雪白粉背蕨A. niphobola**

4b. 叶片长宽近相等，约3～4.5cm，裂片上部边缘有明显的钝齿；孢壁拟网状...2. **北京粉背蕨**var. **pekingensis**

3b. 叶片裂片较密，裂片边缘有整齐的圆齿，下面有乳白色或乳黄色粉末...3. **银粉背蕨A. argentea**

2b. 叶片下面无雪白色、乳白色或乳黄色粉末；叶片裂片细而密，线形..4. **陕西粉背蕨A. shensiensis**

1b. 叶片卵形或长圆状披针形；囊群盖断裂不连续，边缘啮蚀状或深裂成流苏状。

5a. 叶片长圆状披针形，三回羽裂；囊群盖边缘啮蚀状...............................5. **华北粉背蕨A. kuhnii**

5b. 叶片卵形，一回羽裂（基部下侧二回羽裂）；囊群盖边缘深裂为流苏状 6. **矮粉背蕨A. pygmaea**

1. 雪白粉背蕨 无粉雪白粉背蕨

图12-1-1-1～图12-1-1-2

Aleuritopteris niphobola (C. Chr.) Ching

Aleuritopteris niphobola var. *concolor* Ching

植株高4～12cm。根茎短而斜立，被黑褐色、有光泽、全缘的披针形鳞片。叶簇生；叶柄长2～10cm，纤细，栗褐色，基部疏生褐色鳞片，向上光滑；叶片近五角形，长宽近相等，约2～3cm，三回羽裂；羽片4～6对，对生，基部一对最大，三角形，长1.5～2cm，宽1～1.5cm，基部圆楔形，二回羽裂；小羽片4～5对，长圆形，基部下侧一片特大，长约1cm，宽约5mm，通常羽状裂，裂片全缘；叶脉羽状分离，不明显；叶纸质，下面有雪白色粉末；叶轴两侧有狭翅。孢子囊群着生于小脉顶端；囊群盖由叶边反卷变质而成，极狭，全缘，连续。孢子圆球形，辐射对称，三裂缝，裂缝长达球状体边缘，极面观和赤道面观均为圆球形，具周壁，周壁表面具不规则片状及宽窄不均匀、弯曲的条脊状褶皱，构成细密的网状纹饰。

产山东抱犊崮、平邑、蒙山、济南南部山区（大佛头、云梯山）、灵岩寺。生于旱石灰岩山坡石缝上。

国内分布于四川西北部、甘肃（文县）。

图 12-1-1-1 **雪白粉背蕨 Aleuritopteris niphobola** (C. Chr.) Ching

1. 植株 2. 裂片

图 12-1-1-2　雪白粉背蕨

2. 北京粉背蕨

Aleuritopteris niphobola var. **pekingensis** Ching & Hsu

Aleuritopteris pekingensis Ching

不同于原变种，其叶片较大，长宽3～4.5cm，裂片上部边缘有明显的钝齿。囊群盖较狭，远离中脉。孢子周壁呈粗网状。

产山东抱犊崮、济南南部山区（大佛头、云梯山）、灵岩寺。

注:《中国植物志（英文版）》将北京粉背蕨*A. niphobola* var. *pekingensis* Ching & Hsu.合并于雪白粉背蕨*A. niphobola* (C. Chr.) Ching，采用雪白粉背蕨*A. niphobola* (C. Chr.) Ching学名，但两者差异显著，编者建议保留北京粉背蕨*A. niphobola* var. *pekingensis* Ching & Hsu在分类学上的地位。

3. 银粉背蕨 金牛草

图12-1-3-1～图12-1-3-2

Aleuritopteris argentea (Gmél.) Fée

Pteris argentea Gmél.

植株高10～25cm。根茎短，直立或斜生，有棕色狭边，亮黑色披针形鳞片。叶簇生；叶柄长5～20cm，栗褐色，有光泽，基部有鳞片，上部光滑；叶片五角形，长宽近相等，5～8cm；羽片3～5对，基部三回羽状，中部二回羽裂，上面一回羽裂，基部一对羽片直角三角形，长3～5cm，宽1.5～3cm，基部上侧与叶轴合生，下侧不下延；小羽片3～4对；裂片长圆形，钝尖头，边缘有小细牙；叶脉羽状，分叉，纤细，下面不明显；叶纸质，下面有乳白色或乳黄色粉末。孢子囊群生于小脉顶端，沿叶边排列，成熟后汇成线形；囊群盖由叶边反卷变质而成，膜质，连续全缘。孢子圆球形，辐射对称，三裂缝；周壁由弯曲的、粗细不均匀的条脊及颗粒相连接，形成不规则、表面高低不平并有洞穴的细网状纹饰。

产山东泰山、徂徕山、莲花山、昆嵛山、崂山、临沭、塔山、蒙山、抱犊崮、济南南部山区（大佛头、云梯山）、灵岩寺。生于旱岩石缝或旧墙缝上。

国内分布于华北、东北、西北、西南。印度、尼泊尔也有分布。

药用全草。味辛、甘，性平。归肝、肺经。活血调经，补虚止咳，利湿，解毒消肿，止血。主治月经不调，肝炎，风热咳嗽，肺结核咯血，肺痈，风湿骨痛，跌打损伤。

植株含粉背蕨酸、蔗糖、黄酮类化合物、二萜等。所含粉背蕨酸，具有抗肿瘤、抗菌、强心等活性。

图 12-1-3-1 银粉背蕨

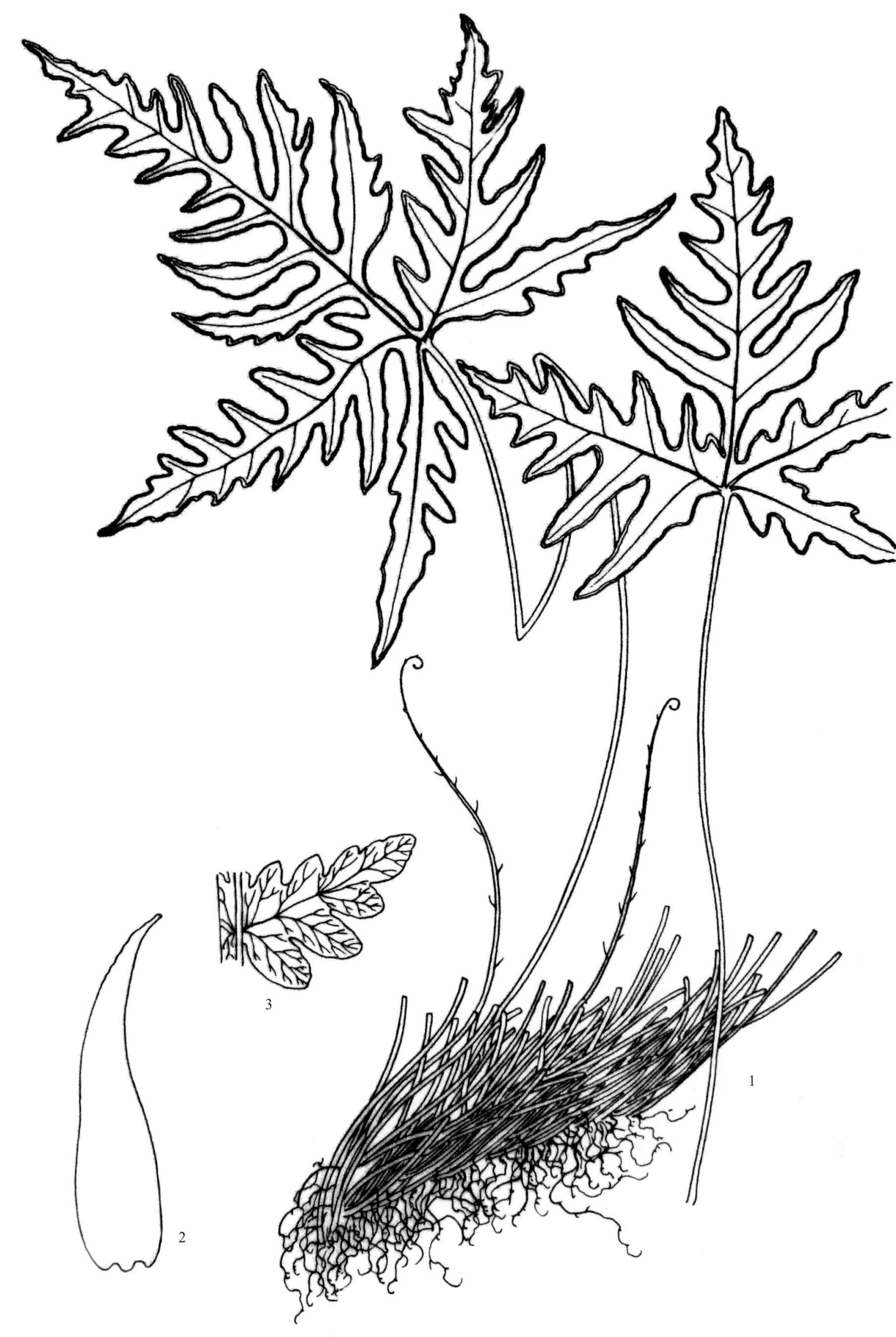

图 12-1-3-2　**银粉背蕨 Aleuritopteris argentea** (Gmél.) Fée

1. 植株　2. 鳞片　3. 裂片

4. 陕西粉背蕨 无粉银粉背蕨

图12-1-4-1～图12-1-4-2

Aleuritopteris shensiensis Ching

Aleuritopteris argentea var. *obscura* (Christ) Ching

植株高10～15（20）cm。根茎短，斜升，顶端密被棕褐色鳞片。叶簇生，叶柄栗褐色，较细，长约15cm；叶片五角形，长宽几相等，5～6cm，基部三回羽状，中部二回羽状，顶部一回羽状，分裂度细；羽片4～6对，对生，基部1对最大，近三角形，二回羽状；一回小羽片4～5对，下先出，基部下侧1片特长，斜向下，羽状深裂；裂片线状，细而密，镰刀形，长8～10mm，宽约1mm；从第2对小羽片向上各对较小，除第2对羽裂外，通常不裂，单一，由下而上长1.5～3.0cm，宽约1cm，线状镰刀形，近全缘；叶纸质，叶脉不显，无雪白色、乳白色或乳黄色粉末，羽轴两侧有狭翅。孢子囊群成熟后为线形，沿裂片边缘分布，连续；囊群盖深棕色，膜质，全缘，不断裂，宽几达中脉或羽轴，彼此几靠合。孢子类球形，辐射对称，三裂缝，裂缝稍短于半径，极面观和赤道面观均为三角状类球形，周壁表面粗糙。

产山东泰山、蒙山、济南南部山区。生潮湿的石缝和墙缝中，海拔800～1500m。

国内分布于华北、陕西、江西、四川。

药用全草。味辛、甘，性平。归肝、肺经。活血调经，补虚止咳，利湿，解毒消肿。主治月经不调，肝炎，风热咳嗽，肺结核咯血，肺痈，乳痈，风湿骨痛，跌打损伤。

植株含二萜等，如粉背蕨酸。

图 12-1-4-1 陕西粉背蕨

图 12-1-4-2　**陕西粉背蕨 *Aleuritopteris shensiensis*** Ching

1. 植株　2. 裂片

5. 华北粉背蕨 华北薄鳞蕨 小蕨鸡

图12-1-5-1～图12-1-5-2

Aleuritopteris kuhnii (Milde) Ching

Cheilanthes kuhnii Milde

Leptolepidium kuhnii (Milde) Hsing

植株高20～30cm。根茎短而直立，被棕色、边缘有睫毛的阔披针形鳞片。叶簇生；叶柄长5～10cm，栗红色，有光泽，脆而易断，基部疏被淡棕色、边缘有睫毛的披针形鳞片，向上渐光滑；叶片长圆状披针形，长10～20cm，宽4～5cm，下部三回羽状深裂；羽片约10对，近对生，无柄，除先端的彼此以狭翅和叶轴相连外，其余以无翅叶轴分开，基部一对羽片卵状三角形，先端短渐尖，长2～4cm，宽1～2.5cm，二回羽状深裂；小羽片3～5对，卵状长圆形，先端渐尖，羽状深裂；裂片4～5对，以窄缺刻分开，长约3mm，先端钝，全缘；第二对羽片较基部一对大；叶脉羽状，两面不显；叶草质，下面有乳白色粉末，有时稀疏或无；叶轴栗红色，有光泽。孢子囊群圆形，生于小脉顶端，近叶边排列，成熟时汇合成线形；囊群盖膜质，幼时褐绿色，老时褐色，边缘波状，连续。孢子球状四面体形，辐射对称，三裂缝，极面观和赤道面观均为钝三角形，周壁表面具稀疏瘤状突起及小颗粒状纹饰。

产山东泰山、蒙山。生岩石缝间，海拔1000～1500m。

国内分布于东北地区、内蒙古、河北、山西、陕西南部、甘肃东南部、河南西部、四川北部和云南。朝鲜半岛、俄罗斯远东地区也有分布。

药用根茎和叶。味苦，性寒。润肺止咳，清热凉血。主治肺热咯血，外伤。

图 12-1-5-1　华北粉背蕨

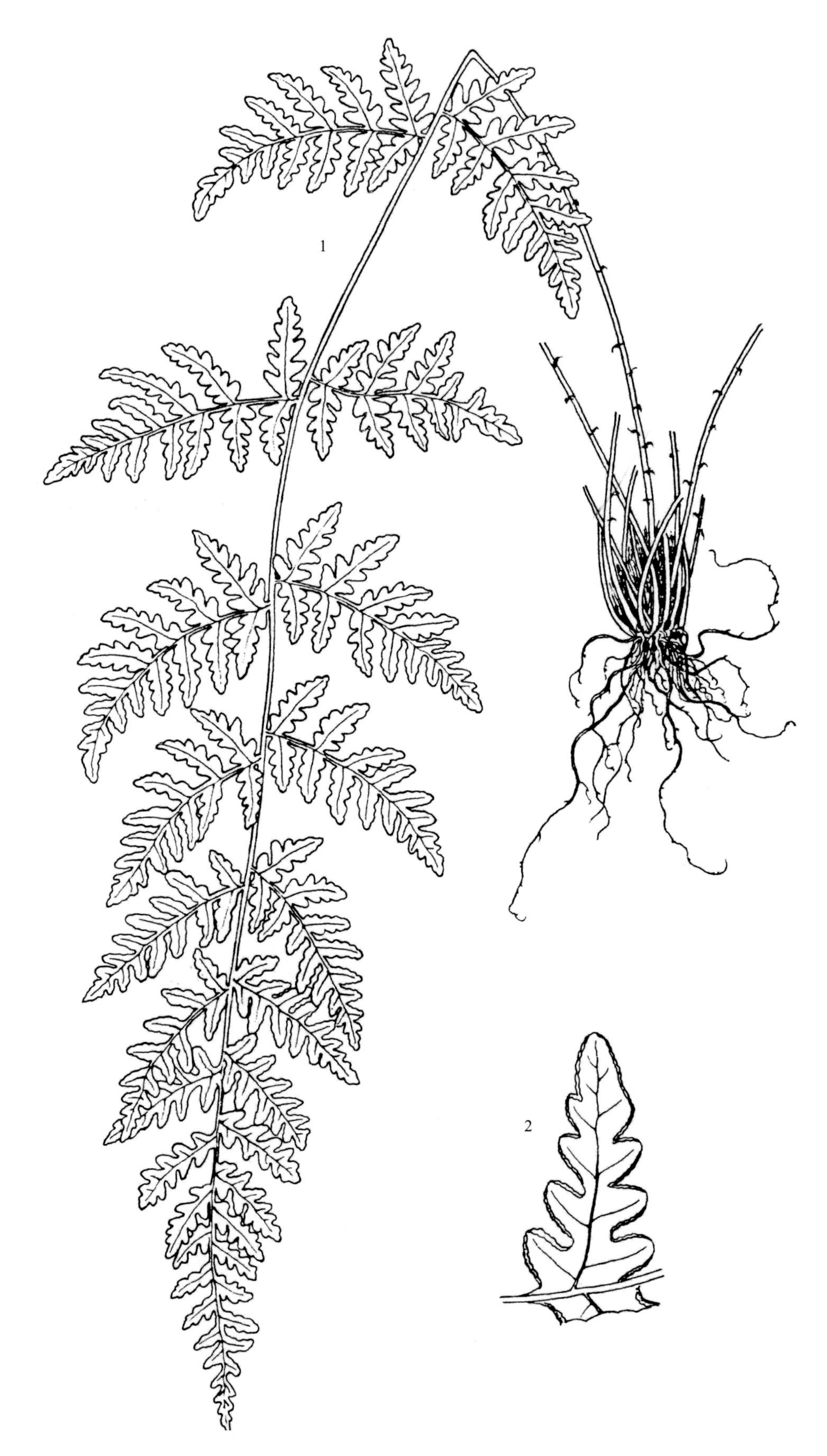

图 12-1-5-2　**华北粉背蕨 *Aleuritopteris kuhnii*** (Milde) Ching

1. 植株　2. 小羽片

6. 矮粉背蕨 蒙山粉背蕨

图12-1-6-1～图12-1-6-2

Aleuritopteris pygmaea Ching

Aleuritopteris mengshanensis F. Z. Li

植株细瘦，高4～10cm。叶簇生；叶柄长3～6cm，纤细如线，栗棕色，基部鳞片条状披针形，淡棕色，质薄，向上近光滑（幼时有较多的同形鳞片）；叶片卵形，长宽2～3.5cm，钝尖头，基部心形，一回羽状（基部下侧二回羽裂）；羽片3～4对，对生，开展，基部上侧于叶轴合生，基部一对最大，长1～1.4cm，略显三角形，钝头，下侧深羽裂；裂片2～3片，上侧波状，下侧裂片长圆形，全缘或波状，基部1片较长，约5mm，向上渐短；第二对羽片较小，长圆形，边缘波状，基部略下延，楔形，于基部一对以无翅叶轴分开，向上各对羽片的基部汇合，渐缩短；中脉略可见，栗棕色；叶片干后纸质，上面光滑，下面有白色粉末。孢子囊群小，分离；囊群盖膜质，棕色，断裂，边缘深裂成流苏状。

产山东蒙山。生岩石缝间，海拔700m。

图 12-1-6-1　矮粉背蕨

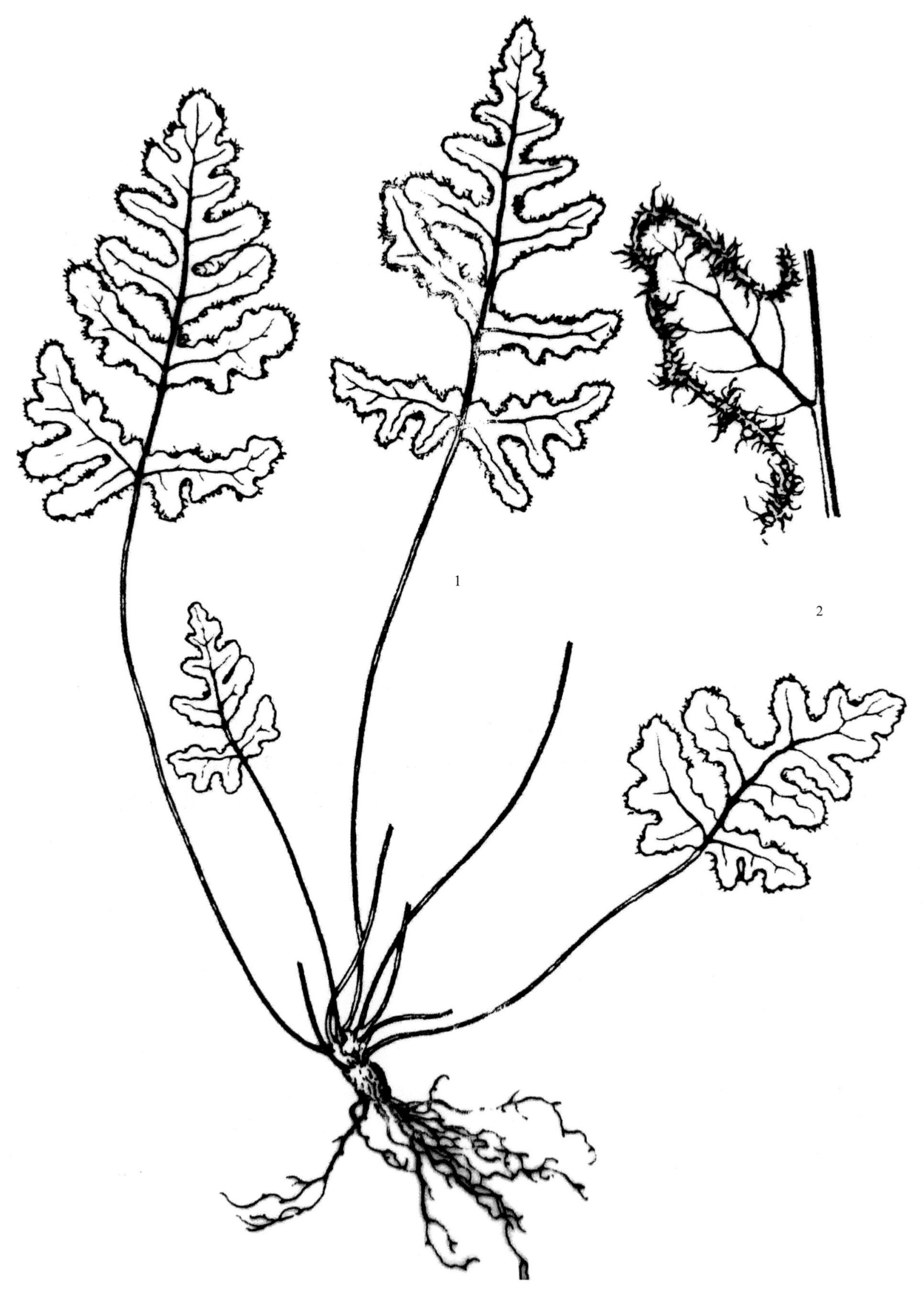

图 12-1-6-2　**矮粉背蕨 *Aleuritopteris pygmaea*** Ching

1. 植株　2. 小羽片

金粉蕨属 **Onychium** Kaulf.

中型土生蕨类。根茎细长横走，稀较短而横卧，有管状中柱，被褐棕色、披针形或宽披针形全缘鳞片。叶疏生或近生，一型或近二型；叶柄光滑，叶轴禾秆色或栗棕色，腹面有宽浅沟，横断面有U形维管束；叶片通常卵状三角形，稀窄长披针形，三至四回，或五回羽状细裂，稀二回羽状，末回裂片披针形，长0.3～1cm，宽1～1.5mm，尖头，基部楔形下延，末回能育小羽片荚果状；不育裂片叶脉单一，能育裂片叶脉羽状，小脉在沿外缘反卷处的边脉上联结；叶干后坚草质，无毛，略有光泽。孢子囊群圆形，生于小脉顶端的连接边脉上，线形；囊群盖膜质，由反折叶缘形成，宽几达中脉，荚果状，成熟时为孢子囊群撑开，全缘，稀啮蚀状，无隔丝。孢子球状四面形，透明，具块状（疣块状或瘤块状）纹饰。染色体基数x=29。

约10种，分布于亚洲热带和亚热带，非洲1种。中国8种。山东1种。

1. 野鸡尾金粉蕨 野雉尾金粉蕨

图12-2-1-1

Onychium japonicum (Thunb.) Kunze

Trichomanes japonicum Thunb.

植株高约60cm。根茎长而横走，直径约3mm，疏被鳞片，鳞片棕色或红棕色，披针形，筛孔明显。叶散生；柄长20～30cm，基部褐棕色，略有鳞片，向上禾秆色，有时下部略带棕色，光滑；叶片几和叶柄等长，宽约10cm或过之，卵状三角状或卵状披针形，四回羽状细裂，羽片12～15对，互生，柄长1～2cm，基部1对长9～17cm，长圆状披针形或三角状披针形，先端具羽裂尾头，三回羽裂，各回小羽片接近，均上先出，基部1对最大；末回能育小羽片或裂片长5～7mm，线状披针形，荚果状，有不育的尖头；末回不育裂片短而窄，线形或短披针形，短尖头；叶轴和各回羽轴上面有浅沟，下面凸起；不育裂片有1中脉，能育裂片有斜上侧脉和叶缘边脉汇合；叶干后坚纸质，灰绿或绿色，无毛。孢子囊群长3～6mm；囊群盖线形或短长圆形，膜质，灰白色，全缘。

产山东费县塔山。生山谷疏林下石缝中。

国内分布于河北、河南、陕西、江苏、安徽、长江以南各省区。日本、菲律宾等地也有分布。

药用全草、叶及根茎。全草及叶：味苦、微辛，性寒。归肺、肝、胃经。清热解毒，利湿，止血。主治外感风寒，咳嗽咽痛，咯血，泄泻，痢疾，小便淋痛，湿热黄疸，跌打损伤，烧烫伤，食物、农药、药物中毒。根茎：味苦，性寒。归心、肝、肺、小肠经。清热解毒，凉血止血。主治咽喉肿痛，咯血，吐血，便血，痔疮下血，尿血，疮毒，毒蛇咬伤。

含黄酮等，如木犀草素。该植株含黄酮衍生物对宫颈癌细胞及BEL-7402（人肝癌细胞）均有抑制作用。

图 12-2-1-1　**野鸡尾金粉蕨 Onychium japonicum** (Thunb.) Kunze

1. 植株　2. 小羽片

第十三章 ◆ 铁线蕨科 Adiantaceae

土生中小型蕨类。根茎短而直立或细长横走，具管状中柱，被棕色或黑色、质厚、全缘披针形鳞片。叶一型，螺旋状簇生、2列散生或聚生，不以关节着生根茎；叶柄黑色或红棕色，有光泽，常细圆，坚硬；叶片多为一至三回以上的羽状复叶或一至三回2叉掌状分枝，稀团扇形单叶，草质或厚纸质，稀革质或膜质，多无毛；叶轴、各回羽轴和小羽轴均与叶柄同色同形；末回小羽片卵形、扇形、团扇形或对开式，边缘有锯齿，稀分裂或全缘，有时以关节与小柄相连，干后常脱落；叶脉分离，稀网状，自基部向上多回二歧分叉或自基部向四周辐射，顶端二歧分叉，伸达叶缘。孢子囊群着生于叶片或羽片顶部边缘叶脉上，由反折叶缘覆盖，为假囊群盖，圆形、肾形、半月形、长方形或长圆形，分离，接近或连续，上缘深缺刻状、浅凹陷或平截；孢子囊圆球形。孢子四面形，淡黄色，透明，光滑，无周壁。

中国1属。山东1属。

铁线蕨属 Adiantum L.

土生中小型蕨类。根茎短，直立或斜生，或长而横走，内具管状中柱，外被棕色或黑色、质厚、全缘披针形鳞片。叶一型；螺旋状簇生，2列散生或聚生，不以关节着生根茎；叶柄栗黑色或红棕色，有光泽，通常细圆，坚硬如铁丝；叶片通常为一至三回羽状复叶，或为一至三回2叉掌状分枝，极少为团扇形单叶；末回小羽片形状不一，或为不对称的对开式，或为卵形、扇形、团扇形，或为长方形，边缘有锯齿或无，有小羽柄，有时以关节与小羽柄相连，干后常脱落；叶脉分离，稀网状，自基部向上多回二歧分叉或自基部向四周辐射，顶端二歧分叉，伸达叶缘；叶草质或纸质，稀为革质或膜质，通常光滑无毛。孢子囊群长圆形，位于近叶缘处；孢子囊球状梨形，有长柄，着生于反卷的叶缘下面小脉顶端；囊群盖由反卷特化的叶缘形成，为假囊群盖，膜质或革质，连续或被营养叶的叶缘分隔而形成长圆形、圆形、肾形、半月形等各种形状。孢子球状四面体形，辐射对称，三裂缝，周壁有颗粒状或网状纹饰。

本属200余种，广布世界各地，自寒温带至热带，尤以南美洲最多。中国约30种。山东4种。

分种检索表

1a. 叶为一回羽状，下面不为灰白色；叶轴先端常延伸成鞭状，着地生根，进行营养繁殖。

　　2a. 羽片对开式三角形，上缘几乎成直线，几无柄 .... 1. **普通铁线蕨A. edgeworthii**

　　2b. 羽片扇形或近圆形，有长约2mm的羽柄 .... 2. **团羽铁线蕨A. capillus-junonis**

1b. 叶为二至三回羽状，下面为灰白色；叶轴先端不延伸成鞭状，不进行营养繁殖。

3a. 末回小羽片上缘不裂，锯齿有尖刺；通常有孢子囊群1～2 枚.........3. **白背铁线蕨A. davidii**

3b. 末回小羽片上缘分裂，裂片先端具啮齿状牙齿；通常每小羽片有孢子囊群3～10枚..4. **铁线蕨A. capillus-veneris**

1. 普通铁线蕨

图13-1-1-1

Adiantum edgeworthii Hook.

植株高10～30cm。根茎短而直立，被褐色、披针形鳞片。叶簇生；叶柄长4～10cm，栗色，基部被鳞片，有光泽；叶片线状披针形，长6～20cm，宽2～3cm，一回羽状；羽片10～30对，半开式，互生，平展，几无柄，相距约8mm，中部的稍大，长约1.5cm，宽约8mm，对开式三角形，钝头，基部几乎成直角，与叶轴平行，上缘2～5浅裂，下缘直而全缘，向上各对羽片渐缩狭，基部羽片稍缩小，反折；裂片近方形，全缘或稍波状；叶脉多回二歧分叉，伸达叶缘，两面均明显；叶干后纸质，淡褐色或淡棕绿色，两面均无毛；叶轴栗色，先端常延伸成鞭状，着地生根，进行营养繁殖。孢子囊群长圆形，每羽片2～5枚，生于裂片先端；囊群盖灰棕色，圆形或长圆形，全缘，宿存。孢子球状四面体形，辐射对称，三裂缝，极面观钝三角形，赤道面观三角状圆形，孢子周壁具颗粒状纹饰。

产山东泰山、昆嵛山、崂山、临沭等地。生林下湿地或岩石缝间。

国内分布于辽宁、河北、河南、陕西、甘肃、四川、贵州、云南、西藏、台湾。日本、越南、尼泊尔、印度和菲律宾也有分布。

药用全草。味苦，性凉。归膀胱、肝经。利水通淋，止血。主治热淋，血淋，刀伤出血。

植株含挥发油等。

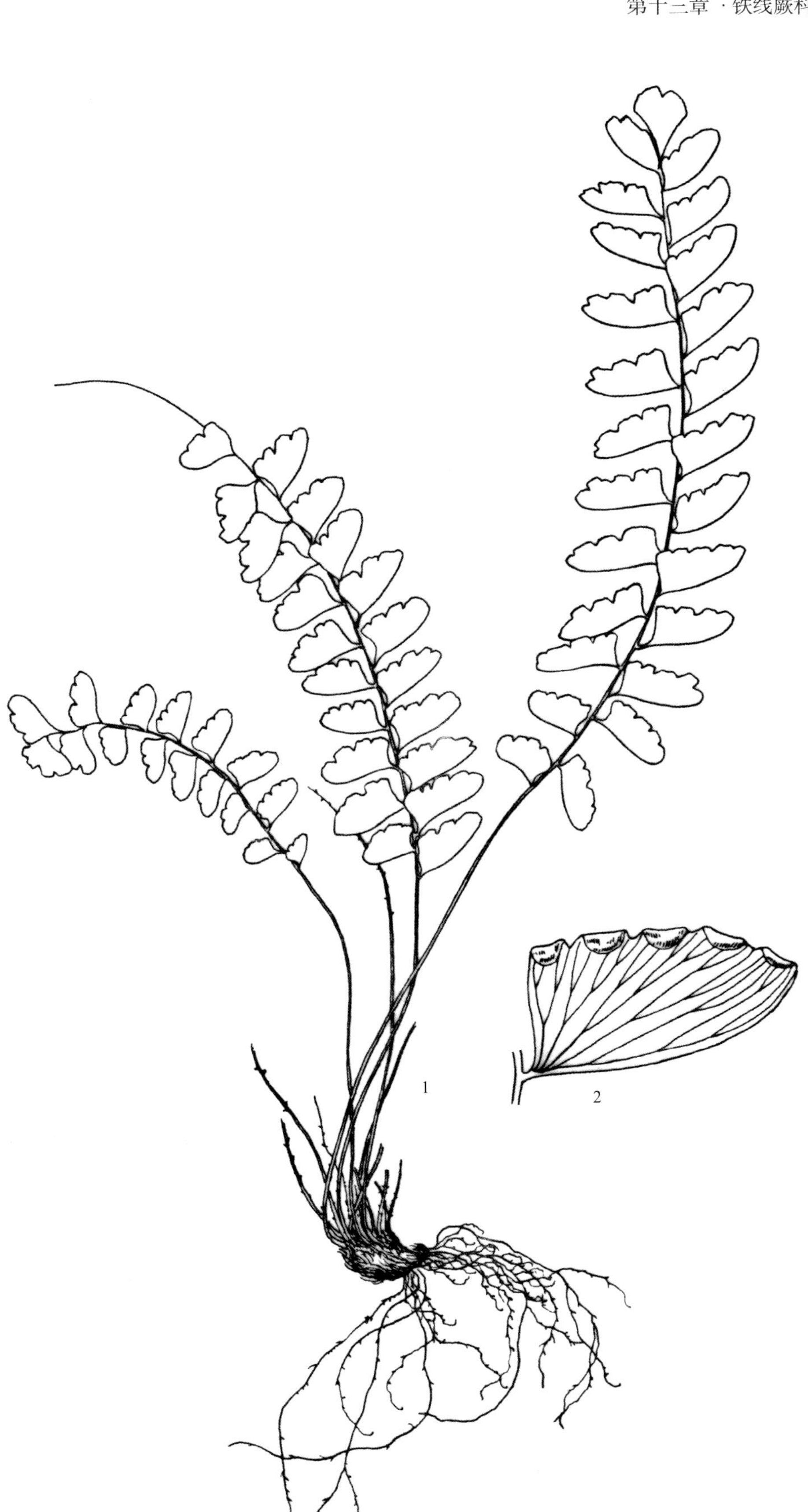

图 13-1-1-1 **普通铁线蕨 *Adiantum edgeworthii*** Hook.

1. 植株 2. 羽片

2. 团羽铁线蕨

图13-1-2-1～图13-1-2-2

Adiantum capillus-junonis Rupr.

植株高8～15cm。根茎短而直立，被褐色披针形鳞片。叶簇生；叶柄长2～6cm，坚细，如铁丝，栗红色或栗黑色，有光泽，基部疏被鳞片，上部光滑；叶片披针形，长8～15cm，宽2～3cm，奇数一回羽状；羽片5～8对，柄长2～3mm，顶端具关节，干后易脱落，柄宿存，互生，圆扇形或扇形，下部数对羽片长1.1～1.5cm，有短柄，长约2mm，中下部的稍大，长宽几乎相等，孢子叶羽片上缘半圆形，具2～3个波状至浅裂缺裂，营养部具细齿，两侧边直截，对称，全缘，其余向上各对渐缩小，基部一对不缩狭，两面无毛；叶脉由羽柄顶端向上边缘呈多回二歧分叉，伸达叶缘，两面均明显；叶干后膜质，草绿色，叶轴先端往往延伸成鞭状，着地生根。孢子囊群每羽片有1～5枚；囊群盖长圆形或肾形，棕色，纸质，近全缘。孢子球状四面体形，辐射对称，三裂缝，极面观钝三角形，赤道面观三角状圆形，周壁具片状纹饰。

产山东泰山、济南（灵岩寺）、枣庄、平邑、蒙阴、沂源等地。生林下石灰岩山坡石缝间。

国内分布于河北、北京、天津、湖北、四川、云南、广西、广东、台湾。日本也有分布。

药用全草或根茎。味微苦、甘，性凉。归膀胱、肺、肾、肝经。清热利尿，润肺止咳，补肾通络。主治小便不利，血淋，痢疾，遗精，劳伤疼痛，肺热喘咳，乳痈，毒蛇咬伤，烧烫伤。

3. 白背铁线蕨

图13-1-3-1

Adiantum davidii Franch.

植株高10～25cm。根茎长而横走，密被深棕色阔披针形鳞片。叶远生，相距3～5cm；叶柄长7～15cm，坚硬，至小羽柄均为栗褐色，有光泽，基部被与根茎相同鳞片；叶片三角状卵形，长5～12cm，宽4～7cm，先端长渐尖并为羽状，基部不缩狭，三回羽状；羽片3～5对，互生，有柄，卵状三角形，基部一对最大，长2～4cm，宽1.5～2.5cm，先端长渐尖，二回羽状；小羽片3～5对，互生，斜上，密接，斜阔三角形，基部1对较大；末回小羽片1～4对，密接略复叠，扇形，长宽几相等或宽稍大于长，上缘不育处有阔三角形的、密而尖的齿，先端成短芒刺，基部楔形，两侧全缘。叶脉多次2叉分枝，伸达齿端，两面明显。叶干后坚草质，上面草绿色，下面灰白色，两面光滑；叶轴、各回羽轴和小羽轴与叶柄同色，光滑，着生处常有多细胞节状毛。孢子囊群圆肾形，着生于末回小羽片上缘的缺刻内，每末回小羽片有1枚，稀有2枚；囊群盖肾形或圆肾形，棕褐色，质厚，全缘宿存。孢子球状四面体形，辐射对称，三裂缝，极面观钝三角形，赤道面观三角状圆形，孢子外壁具粗颗粒状纹饰。

产山东泰山。生林下石缝间。国内分布于河北、山西、河南、陕西、甘肃、四川、云南等。

药用全草。味微苦，性凉。归膀胱、肝经。止痢，清热解毒，利水通淋。主治痢疾，尿路感染，血淋，睾丸炎，乳腺炎。

图 13-1-2-1 **团羽铁线蕨 Adiantum capillus-junonis** Rupr.

1. 植株 2. 能育羽片 3. 不育羽片 4. 叶柄基部鳞片
5. 孢子囊（引自《中国蕨类植物图谱》）

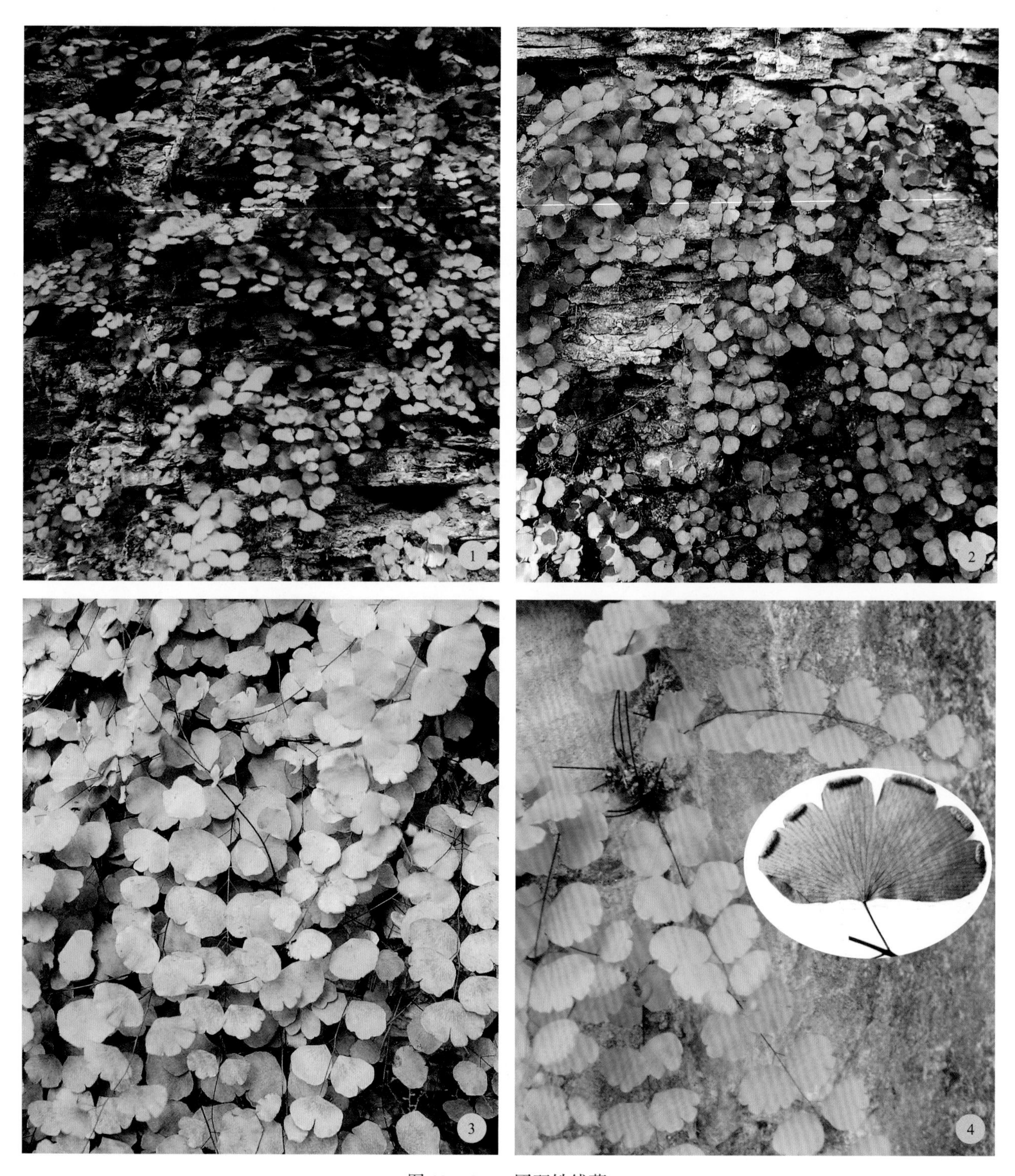

图 13-1-2-2　团羽铁线蕨

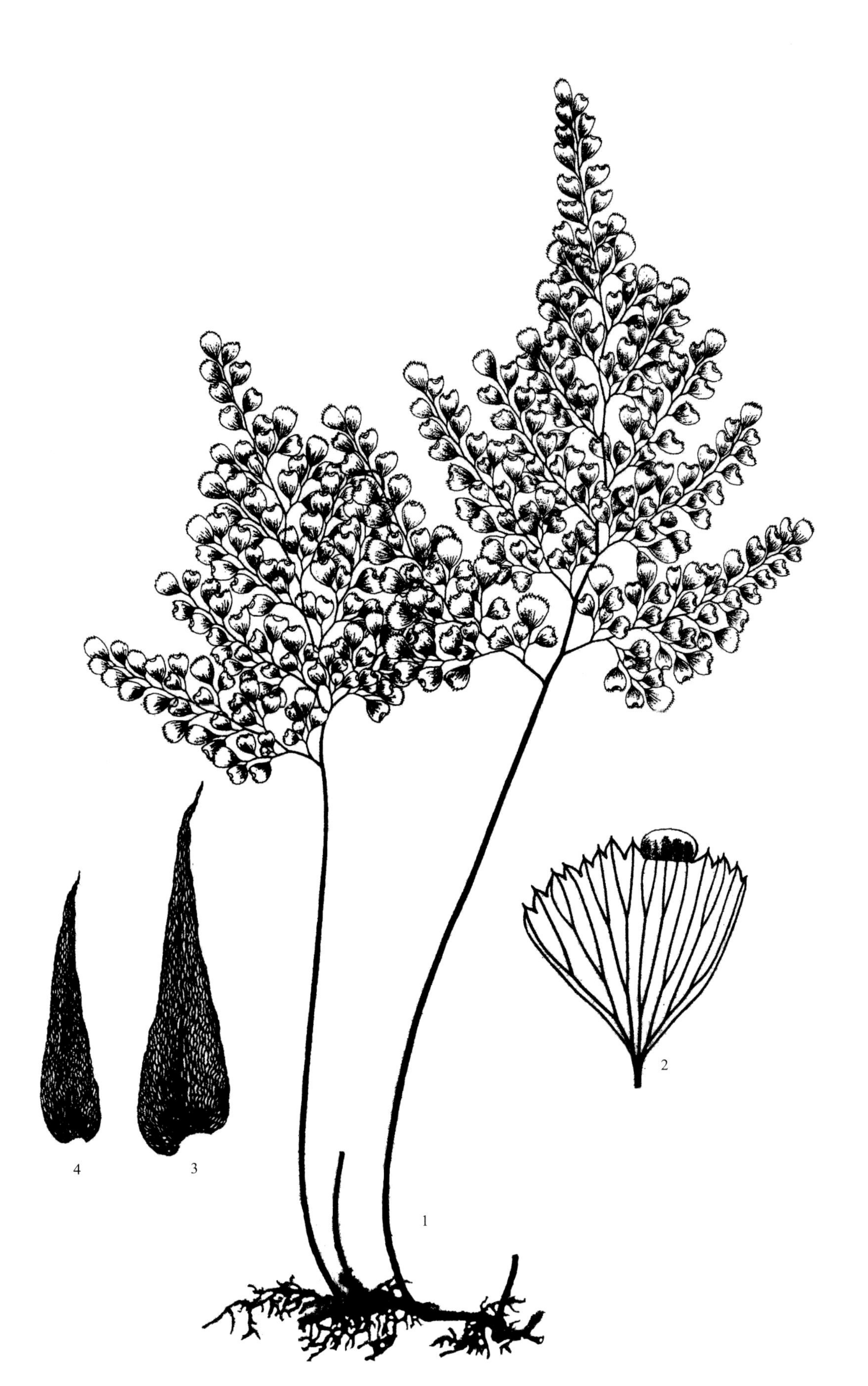

图 13-1-3-1 **白背铁线蕨 Adiantum davidii** Franch.

1. 植株 2. 末回小羽片 3～4. 根茎上的鳞片（引自《中国蕨类植物图谱》）

4. 铁线蕨

图13-1-4-1～图13-1-4-2

Adiantum capillus-veneris L.

植株高15～40cm。根茎细长横走，密被鳞片。叶疏生或近生；叶柄长5～20cm，栗黑色，基部被鳞片；叶片卵状三角形，长10～25cm，尖头，二回羽状，中部以上一回奇数羽状；羽片3～5对，一至二回奇数羽状；侧生末回小羽片2～4对，斜扇形或近斜方形，长1.2～2cm，上缘圆，具2～4条状裂片；营养叶裂片先端钝圆，具宽三角形小锯齿或具啮蚀状小齿；孢子叶裂片先端截形、直或略下陷，全缘或两侧具啮蚀状小齿，两侧全缘，基部成偏斜的宽楔形，具短柄；叶脉多回二歧分叉，达边缘，两面明显；叶干后薄草质，草绿色或褐绿色，两面无毛。孢子囊群每羽片3～10枚，生于孢子叶末回小羽片上缘；囊群盖长形、长肾形或圆肾形，淡绿色，膜质，全缘，宿存。孢子球状四面体形，辐射对称，3裂缝，近极面观三角状类球形，远极面观类球形，赤道面观三角状类球形，其外壁具鳞片和颗粒状纹饰，表面粗糙不平坦。

济南、青岛各大型花卉市场常有出售。植株形体美丽，常栽培供观赏。生溪水旁石灰岩上或石灰岩洞底和滴水岩壁上，海拔100～2800m，为钙质土指示植物。

国内分布于河北、山西、河南、西北、长江以南各省。广布于非洲、美洲、欧洲、大洋洲和亚洲温暖地区。

药用全草。味甘、苦，性凉。归肺、肝、肾经。清热解毒，利湿消肿，利尿通淋。主治感冒发热，肺热咳嗽，湿热泄泻，痢疾，带下，尿血，瘰疬，肝炎，毒蛇咬伤。

含黄酮、鞣质、挥发油、糖类等。

图 13-1-4-1 **铁线蕨 *Adiantum capillus-veneris* L.**

1. 植株 2. 能育羽片 3. 不育羽片 4. 叶柄基部鳞片 5. 孢子囊（引自《中国蕨类植物图谱》）

图 13-1-4-2　铁线蕨

第十四章 ◆ 水蕨科 Parkeriaceae (Ceratopteridaceae)

一年生多汁水生蕨类。根茎短而直立，内具网状中柱，下端有一簇粗根，上部着生莲座状叶片，顶端疏被鳞片；鳞片阔卵形，基部心形，透明，全缘。叶二型，簇生；叶柄绿色，肉质，光滑，上面扁平，下面圆柱形，并有多条纵脊；营养叶长圆形至卵状三角形，绿色，薄草质，一至三回羽状深裂或浅裂；末回裂片为圆状披针形或带形，全缘，先端尖，基部下延；主脉两侧小脉网状；孢子叶比营养叶稍长，分裂深而细，末回裂片条形，边缘淡棕色，反卷达中脉，线形或角果形；幼时嫩绿，老时淡棕色；分枝基部伸出几条纵脉，纵脉有侧脉相连，网状，网眼纵行，无内藏小脉；叶多汁，薄草质，无毛；叶轴绿色，上面有纵沟，干后压扁，在羽片基部上侧腋间常有小芽孢，成熟后脱落，行无性繁殖。孢子囊群沿主脉两侧，形大，圆球形，几无柄，沿小脉散生，幼时完全为反卷的叶缘所覆盖；孢子囊环带有30～70个增厚细胞，每个孢子囊内有16或32个孢子。孢子球状四面体形，辐射对称，三裂缝，无周壁，外壁有肋条状纹饰。

单属科。

水蕨属 **Ceratopteris** Brongn.

属的特征同科。

本属6～7种。分布于热带和亚热带地区，美洲2～3种，亚洲东部2种。中国2种。山东2种。

分种检索表

1a. 根着生于淤泥中；叶柄和叶轴不膨胀；营养叶二至四回羽裂；末回裂片线形，宽不超过1mm……………… 1. **水蕨C. thalictroides**

1b. 根漂浮于水中；叶柄和叶轴显著膨胀；营养叶一回羽裂；裂片披针形，宽2cm以上……………… 2. **粗梗水蕨C. pteridoides**

1. 水蕨

图14-1-1-1～图14-1-1-3

Ceratopteris thalictroides (L.) Brongn.

Acrostichum thalictroides L.

植株高20～40cm，绿色多汁。根茎短而直立，一簇须根着生于泥中。叶簇生，二型；营养叶柄长10～15cm，不膨胀；叶片直立或幼时漂浮，狭长圆形，长10～30cm，宽5～20cm，二至三回羽状深裂；末回裂片线形，长边2cm，宽不超过2mm，光头，基部沿叶轴下延呈宽翅，全缘，疏离；孢子叶柄与营养叶柄相同，叶片长圆形或卵状三角形，长15～40cm，宽10～20cm，二至三回羽状深裂；羽片3～8对，互生，具柄，下部1～2对羽片长14cm，卵形，柄长2cm，向上各对羽片渐小，一至二回分离；裂片窄线形，渐尖头，角果状，长1.5～4.5cm，宽约1mm，先端渐尖，边缘薄而透明，强度反卷达中脉，形如假囊群盖；叶脉网状，网眼2～3行，狭五角形或六角形，无内藏小脉；叶干后软草质，无毛。孢子囊群沿主脉两侧网眼着生，稀疏，棕色，幼时为反卷的叶缘覆盖，成熟后多少张开，露出孢子囊。孢子球状四面体形，辐射对称，三裂缝，裂缝长度约为半径的2/3。孢子体积很大，极轴长80～130μm，赤道轴长95～150μm，极面观近圆球形；赤道面观超半圆形或扇形，孢子表面向外突出，形成肋条状，肋条从三个角处发出，有分叉，近平行。肋条间具有不规则的短线条或颗粒状纹饰。

产山东微山湖、南阳湖、独山湖等水域。生湖边水沟及溪边湿地，根着生于淤泥中。

国内分布于江苏、安徽、浙江、福建、台湾、湖北、湖南、广东、广西、云南等。

药用全草。味甘、淡，性凉。归胃、肺、肝经。消积，散瘀拔毒，止血，止咳，止痢。主治腹中痞块，痢疾，小儿胎毒，疥疮，咳嗽，跌打损伤，外伤出血。

植物含Fe-ethylenediamine-dio-hydroxyphenylacetic acid等。醇提取物对革兰阳性和阴性细菌有一定抑制作用。

本种被列入国家重点保护植物名录。

图 14-1-1-1　水蕨

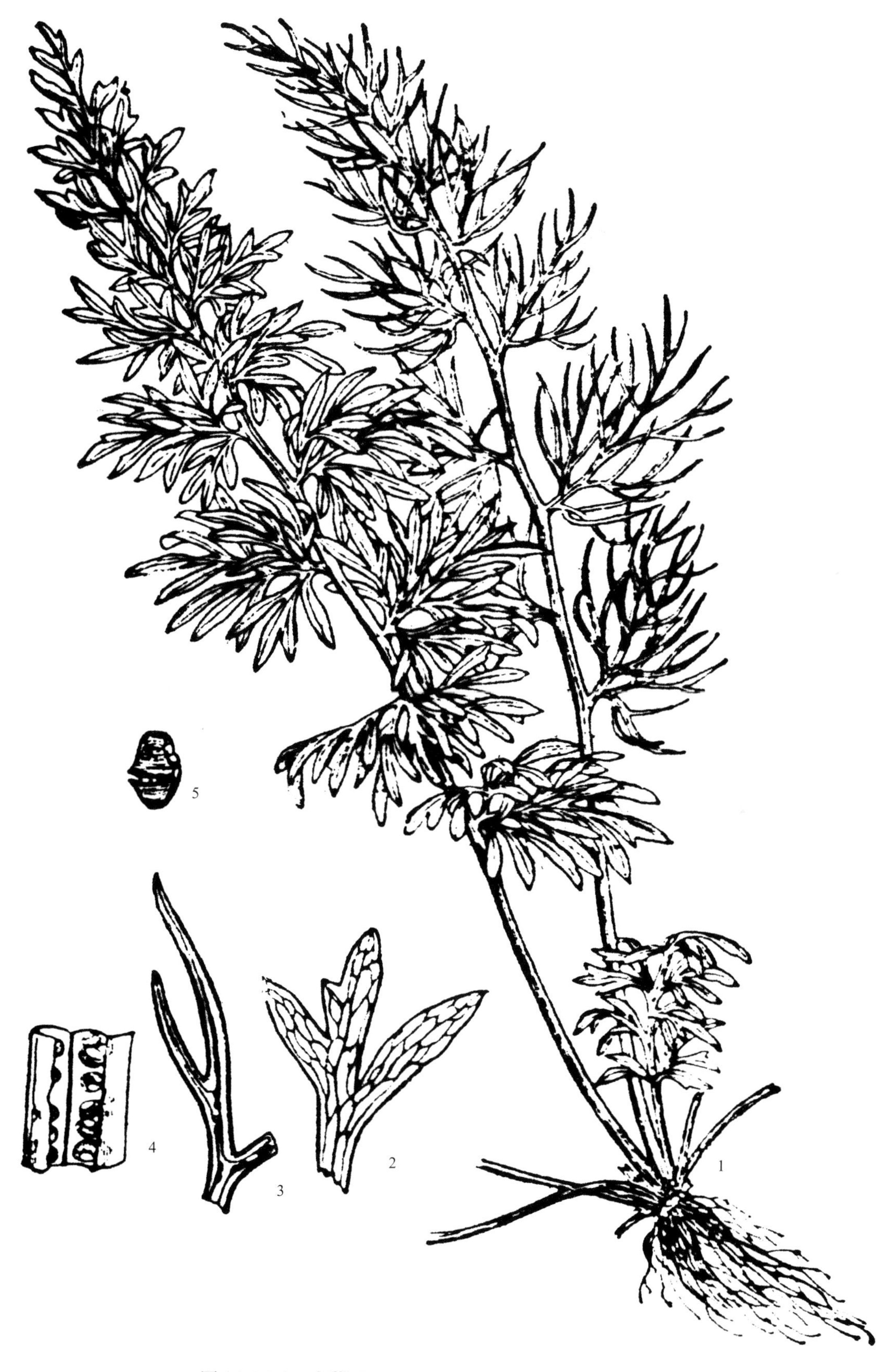

图 14-1-1-2 **水蕨 Ceratopteris thalictroides** (L.) Brongn.

1. 植株 2. 营养叶小羽片 3. 孢子叶小羽片
4. 孢子叶裂片（部分） 5. 孢子囊

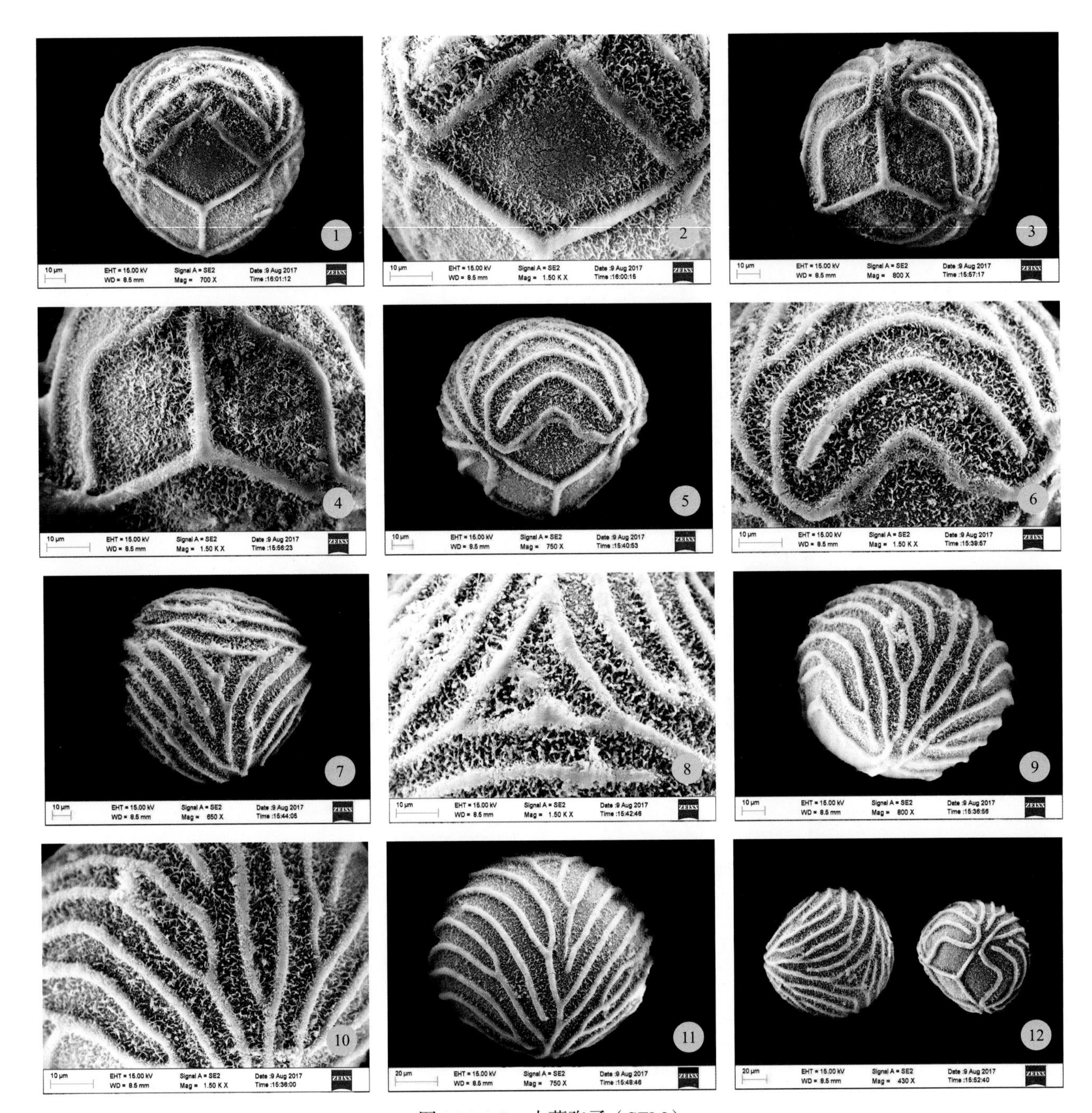

图 14-1-1-3　水蕨孢子（SEM）

1 ～ 4. 近极面　5 ～ 6. 赤道面　7 ～ 12. 远极面

2. 粗梗水蕨

图14-1-2-1～图14-1-2-3

Ceratopteris pteridoides (Hook.) Hieron.

Parkeria pteridoides Hook.

水生漂浮蕨类，植株高10～20cm，绿色多汁。根茎短而直立，以须根悬浮于水中。叶簇生，二型；叶柄粗，显著膨胀，叶轴与下部羽片基部均呈圆柱形，有棱脊，多汁；营养叶叶柄长8cm，叶片卵状三角形，长5～10cm，宽约8cm，先端钝圆，基部不缩狭，一回羽裂；裂片3～5对，阔卵圆形，先端钝头，全缘；叶脉网状，网眼狭五角形，无内藏小脉；叶软草质，多汁，有短柔毛；孢子叶长于营养叶，长圆形，长约16cm，宽约8cm，二至四回羽状细裂；末回裂片长3.5～5cm，宽1.5～2mm，边缘薄而透明，反卷达主脉，覆盖孢子囊，线形或角果状，先端尖头。孢子囊圆球形，大形，几无柄，沿孢子叶裂片主脉两侧小脉着生，被反卷的叶缘覆盖，成熟后多少张开，露出孢子囊。孢子球状四面体形，辐射对称，三裂缝；极面观近圆形，赤道面观长圆形，孢子表面具肋条状突起，突起从三个角发出，近平行，少有分叉；肋条彼此具极狭的间隙，间隙相当肋条宽的1/3或更狭，间隙中具不明显的细颗粒状纹饰。

产山东微山湖、南阳湖、独山湖等水域。生湖中水面及溪边湿地。

国内分布于江苏、安徽、湖北、江西。

药用全草。味甘、淡，性凉。归胃、肺、肝经。消积，散瘀拔毒，止血，止咳，止痢。主治腹中痞块，痢疾，小儿胎毒，疥疮，咳嗽，跌打损伤，外伤出血。

本种被列入国家重点保护植物名录。

图 14-1-2-1　粗梗水蕨

图 14-1-2-2 **粗梗水蕨 Ceratopteris pteridoides** (Hook.) Hieron.

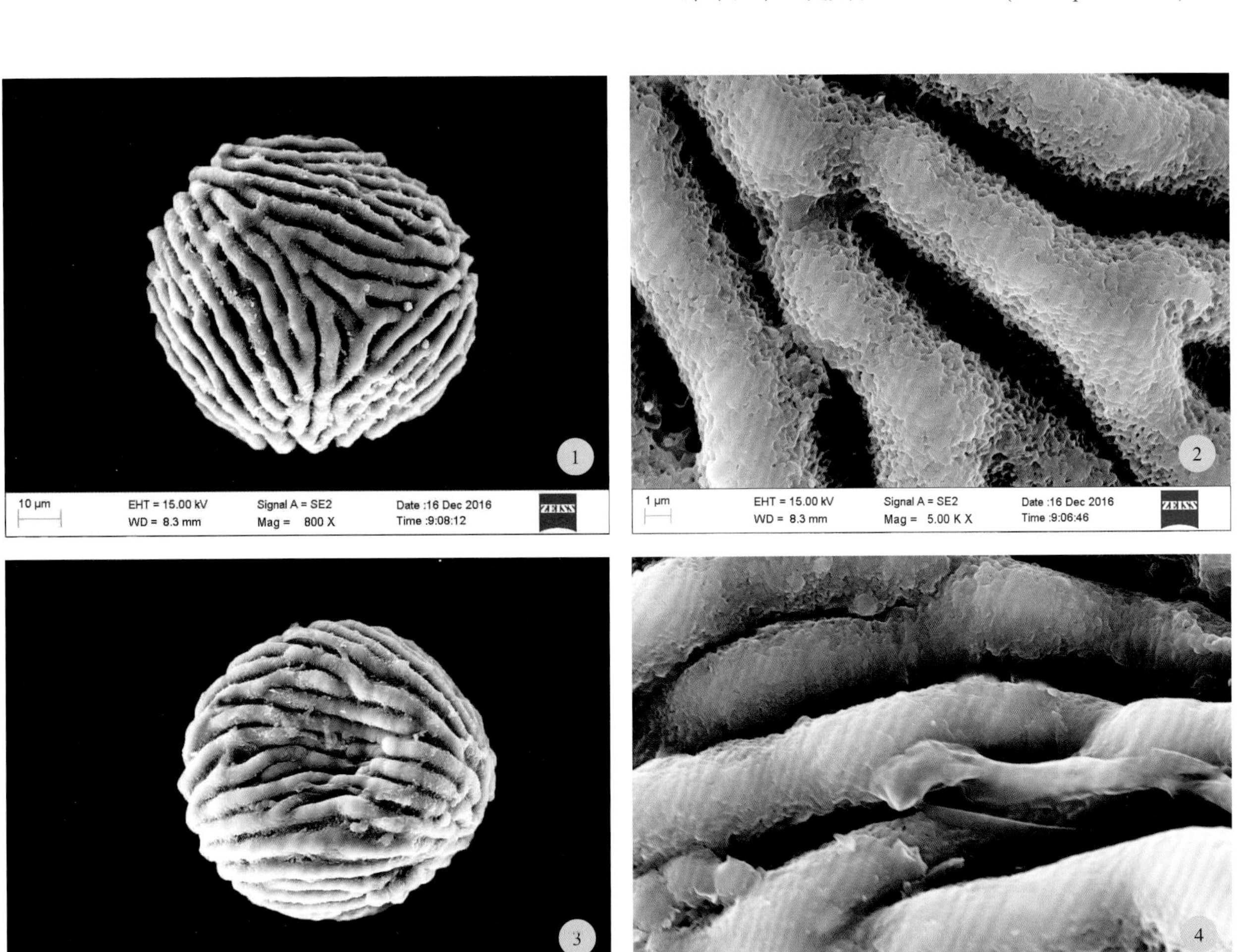

图 14-1-2-3 粗梗水蕨孢子（SEM）

1 ～ 2. 远极面 3 ～ 4. 赤道面

第十五章 ◆ 裸子蕨科 Hemionitidaceae

土生中小型蕨类。根茎横走、斜升或直立，有网状或管状中柱，被鳞片或毛。叶疏生、近生或簇生；柄禾秆色或栗色，有U形或圆形维管束；叶片一至三回羽状（稀单叶，基部心形或戟形），多少被毛或鳞片（稀光滑），草质（稀软革质），绿色，稀下面被白粉（如粉叶蕨属）；叶脉分离，稀网状（如泽泻蕨属）、不完全网状（如凤丫蕨属部分种）或近叶缘连结（金毛裸蕨属部分种），网眼无内藏小脉。孢子囊群沿叶脉着生；无盖。孢子四面形或球状四面形，透明，有疣状、刺状突起或条纹，稀光滑。

17属，分布于热带和亚热带地区，少数种类分布至北温带。中国5属。山东1属。

拟金毛裸蕨属 Paragymnopteris K. H. Shing

旱生中型蕨类。根茎短，横卧或直立，有网状中柱，密被线形或钻形黄棕色全缘鳞片，兼有细长柔毛。叶簇生；柄栗色或栗褐色，有光泽，圆柱形，基部以上密被细长伏生柔毛；叶片长圆状披针形，一至二回奇数羽状复叶，羽片卵形、长圆形或长圆状披针形，圆钝头，基部圆形或心形，全缘；叶脉分离，羽状，一至二回分叉，斜上，间或近叶缘连成窄长网眼；叶纸质或革质，柔软，密被黄棕色（老时灰白色）细长绒毛，或透明、全缘、覆瓦状披针形鳞片。孢子囊群线形，沿小脉全部或上部着生；无盖，隐没在绢毛或鳞片下面，成熟时略露出；孢子囊环带具16～24个加厚细胞。孢子球状四面形，有刺状突起。

5种，中国均产。山东1种。

1. 拟金毛裸蕨

图15-1-1-1

Paragymnopteris vestita (Wall. ex C. Presl) K. H. Shing

Gyammitis vestita Wall. ex C. Presl

Gymnopteris vestita (Wall. ex C. Presl) Underw.

植株高10～50cm。根茎粗短，横卧或斜升，密被锈黄色钻形鳞片。叶丛生或近生；叶柄长（6）10～20cm，亮栗褐色，基部向上密被淡棕色长绢毛；叶片长10～25cm，披针形，一回奇数羽状复叶，羽片（7）10～17对，同形，开展或斜上，间隔宽或接近，长1.5～4cm，基部宽1～2cm，卵形或长卵形，钝头，基部圆形或微心形，稀上侧耳状突出，有柄，全缘，互生；叶脉多回分叉，近叶缘连成窄长斜上网眼；叶软草质，干后上面褐色，疏被灰棕色绢毛，下面密被棕黄色绢毛；叶轴及羽轴均密被同样的毛。孢子囊群沿侧脉着生，隐没绢毛下，成熟时略显。

产山东泰山。生灌丛石上，海拔800～3000m。

国内分布于河北、山西、台湾、四川、云南及西藏。印度、尼泊尔也有分布。

药用根茎及全草。味微苦、辛，性凉。消炎退热。主治伤寒高热，关节痛，胃痛。

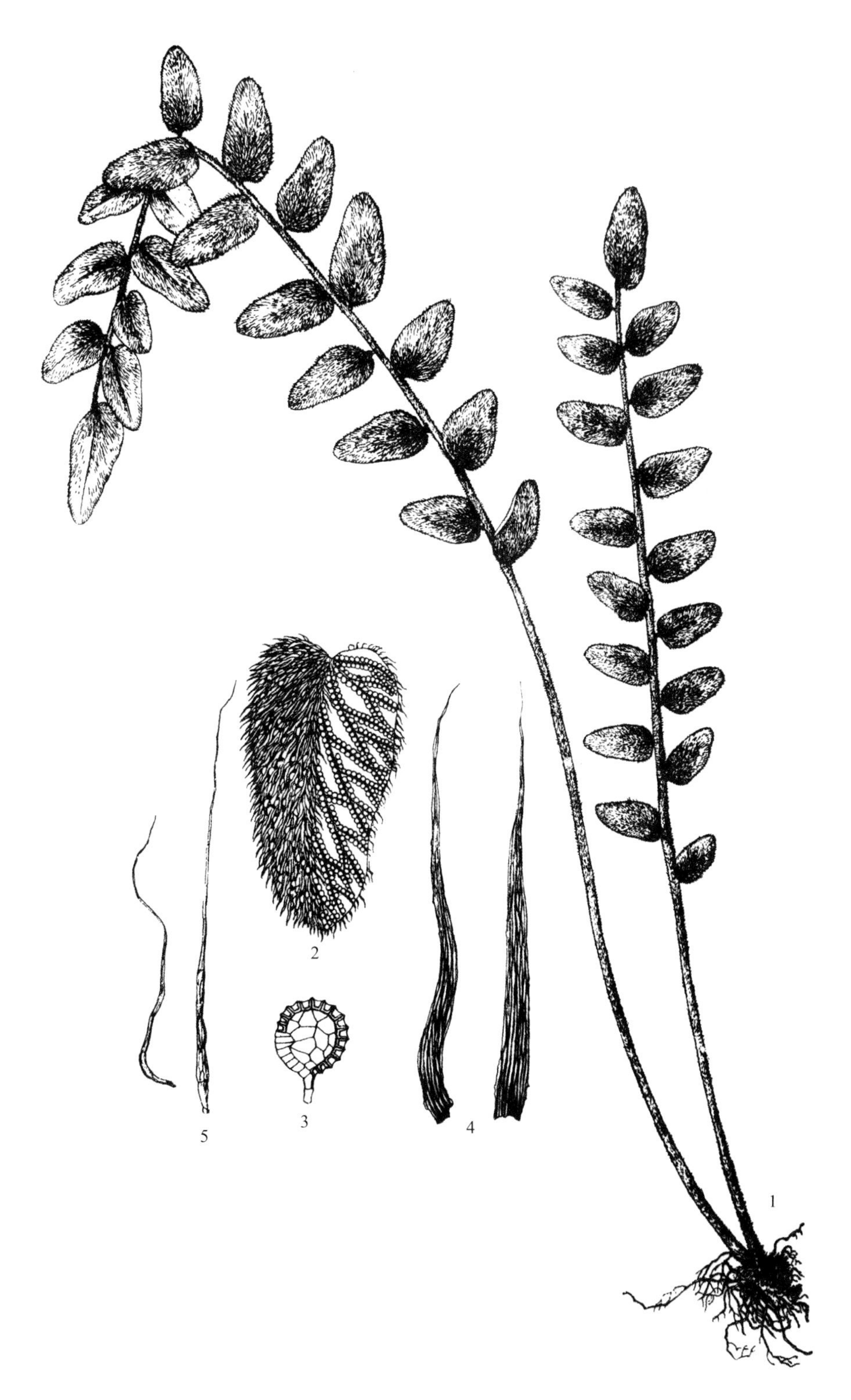

图 15-1-1-1　**拟金毛裸蕨 Paragymnopteris vestita** (Wall. ex C. Presl) K. H. Shing

1. 植株　2. 羽片　3. 孢子囊　4. 叶柄基部鳞片　5. 叶片背、腹面茸毛（引自《中国蕨类植物图谱》）

第十六章 ◆ 蹄盖蕨科 Athyriaceae

土生小中型或大型蕨类。根茎细长，横走，或粗短，直立或斜升，内有网状中柱，外被细筛孔透明鳞片。叶簇生，或疏生；叶柄禾秆色，上面有沟，基部光滑或疏被鳞片，内有2条扁平维管束，向上汇合成"V"字形；叶片为二至三回羽状，稀一回羽状，披针形，卵形至五角形；小羽片或末回裂片上先出，常为尖头，边缘有锯齿；叶脉通常分离，稀联结成三角形网眼，无内藏小脉；叶草质，纸质或革质，两面无毛或叶轴和各回羽轴及中脉多少有多细胞节状毛，或灰色单细胞短毛及鳞片。孢子囊群圆形、半圆形、线形、马蹄形、钩形、新月形等，通常背生叶脉，有时沿叶脉一侧生或两侧双生；囊群盖圆肾形、半月形、线形、弯钩形或马蹄形，上位生，稀卵形。孢子两侧对称，单裂缝，极面观椭圆形，赤道面观肾圆形或圆肾形，光滑或有翅，被波状或疣状纹饰。

约600种，广布世界各地，以热带和亚热带地区为多。中国18属，约400种。山东4属。

分属检索表

1a. 孢子囊群圆形，囊群盖卵圆形，基部着生于囊群托，并被压于孢子囊群下面，似下位……………………………………………………………………1. **冷蕨属Cystopteris**

1b. 孢子囊群圆肾形，囊群盖背生、侧生或双生于小脉两侧。

  2a. 叶轴、羽轴被多细胞节状毛或1～3（4）列多细胞粗筛孔鳞毛。

    3a. 根茎短粗而横卧；叶柄基部膨大；孢壁具大网状纹饰………………2. **峨眉蕨属Lunathyrium**

    3b. 根茎细长而横走；叶柄基部不膨大；孢壁具耳片状或粗刺状纹饰……………………………………………………………………3. **假蹄盖蕨属Athyriopsis**

  2b. 叶轴、羽轴无多细胞透明节状毛或无1～3（4）列多细胞粗筛孔鳞毛；囊群盖在同一羽片上圆肾形、长圆形、钩形或马蹄形……………………………………4. **蹄盖蕨属Athyrium**

冷蕨属 **Cystopteris** Bernh.

高山林下小型植物。根状茎细长横走或短而横卧，密被红棕色柔毛，顶部有披针形鳞片。叶远生、近生或簇生；叶柄基部常为暗褐色，向上为禾秆色或栗褐色，内生2条维管束；叶片宽披针形、卵状三角形或近五角形，二至三回羽状，稀四回羽裂；羽片有短柄；小羽片与羽轴多少合生或分离，基部多少偏斜或近对称，裂片边缘有小锯齿；叶脉分离，叉状或羽状，小脉伸达齿端或缺刻处；叶薄草质或草质，光滑无毛。孢子囊群圆形，背生于小脉上，囊托微凸；囊群盖卵圆形或近圆形，膜质，宿存，着生于囊群托基部的下侧，初时覆盖孢子囊群，后被成熟的孢子囊群推开，将基部压于下面，似下位囊群盖；孢子囊环带直立，有14～16个增厚细胞。孢子极面观椭圆形，赤道面观豆形，单裂缝，周壁紧包于孢子外面，表面有粗刺状纹饰。

中国10种。分布于东北、华北、西北、西南高寒山地和台湾山地。山东1种。

1. 冷蕨

图16-1-1-1～图16-1-1-2

Cystopteris fragilis (L.) Bernh.

Polypodium fragile L.

植株高15～30cm。根茎短而横卧，密被棕色阔披针形鳞片。叶近簇生；叶柄长5～12cm，禾秆色或红棕色，略有光泽；叶片阔披针形，长10～25cm，宽约5cm，先端渐尖并为羽裂，基部略狭缩；中部羽片长2～3.5cm，宽1～1.5cm，矩圆形，具二回羽状或三回羽裂；基部一对羽片略短或不缩短，狭翅的短柄，一回羽状或二回羽裂；小羽片5对，长圆形，基部一对最大，下延，以狭翅彼此相连，边缘有粗尖齿或浅裂，其余向上各对渐缩短；裂片先端常有2个小钝齿；叶脉在小羽片上羽状，每齿有小脉1条；叶薄草质，干后黄绿色，叶轴下部羽片着生处有稀疏的节状毛或鳞毛，沿羽轴两侧有狭翅。孢子囊群小，圆形，生于小脉中部或稍偏下处；囊群盖卵圆形，膜质，灰绿色或淡绿色，以基部一点着生，幼时覆盖孢子囊群，成熟时下部压在孢子囊群下面。孢子两侧对称，单裂缝，极面观类圆形，赤道面观超半圆形，周壁具粗刺状突起，刺间具稀疏的短线及颗粒状纹饰。

产山东泰山。生林下阴湿岩石缝间。

国内分布于东北、华北、西北、长江以南各省区。

图 16-1-1-1　冷蕨

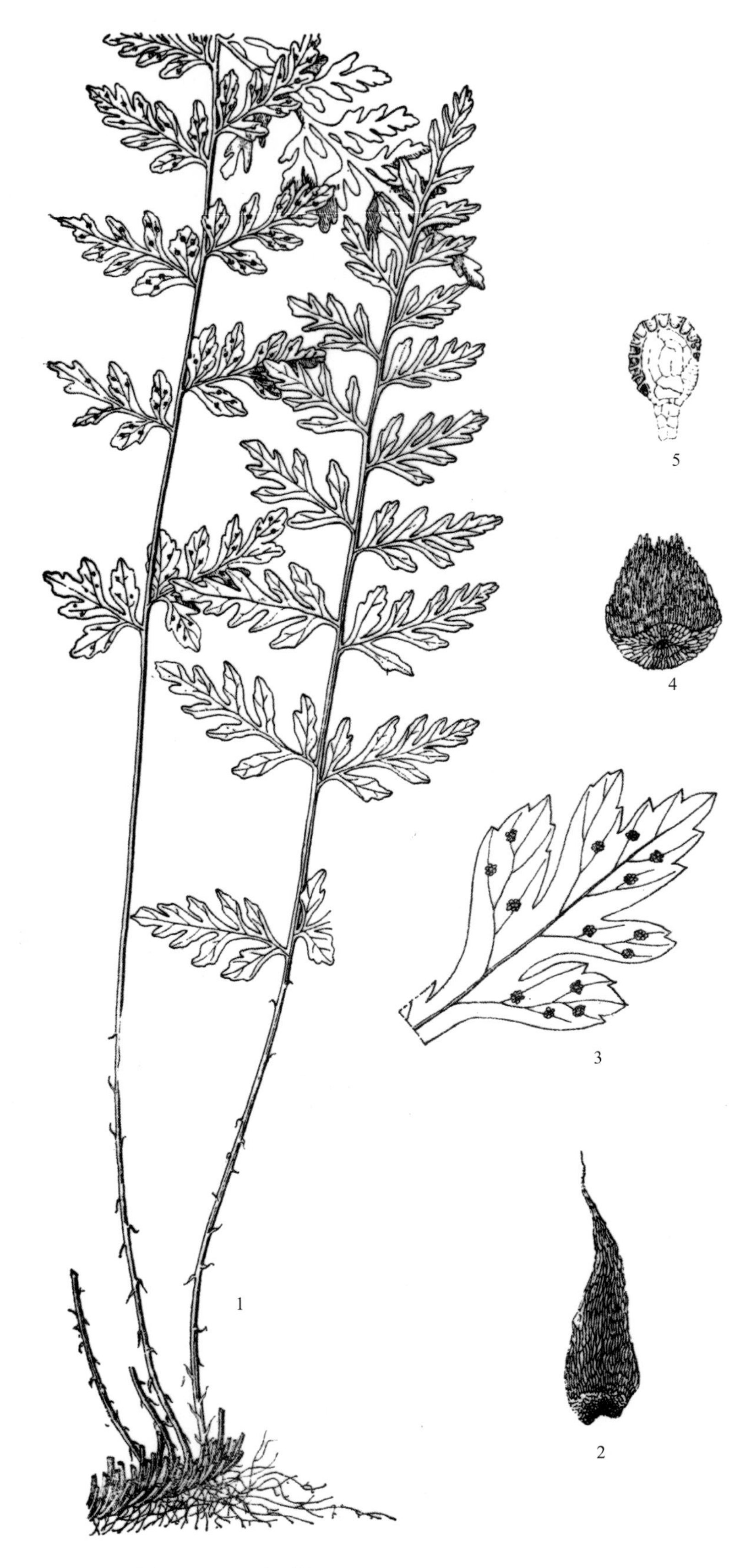

图 16-1-1-2　**冷蕨 *Cystopteris fragilis*** (L.) Bernh.

1. 植株　2. 根茎上的鳞片　3. 羽片　4. 囊群盖
5. 孢子囊（引自《秦岭植物志》）

峨眉蕨属 **Lunathyrium** Koidz.

中型高山林下蕨类。根茎短粗，直立或斜生，被红棕色或黑褐色卵状披针形鳞片。叶簇生；叶柄禾秆色，稀栗色，比叶片短，基部纺锤形，向下尖削，沿两侧边缘有1列齿牙状小气囊体，密被鳞片和透明节状粗毛，干后易脱落；叶片长圆状披针形或倒长圆形，顶部羽裂渐尖，向基部窄，二回羽状深裂，下部羽片短，有时基部1对耳状，中部羽片窄披针形或线状披针形，无柄，羽状深裂，裂片圆头或渐尖，稀截形，全缘或稀有钝齿；叶轴和羽轴上面有沟，交接处不通；叶脉羽状，侧脉单一，稀分叉，顶端有窄纺锤形水囊；叶干后草质，叶下面或两面极少被透明节状粗毛，干后易擦落。孢子囊群沿侧脉中部上侧着生，有时在裂片基部侧脉两侧着生，线形或椭圆形；囊群盖圆形或顶端马蹄形，有时在裂片基部上侧，脉上双生，成熟时穹窿形，接近，成熟时被推开。孢子两面形，椭圆形或肾状椭圆形，有皱褶，具刺状、瘤状或棒状突起。染色体基数x=40。

约20种和多数变种。主产于中国西部高山林下，向北经秦岭达东北，西至喜马拉雅西部，东至华中、华东高山。日本、越南、俄罗斯远东地区和美国东部均有分布。中国20种均产。山东3种。

分种检索表

1a. 叶片下部1～3对羽片基部上侧1裂片特大并为羽裂............................1. **山东峨眉蕨L. shandongense**

1b. 叶片下部羽片基部上侧1裂片不特别增大，近全缘。

  2a. 叶轴、羽轴密被节状毛；孢子囊群彼此密接；孢壁具条脊状褶皱和粗颗粒状纹饰，不呈网状............................2. **东北峨眉蕨L. pycnosorum**

  2b. 叶轴、羽轴疏被节状毛；孢子囊群彼此远离；孢壁具长条脊状褶皱，形成大网状纹饰，网眼中具细颗粒............................3. **河北峨眉蕨L. vegetius**

1. 山东峨眉蕨

图16–2–1–1～图16–2–1–3

Lunathyrium shandongense J. X. Li et F. Z. Li

Deparia sinoshandongensis (J. X. Li et F. Z. Li) J. X. Li & X. J. Li

Lunathyrium pycnosorum (Christ) Koidz

植株高达80cm。根茎短粗，直立，顶端连同叶柄基部密被棕褐色鳞片。叶簇生；叶柄长25～30cm，红紫色或红褐色，向上疏被披针形鳞片和透明多细胞节状毛；叶片长圆状倒披针形，长25～50cm，中部以上最宽，宽12～17cm，先端渐尖并为羽裂，基部略变狭，宽8～12cm，二回羽状深裂；羽片20～25对，互生，无柄，开展，中上部的彼此密接，下部1～3对羽片略缩短，长约5cm，相距4～5.5cm，中部以上的羽片长为6～8cm，宽约1.5cm，披针形，彼此密接，先端尾尖，基部平截，小羽片12～20对，平展，长圆形，圆头或圆钝头，有疏细齿或全缘，两边全缘或有少数粗钝齿牙；叶片下部1～3对羽片的基部上侧第1小羽片格外伸长，长为正常小羽片的1倍以上，长约1.5cm，三角状卵形，并羽状深裂；叶脉两面可见，每小羽片有侧脉5～6对，小脉单一，斜上；叶薄草质，两面疏被棕色节状毛；叶轴和羽轴上的节状毛较密。孢子囊群近卵状圆形，每裂片3～4对，彼此密被；囊群盖厚膜质，同形，棕色，边缘啮蚀状，宿存。孢子两侧对称，单裂缝，极面观和赤道面观卵圆形，周壁具长脊状突起，突起常成三叉状彼此不交叉，突起间具颗粒状纹饰。

产山东烟台栖霞牙山。生林下溪边，海拔200m。山东特有种。李建秀0082815Typus PE（模式标本），1982年8月12日采自山东烟台栖霞牙山林下湿地。

《中国植物志》和*Flora of China*将山东峨眉蕨*Lunathyrium shandongense*与东北峨眉蕨合并，分别采用东北峨眉蕨*Lunathyrium pycnosorum* (Christ) Koidz和东北对囊蕨*Deparia pycnosora* (Christ) M. Kato的学名。著者研究了两个种的标本，山东峨眉蕨*L. shandongense*根茎短粗直立；叶片长圆状倒披针形，下部1～3对羽片基部上侧第一小羽片格外伸长，比其他小羽片长过1倍以上，呈三角状卵形，并羽状深裂；孢子周壁表面具间断的条脊状褶皱，与东北峨眉蕨和东北对囊蕨有明显区别。2013年编者发表了《山东峨眉蕨在植物分类学上的地位》一文，为山东峨眉蕨*Lunathyrium shandongense*正名，建议恢复山东峨眉蕨*L. shandongense* J. X. Li et F. Z. Li在植物分类学上的地位。以*Flora of China*分类系统，2019年发表了《山东对囊蕨属（蹄盖蕨科）植物孢粉学研究及其在分类上的意义》，将山东峨眉蕨*Lunathyrium shandongense* J. X. Li et F. Z. Li新组合为中华山东对囊蕨*Deparia sinoshandongensis* (J. X. Li et F. Z. Li) J. X. Li & X. J. Li。

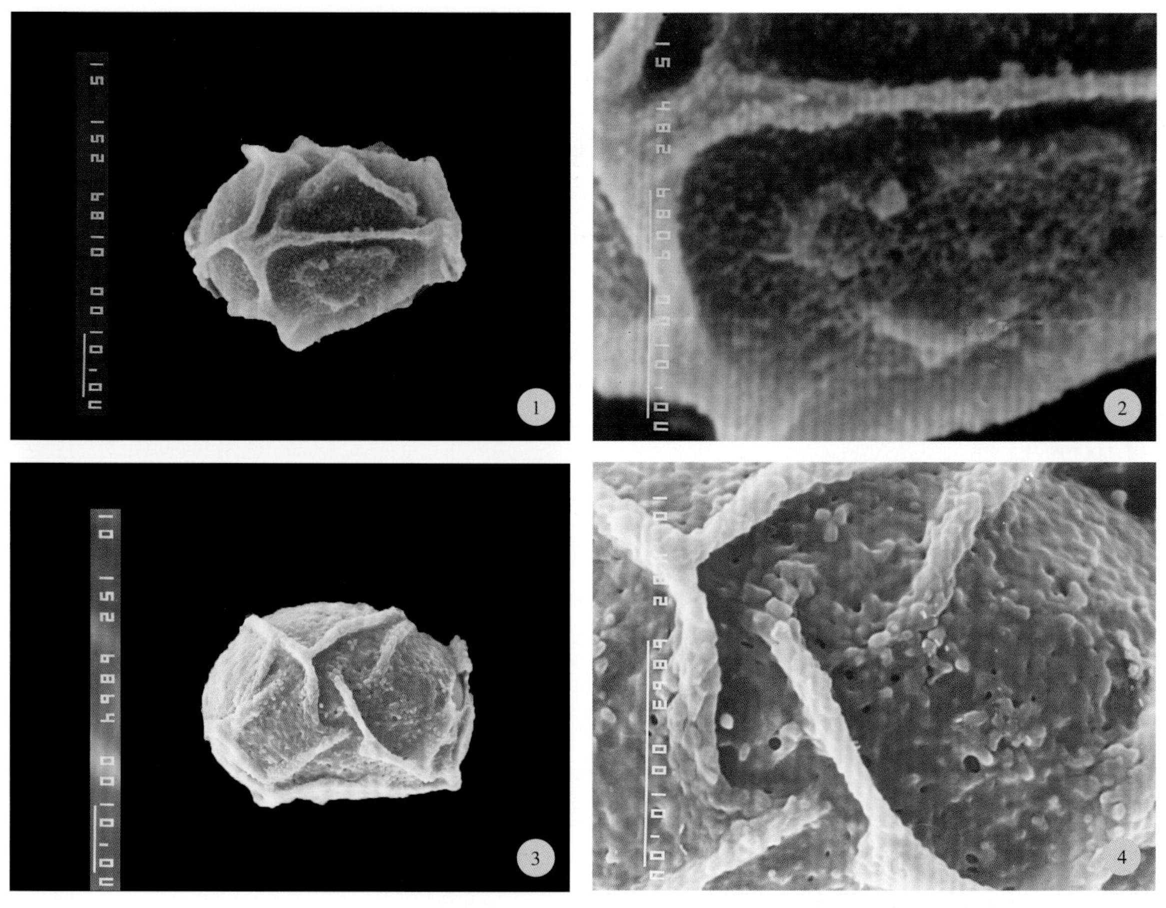

图 16-2-1-1　山东峨眉蕨孢子（SEM）

1～2. 近极面　3～4. 赤道面

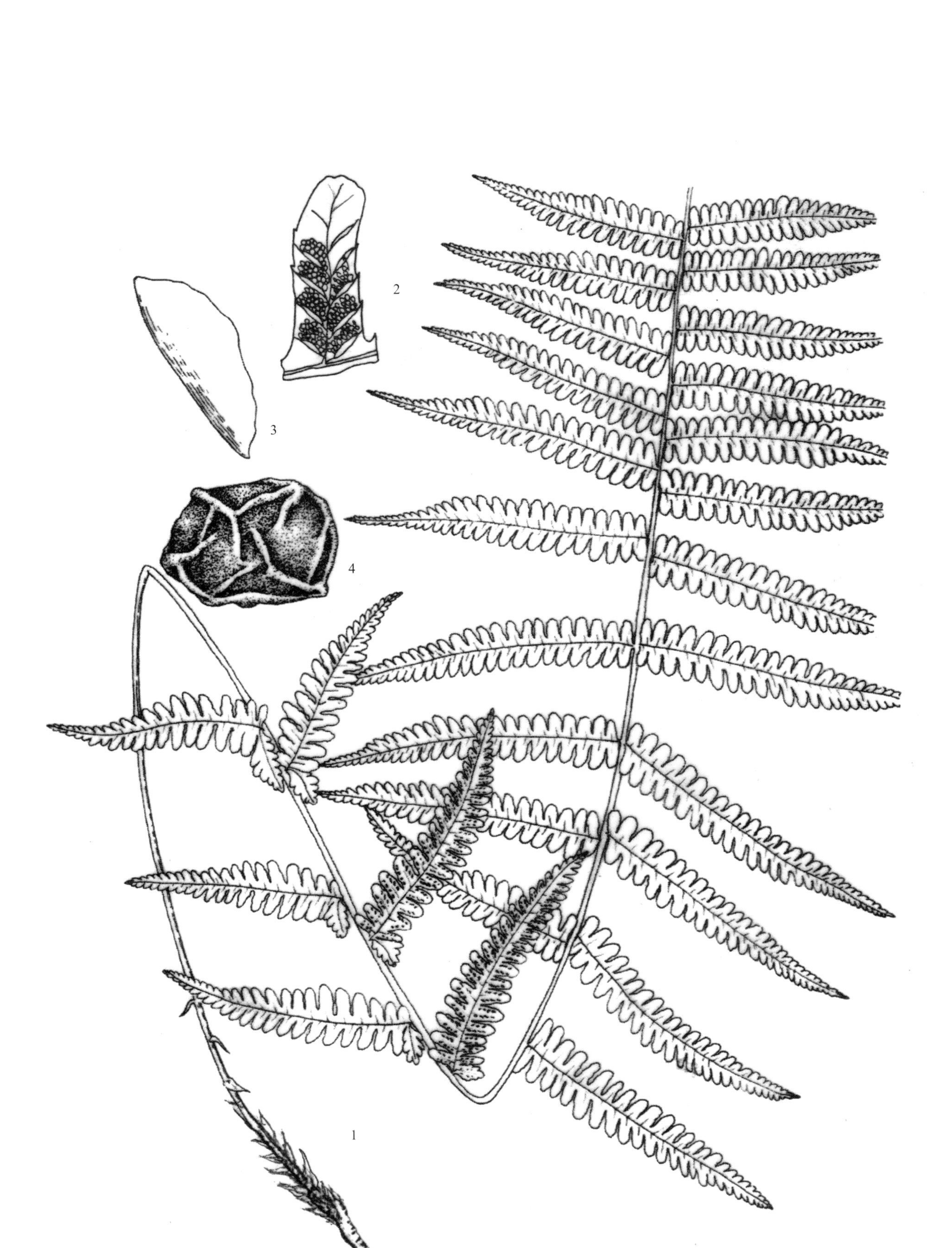

图 16-2-1-2 **山东峨眉蕨 *Lunathyrium shandongense*** J. X. Li et F. Z. Li

1. 植株 2. 裂片 3. 囊群盖 4. 孢子

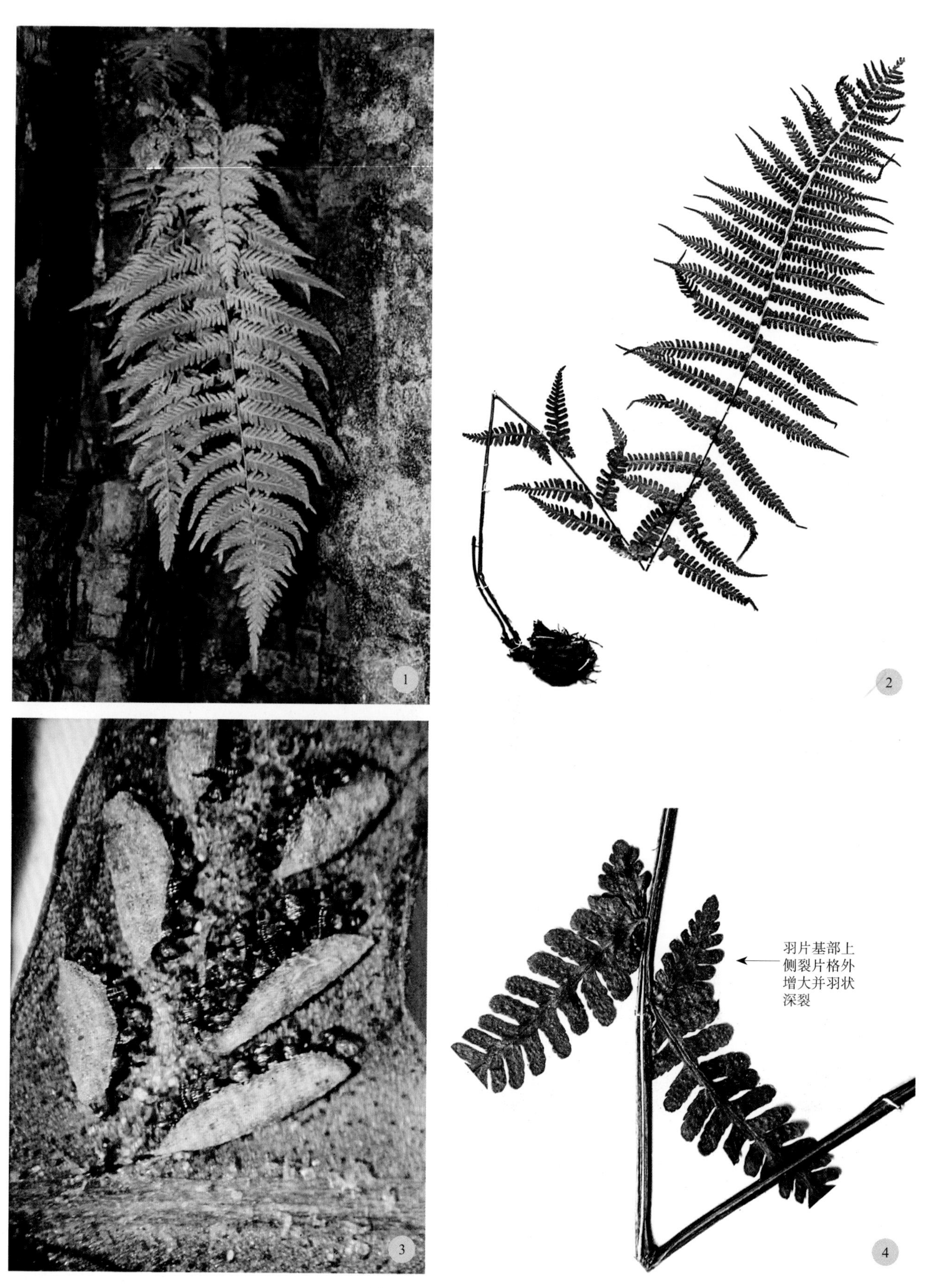

图 16-2-1-3　山东峨眉蕨

2. 东北蛾眉蕨

图16-2-2-1～图16-2-2-2

Lunathyrium pycnosorum (Christ) Koidz.

Deparia pycnosorum (Christ) M. Kato

Athyrium pycnosorum Christ

植株高约60cm。根茎短粗，斜升，顶端连同叶柄基部被褐色鳞片。叶簇生；二型。孢子叶柄长20～30cm，禾秆色，向上疏被披针形鳞片和节状毛；叶片长圆状披针形，长30～40cm，宽约15cm，有的长5～10cm，宽1.5～2cm，先端渐尖并为羽裂，基部略狭缩，二回羽状深裂；羽片15～22对，披针形，下部数对羽状稍变窄，中部长8～10cm，宽1.5～2cm，羽状深裂；裂片15～20对，平展，互生，长圆形，长0.8～1cm，宽5mm，裂片边缘有细锯齿；叶片下部1～3对羽片，基部上侧1裂片略大，近全缘；叶脉羽状，侧脉在裂片上5～6对，斜上，单一，两面明显；叶草质，近光滑，叶轴和羽轴下面被棕色节状柔毛。孢子囊群成熟后长椭圆形，生侧脉下方，裂片2～4对；囊群盖厚膜质，同形，灰褐色，近全缘，宿存。孢子两侧对称，单裂缝，裂缝长为极轴长的2/3，极面观卵圆形，赤道面观超半圆形，周壁具不规则脊状突起，但不呈网状，表面具大颗粒状纹饰。

产山东烟台栖霞牙山。生林下溪边。

国内分布于黑龙江、吉林、辽宁、河北。

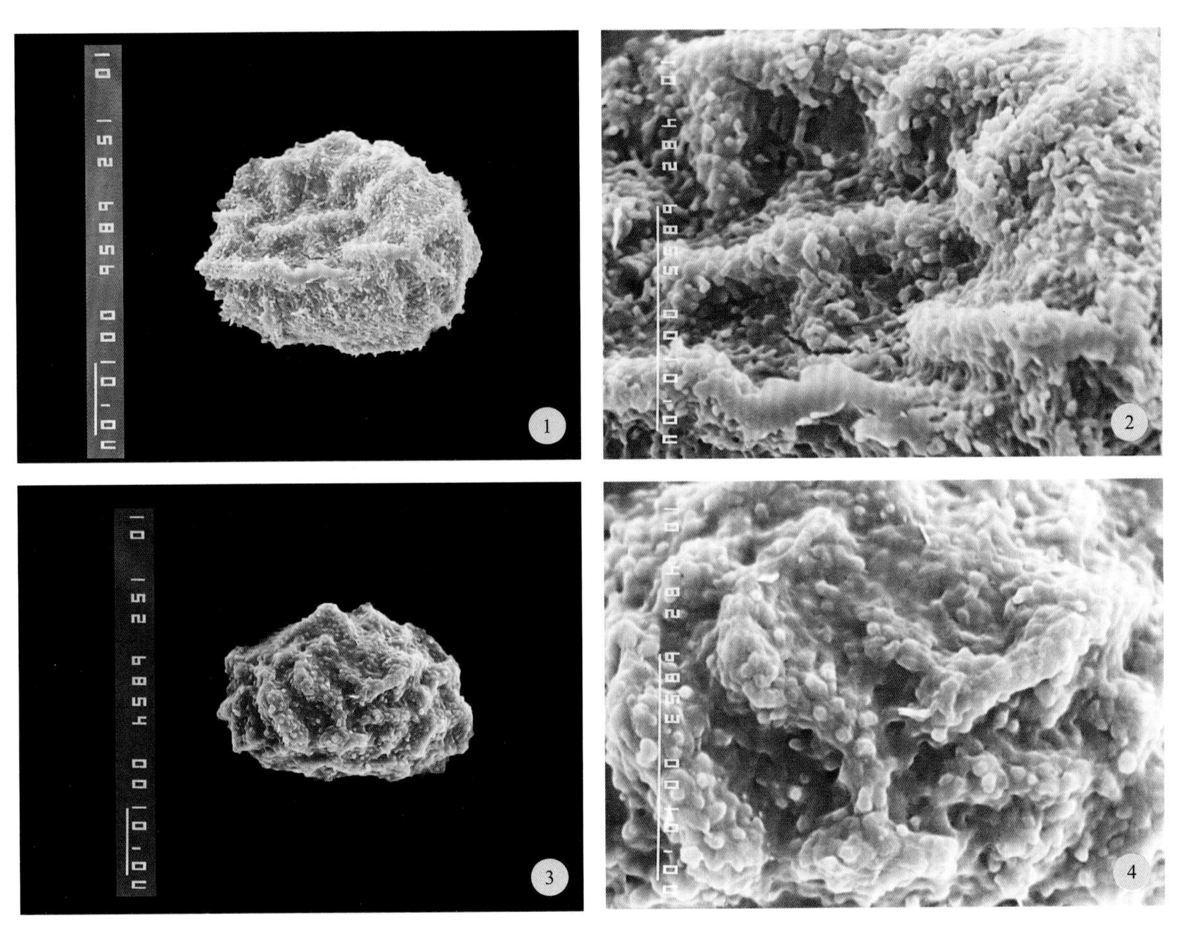

图 16-2-2-1　东北蛾眉蕨孢子（SEM）

1～2. 近极面　3～4. 赤道面

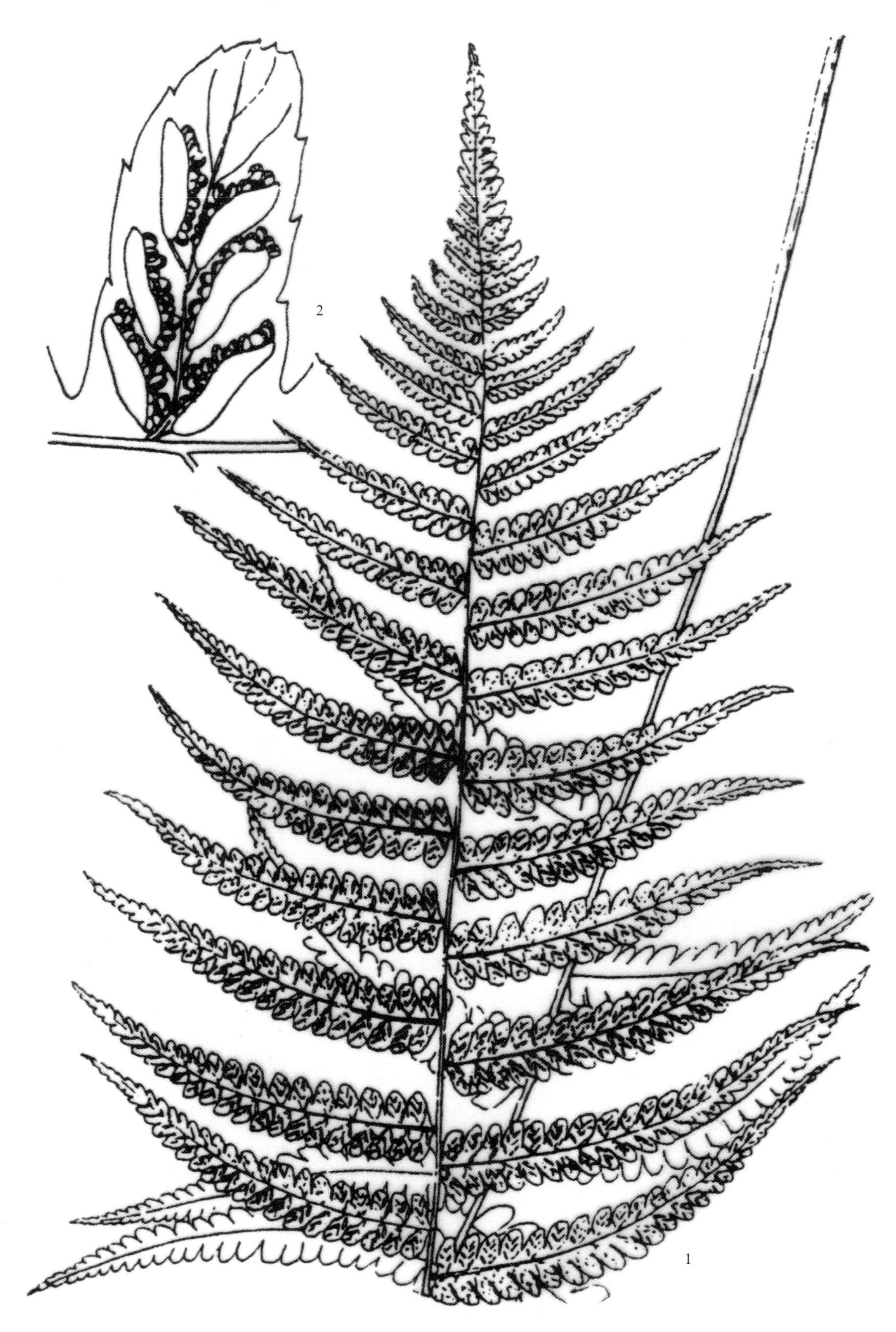

图 16-2-2-2　**东北蛾眉蕨 Lunathyrium pycnosorum** (Christ) Koidz.

1. 植株　2. 裂片

3. 河北峨眉蕨

图16-2-3-1～图16-2-3-3

Lunathyrium vegetius (Kitag.) Ching

Deparia vegetior (Kitag.) X. C. Zhang

Athyrium pycnosorum var. *vegetius* Kitag.

植株高60～80cm。根茎短粗，直立，黑褐色，顶端被棕色鳞片。叶簇生；叶柄长20～30cm，禾秆色，基部膨大处密被披针形鳞片；叶片倒披针形，长30～50cm，宽12～24cm，先端急渐尖并为羽裂，基部略狭缩，一回羽状，羽片深羽裂；羽片约20对，披针形，中上部最长，长8～12cm，宽1.5～2cm，彼此远离，各对羽片相距1～3cm，下部2～3对略狭缩，长约3cm或更短，先端长渐尖，基部平截，羽状深裂几达羽轴；裂片镰刀状长圆形，宽3～4mm，圆钝头或钝尖头，两侧全缘或波状有圆齿；叶下部羽片基部上侧第1小羽片（或裂片）不伸长；叶脉上面凹陷，下面微突，在裂片上羽状，侧脉4～5对；叶干后草质，褐绿色，两面近光滑，叶轴、羽轴和中柄同色，下面有少数棕色多细胞节状短毛。孢子囊群长圆形，生于侧脉上侧，每裂片2～4对；囊群盖膜质，褐色，新月形，近全缘。孢子两侧对称，单裂缝，极面观和赤道面观长圆形，周壁具稀疏长脊状突起，形成大网状，网眼中具颗粒状纹饰。

产山东泰安市徂徕山。生林下湿地。

国内分布于河北、河南、山西、陕西、甘肃、四川等。

药用根茎，称“峨眉贯众”。清热解毒，止血，杀虫。

图 16-2-3-1　河北峨眉蕨

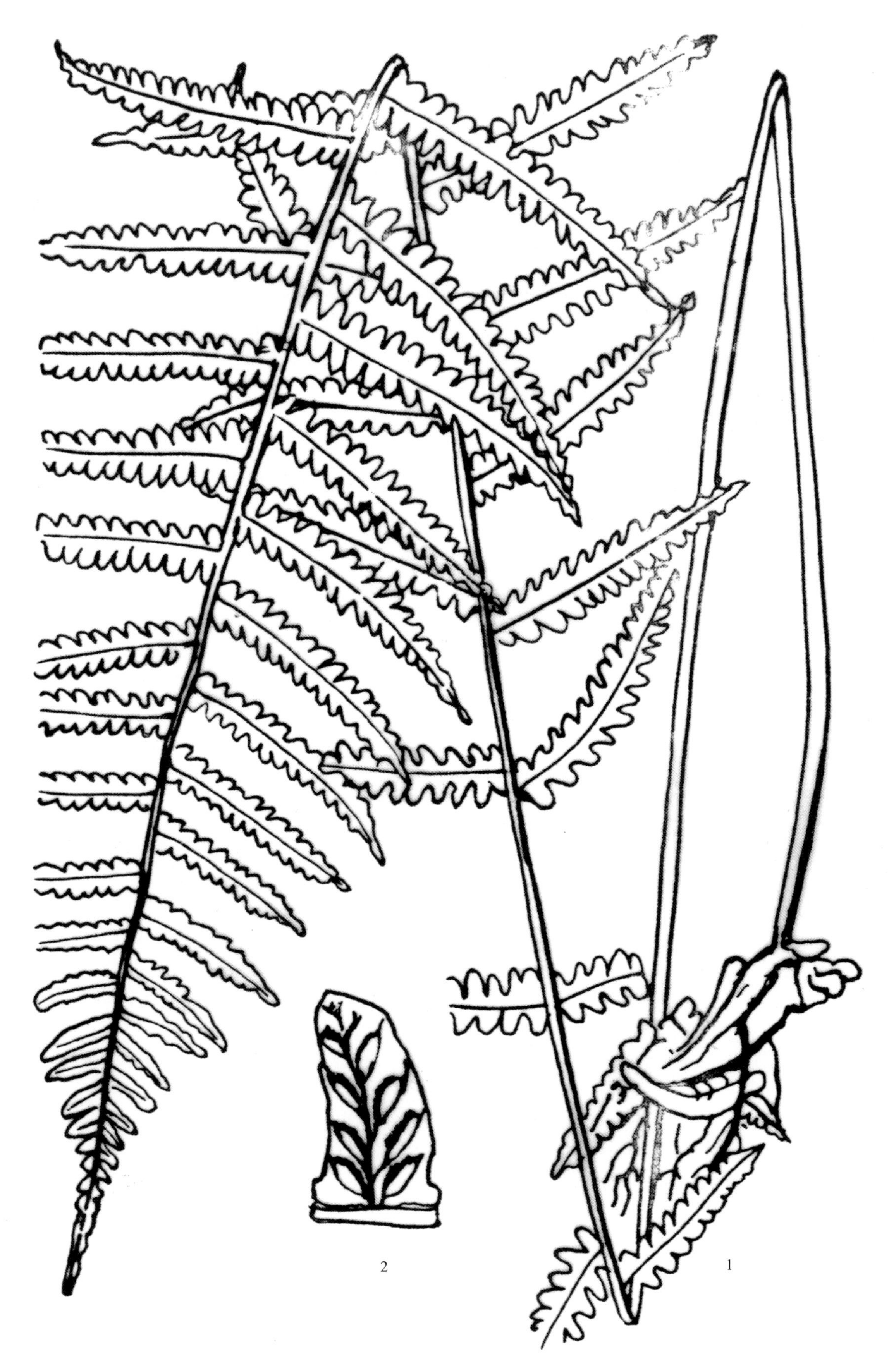

图 16-2-3-2　**河北峨眉蕨 *Lunathyrium vegetius*** (Kitag.) Ching

1. 植株　2. 裂片

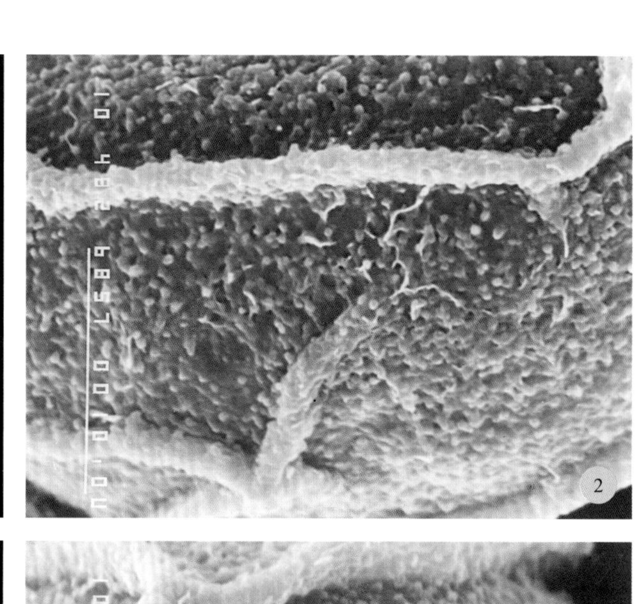

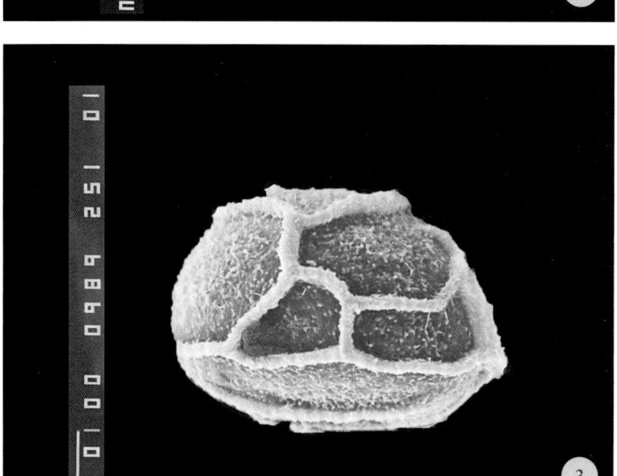

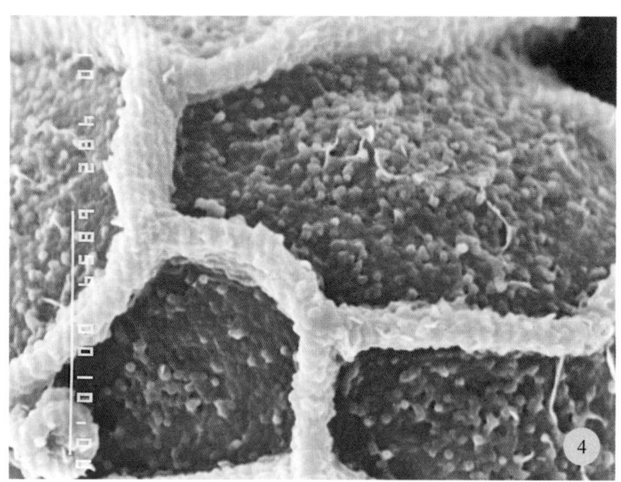

图 16-2-3-3　河北峨眉蕨孢子（SEM）

1 ～ 2. 近极面　3 ～ 4. 赤道面

假蹄盖蕨属 **Athyriopsis** Ching

中小型土生蕨类。根茎长而横走，顶端及叶柄基部被棕色、披针形或卵形鳞片。叶疏生；叶柄禾秆色，基部圆；叶片披针形或长圆形，先端羽裂渐尖，基部不窄或略窄，一回羽状（二回羽裂），羽片披针形，几无柄，稀有短柄，羽裂达1/2或过之，裂片长圆形或近方形，近全缘或略具小圆齿；侧脉单一或2叉，不达叶缘；叶草质或薄纸质，干后绿色；叶轴、羽轴及叶面多少有卷曲、红棕色、多细胞节状毛疏生，羽轴上面具浅沟，两边钝圆，不和主脉相通。孢子囊群线形或长圆形，单生小脉上侧，或在基部上侧小脉双生；囊群盖圆形，膜质，淡棕色，边缘常啮蚀状，宿存。孢子两面形，肾形，有粗疣状突起。染色体基数x=40。

20余种，分布于亚洲亚热带和热带的平原和丘陵地区，北至韩国及日本北海道，南经东南亚、南亚达大洋洲，西达东喜马拉雅。中国10余种。山东5种。

分种检索表

1a. 叶片宽6cm以下；羽片为羽状浅裂至中裂 .... 2. **钝羽假蹄盖蕨Athyriopsis conilii**

1b. 叶片宽8cm以上；羽片深羽裂。

  2a. 叶片下面除叶脉之外的叶面上同样有多细胞节状毛；囊群盖上有微毛 .... 3. **中日假蹄盖蕨A. kiusiana**

  2b. 叶片下面除叶脉之外的叶面上无多细胞节状毛；囊群盖上无毛。

    3a. 叶片基部一对羽片较大，向上略狭缩，钝尖头；裂片边缘有疏圆齿；孢壁有不规则的瘤状纹饰 .... 4. **鲁山假蹄盖蕨A. lushanensis**

    3b. 叶片基部一对羽片略狭缩，或与中部羽片近等大，渐尖或急尖头；孢壁具耳片或刺状纹饰。

      4a. 叶二型，羽片12～15对；孢壁具耳片状纹饰 .... 5. **山东假蹄盖蕨A. shandongensis**

      4b. 叶一型，羽片6～10对；孢壁具柱状或粗刺状纹饰 .... 1. **假蹄盖蕨A. japonica**

1. 假蹄盖蕨

图16-3-1-1～图16-3-1-3

Athyriopsis japonica (Thunb.) Ching

Asplenium japonica Thunb.

Deparia japonica (Thunb.) M. Kato

植株高30～70cm。根茎长而横走，疏被棕色宽披针形鳞片。叶疏生，一型；叶柄长5～25（40）cm，禾秆色，基部疏被小鳞片，向上近光滑；叶片窄长圆形或卵状长圆形，长20～50cm，中部宽10～20（30）cm，一回羽状，羽片羽状深裂，先端渐尖并深羽裂；羽片6～10对，无柄，斜展，中部以下的长6～10cm，宽1～2.5cm，披针形，先端短渐尖，基部圆截形，对称，深羽裂达羽轴两侧宽翅，裂片接近，斜展，先端圆，具少数浅圆齿，两侧几全缘；叶脉羽状分叉；叶草质，干后绿色，两面几光滑；叶轴和羽轴下面疏生浅褐色披针形小鳞片和节状柔毛；羽片上面仅沿中肋有短节状毛，下面沿中肋疏生节状柔毛。孢子囊群线形，沿侧脉上侧单生，基部有1双生成弯钩形；囊群盖浅棕色，边缘撕裂状，宿存，无毛。孢子两侧对称，单裂缝，极面观椭圆形，赤道面观超半圆形，周壁表面具柱状或粗刺状突起，突起间具颗粒或细丝状纹饰。

产山东崂山、昆嵛山、牙山。生海拔300～500m林下湿地或溪边。

国内分布于河南、甘肃南部、江苏、安徽及长江以南各省区。朝鲜半岛、日本、越南、印度、印度尼西亚及新西兰也有分布。

药用全草或根茎。味微苦、涩，性凉。清热解毒，消肿。主治疮疡肿毒，乳痈，目赤肿痛。

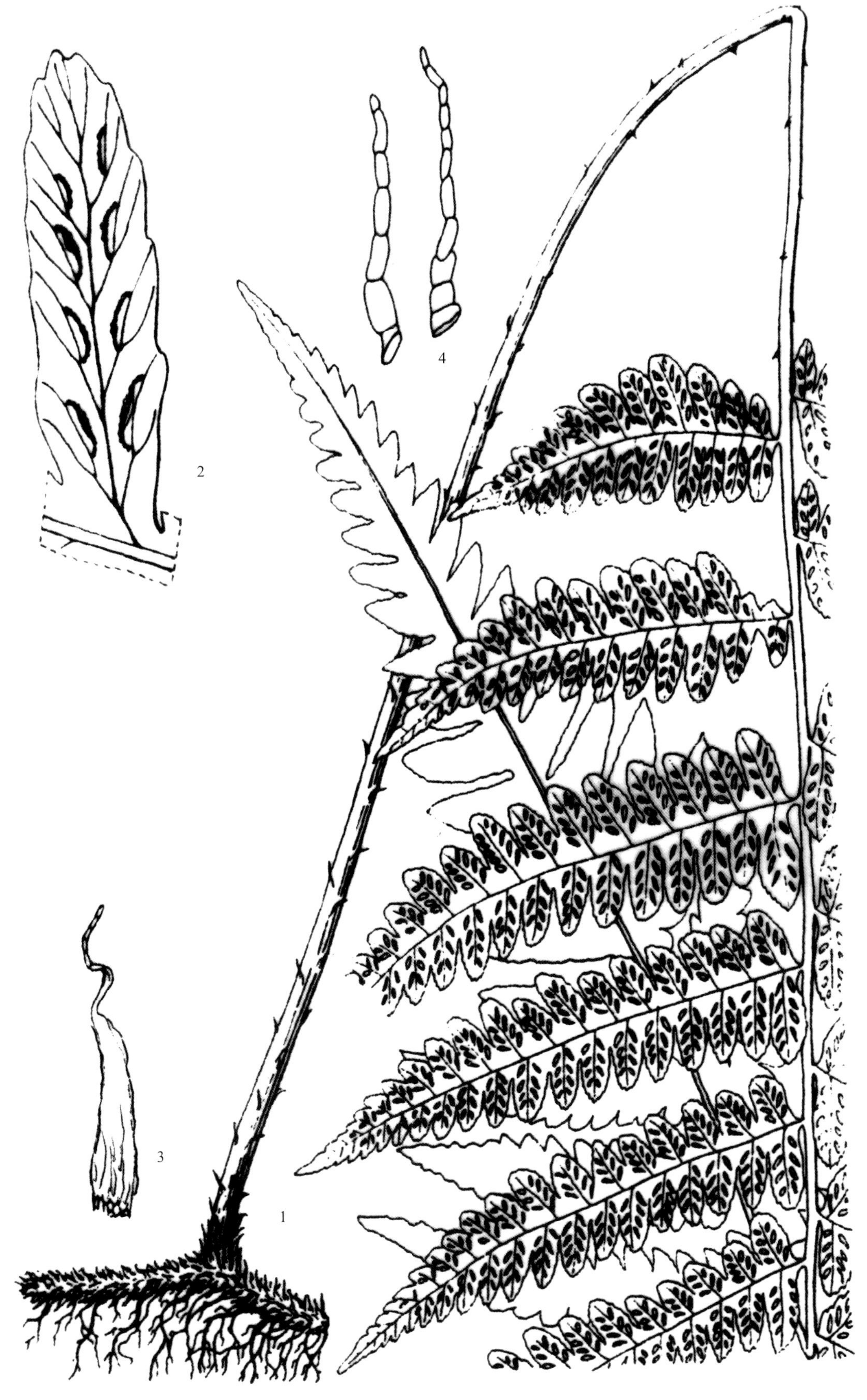

图 16-3-1-1　**假蹄盖蕨 Athyriopsis japonica** (Thunb.) Ching

1. 植株　2. 裂片　3. 根茎鳞片　4. 叶轴及叶片上的节状毛

图 16-3-1-2　假蹄盖蕨

图 16-3-1-3　假蹄盖蕨孢子（SEM）

1 ～ 2. 远极面　3 ～ 4. 赤道面

2. 钝羽假蹄盖蕨

图16-3-2-1～图16-3-2-3

Athyriopsis conilii (Franch. et Sav.) Ching

Asplenium conilii Franch. et Sav.

Deparia conilii (Franch. et Sav.) M. Kato

植株高20～30cm。根茎细长而横走，先端疏被棕色披针形鳞片。叶近生，近二型；柄长5～20cm，禾秆色，疏生鳞片；孢子叶长于营养叶；叶片披针形，长15～20cm，宽4～5cm，先端渐尖并为羽裂，基部略变狭，二回羽裂；羽片2～15对，互生，开展，长圆形至披针形，基部2～3对较小，中部的较大，长2～3cm，宽约1cm，钝头或急尖头，羽状浅裂至中裂；裂片5～7对，圆头或平截，基部上侧1片较大，其余向上渐小，全缘；叶脉在裂片上2～3对，侧脉单一，不达叶边；叶薄草质，仅沿轴疏生褐棕色多细胞节状毛。孢子囊群条形，单生于侧脉的上侧，偶在裂片基部上侧有双生的，每裂片有1～3对；囊群盖棕色，边缘啮蚀状，宿存。孢子周壁疣状突起。孢子两侧对称，单裂缝，裂缝长为极轴长的2/3，极面观椭圆形，赤道面观半椭圆形，周壁具瘤块状和耳片状突起，突起间具较密的丝状纹饰。

产山东崂山、昆嵛山、艾山、牙山、徂徕山等山区。生林下湿地或溪边，海拔300～500m。

国内分布于江苏、安徽、浙江、台湾、江西、湖南、甘肃等地。

图 16-3-2-1　钝羽假蹄盖蕨

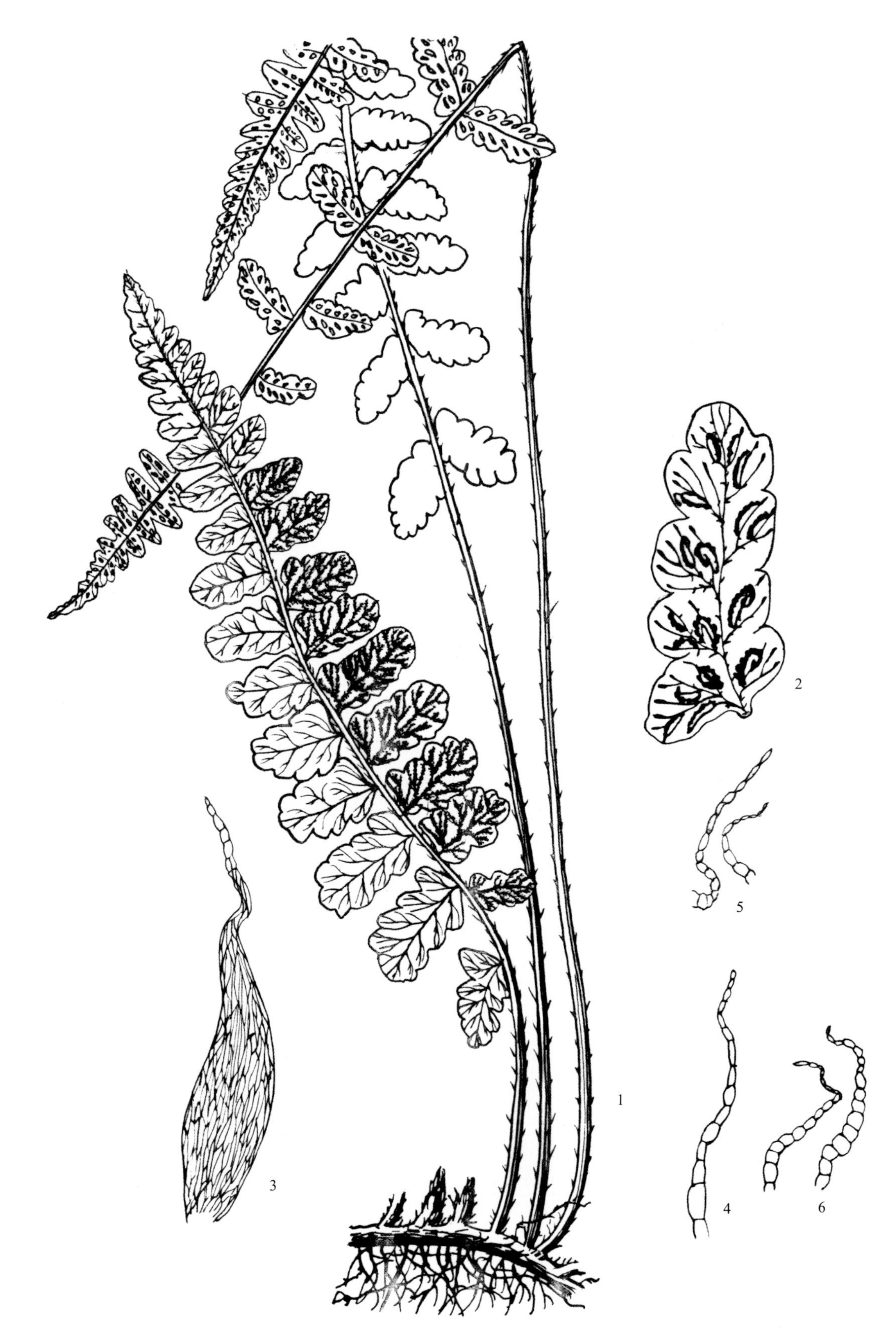

图 16-3-2-2　**钝羽假蹄盖蕨 Athyriopsis conilii** (Franch. et Sav.) Ching

1. 植株　2. 羽片　3. 叶柄基部鳞片　4. 叶柄上的节状毛　5. 叶轴上的节状毛
6. 叶片上的节状毛

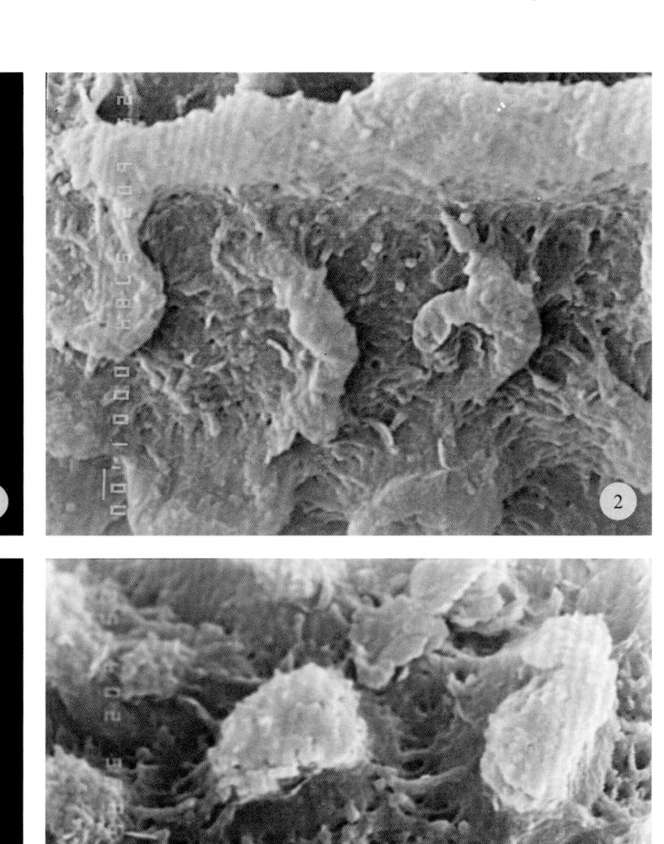

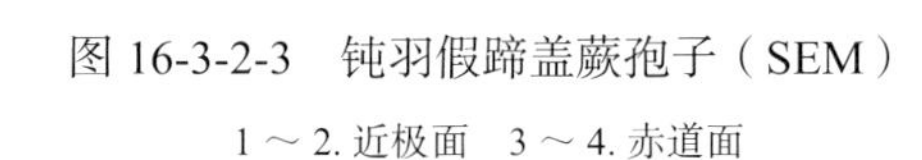

图 16-3-2-3　钝羽假蹄盖蕨孢子（SEM）

1 ～ 2. 近极面　3 ～ 4. 赤道面

3. 中日假蹄盖蕨 中日对囊蕨

图16-3-3-1～图16-3-3-3

Athyriopsis kiusiana (Koidz.) Ching

Deparia kiusiana (Koidz.) M. Kato

植株高约35cm。根茎细长而横走，先端被棕褐色鳞片。叶近二型；叶柄和叶轴密被棕褐色、披针形至线形鳞片和多细胞节状软毛；营养叶柄长10～15cm；叶片卵状三角形至卵状长椭圆形，长10～12cm；孢子叶的叶片长椭圆形，叶长于叶柄，宽8cm以上，先端渐尖并羽裂，基部一对羽片略狭缩，二回羽状中裂至深裂；羽片10～12对，条状披针形，先端长渐尖，基部略缩狭或不缩狭，羽状中裂至羽状深裂；裂片斜长圆形，先端钝头或平截；叶脉羽状，侧脉单一；叶纸质，两面均有棕色多细胞节状软毛，下面软毛较多。孢子囊群条形，通常单生于侧脉上侧，裂片基部上侧1脉往往双生，成熟后彼此密接满布裂片下面；囊群盖棕褐色，表面密被微毛，边缘为不规则的丝状裂。孢子两侧对称，单裂缝；极面观椭圆形，赤道面观宽半圆形；周壁具粗刺状突起，突起间具根状和颗粒状纹饰。

产山东临沂市平邑（魏庄）。生山坡岩石间。

国内分布于贵州等地。日本也有分布。

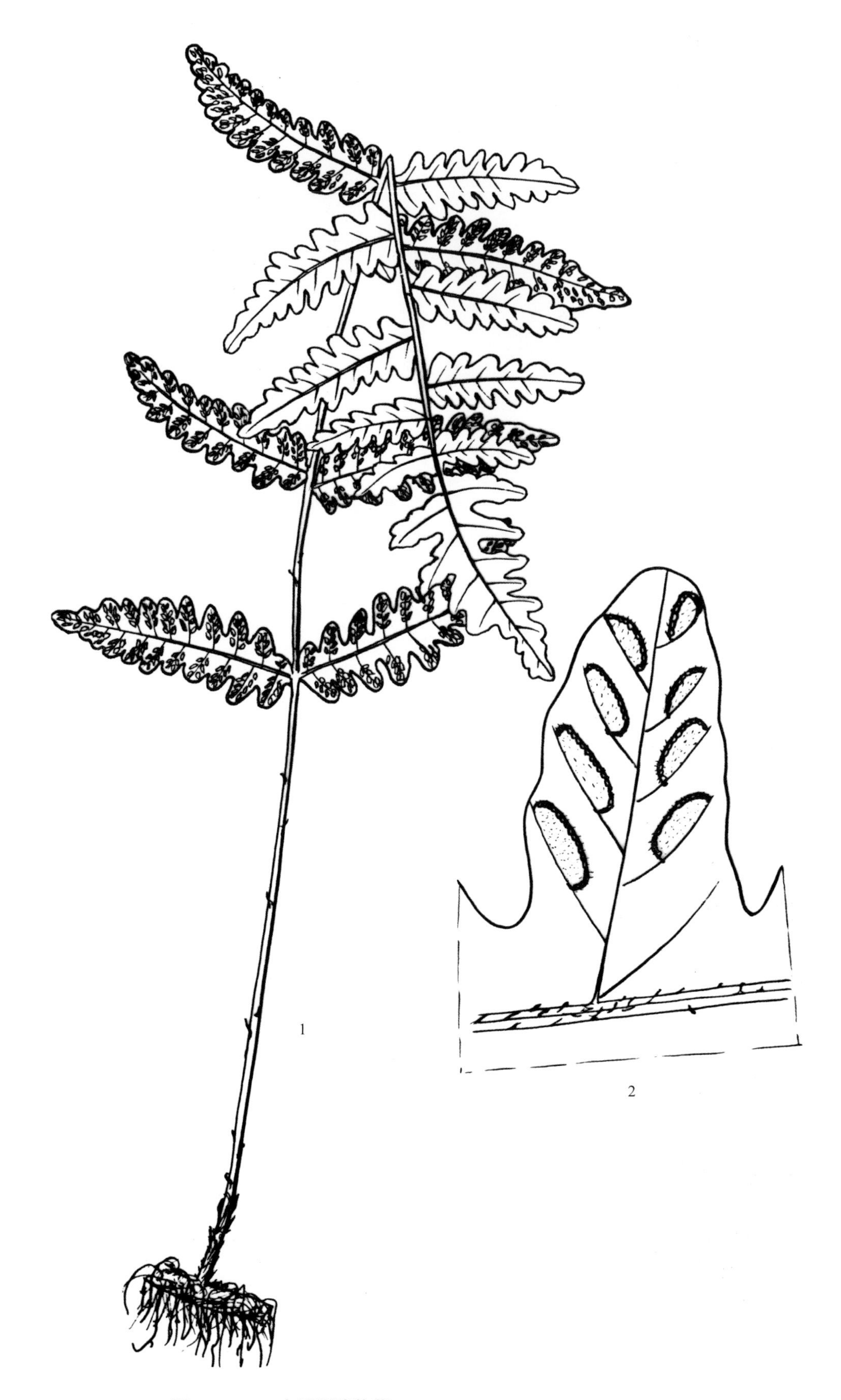

图 16-3-3-1　**中日假蹄盖蕨 *Athyriopsis kiusiana*** (Koidz.) Ching

1. 植株　2. 裂片及囊群盖（示囊群盖被微毛）

图 16-3-3-2　中日假蹄盖蕨

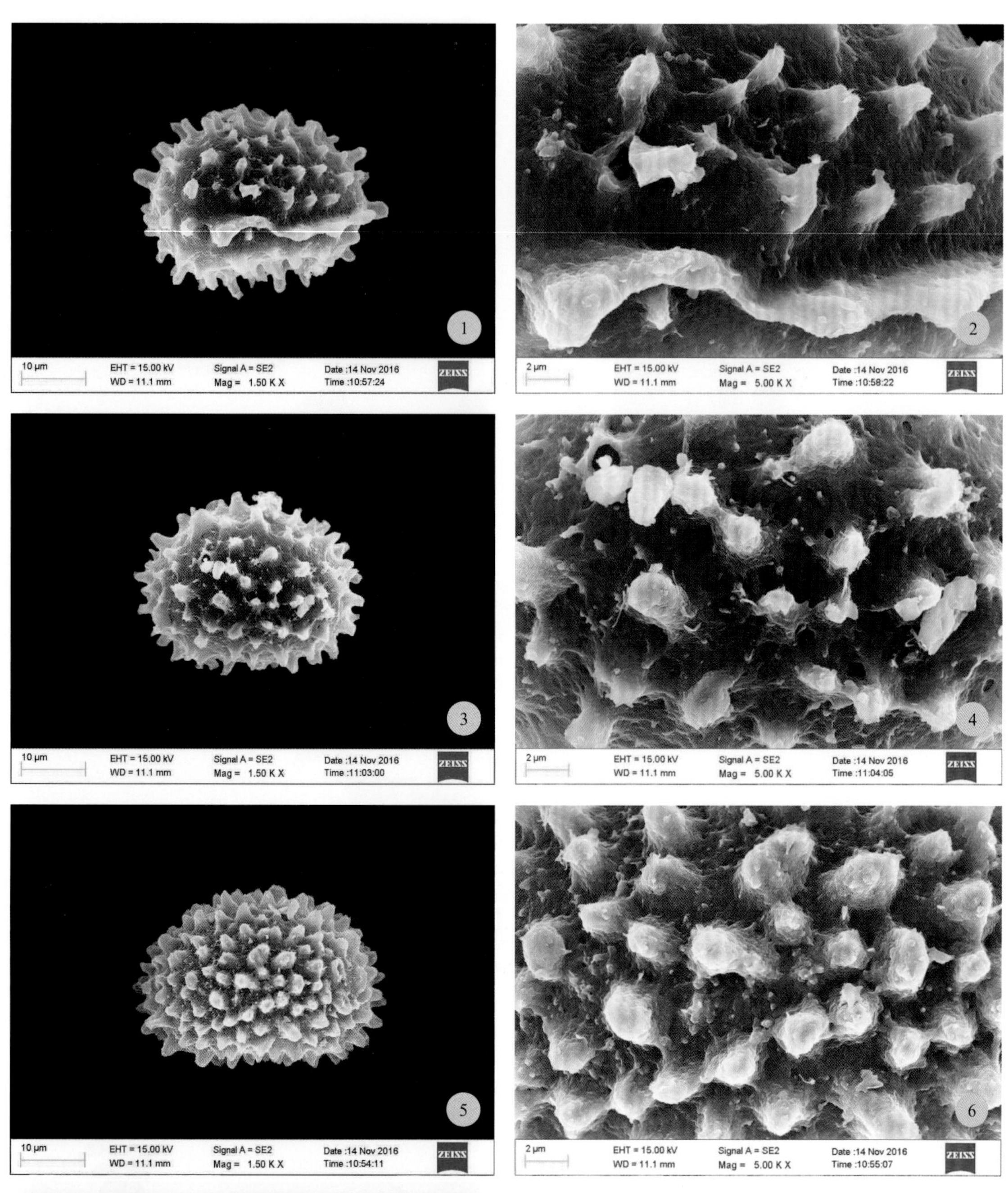

图 16-3-3-3　中日假蹄盖蕨孢子（SEM）

1～2. 近极面　3～4. 远极面　5～6. 赤道面　7. 孢子脱掉周壁

4. 鲁山假蹄盖蕨 鲁山对囊蕨

图16-3-4-1～图16-3-4-3

Athyriopsis lushanensis J. X. Li

Deparia lushanensis (J. X. Li) Z. R. He

植株高35～55cm。根茎长而横走，直径约3mm，顶端被棕色、披针形鳞片。叶疏生；叶柄长10～25cm，淡禾秆色，粗约1mm，疏被鳞片和节状毛；叶片阔披针形，长约30cm，中部宽8～10cm，顶端羽裂渐尖，一回羽状；羽片12～15对，多为互生，开展，披针形，长约5～6cm，宽约2cm，羽状深裂，顶端急尖头或钝头；裂片6～8对，矩圆形或长方形，顶端圆形或平截，边缘有稀疏的圆钝齿，基部上侧一片较大；叶脉羽状，每裂片3～4对，斜上，单一，罕分叉，不达边缘；叶薄草质，干后淡绿色；沿叶轴疏被小鳞片和节状柔毛，中肋两面也被同样的毛。孢子囊群短线性，每裂片1～3对，单生或常在裂片基部上侧1脉双生；囊群盖棕色，膜质，宿存。孢子近肾形，两侧对称，单裂缝，极面观椭圆形，赤道面观半圆形，周壁具大小不规则瘤块状突起，突起间具小颗粒或细丝状纹饰。

产山东淄博市鲁山、沂源山区。生林下湿地，海拔700m，山东特有种。李建秀00109Typus PE（模式标本），1981年10月15日采自山东鲁山。

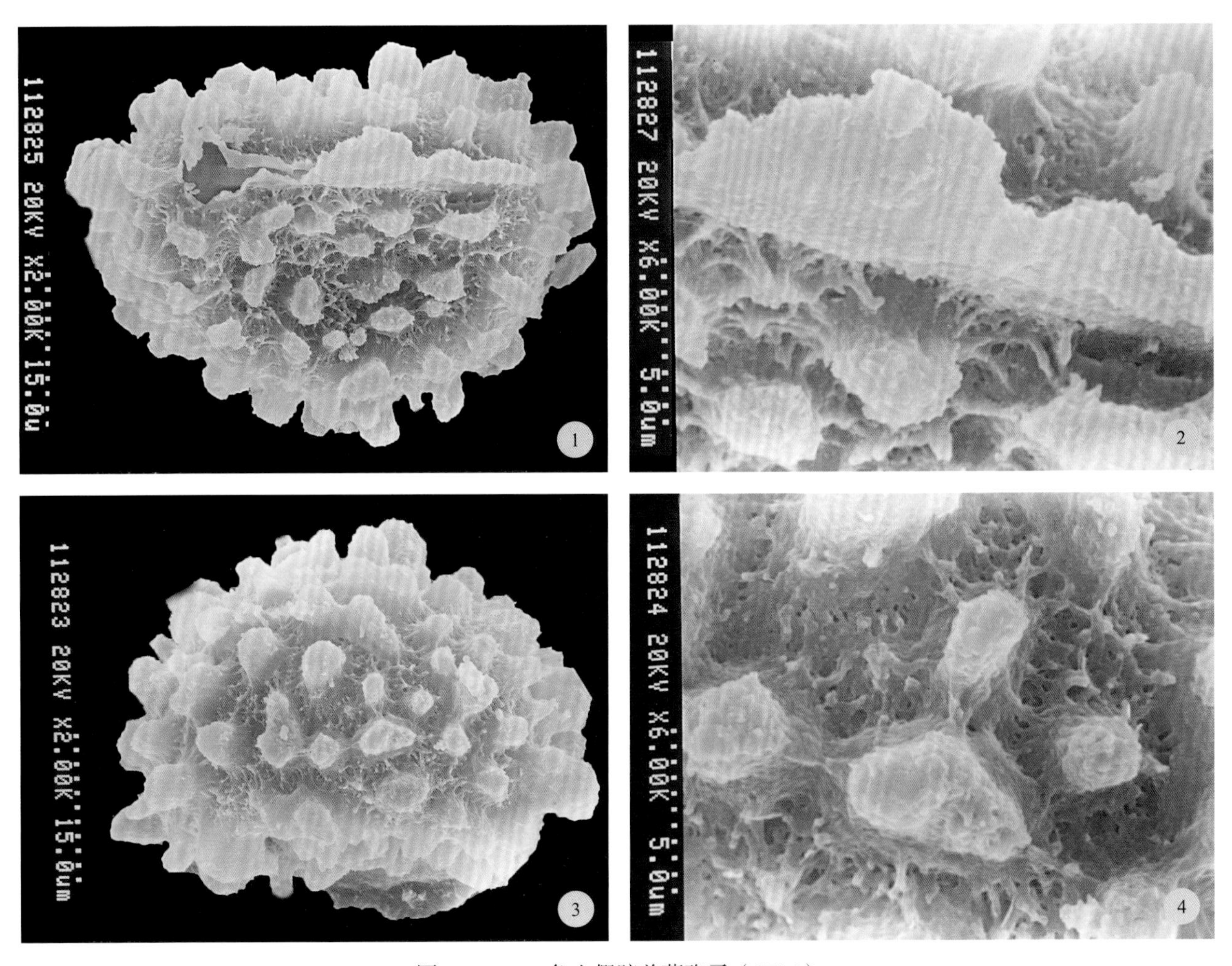

图 16-3-4-1　鲁山假蹄盖蕨孢子（SEM）

1～2. 近极面　3～4. 赤道面

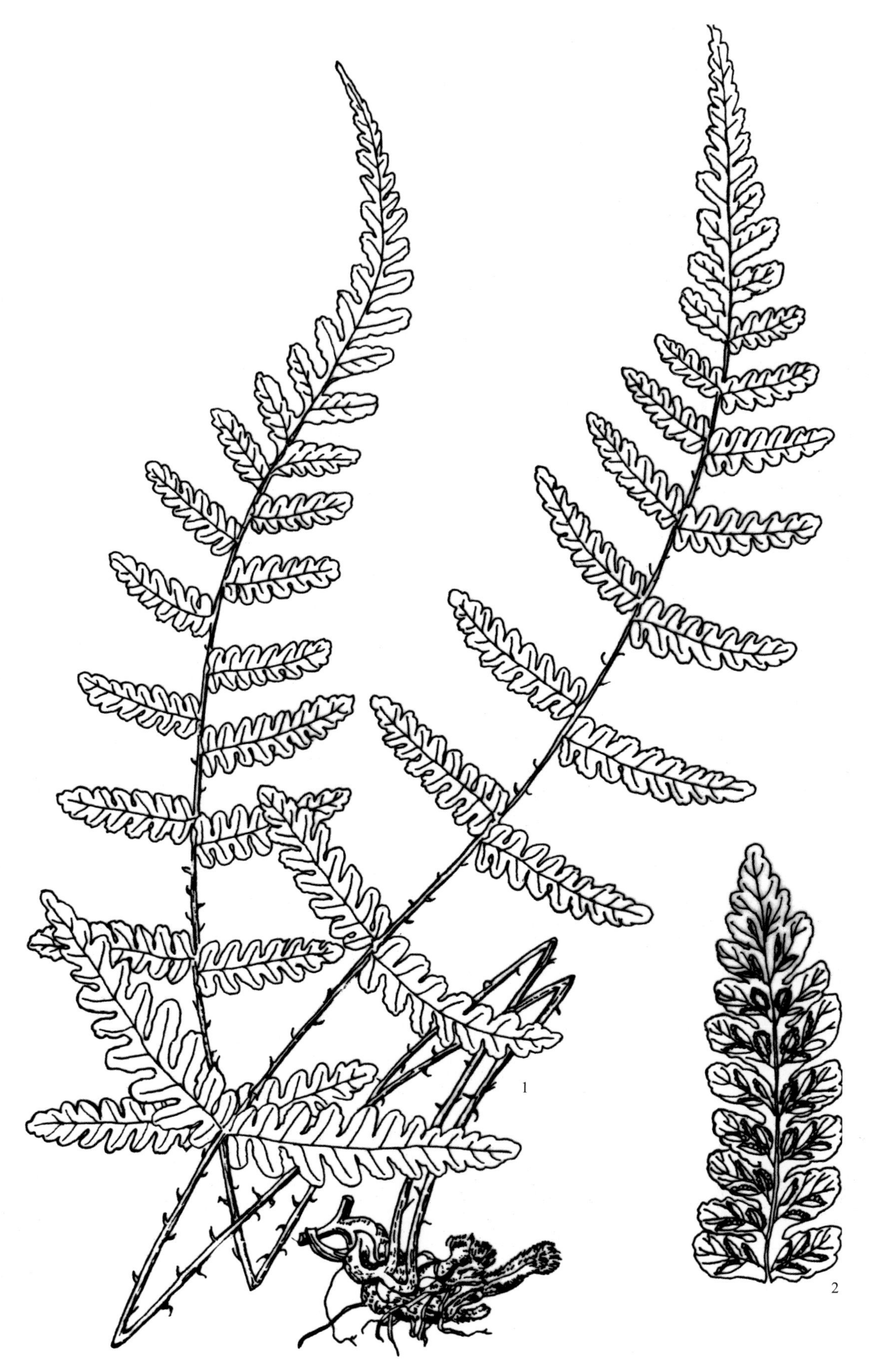

图 16-3-4-2 **鲁山假蹄盖蕨 Athyriopsis lushanensis** J. X. Li

1. 植株 2. 羽片

图 16-3-4-3　鲁山假蹄盖蕨

5. 山东假蹄盖蕨 山东对囊蕨

图16-3-5-1～图16-3-5-3

Athyriopsis shandongensis J. X. Li et Z. C. Ding

Deparia shandongensis (J. X. Li et Z. C. Ding) Z. R. He

植株高50～65cm。根茎细长而横走，直径约2mm，先端密被棕色、全缘的阔披针形鳞片。叶疏生，二型；孢子叶片较长；叶柄长20～30cm，基部暗棕色，直径约2mm，有棕色披针形鳞片及多细胞软毛；营养叶柄长8～10cm；叶片阔披针形，长达35cm，中部宽约10cm，先端长渐尖并为羽裂，基部一对羽片略狭缩，或与中部羽片近等大，一回羽状；羽片12～15对，无柄，互生，披针形，中部羽片长达6.5cm，宽约1.5cm，先端急尖或渐尖，基部不狭缩，羽状深裂几达中脉；裂片8～10对，长圆形或长方形，先端平截，边缘近全缘或有稀疏的缺刻状圆齿；叶脉在裂片上羽状，侧脉3～4对，单一或二叉，不达叶边；叶草质，干后绿色；叶轴和中脉有黄棕色小鳞片和多细胞节状柔毛，叶脉两面疏被同样的毛。孢子囊群短线条形，每裂片1～3对，平直，单一或常在裂片基部上侧1脉双生；囊群盖淡棕色，膜质，边缘啮蚀状。孢子两侧对称，单裂缝，极面观椭圆形，赤道面观近肾形，孢壁具不规则耳片状纹饰。

产山东蒙山、崂山、昆嵛山、牙山。生林下湿地，海拔300～500m。山东特有种。李建秀0109Typus PE（模式标本），1981年10月12日采自山东蒙山。

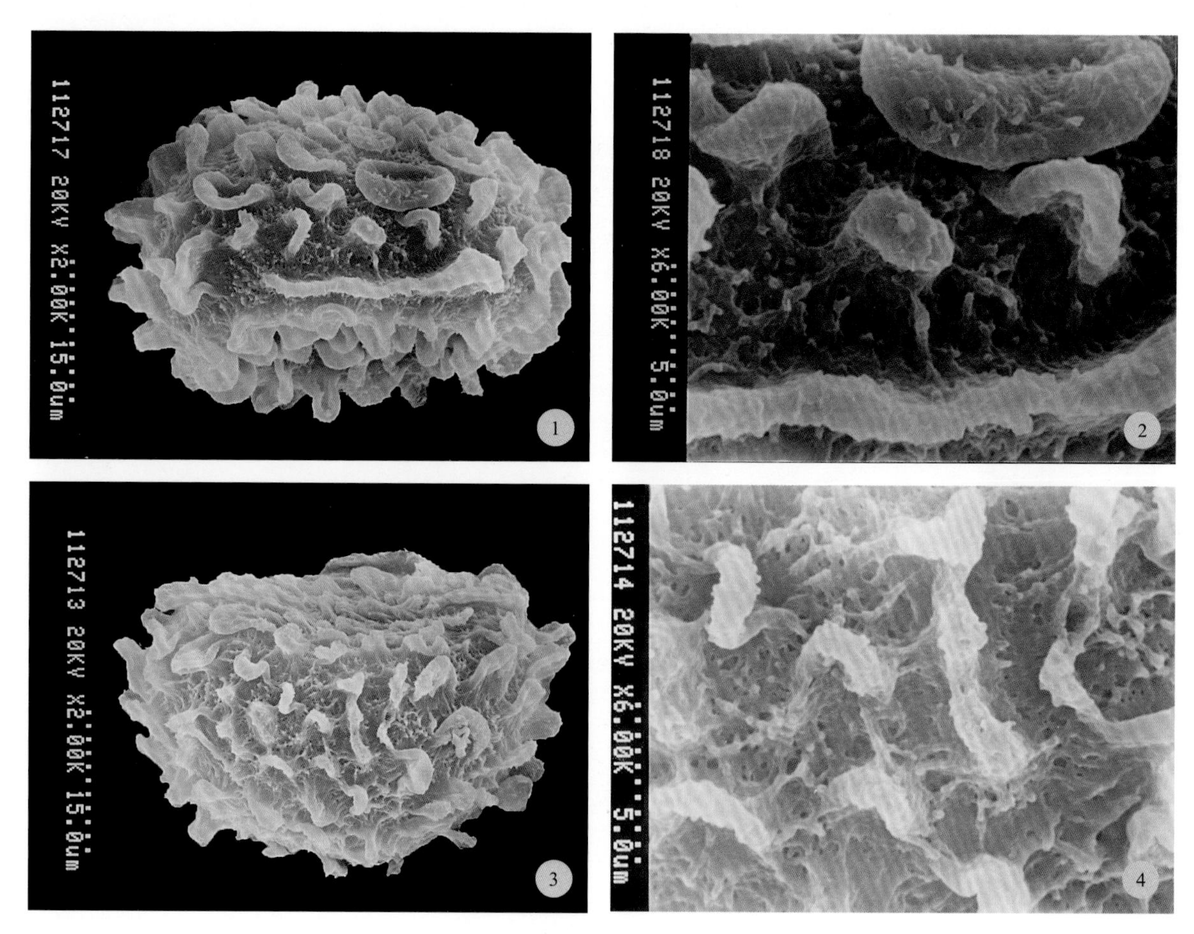

图 16-3-5-1　山东假蹄盖蕨孢子（SEM）

1～2. 近极面　3～4. 赤道面

图 16-3-5-2 **山东假蹄盖蕨 *Athyriopsis shandongensis*** J. X. Li et Z. C. Ding

1. 植株孢子叶 2. 植株营养叶 3. 孢子叶羽片

图 16-3-5-3　山东假蹄盖蕨

蹄盖蕨属 **Athyrium** Roth

土生小型或中型蕨类。根茎短粗，直立或斜升，稀为横卧。叶簇生，稀近生或疏生；叶柄基部粗，成腹凹背凸形，向下尖削呈鸟喙状，两侧边缘各有瘤状气囊体一列，横断面内有维管束2条，向上部汇合成"V"字形，外部密被红棕色或棕褐色、稀为黑色、卵状或线状披针形、膜质全缘鳞片；叶片长圆形、卵形或阔披针形，一至三回羽状，稀为四回羽裂；叶轴和各回羽轴及中脉下面圆形，上面以深纵沟彼此互通，沟两侧通常有刺状突起；叶脉分离，羽状或分叉，小脉伸达齿端；叶片干后草质，偶为厚纸质，无毛或仅沿叶轴上有单细胞短腺毛，偶有小鳞片。孢子囊群马蹄形、新月形、圆形、矩圆形或上部弯曲成钩形；囊群盖同形，全缘或边缘多少有缘毛或啮蚀状，宿存。孢子两侧对称，单裂缝，极面观椭圆形，赤道面观豆形，有周壁，周壁表面常不平，有褶皱，具网状、颗粒状、小瘤状纹饰。

约100种，分布于温带和亚热带高山林下。中国60～80种，以西南高山为分布中心，华北、华东和东北也有分布。山东3种。

分种检索表

1a. 叶片长圆状披针形，先端渐尖，不呈尾状；羽片基部上下两侧不对称，上侧较大；叶轴和各回羽轴上面纵沟两侧有软刺状或薄片状突起……………1. **禾秆蹄盖蕨A. yokoscense**

1b. 叶片卵状长圆形或卵状披针形；羽片基部上下两侧对称或下侧较大。

  2a. 根茎横卧，羽片较小，具短柄，孢子囊群多形……………3. **华东蹄盖蕨A. niponicum**

  2b. 根茎直立，羽片较大，无柄，孢子囊群长圆形……………2. **中华蹄盖蕨A. sinense**

1. 禾秆蹄盖蕨

图16-4-1-1～图16-4-1-2

Athyrium yokoscense (Franch. et Sav.) Christ

Asplenium yokoscense Franch. et Sav.

植株高30～60cm。根茎短粗而直立，连同叶轴基部密被棕色披针形鳞片。叶簇生；叶柄禾秆色，长10～30cm，基部密被条状披针形鳞片，上部光滑；叶片长圆形或长圆状披针形，长16～30cm，宽12～17cm，先端渐尖，基部不缩狭或稍缩狭，二回深羽裂或三回羽状浅裂；羽片12～18对，平展或斜上，下部几对多少呈反折，几无柄，披针形至狭披针形，基部1～2对稍缩狭，中部的较大，长5～9cm，宽1.5～2cm，先端尾部渐尖，羽状深裂；小羽片10～15对，长圆形，长7～10mm，彼此分离，以狭翅与羽轴合生，基部上侧凸起，尖头，边缘有前伸的粗齿或浅裂；裂片尖头，有2～3个短尖齿；叶脉羽状，侧脉在小羽片上分叉，下面明显；叶厚草质，干后上面褐绿色，下面灰绿色，两面无毛；叶轴和各回羽轴及中脉上面纵沟两侧有软刺状突起。孢子囊群近圆形、长圆形或马蹄形；

囊群盖同形，膜质，全缘，宿存。孢子两侧对称，单裂缝，极面观长圆形，赤道面观半圆形，周壁具稀疏条脊状突起，形成大网状纹饰，网眼中不平坦。

产山东泰山、崂山、蒙山、沂山、牙山、昆嵛山、徂徕山、莲花山、鲁山、济南南部山区、沂源山区，是山东常见的蕨类植物之一。生山坡疏林下阴湿处或岩石边。

国内分布于东北、江苏、安徽、浙江、江西等地。朝鲜半岛及日本也有分布。

药用根茎。味微苦，性凉。归胃、肝经。驱虫，解毒，止血。主治蛔虫病，外伤出血。

植株含蕨素、酚类衍生物等。

图 16-4-1-1　禾秆蹄盖蕨

图 16-4-1-2 **禾秆蹄盖蕨 Athyrium yokoscense** (Franch. et Sav.) Christ

1. 植株 2. 叶片顶部腹面观 3. 裂片 4. 鳞片 5. 孢子 6. 羽片 7. 裂片（引自《中国植物志》）

2. 中华蹄盖蕨 东北蹄盖蕨 多齿蹄盖蕨

图16-4-2-1～图16-4-2-2

Athyrium sinense Rupr.

Athyrium brevifrons Nakai

植株高40～60cm。根茎粗短，直立或斜升，密被褐棕色，全缘，阔披针形鳞片。叶簇生；叶柄长20～25cm，深禾秆色，基部黑色而膨大，被有与根茎同样的鳞片，叶片卵状披针形或宽卵形，长25～35cm，宽12～15cm，先端渐尖并为羽裂，基部稍狭缩，二回羽状或三回羽状浅裂；羽片约20对或更多，互生，斜展，近无柄，狭披针形，基部2～3对略狭缩，中部羽片较大，长8～18cm，宽2～5cm，先端尾状渐尖，基部平截，一回羽状或二回羽状浅裂；小羽片15～25对，狭长圆形，锐尖头，基部以狭翅相连，边缘浅裂成锯齿状小裂片，小裂片先端有微齿；叶脉在裂片上2～3叉，伸达齿端；叶草质，光滑无毛，仅沿叶轴和羽轴下面疏生腺毛。孢子囊群成熟时长圆形，稀为弯钩形，侧生于小脉上侧，每小裂片1枚；囊群盖棕色，膜质，边缘啮蚀状。孢子两侧对称，单裂缝，裂缝长为极轴长的1/2，极面观卵圆形，赤道面观半圆形，周壁表面有颗粒状纹饰。

产山东泰山、崂山、蒙山、沂山、牙山、鲁山、昆嵛山、沂源山区。生林下湿地。

国内分布于东北、西北、安徽、内蒙古。朝鲜半岛北部、日本、俄罗斯远东地区也有分布。

药用根茎。味微苦，性凉。清热解毒，杀虫。主治流感，乙脑，钩虫病，蛔虫病。

图 16-4-2-1　中华蹄盖蕨

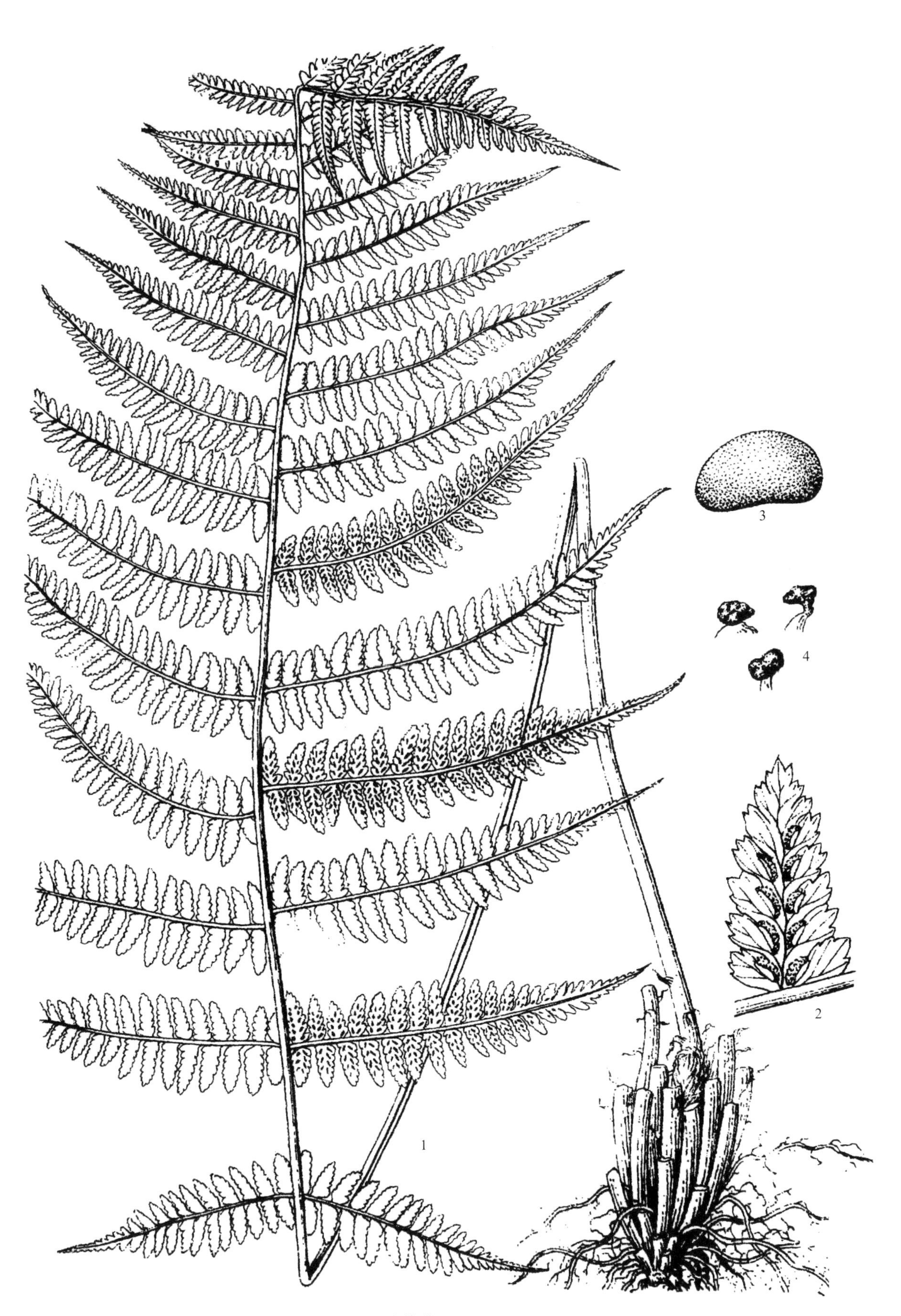

图 16-4-2-2 **中华蹄盖蕨 Athyrium sinense** Rupr.

1. 植株 2. 裂片 3. 孢子 4. 腺毛（引自《中国植物志》）

3. 华东蹄盖蕨

图16-4-3-1～图16-4-3-2

Athyrium niponicum (Mett.) Hance

Asplenium niponicum Mett.

植株高0.3～1.4m。根茎横卧或斜生，顶端和叶柄基部密生淡棕色窄披针形鳞片。叶簇生；叶柄长10～50cm，基部黑褐色，向上禾秆色，疏生小鳞片；叶片卵状长圆形，长23～70cm，中部宽15～45cm，先端极窄，中部以下两回羽状或三回羽状深裂，羽片6～12对，互生，斜展，基部一对长7～25cm，中部宽2.5～6cm，先端长渐尖，略尾状，基部圆楔形，柄长0.3～1cm，一回羽状，小羽片二回羽裂，斜展，中部的长1～1.8cm，基部宽0.4～1cm，披针形，基部不对称，上侧截形，多少凸出，与羽轴并行，下侧楔形，边缘浅裂成粗齿状；裂片叶脉羽状，小脉单一；叶草质，干后灰绿色，无毛，叶轴和羽轴下面略生棕色小鳞片。孢子囊群圆形、弯钩形或马蹄形，每裂片2～3对（或每小羽片8～12对）；囊群盖同形，膜质，边缘啮蚀状。

产山东蒙山、泰山、临沭（松影湖）。生于海拔50～2600m杂木林下、溪边、阴湿山坡、灌丛或草坡。

国内分布于吉林、辽宁南部、河北、山西、河南、陕西、宁夏、甘肃南部、江苏、安徽、浙江、台湾、江西、湖北、湖南、广东、广西、贵州、四川、云南。日本、朝鲜半岛、越南及缅甸也有分布。

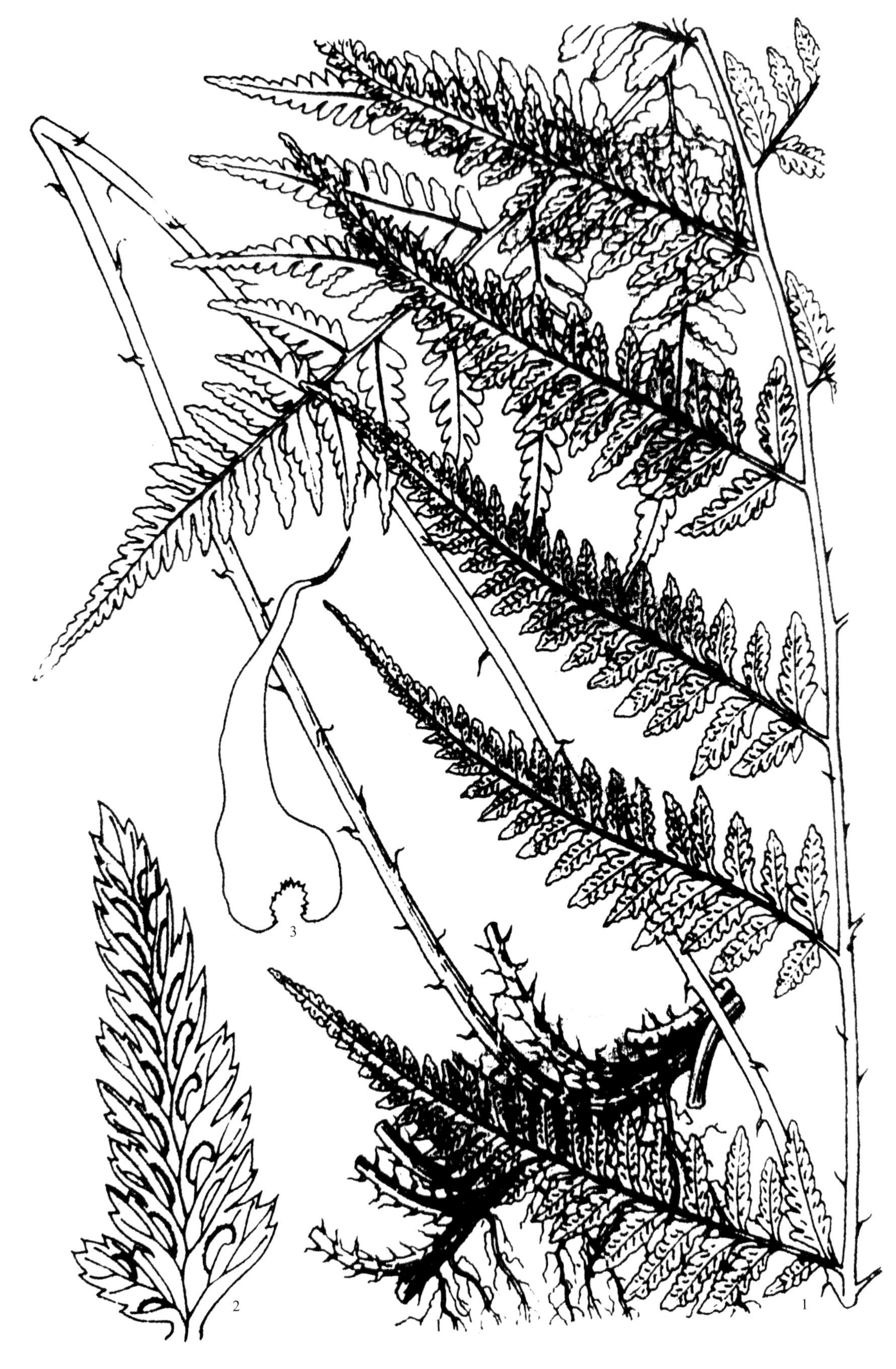

图 16-4-3-1 **华东蹄盖蕨 Athyrium niponicum** (Mett.) Hance

1. 植株 2. 小羽片 3. 叶柄基部鳞片（引自《中国高等植物》）

图 16-4-3-2　华东蹄盖蕨

第十七章 ◆ 肿足蕨科 Hypodematiaceae

中小型石灰岩地旱生蕨类。根茎粗壮，横卧或斜升，内具网状中柱，连同叶柄基部膨大部分密被红棕色披针形鳞片。叶二列，生于根茎背面，近生或簇生；叶柄禾秆色，上部近光滑或被有柔毛，或被球杆状腺毛及棕色小鳞片，下部横切面内有两条维管束，向上汇合成V字形；叶片卵状长圆形或阔卵状五角形，先端渐尖并羽裂，三至四回羽状或五回羽裂；基部一对羽片最大，三角状披针形或三角形卵形，先端渐尖，基部不对称，有柄，各回小羽片上先出，互生或近对生，其下侧基部1片一回小羽片最大，向上渐小，有短柄；末回小羽片长圆形，浅至深裂。叶脉在末回小羽片上羽状，侧脉单一或分叉，斜上，伸达叶缘，通常上面下凹，下面隆起；叶草质或纸质，干后灰绿色或淡褐绿色，两面连同叶轴和各回羽轴，通常密被灰白色单细胞柔毛或针状毛，或叶下面和羽轴上常混生球杆状腺毛。孢子囊群圆形，背生于侧脉中部；囊群盖大，膜质，灰白色或淡棕色，圆肾形或马蹄形，膜质或纸质，背面多少有针状毛或腺毛。孢子两侧对称，单裂缝，极面观椭圆形，赤道面观半圆形，周壁有褶皱，裂片状、波纹状、条纹状和网泡状，表面有小刺或颗粒状纹饰。

*Flora of China*记载有两属：肿足蕨属*Hypodematium* Kunze和*Leucostegia*（不产中国），约18种，分布于亚洲和非洲北部，中国为分布中心，现知中国产14种。

中国1属。山东1属。

肿足蕨属 **Hypodematium** Kunze

属的特征同科。

现知中国产14种，主要分布于长江以南各省。山东6种。秦仁昌院士认为，山东地区为肿足蕨属植物的分布中心。

肿足蕨属成熟叶片在不同类群中具有许多相似特征，多年来一直困扰着蕨类植物学者，是难度最大的科属之一。叶所具附属物：球杆状腺毛和非腺毛有无和多少，是本属种间分类的主要依据，是同行的共识。但因解剖镜下观察受放大倍数所限，不同学者对同一份标本毛的类型难以观察清楚，得出不同的结论。随着扫描电镜的广泛应用，近几年我们采用电镜对中科院植物所标本馆收藏的广西及山东肿足蕨属的大量植物标本进行比较观察，积累了大量珍贵资料，获得了一目了然的效果，为一些分类群的分类鉴定提供了孢粉学亚显微结构和毛被类型佐证。扫描电镜孢粉学的亚显微结构特征及毛被类型两者的结合，为本属的分类鉴定提供了孢粉学和形态学的可靠依据。

分种检索表

1a. 叶轴、羽轴和叶片下面多少被球杆状腺毛。

2a. 叶轴、羽轴和叶片两面密被球杆状腺毛；无非腺毛.............................1. **中华肿足蕨H. sinense**

2b. 叶轴、羽轴和叶片被球杆状腺毛，与非腺毛混生。

3a. 叶轴、羽轴和叶片两面及囊群盖上均被极密的灰白色长柔毛；叶片下面被稀疏的球杆状腺毛与密集长柔毛混生..5. **密毛肿足蕨H. confertivillosum**

3b. 叶轴、羽轴、各回小羽轴及叶片下面密被细柔毛或针状细毛，与较多的球杆状腺毛混生；叶片上面毛极稀疏。

4a. 叶片卵状三角形或五角形；叶轴、羽轴、叶片下面及囊群盖上均密被细柔毛或针状细毛，与球杆状腺毛混生。

5a. 叶片卵状五角形；叶轴、羽轴、叶片下面及囊群盖上均密被针状细毛，与球杆状腺毛混生，腺毛生于囊群盖中央；孢子周壁具不规则瘤块状及短脊状突起，突起表面具颗粒状纹饰..2. **修株肿足蕨H. gracile**

5b. 叶片卵状三角形；叶轴、羽轴、叶片下面及囊群盖上均密被长柔毛，与球杆状腺毛混生，腺毛生于囊群盖边缘；孢子周壁具弯曲脊状突起，突起表面具颗粒状纹饰 ....6. **蒙山肿足蕨H. mengshanense**

4b. 叶片阔卵形；叶轴、羽轴及叶片两面密被灰白色长柔毛和球杆状腺毛混生..................
....3. **球腺肿足蕨H. glanduloso-pilosum**

1b. 叶轴、各回羽轴和叶片两面被较密灰白色长柔毛，无球杆状腺毛，叶柄上部偶被球杆状短腺毛；叶轴和羽轴下部疏被线形鳞片；囊群盖不隆起，平覆在孢子囊群上..
....4. **鳞毛肿足蕨H. squamuloso-pilosum**

1. 中华肿足蕨 山东肿足蕨

图17-1-1-1～图17-1-1-3

Hypodematium sinense K. Iwatsuki

植株高17～45cm。根茎粗而横卧，连同叶柄膨大的基部密被红棕色披针形鳞片。叶近生，二列；叶柄长26cm，直径约1mm，浅禾秆色，基部以上近光滑；叶片长7～18cm，宽6～16cm，阔卵状五角形，先端长渐尖并为羽裂，基部心形，四回羽裂，向上三回羽裂；羽片8对，基部一对对生，向上互生，斜展，有柄，下部1～2对，对生，3～4cm，向上互生，彼此接近，基部一对最大，长约13cm，宽约8cm，卵状三角形，先端渐尖，基部阔楔形，三回羽裂；一回小羽片约8对，互生，上先出，有短柄，斜展，基部下侧一片较大，长7cm，宽约3cm，长三角形，二回羽裂；末回小羽片5～6对，长圆形，长8～12mm，宽约5mm，先端3锯齿，两侧羽裂；裂片长圆形，先端钝尖或有2粗锯齿，全缘；叶脉羽状，分离，每裂片2～3条，小脉伸达叶边，下面明显；叶草质；叶轴、羽轴和叶片两面密被球杆状腺毛。孢子囊群圆肾形，每裂片1枚，生于小脉中部；囊群盖淡棕色，膜质，宿存，有球杆状腺毛。孢子两侧对称，单裂缝，裂缝长为极轴长的1/2，极面观和赤道面观均为卵圆形，周壁具疣状突起，突起表面近光滑。

产山东济南市千佛山（大佛头）、抱犊崮、济宁（峄山）、泰山、徂徕山、莲花山、蒙山、塔山、沂源、莒南等山区。生低山丘陵石灰岩石缝间。山东特有种。模式标本采自山东济南市千佛山（大佛头）。

民间用于治疗头晕、恶心、呕吐、失眠，治疗梅尼埃病，有效率为95.1%；有抗生育作用，止孕率为86.6%；还可治疗胃神经官能症。

含三萜类、黄酮类、微量元素、氨基酸、多糖、肿足蕨苷、肿足蕨碱、甾醇、鞣质、油脂、中性树脂，全草含对苯二甲酸二甲酯（$C_{10}H_{10}O_4$）。

图 17-1-1-1　中华肿足蕨孢子（SEM）

1～2. 近极面　3～4. 赤道面

图 17-1-1-2　**中华肿足蕨 *Hypodematium sinense*** K. Iwatsuki

1. 植株　2. 末回小羽片（示叶脉和孢子囊群）　3. 叶柄基部鳞片　4. 囊群盖　5. 腺毛（引自《中国蕨类植物图谱》）

图 17-1-1-3　中华肿足蕨

2. 修株肿足蕨

图17-1-2-1～图17-1-2-3

Hypodematium gracile Ching

植株高20～40cm。根茎粗而横卧，连同叶柄膨大的基部密被红棕色披针形鳞片。叶近生，二列；叶柄长10～20cm，粗1～1.5mm，禾秆色，向上近光滑；叶片长14～20cm，宽8～14cm，卵状五角形，先端渐尖并为羽裂，基部楔形，四回羽裂；羽片8～12对，互生，斜向上，有柄，下部1～2对相距达3～5cm，基部一对最大，长达14cm，基部宽3.5～6cm，长三角铍针形，先端短渐尖，基部不对称，柄长1～2cm，三回羽裂；一回小羽片约10对，有短柄，斜展，基部下侧一片最大，长达10cm，宽5cm，长三角形，二回羽状；三回小羽片7对，近平展，分离，基部下侧一片较大，长约3cm，宽1.5cm，有短柄，羽状；末回小羽片5～7对，长圆形，长约7mm，宽约3mm，多少锐裂；裂片椭圆，先端有2～3个粗锯齿，两侧全缘；叶脉两面明显，上面略下陷，羽状，分离，每裂片2～4条；叶草质，干后淡黄绿色，上面仅在叶脉上疏被灰白色针状细毛和球杆状腺毛；下面连同叶轴和各回羽轴，生较密针状细毛，并混生较多的金黄色球杆状腺毛，沿叶轴较疏。孢子囊群圆肾形，每裂片1枚，背生于小脉中部；囊群盖圆肾形，淡灰色，膜质，宿存，上面密被针状细毛，近中央有球杆状腺毛混生。孢子圆肾形，两侧对称，单裂缝，裂缝长为极轴长的2/3，极面观椭圆形，赤道面观近圆形，周壁具不规则瘤块状及短脊状突起，突起表面具颗粒状纹饰。

产山东泰山、枣庄、济宁、沂源、蒙山等地。生低山丘陵干旱石灰岩石缝间。

国内分布于安徽、河南、江西、陕西、湖南等省。

民间用于治疗头晕、恶心、呕吐、失眠，治疗梅尼埃病；有抗生育作用；还可治疗胃神经官能症。

修株肿足蕨*H. gracile* Ching是秦仁昌院士命名的一个新种，收载于《秦岭植物志》第二卷（蕨类植物门），中文描述中：叶片“上面近光滑”“下面疏被灰白色针状细毛”“叶轴和各回羽轴疏生少数针状细毛……囊群盖背面有针状细毛”。《秦岭植物志》拉丁文描述中，囊群盖同样用了硬针状毛“setosis”一词。《中国植物志》第四卷，在修株肿足蕨*H. gracile* Ching描述其特征：“叶上面除沿叶脉疏被灰白色的细柔毛外光滑，下面连同叶脉和各回羽轴的毛较密（这里的毛肯定指的是柔毛），混生较多的短而密的金黄色球杆状腺毛沿叶脉较疏。囊群盖背面疏被短柔毛，近中央有腺毛。”《中国植物志》上描述所被毛的类型时，“上面除沿叶脉疏被灰白色的细柔毛外光滑，下面连同叶脉和各回羽轴的毛较密，并混生较多的、短而密的金黄色球杆状腺毛，囊群盖背面疏被短柔毛”，与《秦岭植物志》记载的针状毛不一致。我们观察的标本结果：上面沿叶脉疏被针状毛，下面连同叶脉和各回羽轴被较密的针状毛与球杆状腺毛混生，囊群盖密被针状毛（或硬毛），中央有腺毛。建议修株肿足蕨所被毛类型以《秦岭植物志》记载针状毛为准。

图 17-1-2-1 **修株肿足蕨 Hypodematium gracile** Ching

1. 植株 2. 小羽片（引自《山东植物志》）

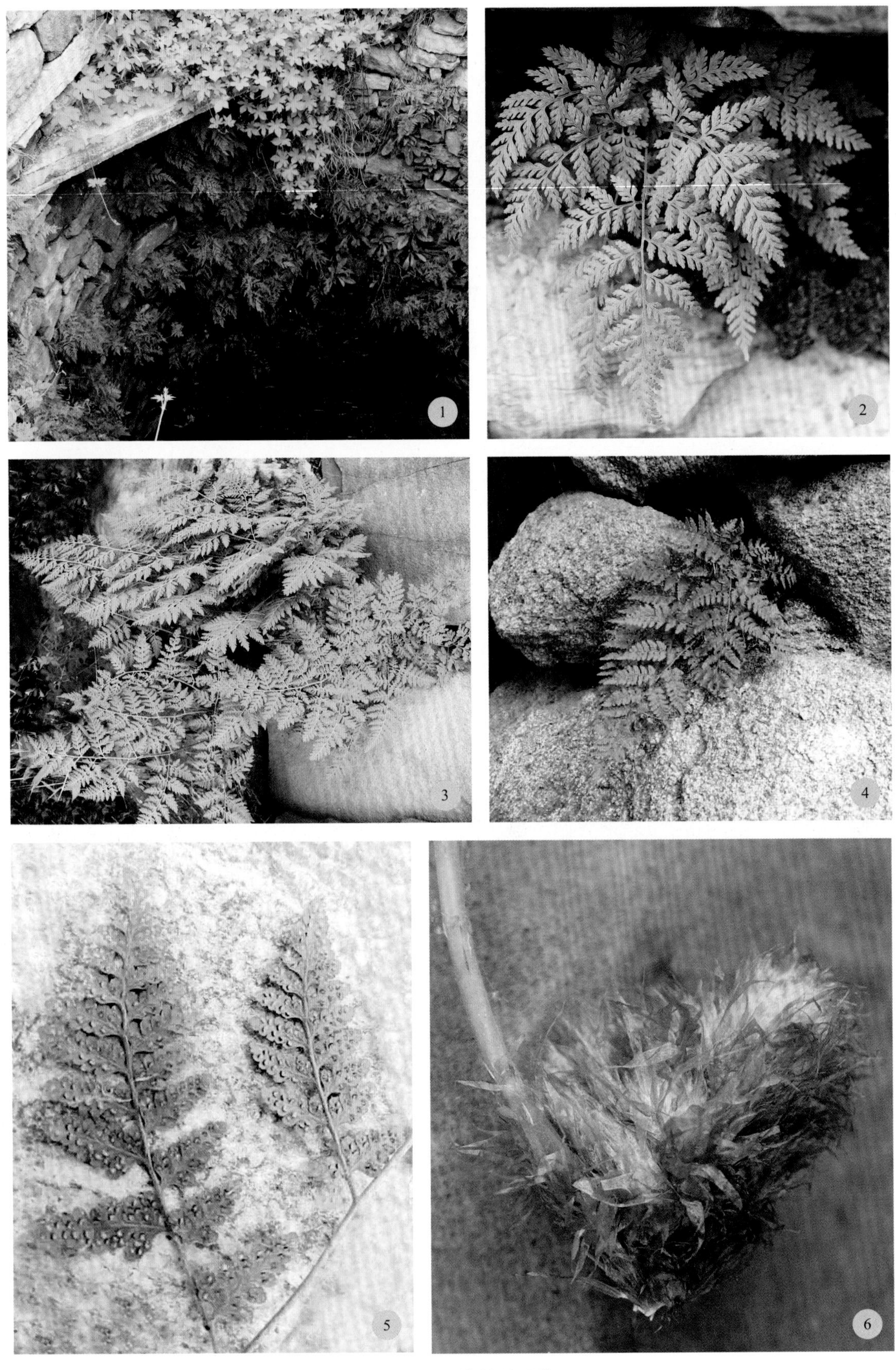

图 17-1-2-2　修株肿足蕨

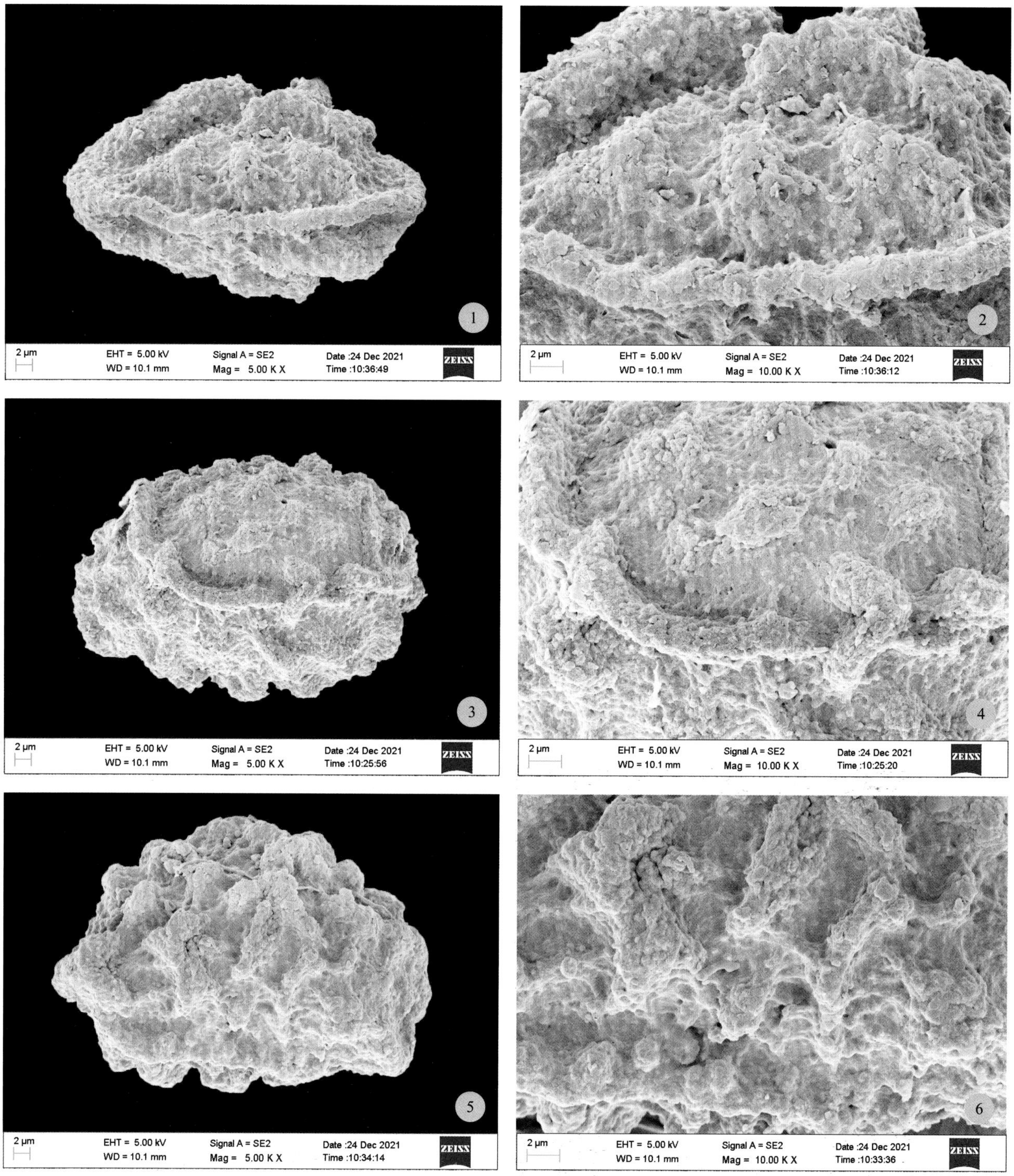

图 17-1-2-3　修株肿足蕨孢子（SEM）

1～2. 近极面　3～4. 远极面　5～6. 赤道面

3. 球腺肿足蕨 腺毛肿足蕨

图17-1-3-1～图17-1-3-3

Hypodematium glanduloso-pilosum (Tagawa) Ohwi

Hypodematium fauriei f. *glanduloso-pilosum* Tagawa

植株高约35cm。根茎横走，连同叶柄膨大的基部密被红棕色披针形鳞片。叶近生，二列；叶柄长约15cm，直径1～3mm，禾秆色，基部以上被较密的灰白色短柔毛和金黄色球杆状短腺毛；叶片长7～20cm，宽4～25cm，阔卵形，先端渐尖并为羽裂，基部心形，四回羽裂，向上为三回羽裂；羽片8～12对，互生，斜展，有短柄，下部1～2对，相距1.5～4cm，对生，基部一对最大，长3～9cm，宽1.5～7cm，卵状长圆形，先端短渐尖或锐尖；一回小羽片6～10对，上先出，互生，近平展，羽轴下侧的较上侧的为长，尤以基部一片最大，长1.2～7cm，基部宽0.8～4cm，卵状长圆形，先端锐尖，基部近平截，具短柄，二回羽裂；末回小羽片5～9对，基部一对最大，长5～20mm，宽2～10mm，长圆形，先端钝圆，基部楔形，下延，柄长以狭翅相连，羽状深裂；裂片5～6对，长圆形，先端3钝齿，两侧有齿牙；叶脉羽状，分离，侧脉1～2叉，下面明显；叶干后叶脉上面不下陷；叶草质，干后灰绿色，两面疏被灰白色的短柔毛，下面的毛较长、密；叶轴、羽轴密被细柔毛和金黄色球杆状腺毛，叶轴偶有淡棕色线形小鳞片。孢子囊群圆形，每裂片1～3枚，背生于小脉中部，成熟后彼此密接，满布叶片下面；囊群盖圆肾形，宿存，背面被较密的短柔毛并混生少数球杆状腺毛。孢子长圆状球形，两侧对称，单裂缝，极面观椭圆形，赤道面观半圆形，周壁具瘤块状突起，表面具小鳞片状纹饰。

产山东蒙山（大洼）。生石缝间。

国内分布于河南、江苏、福建等地。日本、韩国、泰国也有分布。

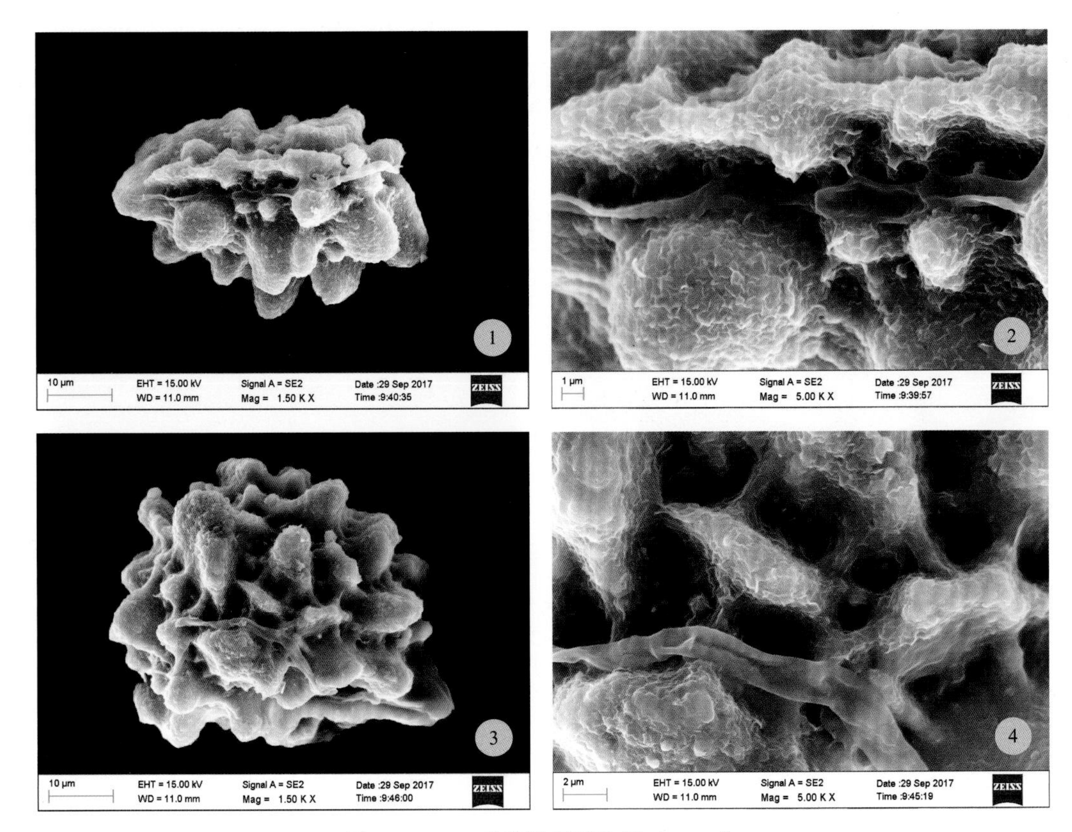

图 17-1-3-1　球腺肿足蕨孢子（SEM）

1～2. 近极面　3～4. 赤道面

图 17-1-3-2 **球腺肿足蕨 Hypodematium glanduloso-pilosum** (Tagawa) Ohwi

1. 植株 2. 小羽片 3. 裂片 4. 叶片上的柔毛和腺毛 5. 根茎上的鳞片

图 17-1-3-3　球腺肿足蕨

4. 鳞毛肿足蕨

图17-1-4-1～图17-1-4-3

Hypodematium squamuloso-pilosum Ching

植株高15～25cm。根茎短而横卧，连同叶柄膨大的基部密被红棕色狭披针形、边缘具少数流苏状细长齿的鳞片。叶近生，二列；叶柄长8～14cm，禾秆色，密被灰白色柔毛和少量红棕色线形鳞片；叶片长11～13cm，宽9～10cm，卵状长圆形，先端短渐尖，并羽裂，基部心形，三回羽状至四回羽裂，向上二至三回羽裂；羽片8～12对，互生，斜展，有短柄，下部两对相距3cm，基部一对最大，长约9cm，宽5cm，长圆状披针形，先端渐尖，基部心形，二至三回羽状；一回小羽片6～8对，上先出，互生略斜展，长圆形，基部下侧一片最大，长3.7cm，宽2.4cm，长三角形，向上各对渐缩狭，一至二回羽裂；末回小羽片长圆形，长约8mm，宽约4mm，先端2～3钝锯齿；裂片全缘或下部的呈锯齿状锐裂；叶脉羽状，分离，侧脉单一或分叉，下面明显，上面不下陷；叶草质，干后黄绿色，叶片两面密被灰白色细柔毛，上面毛较短；叶柄上部、叶轴和各回羽轴两面的毛长而密，叶柄上部有时被球杆状短腺毛，沿叶轴和羽轴中部以下有明显的少量红棕色扭曲的线形鳞片。孢子囊卵圆形，每裂片1～3枚，背生于小脉中部；囊群盖圆肾形，灰白色，膜质，宿存，下面不隆起，平贴于孢子囊群上，密被细柔毛。孢子长圆状球形，两侧对称，单裂缝，极面观圆肾形，赤道面观椭圆形，周壁具弯曲条脊突起，突起之间具颗粒状纹饰。

产山东塔山、蒙山、昆嵛山、枣庄等地。生岩石缝间。

国内分布于江苏、北京、山西、安徽、湖北、江西、福建等地。

图 17-1-4-1　鳞毛肿足蕨

图 17-1-4-2　**鳞毛肿足蕨 Hypodematium squamuloso-pilosum** Ching

1. 植株　2. 羽片　3. 根茎上的鳞片　4. 叶柄、叶轴上的小鳞片
5. 叶柄上部的短腺毛　6. 叶上的柔毛（引自《中国高等植物》）

图 17-1-4-3　鳞毛肿足蕨孢子（SEM）

1 ～ 2. 近极面　3 ～ 4. 赤道面

5. 密毛肿足蕨

图17-1-5-1～图17-1-5-4

Hypodematium confertivillosum J. X. Li, F. Q. Zhou & X. J. Li

植株高21～32cm。根茎粗壮，横卧，连同叶柄基部密被鳞片；鳞片长10～12mm，宽1～2mm，线状披针形，先端渐尖成线形，近全缘，膜质，亮红棕色。叶近生；柄长7～17cm，直径1～1.2mm，禾秆色，基部向上近光滑；叶片长12～17cm，基部宽12～14cm，卵状五角形，先端渐尖并羽裂，基部圆心形，三回羽状；羽片10～12对，稍斜上，下部1～2对近对生，相距3～4cm，向上互生，基部1对最大，长10～11cm，基部宽8～8.5cm，三角状长圆形，短渐尖头，基部心形，柄长10mm，二回羽状；一回小羽片6～8对，上先出，互生，稍斜生，彼此接近，羽轴下侧的较上侧的为大，尤以基部1片最大，长5cm，基部宽2～3cm，卵状长三角形，短渐尖头，基部近截形，下延成具狭翅的短柄，一回羽状；末回小羽片长8～10mm，基部宽4～6mm，长圆形，先端钝尖，基部多少与小羽轴合生，羽状深裂；裂片长圆形，先端圆钝，边缘具钝锯齿；基部1对羽片的上侧小羽片长2～4cm，基部宽0.5～1.5cm，卵状三角形至长圆形，先端急尖，基部近平截，一回羽状深裂；第二对以上各对羽片向上渐次缩短，披针形或长圆状披针形，先端短钝尖，基部圆截形或为浅心形，具短柄，一回羽裂；羽轴两侧的小羽片近等大；叶脉上面平坦，下面隆起，侧脉羽状，单一，每末回裂片1～2对，斜上，伸达叶边；叶薄草质，干后黄绿色，叶上面被极密灰白色长柔毛，叶下面连同叶轴和各回羽轴均被极密灰白色长柔毛和稀疏的金黄色长柄球杆状腺毛混生，羽轴下面并生有少数红棕色披针形小鳞片。孢子囊群圆形，背生于侧脉中部，每裂片1～4枚；成熟后布满叶片背面；囊群盖圆肾形，浅灰色，膜质，背面被极密灰的白色长柔毛，宿存。孢子圆肾形，两侧对称，单裂缝，极面观圆肾形，赤道面观超半圆形，周壁具瘤状突起，突起表面具鳞片状纹饰。

产山东费县（塔山）。海拔500～700m。山东特有种。J. X. Li（建秀李）02025-2（Typus PE.）1982年10月15日，采自山东费县（塔山）。

本种形态近似肿足蕨*H. crenatum* (Forsk.) Kuhn和球腺肿足蕨*H. glanduloso-pilosum* (Tagawa) Ohwi。但肿足蕨*H. crenatum*叶片被针状硬毛，叶背面及囊群盖和各回羽轴密被长柔毛，无球杆状腺毛；孢壁具长条脊状突起。密毛肿足蕨*H. confertivillosum*叶片腹面密被长柔毛，叶片背面和囊群盖以及各回羽轴密被长柔毛，并有稀疏的球杆状腺毛混生；孢壁具瘤状突起。与球腺肿足蕨*H. glanduloso-pilosum*的主要区别是：后者叶片腹面被稀疏的针状硬毛和球杆状腺毛混生，叶片背面和囊群盖以及各回羽轴密被长柔毛和球杆状腺毛混生；孢壁具瘤块状突起。

图 17-1-5-1 **密毛肿足蕨 Hypodematium confertivillosum** J. X. Li, F. Q. Zhou & X. J. Li

1. 植株 2. 小羽片 3. 囊群盖（示囊群盖被柔毛） 4. 根茎上的鳞片 5～7. 叶片上下面的柔毛和叶下面的球杆状腺毛

图 17-1-5-2　密毛肿足蕨

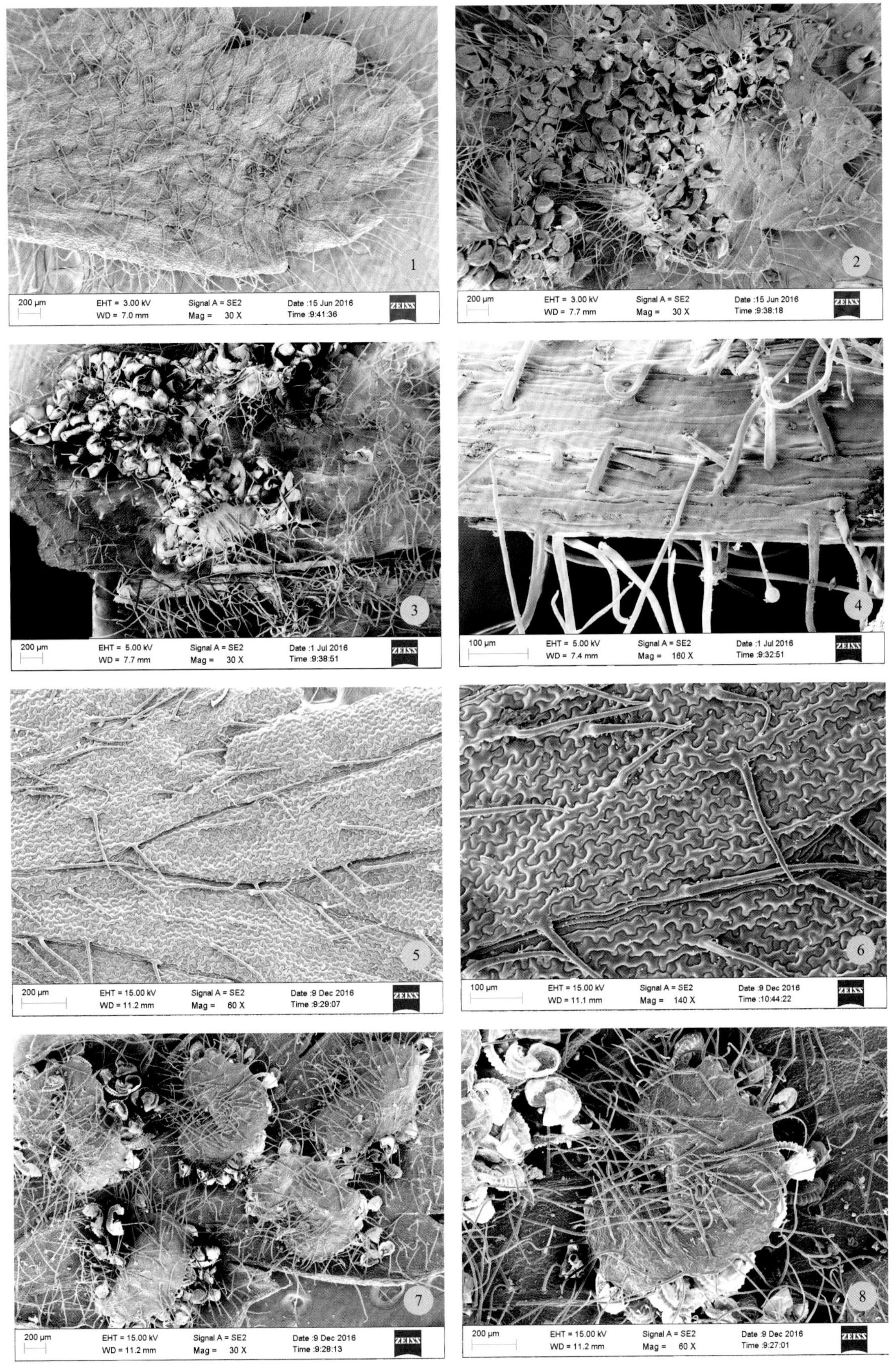

图 17-1-5-3　密毛肿足蕨叶片、肿足蕨叶片（SEM）

1 ~ 4. 密毛肿足蕨叶片　5 ~ 8. 肿足蕨叶片

图 17-1-5-4　密毛肿足蕨孢子（SEM）

1 ～ 2. 近极面　3 ～ 4. 赤道面

6. 蒙山肿足蕨

图17-1-6-1～图17-1-6-4

Hypodematium mengshanense J. X. Li & X. J. Li

植株高20～30cm。根茎粗壮，连同叶柄基部密生鳞片；鳞片披针形，全缘，长8～10mm，宽1～2mm，先端渐尖头，亮棕色。叶近生；叶柄禾秆色，长8～14cm，直径1.0～1.5mm，基部向上近光滑；叶片长18～24cm，宽12～15cm，卵状三角形，先端渐尖，三回羽状；羽片10～14对，下部1～2对近对生，相距3.5～4cm；基部一对羽片最大，长10～12cm，基部宽4～4.5cm，三角状披针形，先端长渐尖或羽片渐尖，基部楔形，短柄，长1.5～2cm，斜向上，二回羽状；一回小羽片8～10对，上先出，互生，斜上，基部1对小羽片最大，长4～6cm，宽1.5～2cm；末回小羽片6～8对，长6～12mm，宽4～5mm，长圆形，顶端钝圆头，基部楔形，羽状深裂；裂片长圆形，先端钝尖，基部阔楔形，边缘具粗齿；第二对以上的羽片渐次缩小，三角状披针形，长渐尖头，基部楔形，有短柄，二回羽状；叶坚草质，叶片上面疏被针状毛和球杆状腺毛，叶脉间疏被灰白色长柔毛和球杆状腺毛，叶片下面疏被灰白色长柔毛，叶轴、各回羽轴及叶脉密被灰白色长柔毛，并疏被球杆状腺毛。孢子囊群圆形，背生于侧脉中部，每裂片1～3枚；囊群盖圆肾形，淡棕色，膜质，背面密被灰白色长柔毛，其边缘具稀疏球杆状腺毛。孢子近极面观圆肾形，赤道面观超半圆形，周壁具弯曲脊状褶皱，褶皱间具条状突起，形成不规则的网状纹饰。

产山东南部的塔山，山东特有种。海拔500～700m，生于旱林下石灰岩石缝间。1982年10月11日，李建秀0026-1模式标本存PE和山东中医药大学植物标本室（SDCM）。

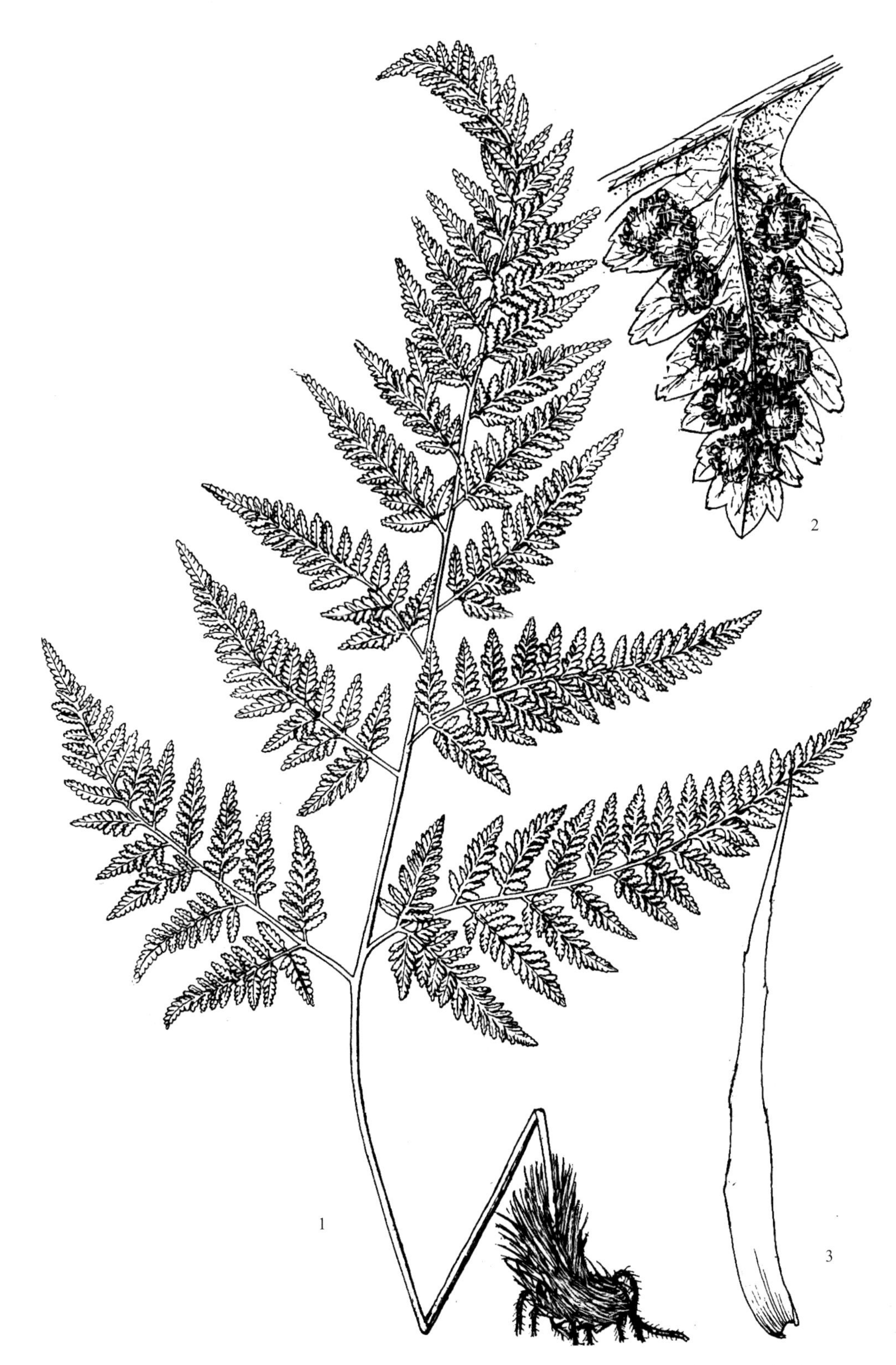

图 17-1-6-1　**蒙山肿足蕨 Hypodematium mengshanense** J. X. Li & X. J. Li

1. 植株　2. 小羽片　3. 鳞片

图 17-1-6-2　蒙山肿足蕨

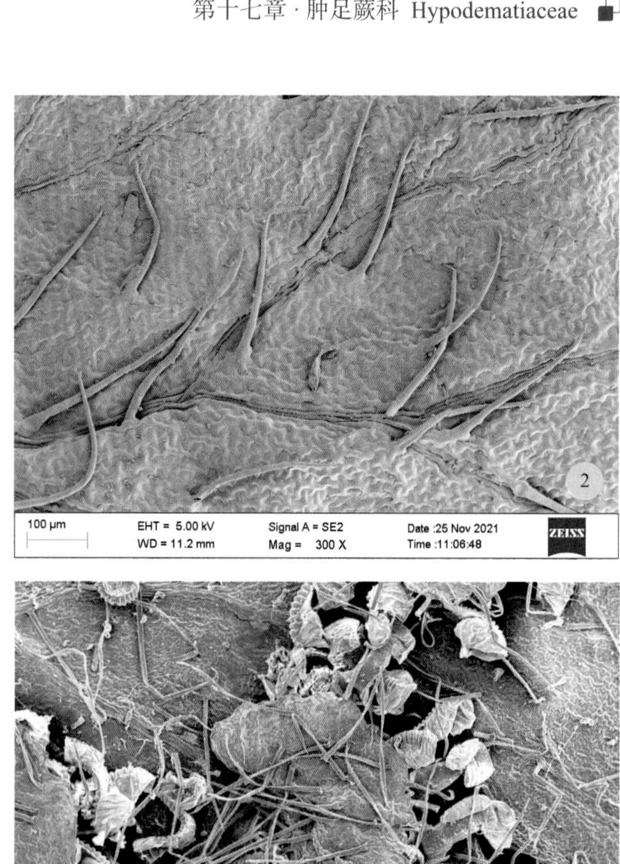

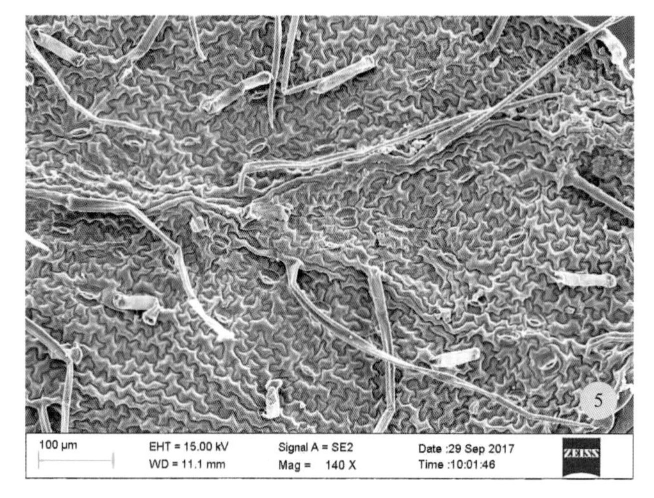

图 17-1-6-3　蒙山肿足蕨叶片（SEM）

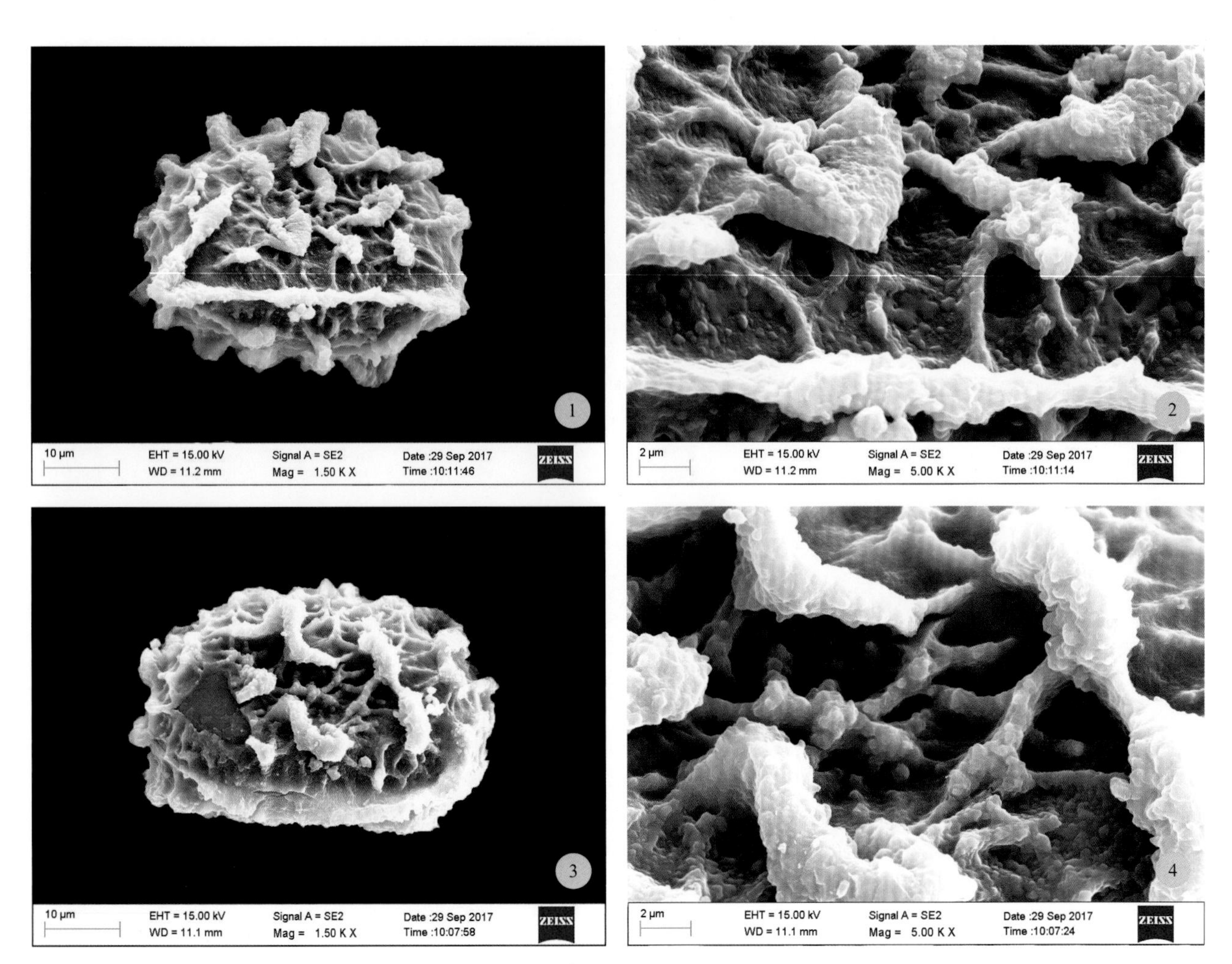

图 17-1-6-4　蒙山肿足蕨孢子（SEM）

1 ～ 2. 近极面　3 ～ 4. 赤道面

第十八章 · 金星蕨科 Thelypteridaceae

陆生中小型植物。根茎直立、斜升或横走，疏被鳞片，并有单细胞针状毛或分叉的毛，或稀有多细胞组成的针状毛。叶簇生，近生或疏生；叶柄略被鳞片，向上有与根茎上同样的毛，或有星状毛；叶片多为长圆状披针形或倒披针形，稀为卵状或卵状三角形，通常为二回深羽裂，稀为三至四回羽裂；羽片披针形或长圆形；叶脉分离，侧脉单一或分叉，或在小羽片或裂片上连接为星毛蕨型，或新月蕨型，稀有网形；叶草质、纸质或近革质，两面常被单细胞针状或分叉毛，尤以叶轴、羽轴和中脉为多，有时混有多细胞针状毛，稀无毛。孢子囊群圆形至长圆形，通常背生于小脉中部或近顶端，分离或很少汇合，有盖或无盖；如有盖则一般为圆肾形，以深缺刻处着生，常有刚毛，盖小而早脱落；孢子囊有长柄，由3行细胞组成，顶端常有毛或腺毛。孢子两侧对称，单裂缝，稀四面形，极面观为椭圆形，赤道面观为半圆形，有周壁。

约20属，近1000种，为世界性大科；分布于热带和亚热带。中国18属，约365种。山东4属。

分属检索表

1a. 叶脉分离。
  2a. 孢子囊群无盖 .... 3. **卵果蕨属Phegopteris**
  2b. 孢子囊群有盖。
    3a. 沼泽或草甸植物；叶片下面无橙黄色腺体；叶脉2叉 .... 1. **沼泽蕨属Thelypteris**
    3b. 陆生植物；叶片下面有橙黄色腺体；叶脉单一 .... 2. **金星蕨属Parathelypteris**
1b. 叶脉联结成星毛蕨型，即相邻裂片的基部一对侧脉或羽片侧脉间基部的一对小脉顶端交结成一个三角形网眼，并自交结点伸出1条外行小脉；孢子囊群有盖，盖上被柔毛 .... 4. **毛蕨属Cyclosorus**

沼泽蕨属 **Thelypteris** Schmidel

中小型沼泽或草甸蕨类。根茎细长而横走，黑色，光滑，顶端疏被卵状披针形鳞片。叶疏生或近生；叶柄禾秆色；叶片长圆状披针形，先端渐尖并为羽裂，基部不变狭或稍变狭，二回深羽裂；羽片披针形，近平展，渐尖头，基部平截，羽状深裂；裂片三角状舌形或长圆形，钝头但有1小尖，全缘或波状；孢子叶的边缘常反折；叶脉分离，侧脉2叉，伸达叶边；叶纸质或近革质，两面近光滑。孢子囊群圆形，生于小脉中部；囊群盖圆肾形，淡绿色，易脱落。孢子两侧对称，肾形，有周壁，表面有刺状突起。

4种。中国2种。山东1种和1变种。

1. 沼泽蕨

图18-1-1-1～图18-1-1-2

Thelypteris palustris (L.) Schott

Acrostichum palustris L.

植株高35～60cm。根茎细长而横走，顶端疏生红棕色披针形鳞片。叶近生；叶柄长20～30cm，深禾秆色，基部黑褐色，通常无毛；叶近二型，孢子叶较营养叶略大；叶片阔披针形，长22～30cm，宽6～9cm，先端渐尖并为羽裂，无柄，彼此接近，基部不变狭或稍变狭，二回羽状或二回深羽裂；羽片10～25对，平展，狭披针形，中部最大，长5～6cm，宽1.5～2.5cm，先端渐尖，基部截形，羽深裂几达羽轴；孢子叶裂片侧脉通常单一，伸达叶边；叶厚纸质，两面光滑，叶轴及羽轴上面凹陷，下面隆起，近光滑。孢子囊群圆形，背生于小脉中部，位于主脉和叶缘之间；囊群盖小，圆肾形，淡绿色，膜质，成熟后易脱落。孢子两侧对称，单裂缝，极面观椭圆形，赤道面观半圆形，周壁具较密的短棒状、不规则的短脊状及大小不等的颗粒状纹饰。

产山东昆嵛山、崂山、艾山、牙山等胶东半岛山地丘陵及莒南山地丘陵。生山坡林下、溪边湿地。

分布于全国各地。

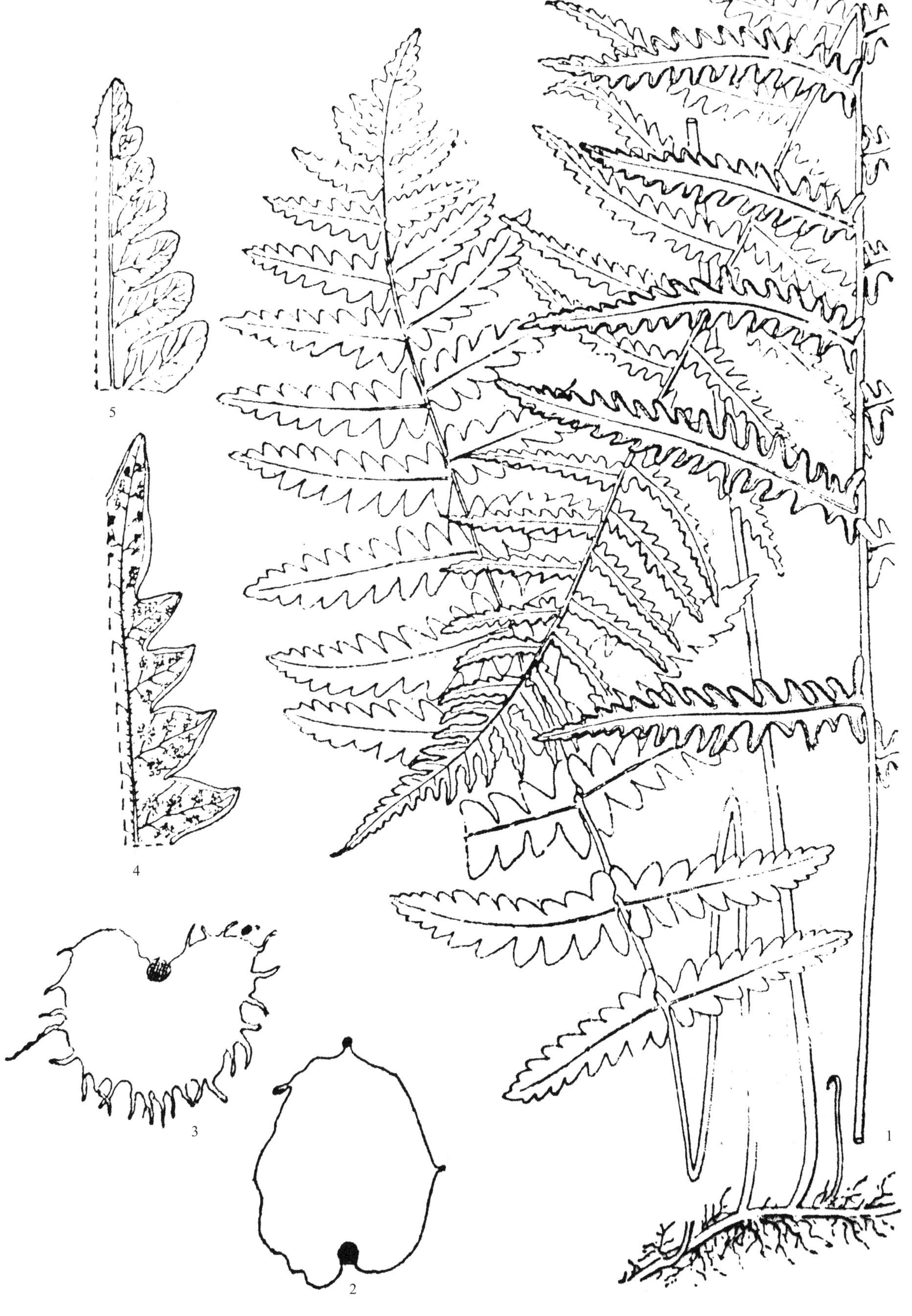

图 18-1-1-1 **沼泽蕨 *Thelypteris palustris*** (L.) Schott

1. 植株 2. 根茎顶部鳞片 3. 囊群盖 4. 能育羽片 5. 不育羽片

图 18-1-1-2　沼泽蕨

2. 毛叶沼泽蕨

Thelypteris palustris var. **pubescens** (G. Lawson) Fernald

Lastrea thelypteris (L.) Bory var. *pubescens* Lawson

本变种与原种主要区别是：叶轴、羽轴和叶下面被多细胞针状长毛。

产山东艾山、昆嵛山、崂山、牙山等。生林下湿地。

国内分布于东北地区及江苏北部。

金星蕨属 **Parathelypteris** (H. Ito) Ching

中小型陆生蕨类。根茎细长而横走，或短而斜升，疏生或几无鳞片。叶远生，近生或近簇生；叶柄淡禾秆色，或下部为褐色或紫黑色，向上为栗色、棕色或禾秆色，稍有光泽，基部疏生鳞片，或有针状长毛或光滑；叶片长圆形或倒披针形，二回羽状深裂；羽片较多，斜展，互生，无柄或偶有短柄，狭披针形或条状披针形，下部不缩狭或数对羽片逐渐缩短或退化成小耳形，羽状深裂；裂片多数，长圆形；叶脉羽状，侧脉单一，伸达叶边；叶草质或纸质，下面通常有球状橙黄色腺体，上下两面多少有灰白色单细胞针状毛或柔毛，很少下面无毛，羽轴上面有1条纵沟，密被刚毛，下面圆形隆起，通常多少有毛，很少无毛。孢子囊群圆形，背生于小脉中部或上部，较靠近叶缘；囊群盖圆肾形。孢子圆肾形，单裂缝，周壁薄而透明，有褶皱，细网状纹饰，有时周壁表面网脊上具小刺，外壁光滑或具细网状纹饰。

约60种，主要分布于热带和亚热带地区。中国24种。山东3种。

分种检索表

1a. 叶片下部数对羽片逐渐明显缩短……1. **中日金星蕨P. nipponica**

1b. 叶片下部羽片不缩短。

  2a. 叶柄淡禾秆色，近基部无毛或稍有疏短毛；孢子囊群通常生于侧脉近顶端，较近叶缘……2. **金星蕨P. glanduligera**

  2b. 叶柄下部或全部栗色或栗棕色；叶柄基部被有开展的多细胞针状长毛；孢子囊群通常背生侧脉中部，位于主脉和叶缘间……3. **钝角金星蕨P. angulariloba**

1. 中日金星蕨

图18-2-1-1～图18-2-1-2

Parathelypteris nipponica (Franch. et Sav.) Ching

Aspidium nipponicum Franch. et Sav.

植株高30～60cm。根茎细长，横走，近光滑。叶近生；叶柄长15～20cm，基部棕褐色，多少被鳞片，向上禾秆色；叶片倒披针形，长15～30cm，宽7～10cm，渐尖头并为羽裂，下部渐缩狭，二回羽状深裂；羽片约30对，无柄，近对生，中部最大，长3～4cm，宽6～8mm，基部截形，羽状深裂，向下各羽片逐渐缩狭成耳状或基部3～4对退化；裂片12～20对，斜展，长圆形，长约4mm，宽为2mm，钝头或钝尖头，全缘，或具浅粗锯齿；叶脉在裂片上羽状，侧脉4～5对，单一，伸达叶边；叶草质，干后草绿色，两面有短毛，下面常有橙色腺体；叶轴、羽轴和主脉有较多的灰白色单细胞长毛。孢子囊群圆形，背生于侧脉中上部，靠近边缘，每裂片有4～5对；囊群盖棕褐色，质薄，圆肾形，背面近光滑。孢子两侧对称，单裂缝，极面观长椭圆形，赤道面观长半圆形，周壁有彼此不连接的多分枝的脊状褶皱，形成拟网状纹饰。

产山东蒙山。生林下湿地及阴坡岩石边。

国内分布于河南、陕西、甘肃、安徽、浙江、福建、江西、湖北、湖南及我国西南部各省。朝鲜半岛也有分布。

图 18-2-1-1　中日金星蕨

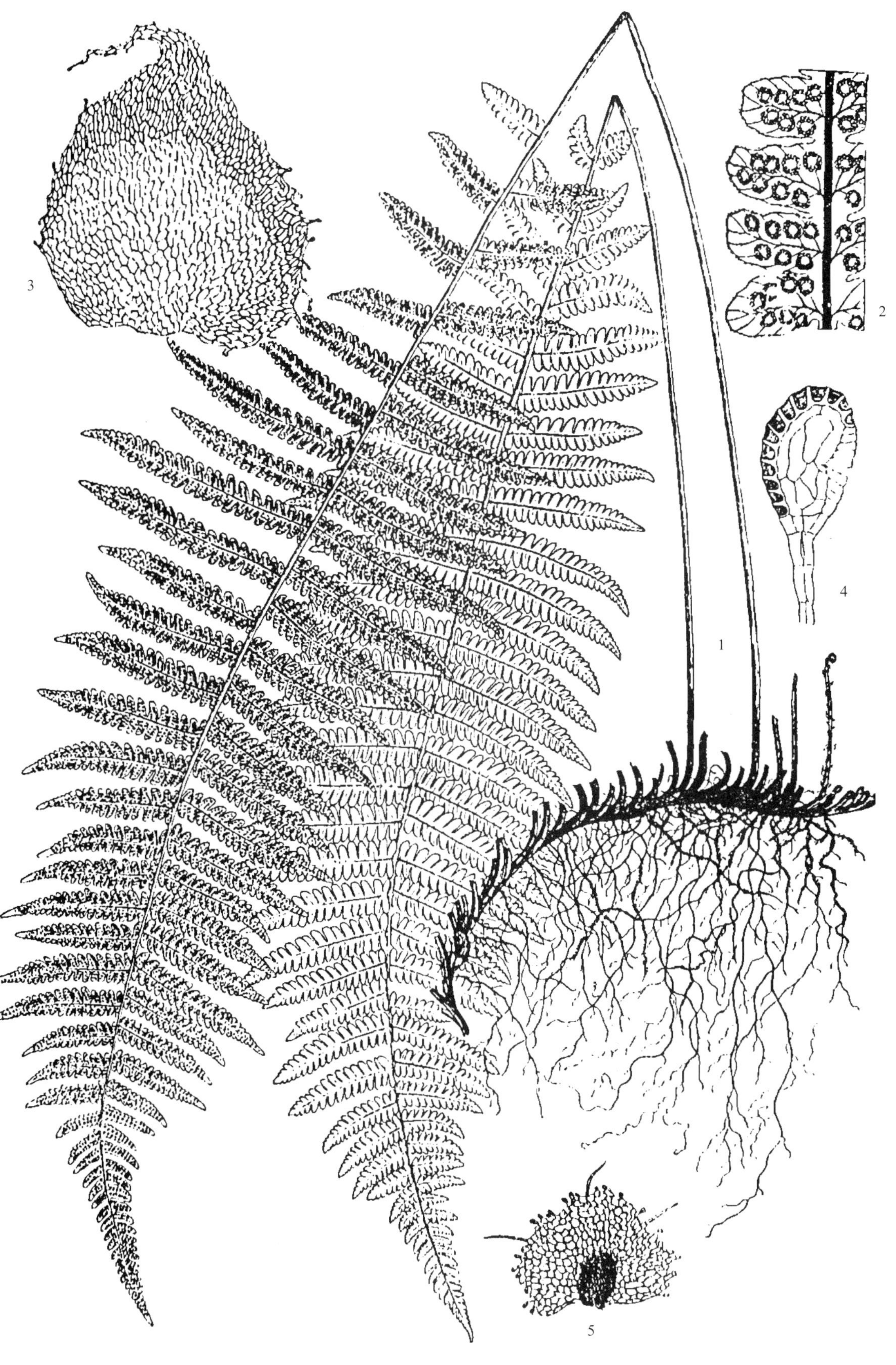

图 18-2-1-2 **中日金星蕨 Parathelypteris nipponica** (Franch. et Sav.) Ching

1. 植株 2. 羽片（部分示裂片） 3. 叶柄基部鳞片 4. 孢子囊 5. 囊群盖

2. 金星蕨

图18-2-2-1～图18-2-2-2

Parathelypteris glanduligera (Kunze) Ching

Aspidium glanduligera Kunze

植株高30～60cm。根茎长而横走，顶端略被披针形鳞片。叶近生；叶柄长15～25cm，禾秆色，连同叶轴和羽轴疏生针状毛；叶片披针形，或宽披针形，长15～40cm，宽7～11cm，先端渐尖并为羽裂，基部不缩狭，二回羽状深裂；羽片10～18对，互生，略斜展，无柄，披针形，长3～6cm，宽10～13mm，先端渐尖，或为长渐尖，基部截形，基部一对不缩短，羽状深裂几达羽轴；裂片10～16对，长圆状披针形，长5～6mm，先端钝头或钝尖头，全缘；叶脉在裂片上羽状分离，侧脉单一，伸达叶边，基部一对出自中脉基部以上；叶草质，下面有橙黄色球形腺体及短柔毛，叶轴、羽轴两面有稀疏短针状毛。孢子囊群小，圆形，背生于侧脉近顶部，靠近叶缘；囊群盖大，圆肾形，背面疏被灰白色刚毛。孢子两侧对称，单裂缝，极面观长椭圆形，赤道面观半圆形，周壁具翅状多穿孔褶皱，褶皱间呈网状纹饰。

产山东崂山、艾山、昆嵛山、牙山、蒙山、平邑。生阴坡岩石边或林下湿地。

国内分布于长江以南各省区。

药用全草。味苦，性寒。归大肠、膀胱经。清热解毒，利尿，止血，止痢。主治痢疾，小便不利，吐血，外伤出血，烧烫伤。

图 18-2-2-1　金星蕨

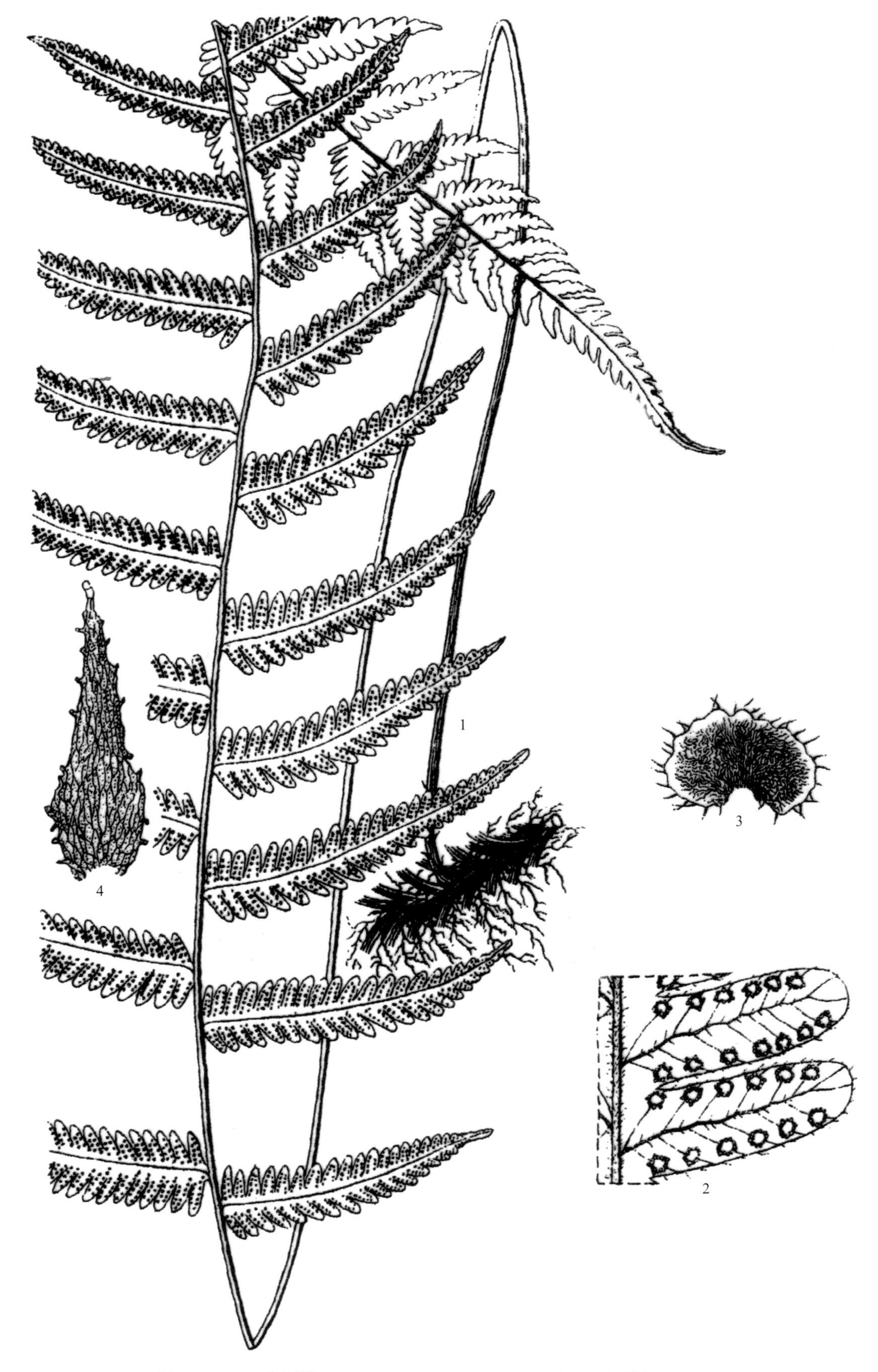

图 18-2-2-2 **金星蕨 Parathelypteris glanduligera** (Kunze) Ching

1. 植株 2. 羽片 3. 囊群盖 4. 根茎上的鳞片（引自《中国植物志》）

3. 钝角金星蕨

图18-2-3-1～图18-2-3-2

Parathelypteris angulariloba (Ching) Ching

Thelypteris angulariloba Ching

植株高30～60cm。根茎短，横卧或斜升。叶近簇生；叶柄长10～30cm，基部近黑色，密被针状毛，向上为栗红色或栗棕色；叶片长17～30cm，中部宽6～12cm，窄长圆形，先端渐尖并羽裂，二回羽状深裂；羽片约20对，中部羽片长3～6cm，宽7～15cm，披针形或线状披针形，先端渐尖并羽裂或近全缘，无柄，基部平截，羽状深裂达1/3～1/2；裂片8～12对，长3～5mm，宽约3.5mm，长方形或近方形，先端圆或圆截形，具2～4缺刻状钝棱角，全缘；叶脉明显，侧脉单一，每裂片2～3（4）对；叶厚草质，干后近绿色，下面沿羽轴和主脉被多细胞短针毛，有时混生橙色头状腺毛，上面沿羽轴纵沟被针状毛，其余几光滑。孢子囊群圆形，棕色，厚膜质，背生于侧脉中部，每裂片1～2对；囊群盖圆肾形，棕色，厚膜质，背面被灰白色短刚毛。孢子圆肾形，周壁具褶皱，有不规则小刺。

产山东蒙山、崂山、威海。生于海拔500～800m，山谷林下水边或灌丛阴湿处。

国内分布于浙江南部、台湾、福建、广东及广西东部。日本也有分布。

图 18-2-3-1　钝角金星蕨

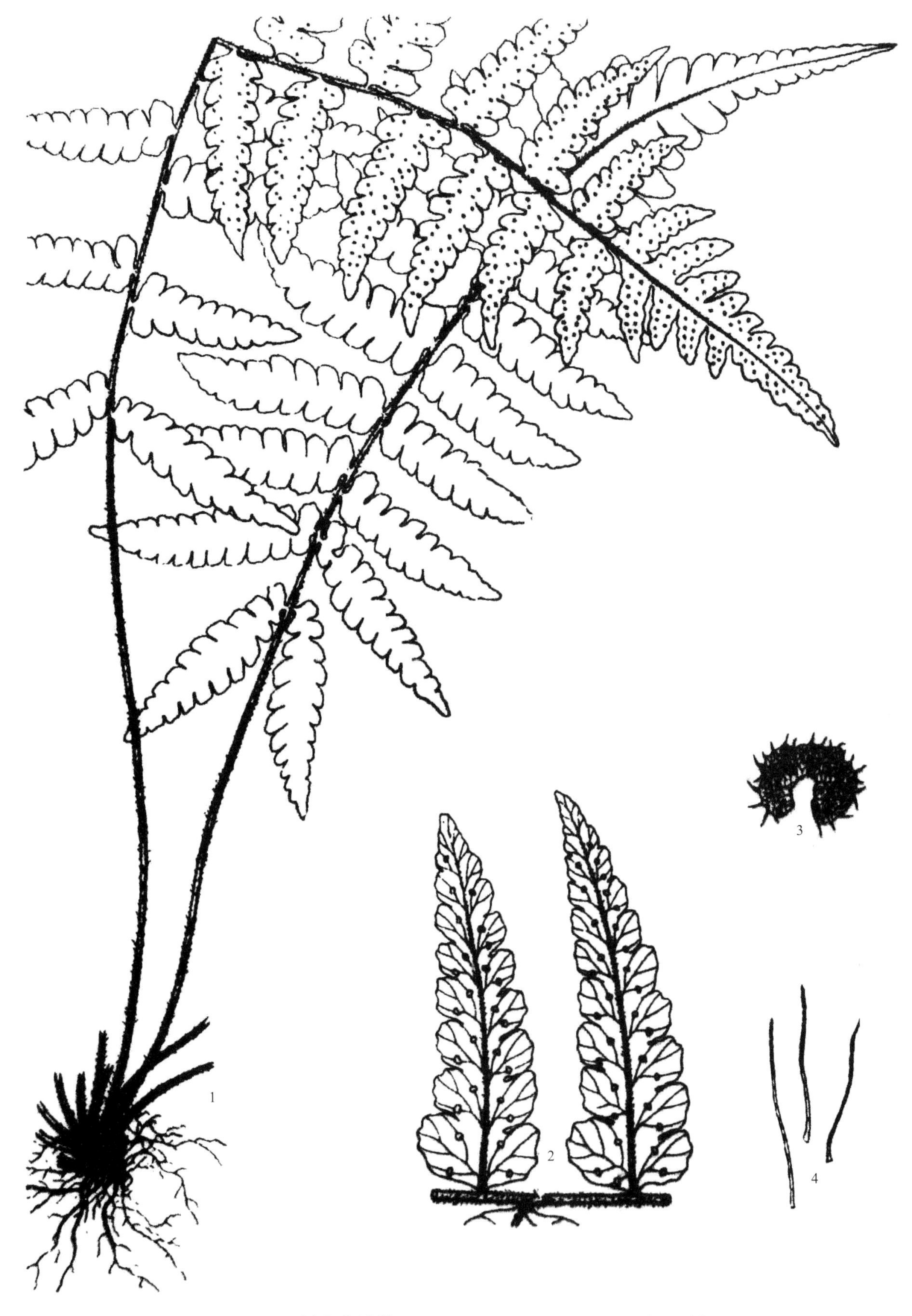

图 18-2-3-2 **钝角金星蕨 Parathelypteris angulariloba** (Ching) Ching

1. 植株 2. 羽片 3. 囊群盖 4. 叶柄基部的毛（引自《中国高等植物》）

卵果蕨属 Phegopteris Fée

中、小型陆生植物。根茎细长而横走，或短而直立，密被棕色鳞片和灰白针状毛。叶疏生或簇生；叶柄细长、淡禾秆色，基部密被鳞片，鳞片棕色，披针形，边缘有疏长毛；叶片卵状三角形或狭披针形，一回羽状至二回羽裂；羽片披针形，上部的渐缩狭，先端长渐尖并为羽裂，下部的缩短成耳形，渐尖头，羽片与羽轴合生，基部以狭翅彼此相连，或下部1～3对分离，羽状深裂；裂片长圆形或短舌形；叶脉羽状，分离，侧脉单一或多少分叉，伸达叶边；叶草质或软纸质，两面多少有针状毛，叶轴、羽轴及小羽轴两面均隆起，上面有星状毛并混生针状毛，下面除有同样的毛外，并有浅棕色、有睫毛的披针形鳞片。孢子囊群卵形或长圆形，无盖，背生于小脉中部以上或近顶部；孢子囊顶部往往有少数直立的针状毛。孢子两侧对称，单裂缝，极面观椭圆形，赤道面观半圆形，周壁翅状，薄而透明，表面具颗粒状纹饰。

分布于北半球温带。中国3种。分布于东北、华北、华东、长江以南平原和西南高山。山东1种。

1. 延羽卵果蕨

图18-3-1-1～图18-3-1-2

Phegopteris decursive-pinnata (van Hall) Fée

Polypodium decursive-pinnatum van Hall

植株高30～60cm。根茎短而直立，连同叶柄基部密被深棕色、具缘毛的披针形鳞片。叶簇生；叶柄长10～20cm，淡禾秆色，基部密生鳞片，向上渐稀少；叶片倒披针形，长20～40cm，宽6～10cm，先端渐尖并为羽裂，基部渐变狭，一回羽状至二回羽状；羽片约20～30对，互生，斜上，狭三角状披针形，长3～5cm，宽8～12mm，先端长渐尖，基部阔而下延，在羽片间彼此以圆耳状或三角形的翅相连，中部的最大，边缘齿状锐裂至中羽裂，向下各对羽片渐缩狭，最下面的1对常缩成耳状，长约10mm；裂片卵状三角形，长宽几相等，先端钝头或圆钝头，全缘；叶脉羽状，侧脉单一，斜上，伸达叶边；叶草质，沿叶脉有单细胞毛和星状毛，叶轴上面密被星状毛及小鳞片。孢子囊群近圆形，生于侧脉顶端；孢子囊顶端往往有少数直立的针状毛，无囊群盖。孢子两侧对称，单裂缝，极面观椭圆形，赤道面观半圆形，周壁具细密的颗粒状纹饰。

产山东崂山、蒙山、塔山、徂徕山、济南、临沭（松影湖及冠山）。生山坡林缘湿地。

国内分布于长江以南各省区，向北到河南、陕西南部，西南到云南。

药用根茎。味微苦、涩，性平。归膀胱、肝经。利湿消肿，收敛止血，解毒敛疮。主治腹水，水肿，痈疮疖肿，溃烂久不收口，外伤出血。

图 18-3-1-1　**延羽卵果蕨 *Phegopteris decursive-pinnata*** (van Hall) Fée

1. 植株　2. 羽片（部分）　3. 孢子囊　4. 叶柄上的鳞片和毛　5. 叶片下面叶脉上的鳞片和毛
6. 叶片上面叶脉上的毛　7. 叶柄基部横切面　8. 叶柄中部横切面　9. 叶轴横切面（引自《中国植物志》）

图 18-3-1-2　延羽卵果蕨

毛蕨属 Cyclosorus Link

中型林下蕨类。根茎横走或直立，疏被鳞片和短刚毛。叶远生或近生，少簇生；叶柄禾秆色或黑褐色，基部疏被鳞片及长毛，向上疏被针状毛及柔毛；叶片长圆状至倒披针形，或三角状披针形，先端渐尖，二回羽裂，或少有一回羽状，或一回羽裂；羽片互生，无柄，狭披针形至条状披针形，下部的羽片往往缩短或变成耳形，或有时退化成气囊体，羽状浅裂至深裂；裂片镰状披针形或长圆形，钝头或尖头，全缘，基部上侧1片较长，与叶轴平行；叶脉单一，偶2叉；或以羽轴为底边，相邻裂片间基部一对侧脉顶端结合成三角状网眼，并自交结点上伸出一条短脉，直达缺刻或和缺刻下的透明膜相接；叶草质、纸质或近革质；叶轴、羽轴及中脉多少有单细胞针状毛，下面常有橙色圆球形腺体。孢子囊群圆形，通常生侧脉中部；囊群盖圆肾形，棕色或褐棕色，宿存，上面多少有毛或腺体。孢子两侧对称，单裂缝，极面观椭圆形，赤道面观半圆形，周壁表面有小刺状突起。

约250种，广布于热带和亚热带。中国127种，主要分布于长江以南各省区。山东1种。

1. 渐尖毛蕨

图18-4-1-1～图18-4-1-2

Cyclosorus acuminatus (Houtt.) Nakai

Polypodium acuminatum Houtt.

植株高20～30cm。根茎长而横走，顶端密被灰白色针状长毛及棕色全缘的披针形鳞片。叶2列疏生；叶柄长8～12cm，褐色，向上深禾秆色，基部疏被鳞片，向上有针状毛或近光滑；叶片长圆状披针形，长10～20cm，宽6～10cm，基部不变狭，先端急缩，成长尾状的顶生羽片，二回羽裂；羽片13～18对，互生，基部近对生，近平展，无柄，狭披针形，下部的不缩短，长6～8cm，宽1cm，先端渐尖，基部截形，浅裂至中裂；裂片披针形，尖头或骤尖头，全缘或有微锯齿，基部上侧1片较长，与叶轴平行；叶脉羽状，两面隆起，侧脉7～9对，单一，基部一对侧脉出自主脉基部，先端结成钝三角形网眼，自交接点伸出1短脉，伸达缺刻下的透明膜质连线，其上第2～3对侧脉伸达透明膜质连线，但不与短脉相交，其余侧脉伸达叶边；叶坚纸质，两面近光滑；叶轴、羽轴和中脉有短毛或针状长毛，以叶轴较密。孢子囊群圆形，背生侧脉中部；囊群盖褐色，上面密被长柔毛，宿存。孢子两侧对称，单裂缝，极面观椭圆形，赤道面观宽半圆形，周壁具弯曲鸡冠状褶皱，褶皱表面粗糙或有小刺状纹饰。

产山东蒙山、塔山、临沭岌山。生山坡岩石边。

国内分布于长江流域及其以南各省区，北达秦岭。

药用全草或根茎。味微苦，性平。归脾、肝经。泻火解毒，祛风除湿，健脾定惊。主治脾虚泄泻，痢疾，热淋，咽喉肿痛，风湿痹痛，烧烫伤。

植株含二氢黄酮类。所含二氢黄酮苷具有一定的抗菌活性。

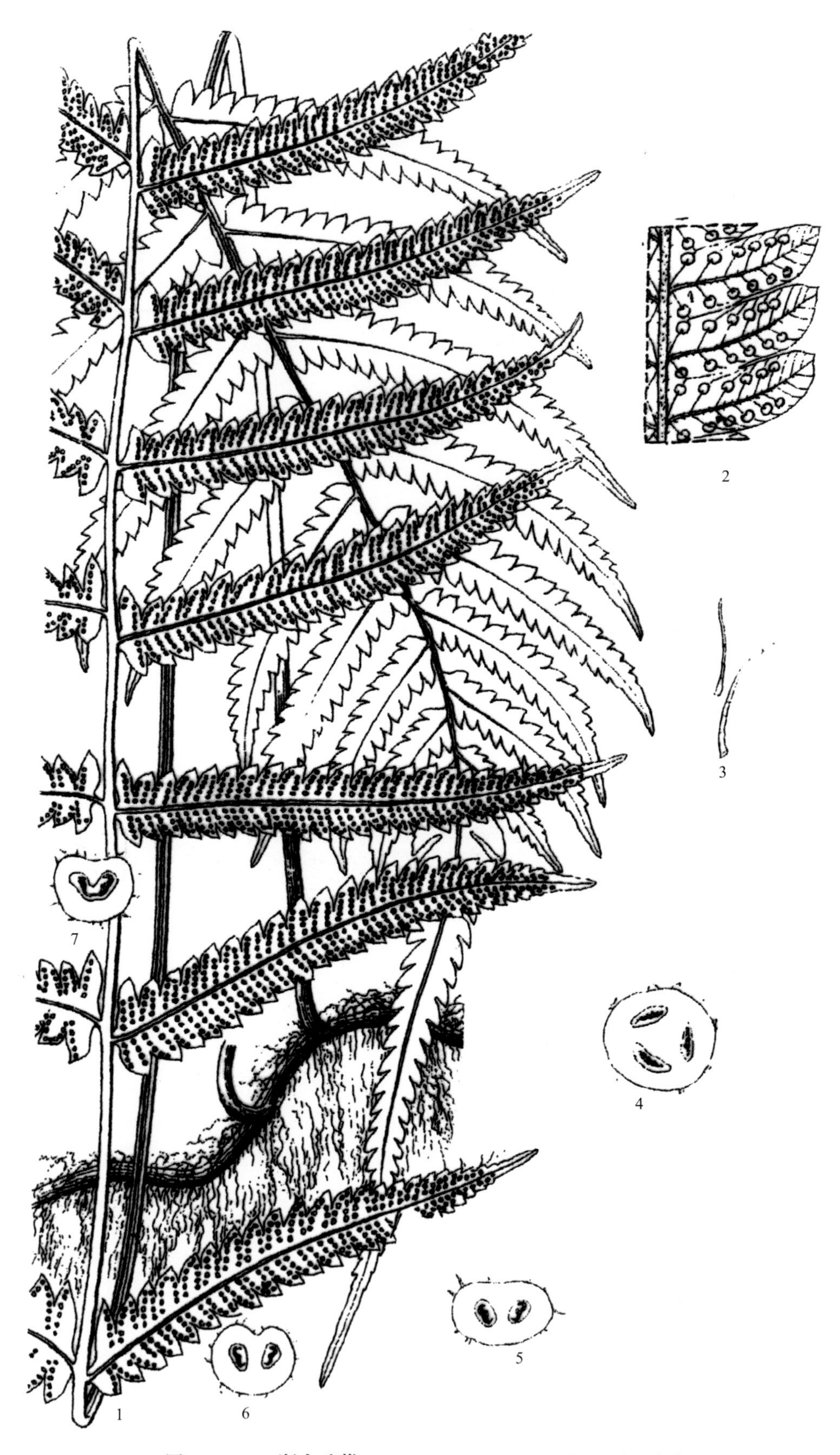

图 18-4-1-1　**渐尖毛蕨 Cyclosorus acuminatus** (Houtt.) Nakai

1. 植株　2. 羽片（部分）　3. 叶轴上的毛　4. 根茎横切面　5. 叶柄基部横切面
6. 叶柄中部横切面　7. 叶柄上部横切面（引自《中国植物志》）

图 18-4-1-2　渐尖毛蕨

第十九章 ◆ 铁角蕨科 Aspleniaceae

多为中小型，陆生或附生蕨类。根茎短而直立，或长而横走，密被粗筛孔状鳞片。叶多为簇生，近生或远生；叶柄绿色或栗色，基部无关节，光滑或疏生粗筛孔鳞片，内有2条维管束伸向叶轴上部，在上部合并在一起；单叶或多回羽状分裂，复叶的分枝式为上先出；末回小羽片或裂片往往为斜方形或不等四边形，基部不对称，全缘或有锯齿或为撕裂状；叶脉分离，一至多回2叉分枝，不达叶缘，有时联结成网眼，但无内藏小脉，末回小羽片或裂片仅有1条小脉，通常沿小脉上侧单生。囊群盖膜质或纸质，全缘，以一边着生于小脉上，另一边开向主脉。孢子两侧对称，单裂缝，极面观椭圆形或长椭圆形，赤道面观为半圆形或豆形，具周壁，周壁有褶皱，褶皱连接形成网状或不形成网状，表面有小刺或光滑。

10属，700余种，广布于世界各地。中国8属，约131种，分布于全国各地。山东3属。

分属检索表

1a. 单叶，披针形，全缘；叶脉近叶缘顶生连接。

  2a. 叶先端延伸成细长鞭状，并着地生根产生新株；中脉两侧侧脉结成1～2行网眼，网眼外小脉分离……2. **过山蕨属Camptosorus**

  2b. 叶先端尾尖至渐尖，不延伸成细长鞭状，也不着地生根产生新株；侧脉先端与叶缘边脉结合……3. **巢蕨属Neottopteris**

1b. 叶一至多回羽状；侧脉分离，从不连接……1. **铁角蕨属Asplenium**

铁角蕨属 Asplenium L.

土生或石生蕨类。根茎横走、斜卧或直立，密被小鳞片，鳞片黑褐色或深棕色，披针形，近全缘，基部着生。叶疏生、近生或簇生；叶柄草质，栗褐色、淡绿色或青灰色，上面有纵沟，基部不以关节着生，疏被鳞片；单叶，或一至多回羽状或羽裂，末回小羽片形态变异，有锯齿或撕裂；叶脉分离，稀小脉在叶缘多少成网状，末回小羽片一至多回二歧分枝，或每一末回线状裂片有1不分枝小脉，小脉通直，不达叶缘，无毛；叶草质或革质，有时肉质，干后淡绿色或棕色，无毛；叶轴顶端或羽片着生处有时有1芽孢。孢子囊群线形，通直，沿叶脉上侧1脉的一侧着生，多单生于1脉。囊群盖同形，厚膜质或纸质，棕色或灰白色，全缘，开向主脉或开向叶缘。孢子囊椭圆形，具20～28个增厚细胞。孢子椭圆形，单裂缝，具小刺状纹饰或光滑，小刺常排列在褶皱上及其周围，外壁光滑。染色体基数x=12（36）。

约600种，广布于世界各地，热带为多。中国110种。山东6种。

分种检索表

1a. 叶为一回羽状……1. **东海铁角蕨A. castaneo-viride**

1b. 叶为二至三回羽状。

  2a. 下部羽片渐缩成耳形……2. **虎尾铁角蕨A. incisum**

  2b. 下部羽片不渐缩成耳形。

    3a. 叶片披针形，基部1～2对羽片略缩短。

      4a. 根茎及叶柄基部所被鳞片，其下部着生处无纤毛；孢子周壁具大网眼状纹饰。

        5a. 小羽片顶端有2～3个锯齿或浅裂……3. **钝齿铁角蕨A. subvarians**

        5b. 小羽片顶端有6～8个小锯齿……5. **变异铁角蕨A. varians**

      4b. 根茎及叶柄基部所被鳞片，其下部着生处生有多条纤毛；孢子周壁具细网眼状纹饰……6. **北京铁角蕨A. pekinense**

    3b. 叶片椭圆形，基部1对羽片不缩短且最长，叶柄近光滑……4. **华中铁角蕨A. sarelii**

1. 东海铁角蕨 海边铁角蕨 曲阜铁角蕨

图19-1-1-1～图19-1-1-2

Asplenium castaneo-viride Baker

植株高10～20cm。根茎短而直立，密被黑褐色、粗筛孔、全缘的披针形鳞片。叶簇生；叶柄长2～7cm，上面有一浅沟槽，下面栗黑色，基部疏被鳞片，上部光滑；叶片线状披针形，长5～15cm，宽1～3cm，先端深裂至浅裂，渐尖呈尾状，下部一回羽状；羽片对生，无柄，基部上侧与叶轴合生，除基部1～2对叶轴隔开外，其余各对有狭翅相连，羽片卵圆形至矩圆形或披针形，先端圆钝或渐尖，边缘有不规则锯齿或浅裂，基部不对称，其上侧略呈耳状突起，下侧宽楔形，中部羽片较大，长0.5～1.5cm，宽0.3～0.6cm；叶脉为羽状脉，分叉，不明显；叶草质，鲜绿色。孢子囊群生于侧脉上，条形；囊群盖膜质，灰白色，全缘，开向中脉。孢子两侧对称，单裂缝，极面观椭圆形，赤道面观长椭圆形，周壁具翅脊状褶皱，翅脊粗糙，有小刺，呈不规则的大网状纹饰。

产山东泰山、崂山、昆嵛山、艾山、济宁（邹城）、临沭（夹谷山）。生阴湿石缝上。

国内分布于辽东半岛、江苏连云港一带。模式标本采自烟台（芝罘）。

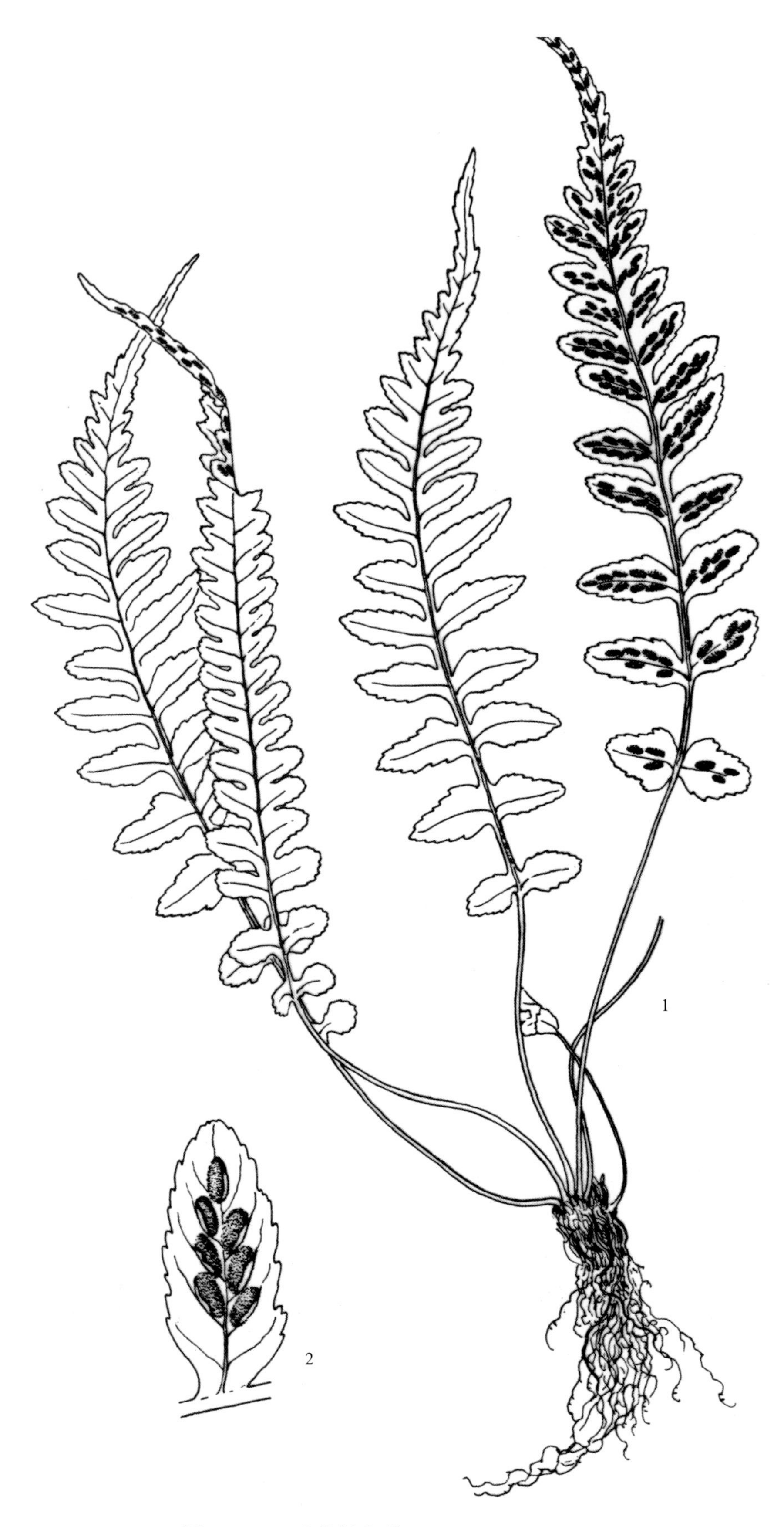

图 19-1-1-1　**东海铁角蕨 *Asplenium castaneo-viride*** Baker

1. 植株　2. 羽片

图 19-1-1-2　东海铁角蕨

2. 虎尾铁角蕨

图19-1-2-1～图19-1-2-2

Asplenium incisum Thunb.

植株高20～30cm。根茎短而直立，有黑色、粗筛孔、全缘的披针形鳞片。叶簇生；柄长2～7cm，栗褐色或绿色。上面有纵沟一条，基部略有纤维状小鳞片，向上光滑；叶片条状披针形，长5～15cm，宽1～3cm，一至二回羽状；羽片约20对，互生或近对生，平展，卵圆形至长圆状披针形，先端圆至渐尖，中部羽片较大，长0.5～1.5cm，宽0.3～0.8cm，下部的羽片渐缩小，最下部1～2对缩小成耳形，羽状裂或不裂，裂片边缘有锯齿；叶脉羽状，侧脉分叉，不达叶边；叶薄草质，光滑，叶轴上面绿色，下面常为褐色。孢子囊群长圆形，成熟后满布叶片下面；囊群盖条形，薄膜质，灰白色，全缘。孢子两侧对称，单裂缝，极面观椭圆形，赤道面观半圆形或近椭圆形，周壁具宽翅状褶皱，形成大孔网状纹饰，网脊边缘具明显大刺，形成大窗孔状纹饰，网眼中具1～2个刺。

产山东泰山、徂徕山、莲花山、昆嵛山、崂山、临沭、鲁山、塔山、蒙山、抱犊崮、济南南部山区（大佛头、云梯山、灵岩寺）等鲁中南山区及鲁东山地丘陵。生林下阴湿的岩石上，为微酸性土指示植物。

国内分布于黄河及长江流域各省区。

药用全草。味微苦、辛，性凉。归肝、肺、膀胱经。清热解毒，平肝镇惊，止血利尿，去湿止痛。主治急性黄疸性肝炎，小儿惊风，肺热咳嗽，胃脘痛，小便淋痛，毒蛇咬伤。

图 19-1-2-1　虎尾铁角蕨

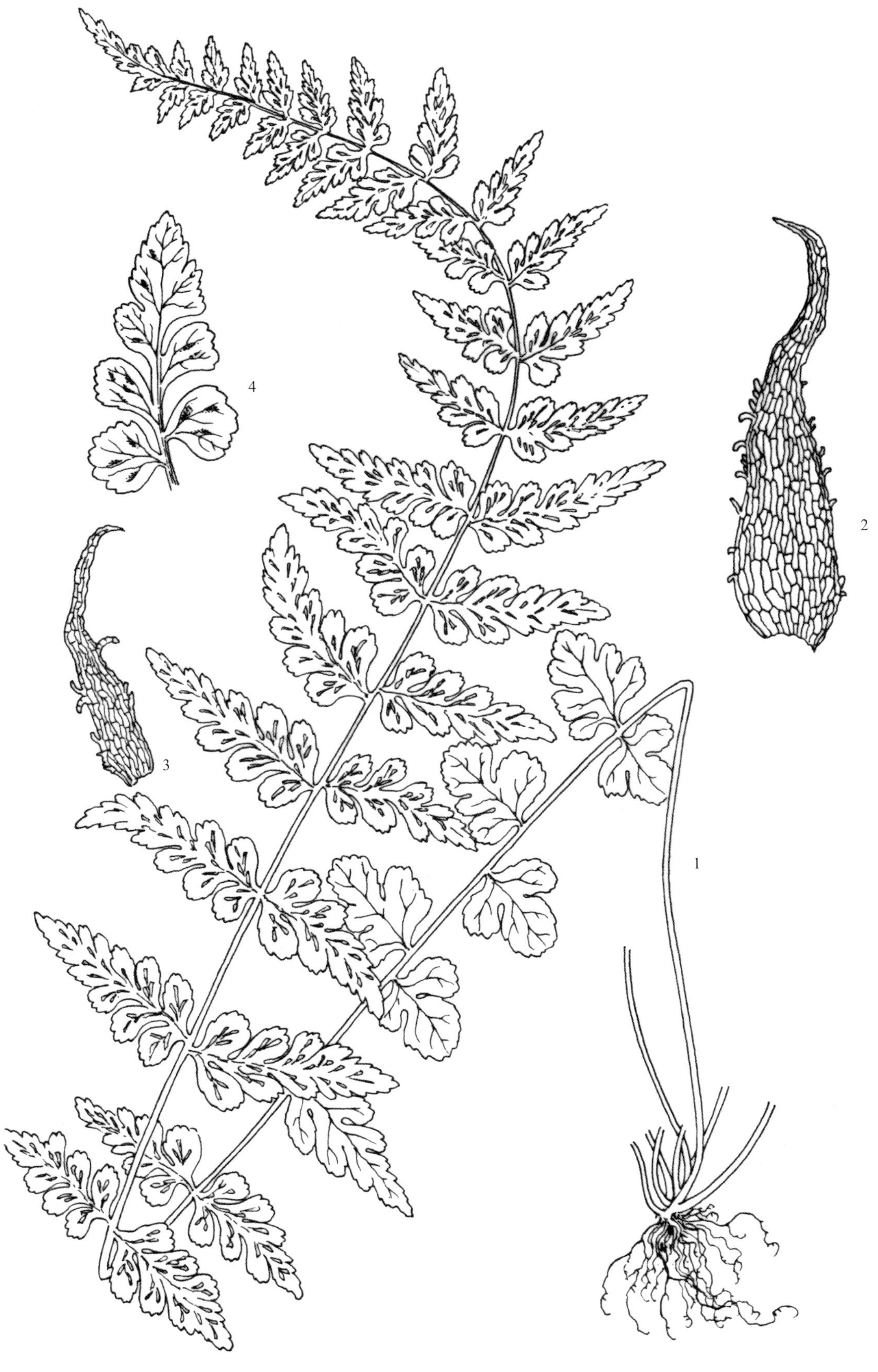

图 19-1-2-2 **虎尾铁角蕨 Asplenium incisum** Thunb.

1. 植株　2 ～ 3. 鳞片　4. 羽片

3. 钝齿铁角蕨

图19-1-3-1

Asplenium subvarians Ching ex C. Chr.

Asplenium tenuicaule var. *subvarians* (Ching) Viane

植株高5～15cm。根茎短，直立或斜升，有棕色阔披针形鳞片。叶簇生；叶柄长2～6cm，较纤细，禾秆色或基部偶为棕色，略被鳞片；叶片长圆状披针形，长3～9cm，宽1～2cm，二至三回羽状；羽片8～10对，近对生，有短柄，狭卵形至倒卵形，长1～1.5cm，宽6～10mm，钝尖头，基部不对称，斜楔形，羽状；小羽片或裂片上先出，基部上侧1片较大，狭卵形至卵形，通常2～3裂；裂片全缘，先端具2～3粗钝锯齿；叶脉羽状，两面明显，侧脉2叉，每裂片有小脉1条；叶薄草质，两面光滑。孢子囊群条形，每裂片1枚；囊群盖同形，灰白色，膜质，全缘。孢子两侧对称，单裂缝，裂缝与极轴近等长，极面观卵圆形，赤道面观超半圆形，周壁具脊状突起，形成网状纹饰，网脊光滑，少有粗刺，网眼圆形，中间具小刺。

产山东泰山、蒙山、徂徕山、抱犊崮。生林下潮湿岩石缝上。

国内分布于东北、华北、华东、西北。

4. 华中铁角蕨

图19-1-4-1

Asplenium sarelii Hook.

植株高15～20cm。根茎短而直立，密被黑褐色的披针形鳞片，鳞片细筛孔，边缘有齿。叶簇生；柄长4～8cm，直径约1mm，基部褐色，向上连同叶轴绿色，近光滑；叶片长圆状披针形，长约10cm，宽3～4cm，三回羽裂；羽片约10对，互生，斜向上，相距1～1.2cm，有短柄，基部一对略大或与其上的同大，卵状长圆形，长2～3cm，宽1～1.5cm，二回羽裂，其上各对逐渐缩小，同形；小羽片4～6对，互生，基部上侧1片，上先出而较大，长5～11mm，宽4～7mm，卵形，基部为对称的阔楔形，下延，羽状深裂达小羽轴；裂片5～6片，斜向上，狭线形，长1.5～5mm，宽0.5～2mm；基部一对常为2～3裂，小裂片顶端有2～3个钝头或尖头的小齿，向上各裂片顶端有尖齿牙；叶脉羽状，每裂片有1小脉，不达叶缘；叶草质，两面光滑无毛。孢子囊群长圆形，每末回小裂片有1～2枚；囊群盖灰白色，全缘。孢子两侧对称，单裂缝，裂缝与极轴近等长，极面观卵圆形，赤道面观超半圆形，周壁向外突起成为翅脊状褶皱，形成网状纹饰，网脊光滑，翅脊边缘和网眼中具较多刺齿。

产山东泰山、鲁山、济南南部山区。生潮湿岩石缝间。

国内分布于东北、华中、华南。

药用全草。味甘、微辛，性凉。归肺、肝、肾经。清热解毒，利湿化痰，止血生肌。主治流行性感冒，咳嗽，肺痨，目赤肿痛，黄疸，胃肠出血，肠炎痢疾，跌打损伤，外伤出血，乳蛾，白喉，烧烫伤，白浊，前列腺炎，肾炎。

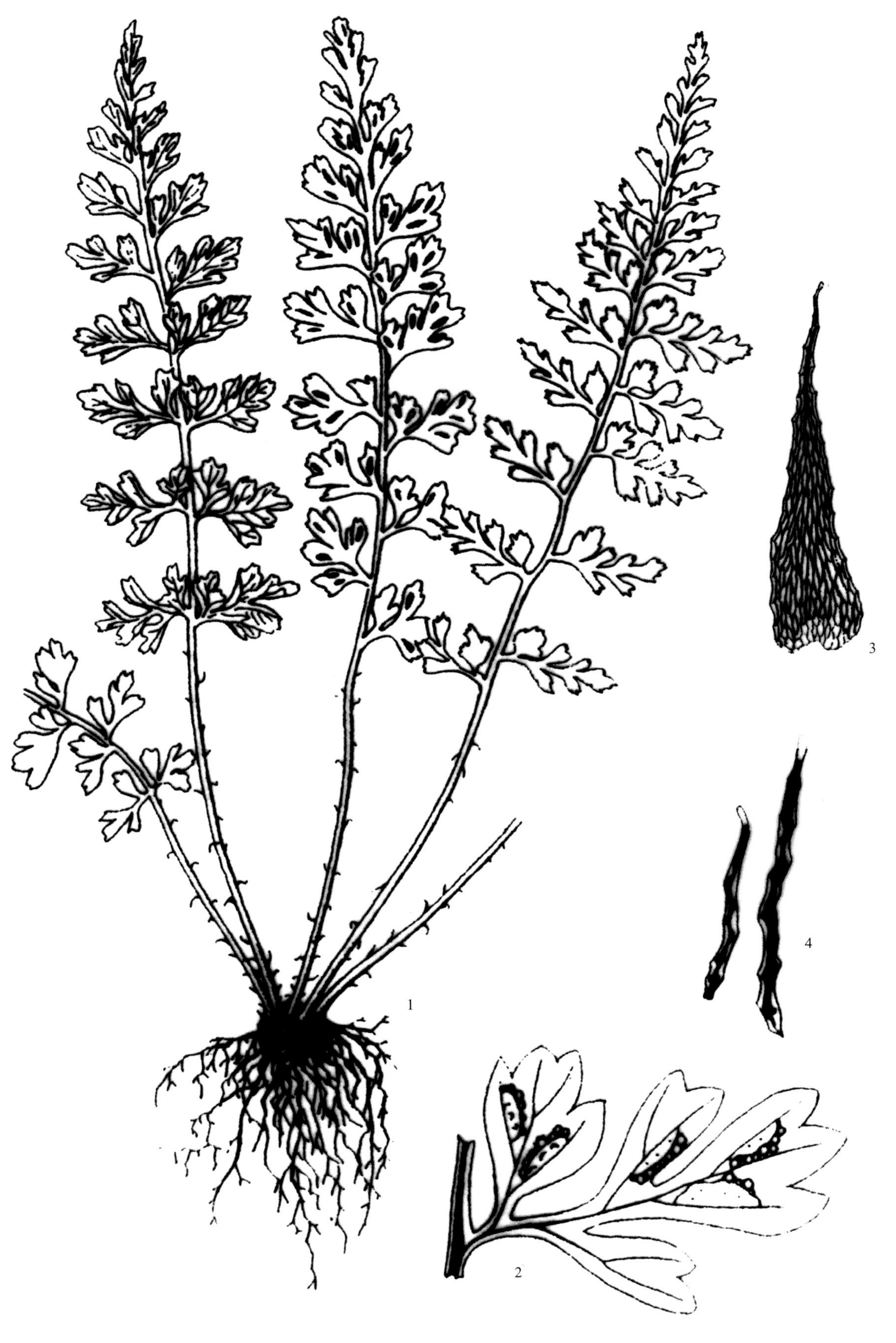

图 19-1-3-1　**钝齿铁角蕨 Asplenium subvarians** Ching ex C. Chr.

1. 植株　2. 羽片　3. 根茎上的鳞片　4. 叶轴上的鳞片

图 19-1-4-1　**华中铁角蕨 Asplenium sarelii** Hook.

1. 植株　2. 叶片　3. 羽片　4. 叶柄基部鳞片（引自《中国蕨类植物图谱》）

5. 变异铁角蕨

图19–1–5–1～图19–1–5–2

Asplenium varians Wall. ex Hook. et Grev.

植株高10～20cm。根茎短而直立，密被黑褐色、粗筛孔、披针形鳞片。叶簇生；柄长2～5cm，直径约1mm，绿色有纤维状小鳞片；叶片披针形，长5～10cm，宽2～2.5cm，二回羽状；羽片约10对，互生或近对生，相距1～1.5cm，长圆形，中部羽片较大，长1.5～2cm，宽约1cm，下部1～2对羽片缩短，二回羽状；小羽片2～3对，互生，斜向上，条形，基部上侧1片较大先出，与叶轴平行，羽裂；裂片倒卵形，先端6～8小锯齿，叶脉羽状，每裂片有小脉1条，伸达齿端；叶厚纸质，两面光滑无毛。孢子囊群条形，每裂片1～2枚；囊群盖膜质，灰白色，全缘。孢子两侧对称，单裂缝，裂缝长为极轴长的2/3，极面观宽圆形，赤道面观超半圆形，周壁向外突起，成为断续的翅脊状褶皱，形成拟网状纹饰，翅脊具小刺和零星孔，边缘呈流苏状，网眼大小不均匀。

产山东泰山、徂徕山、济南南部山区、抱犊崮。生石灰质岩石缝间或旧石墙缝上。

国内分布于黄河及长江流域各省区。

药用全草。味微涩，性凉。归肝、脾经。活血消肿，止血生肌。主治骨折，刀伤，跌打肿痛，疮痈溃烂，烧烫伤，小儿疳积。

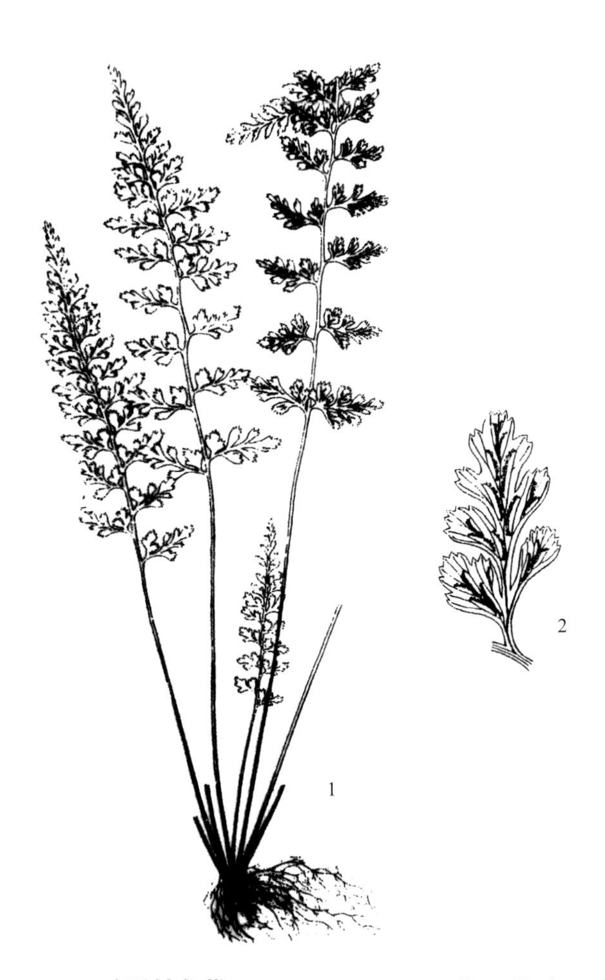

图 19-1-5-1 **变异铁角蕨 Asplenium varians** Wall. ex Hook. et Grev.

1. 植株 2. 羽片

图 19-1-5-2　变异铁角蕨

6. 北京铁角蕨

图19-1-6-1～图19-1-6-2

Asplenium pekinense Hance

植株高7～30cm。根茎短而直立，先端及叶柄基部密被鳞片，鳞片黑褐色，披针形，背部生有毛。叶簇生；柄长2～12cm，绿色，有毛状鳞片；叶片披针形，长5～18cm，宽1.5～5cm，先端渐尖，基部稍变狭，二回或三回羽裂；羽片8～12对，中部的较大，基部1～2对略缩短，卵形或菱状卵形，有短柄；小羽片2～3对，倒卵形或楔形，至少基部一对小羽片分裂；裂片楔形，顶端有2～4个尖齿；叶纸质，两面光滑；叶脉羽状，小脉伸达齿牙先端，但不达叶缘，腹面凸出，背面不显。孢子囊群短线形，沿小脉着生；囊群盖同形，膜质，边缘不整齐。孢子两侧对称，单裂缝，裂缝长为极轴长的2/3，极面观宽卵形，赤道面观超半圆形，周壁向外突起，呈高低不平的翅脊状褶皱，形成细密网状纹饰，网眼小，网脊连接或断续，粗糙，常呈不规则的颗粒状。

产山东济南南部山区、灵岩寺、泰山、博山、蒙山等地。生路边、林缘、向阳处裸石上，海拔500～2500m。

国内分布于华北、华南、西南各地。朝鲜半岛、日本也有分布。

药用全草。味甘、微辛，性平。归肺、膀胱经。化痰止咳，宣肺利膈，清热解毒，止泻，止血。主治外感咳嗽，肺痨，腹泻，痢疾，热痹，疮痈肿毒，跌打损伤，外伤出血。

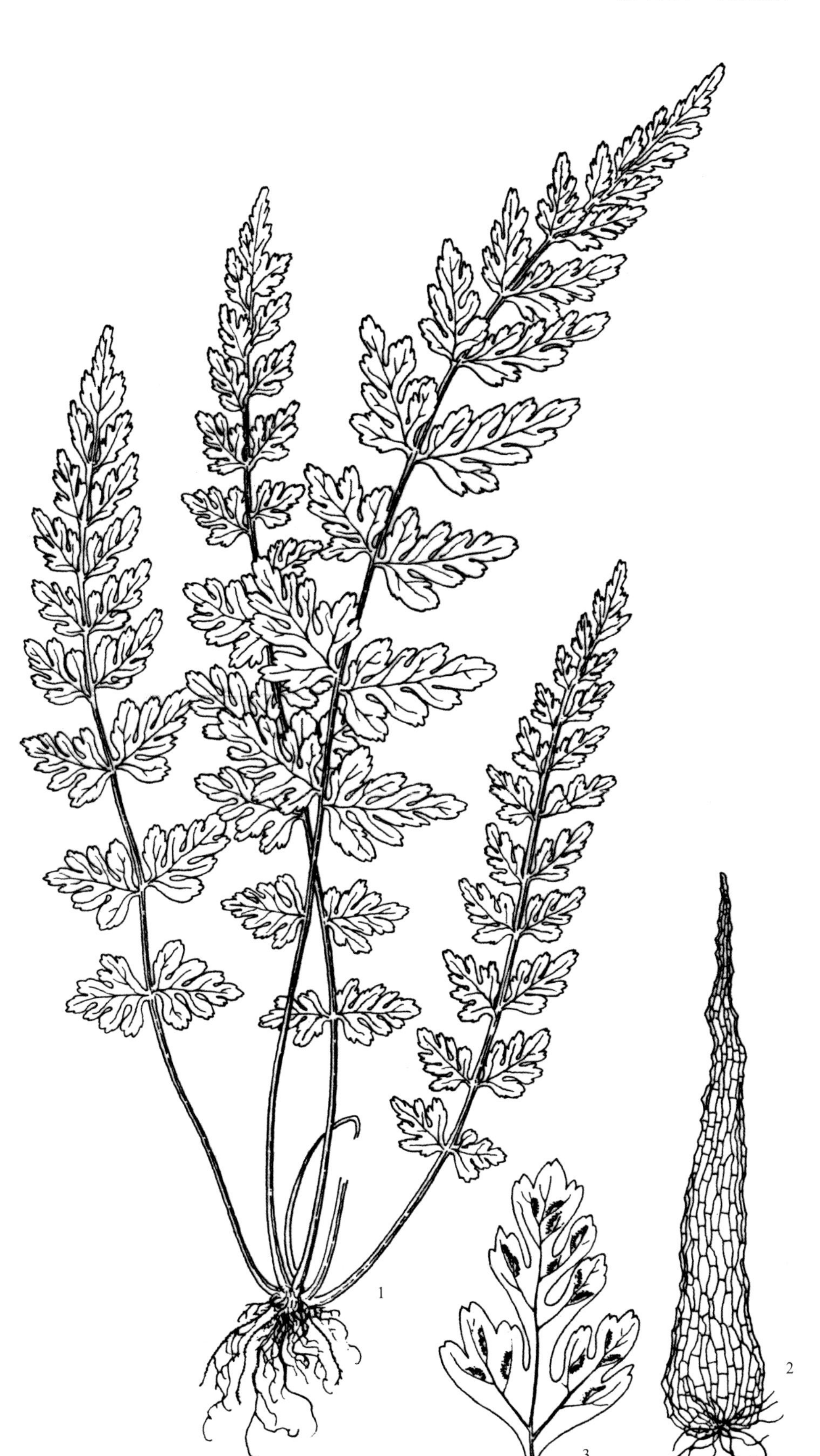

图 19-1-6-1 **北京铁角蕨 *Asplenium pekinense*** Hance

1. 植株 2. 鳞片 3. 羽片

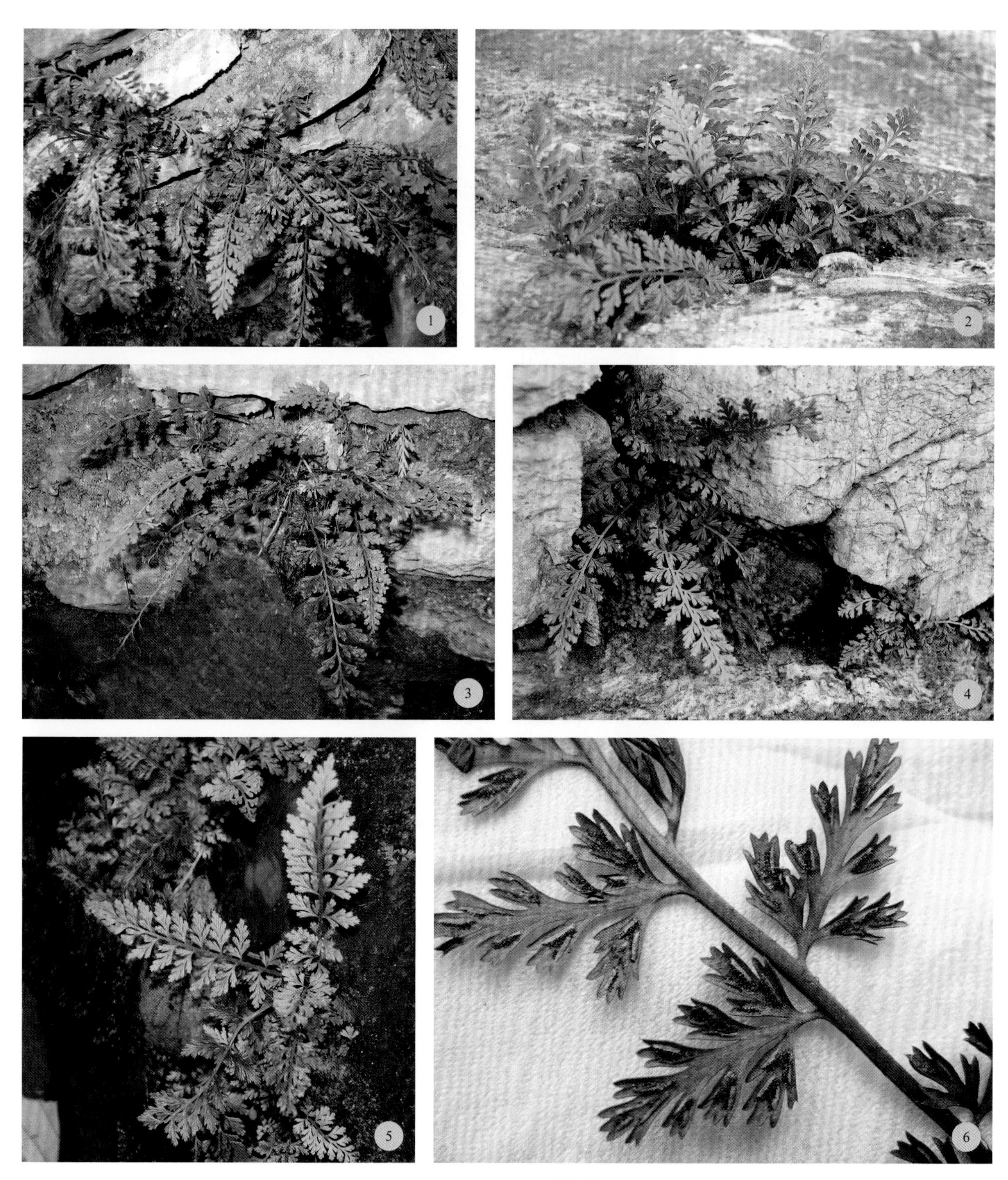

图 19-1-6-2　北京铁角蕨

过山蕨属 Camptosorus Link

小型石生蕨类。根茎短而直立，顶端密被鳞片，鳞片窄披针形，栗黑色，膜质，具粗筛孔。叶簇生，披针形（基生叶不育，较小，椭圆形），全缘，先端鞭状，着地生根，基部楔形或心形，沿叶柄略下延，叶脉网状，主脉两侧有1～2（3）行长形网眼，无内藏小脉，网眼外小脉分离，不达叶缘；叶干后草绿色，草质或纸质，无毛。孢子囊群线形或椭圆形，在主脉两侧排成不规则1～3行，近主脉的1行生于网眼向轴一侧，与主脉近平行，余1～2行斜上，或成对生于网眼内，则囊群盖相对开，若单生于网眼内，则囊群盖开向主脉或叶缘；囊群盖同形，膜质，灰绿色或浅棕色；孢子囊椭圆形或近圆形，柄长，有1行细胞，环带具19个增厚细胞。孢子左右对称，椭圆形，周壁透明，具褶皱，连成大网状，具小刺状纹饰，外壁光滑。染色体基数x=12（36）。

2种，1种产中国、朝鲜半岛、日本及俄罗斯远东地区，另1种产北美洲。山东1种。

1. 过山蕨

图19-2-1-1～图19-2-1-2

Camptosorus sibiricus Rupr.

Camptosorus rhizophyllus var. *sibiricus* (Rupr.) Ching et H. Lev.

Asplenium ruprechtii Sa. Kurata

植株高不到20cm。根茎短而直立，顶端密被栗黑色、全缘、膜质、有粗筛孔的披针形鳞片。叶簇生，单叶，近二型；营养叶较小，叶片披针形或椭圆形，长1～2cm，宽5～8mm，钝头或渐尖，基部楔形，略下延于叶柄，叶柄长1～3cm；孢子叶披针形，全缘，长5～15cm，宽0.5～1cm，先端延伸成鞭状，着地生根，产生新株，基部楔形略下延于叶柄，柄长2～5cm，基部棕色，疏被鳞片，上部绿色；叶脉网状，沿中脉两侧有1～2行网眼，无内藏小脉，网眼外小脉分离，不达叶边；叶草质，两面无毛。孢子囊群条形，成熟后为长圆形，沿中脉两侧各有1～3行，近中脉的1行与中脉平行，较规则，其余各行斜向上，不规则；囊群盖膜质，全缘。孢子两侧对称，单裂缝，极面观类圆形，赤道面观超半圆形，周壁具片状突起成网状，网脊具不整齐的刺状纹饰，网眼大而深，中间具刺。

产山东泰山、徂徕山、莲花山、昆嵛山、崂山、临沭、塔山、蒙山、沂山、鲁山、抱犊崮、济南南部山区（大佛头、云梯山、灵岩寺）、沂源等山地丘陵。生林下湿地岩石缝上。

国内分布于东北、华北，向南分布到江苏北部。

药用全草。味淡，性平。归肝、脾经。活血化瘀，止血，消炎，解毒。主治血栓闭塞性脉管炎，偏瘫，子宫出血，外伤出血，神经性皮炎，下肢溃疡。

植株含黄酮、三萜、有机酸、氨基酸、多糖、苯酚衍生物等。

图 19-2-1-1　**过山蕨 Camptosorus sibiricus** Rupr.

1. 植株　2. 叶片部分（示叶脉和孢子囊群）
3. 根茎先端鳞片（引自《中国蕨类植物图谱》）

图 19-2-1-2　过山蕨

巢蕨属 **Neottopteris** J. Sm.

中型附生蕨类。根茎直立，粗壮，顶端被小鳞片，鳞片黑褐色或棕色，披针形或卵形，有粗筛孔。叶簇生成鸟巢状；单叶，披针形，全缘，向基部渐窄，下延，无柄或柄粗短，稀有无翅长柄；纸质或革质，两面均无毛，或幼时下面疏生星芒状小鳞片，不久即脱落，上面光滑，叶缘干后反卷成窄圆边，主脉明显，色淡，干后两面平或下部下面半圆形隆起，上面有宽纵沟，侧脉密，明显，斜展，单一或2～3叉，小脉平行，通直，分离，先端在叶缘内连接，连接脉和叶缘平行，略波状。孢子囊群长线形，通直，着生于小脉上侧，自主脉外行达叶片中部或近叶缘，排列整齐；囊群盖长线形，厚膜质，灰白色或浅棕色，全缘，均开向主脉，宿存。孢子椭圆形，浅黄色，透明，周壁薄膜质，微褶皱，有时褶皱较密成网状，具小刺状网形或颗粒状纹饰，或光滑，外壁光滑。染色体基数x=12（36）。

约30种，分布于亚洲热带地区。中国11种。山东1种。

1. 巢蕨 山苏花

图19-3-1-1～图19-3-1-2

Neottopteris nidus (L.) J. Sm.

Asplenium nidus L.

植株高达1.6m。根茎粗短直立，连同叶柄基部密被鳞片，鳞片棕色，线性，先端纤维状，边缘有长而卷曲的纤毛，膜质而蓬松。叶簇生如鸟巢；柄长约5cm，圆棒形，禾秆色或灰绿色；叶片披针形，长达1～1.5m以上，宽8～12cm，向基部常下延，先端短尾尖至渐尖，边缘软骨质，全缘或波状；叶革质，上面光滑，中肋在下面隆起呈半圆形，在上面的下部具宽沟，沟两侧向上稍隆起；叶脉明显，单一或分叉，在近叶边缘处于边脉相连。孢子囊群长线形，自小脉基部外行约达1/2，接近，叶片下部通常不育；囊群盖同形，厚膜质，全缘。孢子两侧对称，单裂缝，极面观超半圆形，周壁具大网状纹饰，网脊宽，呈脊翅状，有刺。

济南、青岛、淄博、岌山等地花卉市场常有出售。植株形体美丽，常栽培供观赏。生林下、石灰岩上或树干上，海拔300～950m。

国内分布于华南、云南、台湾、福建。广布于欧亚大陆热带地区，北达日本南部，南至大洋洲，东到波利尼西亚，西达非洲。

药用全草或根茎。味苦，性温。归肝、肾经。强筋壮骨，活血化瘀。主治骨折筋伤，跌打伤痛，骨节疼痛，阳痿。

图 19-3-1-1　巢蕨

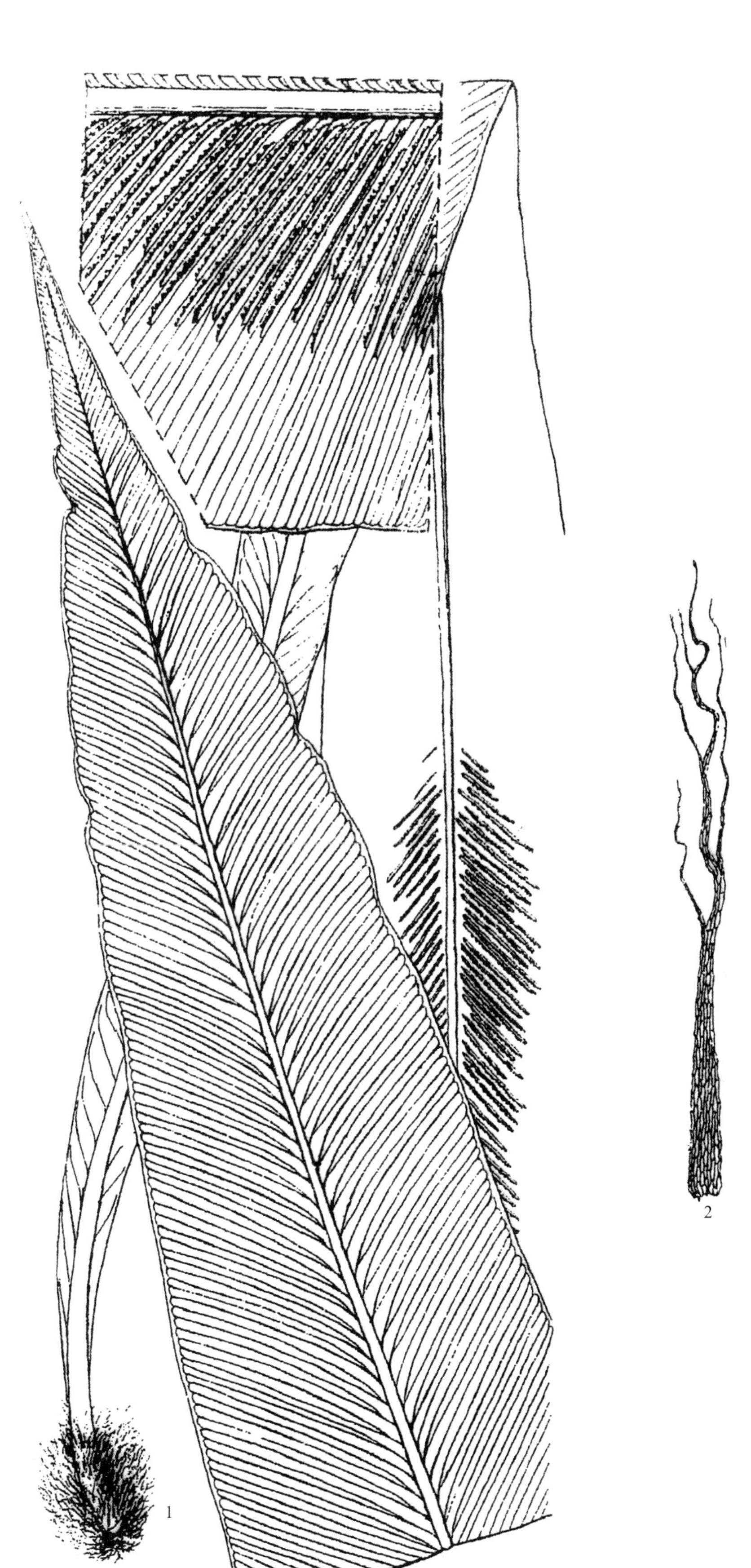

图 19-3-1-2　**巢蕨 Neottopteris nidus** (L.) J. Sm.

1. 叶片　2. 叶柄基部鳞片（引自《中国蕨类植物图谱》）

第二十章 ◆ 球子蕨科 Onocleaceae

土生蕨类。根茎粗短，直立或横走，内有网状中柱，外被卵状披针形或披针形鳞片。叶簇生或疏生，二型，有柄；营养叶叶片椭圆状披针形或卵状三角形，一回羽状或二回深羽裂；羽片线状披针形或宽披针形，互生，有柄，羽状中裂达1/2；裂片镰刀状披针形或椭圆形，全缘或有微齿，绿色；叶草质或纸质；叶脉羽状，分离或连成网状，无内藏小脉。孢子叶椭圆形或线形，一回羽状，羽片反卷成荚果状，深紫色或黑褐色，圆柱状或圆球形；叶脉分离，在裂片上羽状或叉状分枝，末回小脉先端具囊托。孢子囊群圆形，着生囊托；囊群盖下位或无盖，为反卷叶片包被；孢子囊圆球形，有长柄，环带具36～40个增厚细胞，纵行。孢子两侧对称，单裂缝，周壁透明，薄膜状，微褶皱，有小刺状纹饰，外壁光滑。

2属，分布于北半球温带。中国2属。山东2属。

分属检索表

1a. 根茎长而横走；叶疏生；营养叶叶脉联成网状；孢子叶羽片反卷紧缩成串珠状……………………………1. **球子蕨属Onoclea**

1b. 根茎短而直立；叶簇生；营养叶叶脉羽状，分离；孢子叶片反卷成荚状……………………………2. **荚果蕨属Matteuccia**

球子蕨属 Onoclea L.

土生蕨类。根茎长而横走，黑褐色，疏被棕色鳞片；鳞片宽卵形，全缘或微波状，薄膜质。叶疏生，二型；营养叶柄长20～50cm，基部略三角形，向上深禾秆色，圆柱形，上面有纵沟，疏被棕色鳞片；叶片宽卵状三角形或宽卵形，长13～30cm，宽12～22cm，先端羽状半裂，向下一回羽状；羽片5～8对，披针形，基部1对或下部1～2对长8～12cm，宽1.3～3cm，有短柄，波状浅裂，向上的无柄，基部与叶轴合生，波状或近全缘，叶轴两侧有窄翅；叶脉网状，网眼无内藏小脉，近叶缘小脉分离；叶干后暗绿色或浅棕色，草质，初略被小鳞片，后脱落。孢子叶叶片长15～25cm，宽2～4cm，二回羽状，羽片线形，极斜上；小羽片反卷成小球形，包被孢子囊群，分离，近对生，排列羽轴两侧。孢子囊圆球形，具细柄，环带具36～40个厚壁细胞及10个扁平细胞。孢子长椭圆形，两侧对称，单裂缝，周壁透明，具褶皱，有小刺状纹饰，外壁光滑。

单种属。山东1种。

1. 球子蕨

图20-1-1-1～图20-1-1-2

Onoclea sensibilis L.

植株高30～70cm。根茎长而横走，黑褐色，疏被棕色鳞片；鳞片宽卵形，全缘或微波状，薄膜质。叶疏生，二型；营养叶柄长20～50cm，基部略三角形，向上深禾秆色，圆柱形，上面有纵沟，疏被棕色鳞片；叶片宽卵状三角形或宽卵形，长13～30cm，宽12～22cm，先端羽状半裂，向下一回羽状；羽片5～8对，披针形，基部1对或下部1～2对较大，长8～12cm，宽1.3～3cm，有短柄，波状浅裂，向上的无柄，基部与叶轴合生，波状或近全缘，叶轴两侧有窄翅；叶脉网状，网眼无内藏小脉，近叶缘小脉分离；叶干后暗绿色或浅棕色，草质，初略被小鳞片，后脱落。孢子叶叶片长15～25cm，宽2～4cm，二回羽状，羽片线形，极斜上，小羽片反卷成小球形，包被孢子囊群，分离，近对生，排列羽轴两侧；孢子囊圆球形，具细柄，环带具36～40个厚壁细胞及10个扁平细胞。孢子两侧对称，单裂缝，极面观长椭圆形，赤道面观半圆形，周壁透明，具褶皱，有小刺状纹饰，外壁光滑。

产山东威海市伟德山。生潮湿草甸或林区河谷湿地，海拔250～900m。

国内分布于黑龙江、吉林、辽宁、内蒙古、河北、河南。俄罗斯远东地区、朝鲜半岛、日本、北美洲也有分布。可栽培供观赏。

图 20-1-1-1　球子蕨

图 20-1-1-2　**球子蕨 Onoclea sensibilis** L.

1. 植株　2～3. 根茎上的鳞片　4. 营养叶羽片（部分，示叶脉）
5. 孢子叶小羽片（除去部分小羽片，示孢子囊群及囊群盖）（引自《中国高等植物》）

荚果蕨属 **Matteuccia** Todaro

土生蕨类。根茎粗壮，直立或斜生，被棕色披针形鳞片。叶簇生，二型；有柄；营养叶椭圆状披针形或倒披针形，顶端羽裂，基部不缩或窄缩，二回深羽裂；羽片窄披针形，互生，平展或斜展，无柄，羽裂超过1/2，裂片镰刀状披针形或椭圆形，近全缘或有微齿；叶脉分离，羽状，小脉伸达叶缘；叶草质或纸质，绿色，近光滑或沿叶轴、羽轴和主脉疏生柔毛和鳞片。孢子叶与营养叶等高或较矮，叶片椭圆形或宽披针形，一回羽状；羽片线形，互生，几无柄，两侧反卷成褐色荚果状，包被孢子囊群。孢子囊群圆球形，着生于小脉顶端囊托，无隔丝；囊群盖有或无；孢子囊大，近球形，稍两侧扁，柄纤细，环带纵行，约具40个增厚细胞，裂口不明显。孢子两侧对称，单裂缝，极面观椭圆形，赤道面观半圆形，周壁透明，薄膜状，微具褶皱。

约5种，分布于北半球温带。中国3种。山东1种。

1. 荚果蕨

图20-2-1-1～图20-2-1-3

Matteuccia struthiopteris (L.) Todaro

Osmunda struthiopteris L.

植株高0.7～1.1m。根茎短而直立，木质，坚硬，深褐色，连同叶柄基部密被披针形鳞片。叶簇生，二型；营养叶叶柄褐棕色，长6～10cm，上面有纵沟，基部三角形，具龙骨状突起，密被鳞片；叶片椭圆状披针形或倒披针形，长0.5～1m，中部宽17～25cm，向基部渐窄，二回深羽裂；羽片40～60对，下部的小耳形，中部羽片披针形或线状披针形，长10～15cm，宽1～1.5cm，无柄，羽状深裂；裂片20～25对，篦齿状排列，椭圆形或近长方形，中部以下的长5～8cm，圆头或钝头，近全缘或具波状圆齿，反卷；叶脉明显，在裂片上羽状，小脉单一，叶干后绿色或棕绿色，草质，无毛。孢子叶柄长12～20cm；叶片倒披针形，长20～40cm，中部以上宽4～8cm，一回羽状；羽片线形，两侧反卷成念珠状，深褐色，包被孢子囊群。孢子囊群圆形，着生于叶脉先端囊托，成熟时连成线形；囊群盖膜质。孢子圆球形，两侧对称，单裂缝，周壁薄膜状，透明，有弯曲脊状突起，突起间具细网状纹饰。

产山东烟台市海阳。生山谷林下或河岸湿地。

国内分布于黑龙江、吉林、辽宁、内蒙古、河北、山西、陕西等。日本、朝鲜半岛、俄罗斯、北美洲、欧洲也有分布。

药用根茎。味苦，性微寒。清热解毒，杀虫，止血。主治流行性腮腺炎，鼻出血；预防流感，乙脑。含β-谷甾醇、坡那甾酮A、羟基促脱皮甾酮、脂肪酸。

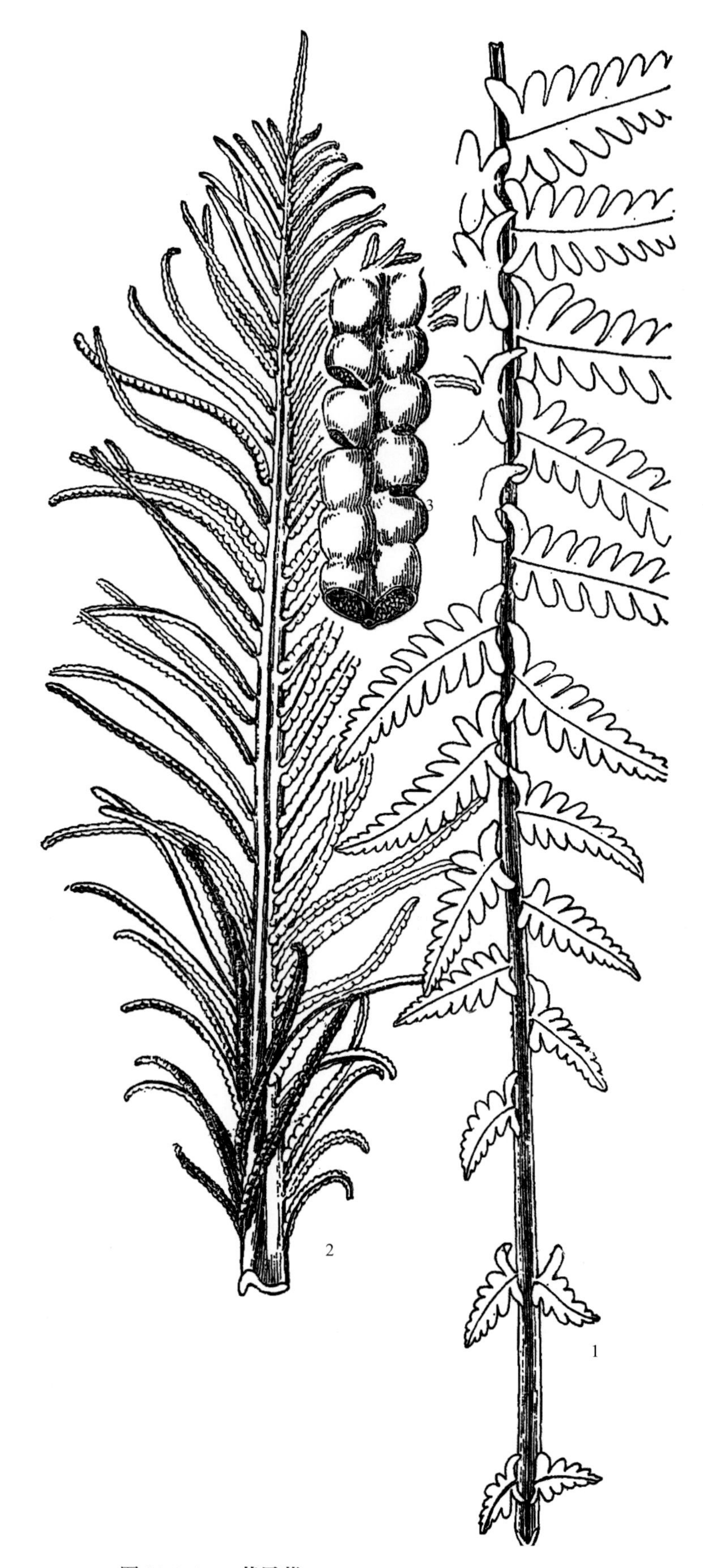

图 20-2-1-1　**荚果蕨 Matteuccia struthiopteris** (L.) Todaro

1. 营养叶（部分）　2. 孢子叶　3. 孢子叶羽片（部分，示孢子囊群及囊群盖）（引自《秦岭植物志》）

图 20-2-1-2　荚果蕨

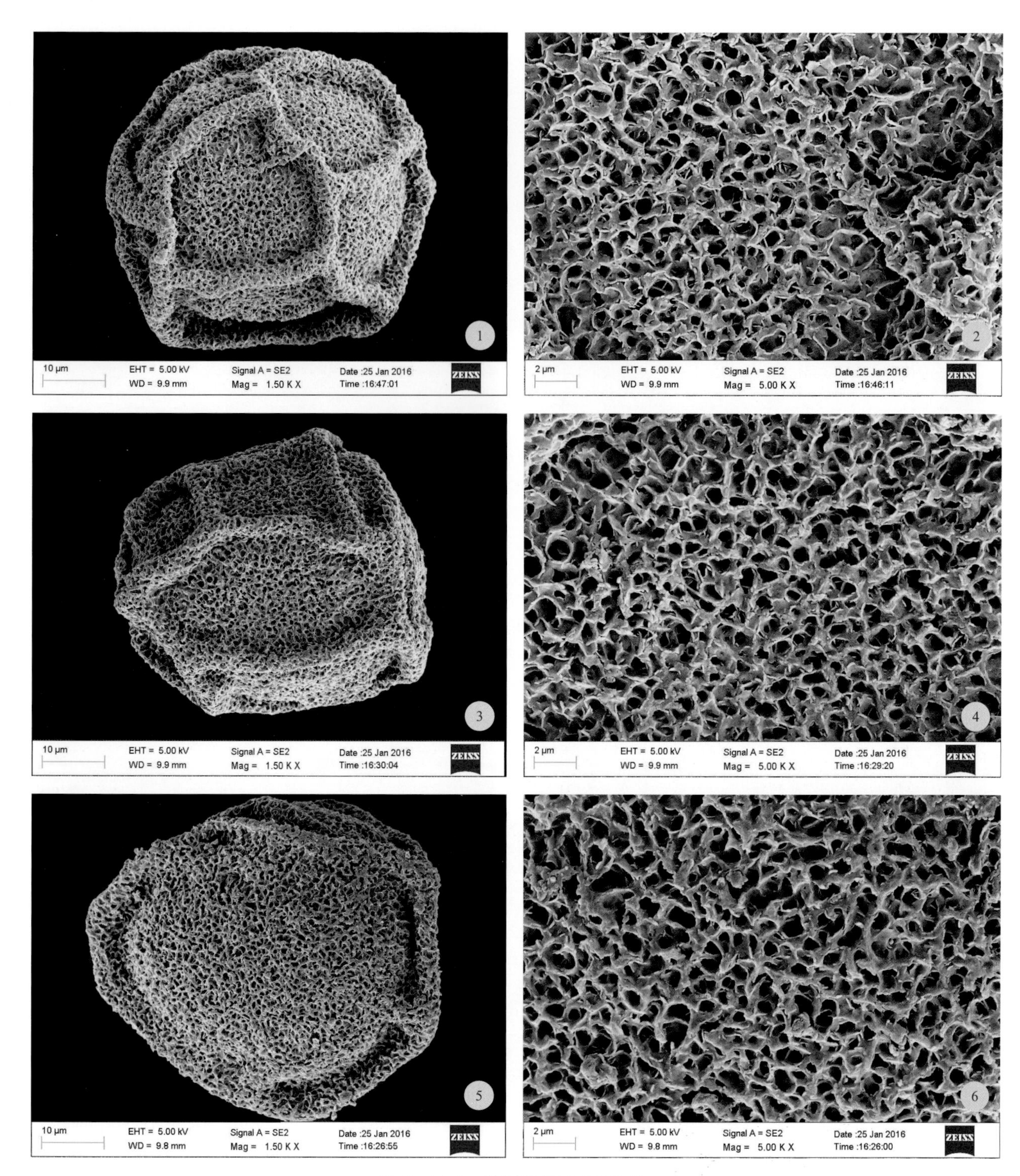

图 20-2-1-3　荚果蕨孢子（SEM）

第二十一章 ◆ 岩蕨科 Woodsiaceae

陆生小型植物。根茎短，直立或横卧，被棕色、膜质、细密筛孔的披针形鳞片。叶簇生；叶柄多少有鳞片及节状长毛，有的有关节；叶片长圆状披针形至狭披针形，一至二回羽裂。叶脉羽状，分离，小脉先端有1水囊，不达叶边；叶草质或革质，多少有节状长毛或粗毛，有时有腺毛或腺体，或沿羽轴下面有小鳞片；叶轴下面圆形，上面有浅纵沟，通常有与叶同样的毛和鳞片。孢子囊群圆形，着生于囊群托上；囊群盖下位，膜质，碟形、杯形、膀胱形，边缘有流苏状睫毛，或为球形，顶端有一开口，或为多细胞卷曲长毛，或裸露。孢子囊球形，环带纵行，由16～22个加厚细胞组成。孢子两侧对称，单裂缝，极面观长椭圆形或近圆形，赤道面观豆形，具周壁，周壁褶皱呈网状或拟网状，表面具颗粒状、微刺状、棒状、小瘤状或不规则的网状纹饰。

50余种，主要分布于北半球温带和寒带。中国3属，20余种，向南分布到南岭山脉以北和喜马拉雅山区。山东2属，5种。

分属检索表

1a. 囊群盖碟形或杯形，边缘有睫毛，或成为卷发状多细胞长毛 .... 1. **岩蕨属Woodsia**

1b. 囊群盖圆球形或膀胱形，顶端有小孔，边缘无睫毛 .... 2. **膀胱蕨属Protowoodsia**

岩蕨属 **Woodsia** R. Br.

石生小型草本蕨类。根茎短，直立或斜生，稀横卧，被鳞片，鳞片披针形或线状披针形，全缘、流苏状、具小齿或睫毛。叶簇生或近簇生；叶柄具关节，叶片枯后在关节处脱落，或无关节而叶柄和叶轴宿存；叶片披针形，一至二回羽状分裂，叶脉分离，羽状，小脉不达叶缘；叶草质或近纸质，无毛或有毛，或被毛及鳞片，沿叶轴小脉偶被小鳞片。孢子囊群小，圆形，具3～18个孢子囊，着生于稍隆起的囊托，位于小脉顶端或中部；囊群盖下位，杯状或碟状，易碎，边缘具睫毛或为流苏状，或成卷发状多细胞长毛，或无盖而孢子囊群裸露；孢子囊大，球形，环带纵向，具18～20个增厚细胞，孢子囊柄粗短，有3行细胞。孢子椭圆形，周壁有褶皱，连成网状，有纹饰，外壁光滑。染色体基数x=39。

约40种，产北半球温带至寒带，北至极地，亚洲、欧洲及北美洲均有分布。中国19种，分布于东北、华北、华东、西北、西南高山和喜马拉雅山。山东4种。

分种检索表

1a. 叶片顶部以下羽片分离；羽片椭圆状披针形，或线状披针形，下面疏被长柔毛或小鳞片……………………………………3. **耳羽岩蕨W. polystichoides**

1b. 叶片上部羽片与叶轴合生，或除基部1对外均为合生，羽状三角状披针形或椭圆形，主脉下面无鳞片或有少数小鳞片。

 2a. 叶基部1对羽片与叶轴分离，向上的均为合生；叶轴密被节状毛，无鳞片……………………………………2. **大囊岩蕨W. macrochlaena**

 2b. 叶中上部羽片与叶轴合生；叶轴密被毛和小鳞片。

  3a. 植株通常高20～30cm；羽片三角状披针形或卵状披针形，边缘具圆齿，两面均密被节状毛……………………………………4. **东亚岩蕨W. intermedia**

  3b. 植株矮小，高通常不超过15cm；羽片矩圆形，疏被柔毛，无节状毛……………………………………1. **妙峰岩蕨W. oblonga**

1. 妙峰岩蕨

图21-1-1-1～图21-1-1-2

Woodsia oblonga Ching et S. H. Wu

植株高10～15cm。根茎短，直立或斜生，密被棕色、膜质、披针形鳞片。叶簇生；叶柄长2～6cm，直径约1mm，棕禾秆色，基部密被鳞片，上部疏被鳞片和长毛，顶端有一斜关节；叶片披针形，长6～10cm，宽2～3cm，先端钝头并羽裂，基部不缩狭，一回羽状；羽片8～18对，对生，有时互生，长圆形，中部的稍大，长1～1.5cm，宽5～8mm，圆头，基部不对称，上侧略呈耳形，全缘，波状或浅裂，下部1～2对羽片略缩短；叶脉羽状，分离，不甚明显，小脉不达叶边；叶草质，有棕色硬毛；叶轴上较多，并混生小鳞片。孢子囊群圆形，生于小脉顶端，近叶缘排列；囊群盖杯形，边缘有睫毛，成熟时浅裂成2～3瓣。孢子类圆球形，两侧对称，单裂缝，极面观超半圆形，赤道面观类圆形，周壁呈网状，网眼大，网内膜呈细网状，网脊粗糙不一，周皮脱落，外壁呈类网状。

产山东泰山、崂山、蒙山、徂徕山、沂源等山区。生潮湿岩缝间。

国内分布于河北、河南。

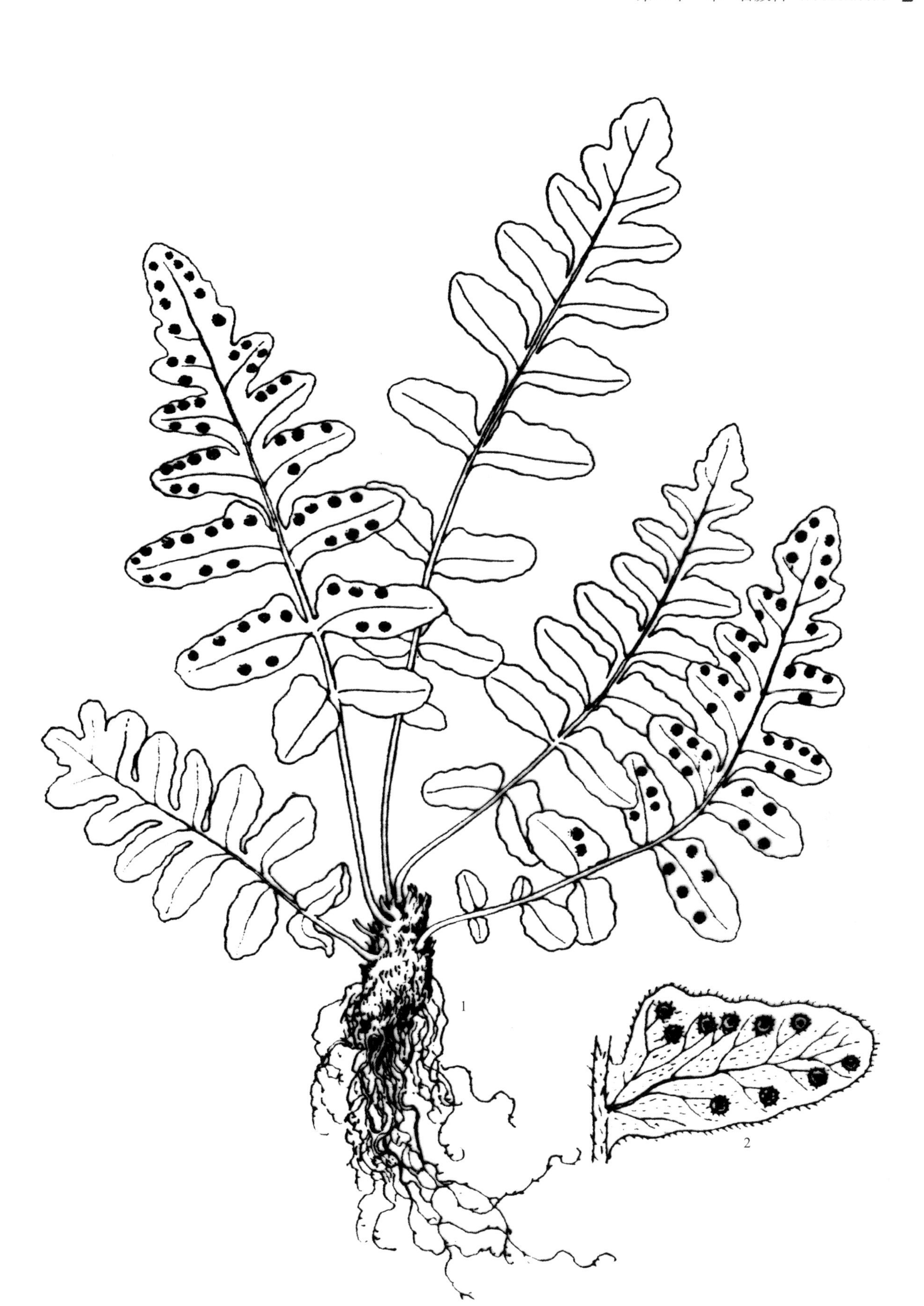

图 21-1-1-1 **妙峰岩蕨 *Woodsia oblonga*** Ching et S. H. Wu

1. 植株 2. 羽片

图 21-1-1-2　妙峰岩蕨

2. 大囊岩蕨

图21-1-2-1～图21-1-2-2

Woodsia macrochlaena Mett. ex Kuhn

植株高8～15cm。根茎短，直立或斜升，密生鳞片，鳞片棕色，边缘流苏状。叶簇生；叶柄长2～5cm，褐色，有鳞片及针状长毛，顶端有一斜关节；叶片长圆状披针形，长5～10cm，宽2～5cm，一回羽状；羽片5～12对，先端渐尖并为羽裂，除下部1～2对羽裂与叶轴分离外，其余与羽片贴生，中部的稍大，基部的一对略缩小，羽片长圆形，圆头，基部上侧不呈耳形，边缘波状羽裂；裂片长圆形；叶脉羽状，不甚明显；叶草质，叶轴及两面有长针状毛，叶下面有节状毛。孢子囊群圆形，生于小脉顶端；囊群盖圆杯形，边缘不整齐碎裂，有睫毛。孢子两侧对称，单裂缝，极面观和赤道面观均为长圆形，周壁表面具不规则的大网状纹饰，网脊细而弯曲，表面粗糙，网脊间具不规则细网纹，网眼大小不均匀，呈穴状。

产山东昆嵛山。生岩石缝间。国内分布于辽东半岛、北京、河北、江苏、山西。

图 21-1-2-1　大囊岩蕨

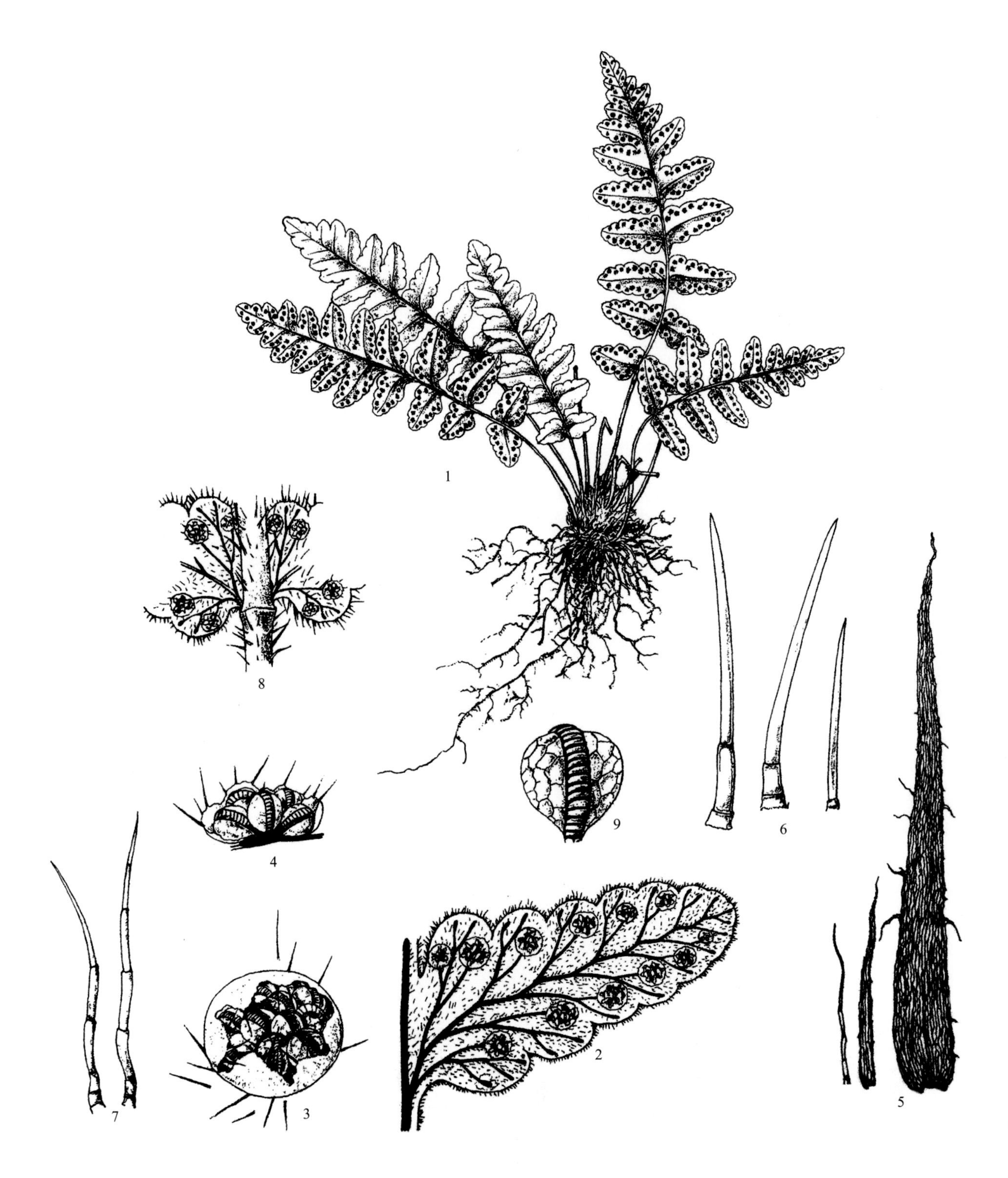

图 21-1-2-2 **大囊岩蕨 Woodsia macrochlaena** Mett. ex Kuhn

1. 植株 2. 羽片 3～4. 孢子囊群及囊群盖 5. 叶柄基部鳞片及刚毛 6～7. 叶片上的刚毛 8. 叶片基部一对羽片生叶柄节之上 9. 孢子囊（引自《中国蕨类植物图谱》）

3. 耳羽岩蕨

图21-1-3-1～图21-1-3-2

Woodsia polystichoides Eaton

植株高15～30cm。根茎短而直立，有棕色、膜质、边缘流苏状的披针形鳞片。叶簇生；叶柄长4～8cm，直径约1mm，棕褐色，疏被鳞片及长毛，顶端有一斜关节，柄脆，易从节处断开；叶片线状披针形，长10～20cm，宽1.5～2.5cm，先端渐尖并为羽裂，下部渐狭缩，一回羽状；羽片20～30对，互生或下部对生，平展，镰刀状，或镰刀状长圆形，长1～1.5cm，宽3～4mm，急尖头，无柄，基部不对称，下侧楔形，上侧凸起成耳状，边缘全缘或波状；叶脉羽状，侧脉除在上侧耳形凸起为羽状分枝外，其余各侧脉为2叉状分枝，先端有水囊，不达叶边；叶纸质，两面有针状长毛，沿中脉下面疏生小鳞片。孢子囊群圆形，着生于2叉脉的上侧分枝顶端，近叶缘排列；囊群盖杯形，膜质，棕色，密被长柔毛，边缘浅裂成瓣状，并有长睫毛。孢子两侧对称，单裂缝，极面观椭圆形，赤道面观类圆形，周壁具弯曲的脊状褶皱，形成大网状纹饰，网眼中不平坦。

产山东泰山、崂山、蒙山、沂山、牙山、昆嵛山、徂徕山、莲花山、鲁山和沂源山区。生岩石缝间。

国内分布于东北、华北、西北、华东、华中。

药用根茎。味淡，性凉。归肝经。舒筋活络，止血消炎。主治筋伤疼痛，活动不利，伤口久不愈合。

图 21-1-3-1　耳羽岩蕨

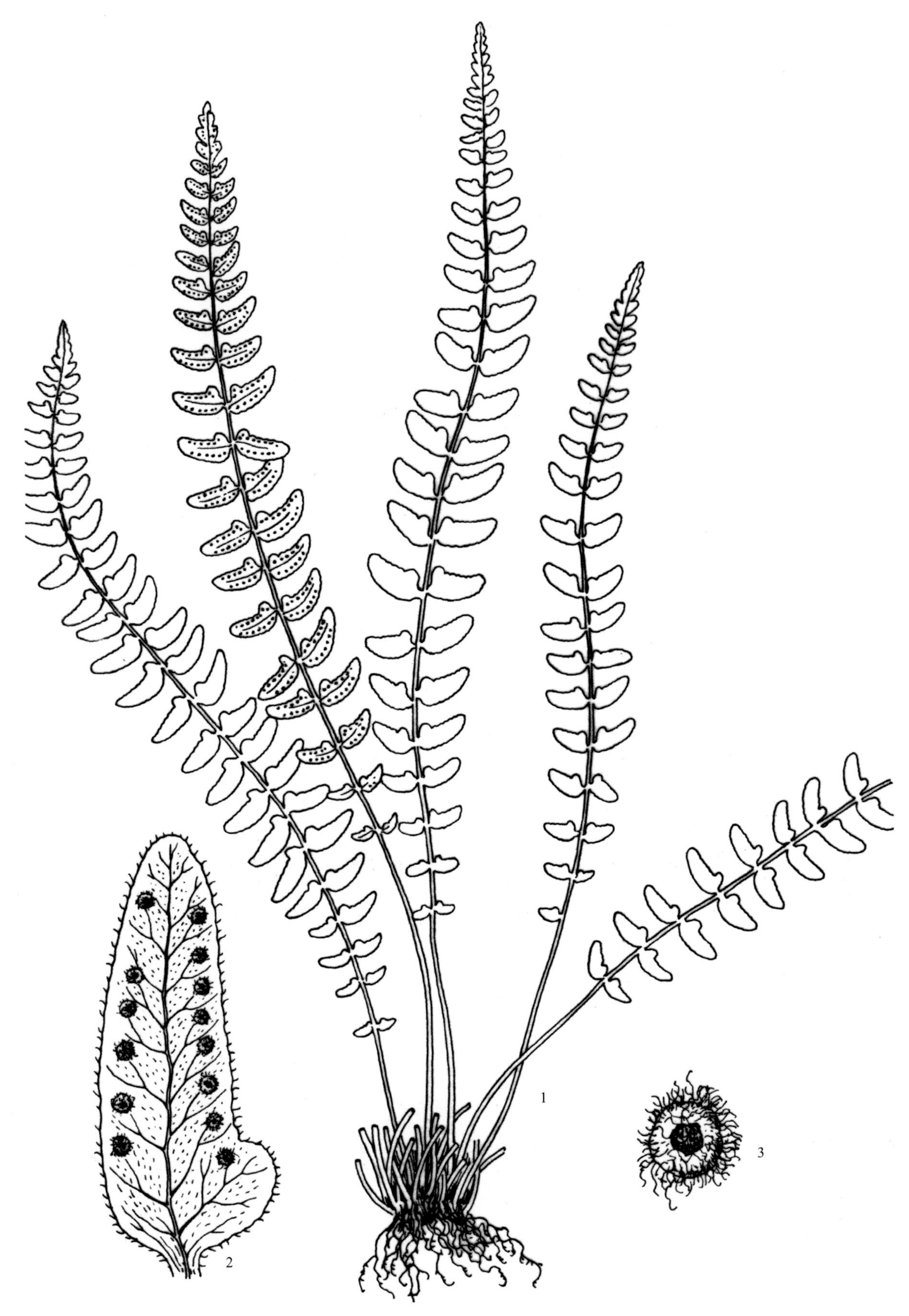

图 21-1-3-2　**耳羽岩蕨 Woodsia polystichoides** Eaton

1. 植株　2. 羽片　3. 囊群盖

4. 东亚岩蕨

图21-1-4-1～图21-1-4-2

Woodsia intermedia Tagawa

植株高20～30cm。根茎短，直立或斜升，顶端连同叶柄基部密被鳞片；鳞片褐色，披针形，膜质，边缘流苏状。叶簇生；叶柄长5～10cm，直径约1mm，圆形，褐色，顶部有一斜关节；叶片长披针形，长15～20cm，中部宽3～4cm，先端锐尖并为羽裂，基部多少狭缩，一回羽状裂；羽片14～20对，对生或近对生，斜上，无柄，卵状三角形或椭圆形，中部羽片长1.5～2.5cm，宽约1.2cm，基部1～2对略缩短，先端钝或微尖，基部斜楔形，不对称，上侧微呈耳状，边缘圆齿状浅裂或波状；叶脉羽状，不明显，小脉不伸达叶缘；叶草质，叶轴、羽轴上有长针状和线形鳞片。孢子囊群圆形，较小，着生于小脉顶端，近叶缘排成1行；囊群盖浅碟形，边缘细裂成毛发状或睫毛状。孢子两侧对称，单裂缝，极面观椭圆形，赤道面观超半圆形，周壁由细丝交织成网状纹饰。

产山东泰山、崂山、蒙山、沂山、牙山、昆嵛山、徂徕山、莲花山、鲁山及沂源山区。生林下岩石缝间。

国内分布于东北、河北、北京。

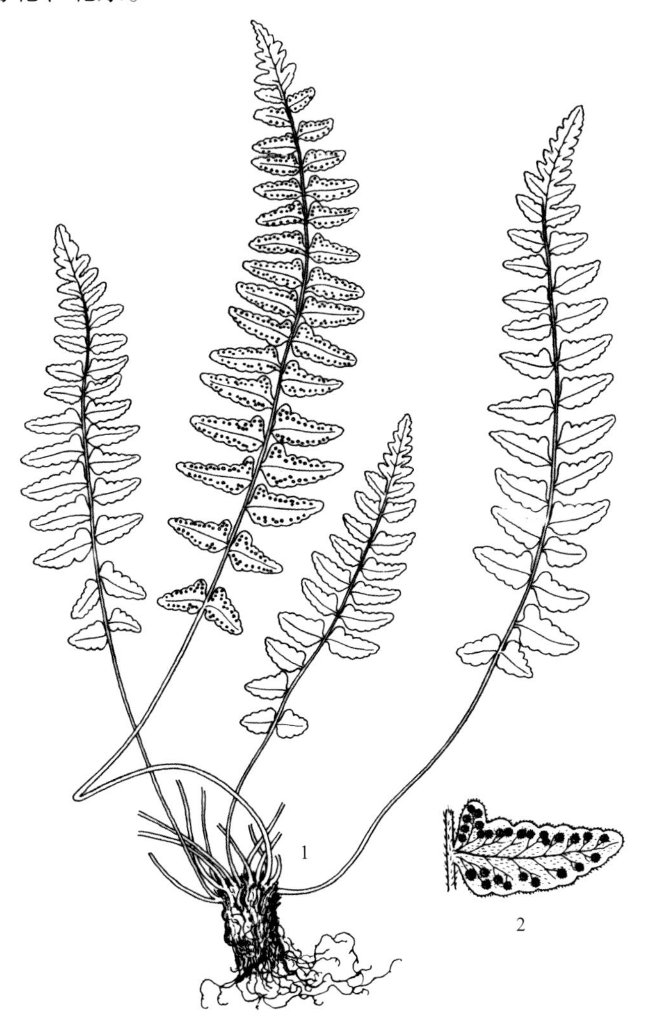

图 21-1-4-1　**东亚岩蕨 Woodsia intermedia** Tagawa

1. 植株　2. 羽片

图 21-1-4-2　东亚岩蕨

膀胱蕨属 **Protowoodsia** Ching

石生草本蕨类。根茎直立，顶端密被卵状披针形或披针形全缘鳞片。叶簇生或近簇生；叶柄短，无关节，质脆易断而下部宿存；叶片披针形，长于叶柄，二回羽状深裂，羽片多数，无毛或略被腺毛，无鳞片；叶脉分离，羽状，小脉不达叶缘；叶草质，叶轴易断，略被短腺毛。孢子囊群小，圆形，具6～12个孢子囊，位于小脉中部或顶部，囊托隆起；囊群盖下位，圆球形或膀胱形，膜质，包被孢子囊群，成熟时顶部开口，开口边缘无睫毛，宿存，或裂为瓣状脱落；孢子囊球形，环带纵向，具16～22个增厚细胞，孢子囊柄细短。孢子椭圆形，两侧对称，单裂缝，周壁具褶皱，外壁光滑。染色体基数x=11（33）。

约12种，分布于北半球温带至南美洲，非洲1种。中国1种。山东1种。

1. 膀胱蕨

图21-2-1-1～图21-2-1-2

Protowoodsia manchuriensis (Hook.) Ching

Woodsia manchuriensis Hook.

植株高5～15cm。根茎短而直立，有棕色、全缘的卵状披针形鳞片。叶簇生；叶柄长1.5～2cm，棕禾秆色，纤细，基部有与根茎相同的鳞片，向上疏被鳞片及短腺毛，无关节；叶片条状披针形，长5～12cm，宽2～2.5cm，先端渐尖并羽裂，向基部边狭缩，二回羽状裂；羽片15～20对，对生至互生，平展，相距0.5～1cm，中部的较大，长圆形，长1～1.5cm，宽约5mm，钝头，羽状深裂，下部各对羽片渐缩成耳形；裂片约4～5对，圆头，并有少数钝齿，基部一对稍大；叶脉在裂片上羽状，侧脉不达叶边；叶薄草质，叶轴及叶两面疏被短腺毛。孢子囊群圆球形；囊群盖膀胱状，灰色，膜质，顶端有一小孔，宿存，上面疏被短腺毛。孢子两侧对称，单裂缝，极面观类圆形，赤道面观超半圆形，周壁具翅状或脊状褶皱，形成不规则网状纹饰。

产山东泰山、蒙山、崂山、昆嵛山、沂山、艾山及威海等山地。生于海拔800m左右的林下石上。

国内分布于黑龙江、吉林、辽宁、内蒙古、河北、山西、河南、安徽、浙江、江西、贵州及四川。日本、朝鲜及俄罗斯远东地区也有分布。

图 21-2-1-1　膀胱蕨 **Protowoodsia manchuriensis** (Hook.) Ching

1. 植株　2. 羽片　3. 孢子囊群及囊群盖　4. 孢子　5. 根茎鳞片（引自《中国蕨类植物图谱》）

图 21-2-1-2　膀胱蕨

第二十二章 · 乌毛蕨科 Blechnaceae

土生，有时亚乔木状，或中型附生蕨类。根茎横走或直立，偶横卧或斜生，具树干状主轴，内有网状中柱，外被细密筛孔全缘红棕色鳞片。叶一型或二型；有柄，柄内有多条维管束；叶片一至二回羽裂，稀单叶；厚质或革质，无毛，常被小鳞片；叶脉分离或网状，如分离则小脉单一或分叉，平行；如网状则小脉沿主脉两侧各形成1～3行多角形网眼，无内藏小脉，网眼外的小脉分离，直达叶缘。孢子囊群为长的汇生囊群，或椭圆形，着生于与主脉平行的小脉或网眼外的小脉，均近主脉；囊群盖同形，开向主脉，稀无盖，孢子囊大，环带纵行，在基部中断。孢子两侧对称，单裂缝，具周壁，常成褶皱，有颗粒，外壁光滑或具不明显纹饰。

13属，约240种，主产于南半球热带地区。中国7属，13种。山东1属。

狗脊属 **Woodwardia** Sm.

土生大型蕨类。根茎短而粗壮，直立、斜升或横卧，内有网状中柱，外密被棕色厚膜质披针形鳞片。叶簇生；有柄，叶片椭圆形，二回深羽裂，侧生羽片多对，披针形，分离，深羽裂；裂片有细锯齿；叶脉网状或分离，沿羽轴及主脉两侧各有1行平行于羽轴或主脉的窄长能育网眼，外侧有1～2行多角形网眼，无内藏小脉，其余小脉均分离，直达叶缘；叶纸质或革质。孢子囊群粗线形或椭圆形，不连续，成单行平行于主脉两侧，着生于近主脉网眼的外侧小脉上，多少陷入叶肉中；囊群盖与孢子囊群同形，厚纸质，深棕色，着生于近主脉网眼的外侧小脉上，成熟时开向主脉，宿存；孢子囊梨形，有长柄，环带纵行中断，具17～24个增厚细胞。孢子椭圆形，周壁具褶皱，外壁光滑。

约12种，分布于亚、欧、美洲温带至亚热带地区。中国5种。山东1种。

1. 狗脊

图22-1-1-1～图22-1-1-2

Woodwardia japonica (L. f.) Sm.

Blechnum japonicum L. f.

植株高0.8～1.2m。根茎粗壮，横卧，暗褐色，连同叶柄基部密被全缘深棕色披针形或线状披针形鳞片。叶近生；叶柄长15～70cm，暗棕色，坚硬，基部残留根茎；叶片长卵形，长25～80cm，下部宽18～40cm，二回羽裂，顶生羽片卵状披针形或长三角状披针形；侧生羽片7～16对，无柄或近无柄，基部1对略短，下部的线状披针形，长12～22cm，宽2～3.5cm，基部圆形或圆截形，羽状半裂；裂片11～16对，基部1对小，下侧1片圆形、卵形或耳形，长0.5～1cm，圆头，向上数对椭圆形或卵形，长1.3～2.2cm，宽0.7～1cm，有细锯齿；叶脉明显，隆起，在羽轴和主脉两侧各有1行窄长网眼，外有若干多角形网眼，其余小脉分离，直达叶缘；叶干后棕色或棕绿色，近革质，无毛或下部疏被柔毛。孢子囊群线形，着生于主脉两侧窄长网眼上，不连续，单行排列；囊群盖同形，开向主脉或羽轴，宿存。孢子两侧对称，单裂缝，极面观长圆形，赤道面观超半圆形，周壁透明，薄膜状，具稀疏弯曲脊状褶皱，褶皱间具鳞片状纹饰，外壁光滑。

产山东济宁市邹城。生疏林下岩石潮湿处。

国内分布于河南、江苏、安徽、长江以南各省区。朝鲜半岛南部、日本也有分布。

2020年版《中国药典》收载，药用根茎，称狗脊。味苦、甘，性温。归肝、肾经。祛风湿，补肝肾，强腰膝。主治风湿痹痛，腰膝酸软，下肢无力。

含淀粉、鞣质等。

图 22-1-1-1　狗脊

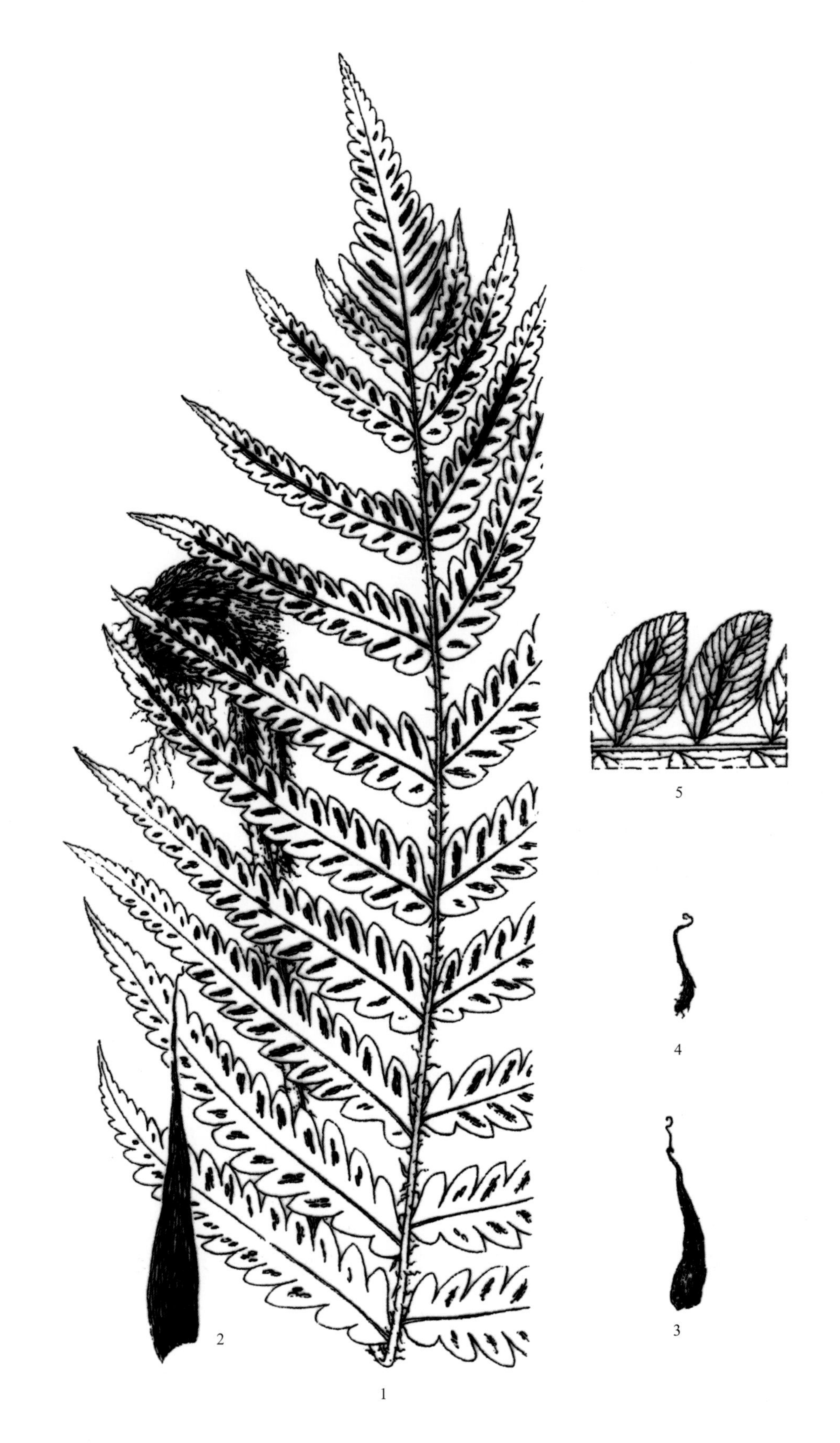

图 22-1-1-2　**狗脊 *Woodwardia japonica*** (L. f.) Sm.

1. 植株　2. 根茎上的鳞片　3 ～ 4. 叶片下的鳞片
5. 羽片中部一段（示叶脉、孢子囊群及囊群盖）（引自《中国植物志》）

第二十三章 ◆ 鳞毛蕨科 Dryopteridaceae

中型陆生蕨类。根茎短而直立或斜升，稀横走，其顶端连同叶柄基部密被鳞片；鳞片狭披针形至卵形，基部着生，棕色或黑色，质厚，边缘多少具锯齿或睫毛。叶簇生；具柄，叶柄横切面有4～7个或更多的维管束，上面有纵沟，多少被鳞片；叶片一至四回羽状或羽裂；一回小羽片上先出，余均下先出；末回小羽片或裂片基部通常对称；叶纸质或近革质，干后淡绿色，光滑，或叶轴、各回羽轴或主脉下面多少被披针形或钻形鳞片；叶脉通常分离，羽状，小脉单一或二叉，不达叶缘，顶端有水囊。孢子囊群圆形，顶生或背生小脉，有盖；盖膜质，圆肾形，以深缺刻着生，或圆形，盾形着生。孢子两侧对称，单裂缝，具周壁。

约14属，1200种，分布于世界各洲，中国13属，共470余种，分布于全国各地，尤以长江以南最为丰富。山东5属。

分属检索表

1a. 孢子囊群盖圆肾形，以缺刻处着生。
  2a. 根茎长而横走；叶疏生。
    3a. 叶片宽卵形，四回或五回羽状分裂……1. **毛枝蕨属Leptorumohra**
    3b. 叶片五角形或卵状五角形，三回羽状分裂……2. **复叶耳蕨属Arachniodes**
  2b. 根茎粗短，直立或斜升；叶簇生……3. **鳞毛蕨属Dryopteris**
1b. 孢子囊群盖圆形，盾状着生。
  4a. 叶脉网状（主脉两侧小脉通常连成2至多行稍偏斜六角形的网眼）……4. **贯众属Cyrtomium**
  4b. 叶脉分离，羽状……5. **耳蕨属Polystichum**

毛枝蕨属 Leptorumohra H. Ito

大、中型土生蕨类。根茎长而横走，密被棕色或栗褐色、披针形全缘鳞片。叶近生或疏生，有长柄，禾秆色或深棕色，基部被与根茎相同的鳞片；叶片五角形或卵形，三至四回羽状；羽片6～15对，基部1对较大，向上渐短，各回羽片细裂，均上先出，两面密被多细胞粗毛；叶草质，叶脉分离，羽状，各回羽轴下面被多细胞柔毛或小鳞片。孢子囊群圆形，背生小脉；囊群盖圆肾形，膜质，全缘或有睫毛；孢子囊环带直立，中断，具14～18个厚壁细胞。孢子肾状，两侧对称，周壁具瘤状纹饰。染色体基数x=41。

4种。分布于日本、朝鲜半岛和中国。中国3种。山东1种。

1. 毛枝蕨

图23-1-1-1～图23-1-1-3

Leptorumohra miqueliana (Maxim.) H. Ito

Aspidium miquelianum Maxim. ex Franch. et Sav.

Arachniodes miqueliana (Maxim. ex Franch. et Sav.) Ohwi

植株高0.8～1m。根茎长而横走，连同叶柄基部被棕色披针形鳞片；叶疏生；叶柄长40～62cm，基部红棕色，上达叶轴为棕禾秆色，疏被小鳞片；叶片宽卵形，长43～52cm，四回或五回羽状；羽片6～8对，互生，有柄，基部1对三角状卵形，长29～32cm，四回羽状；一回小羽片约18对，有柄，基部1（2）片三角状披针形，长达15cm，二回羽状；二回小羽片约16对，有柄，基部下侧1片长三角形，长约3.5cm，二回羽状；三回小羽片6～7对，斜卵形，基部1对长约1.2cm，一回羽状；末回小羽片3～4对，近卵形，全缘或具3～5锯齿，向上的羽片渐短小；末回小羽片的叶脉羽状，小脉单一或分叉；叶干后草质，黄绿色，两面密被粗毛；各回羽轴下面疏被小鳞片。孢子囊群小，圆形，背生于小脉，每末回小羽片1～3枚；囊群盖圆肾形，棕色，脱落。孢子圆肾形，两侧对称，单裂缝，极面观圆肾形，赤道面观超半圆形，周壁具瘤状突起，突起间具密集刺状纹饰，周壁易脱落，外壁光滑。

产山东烟台市昆嵛山、威海市伟德山。生林下。

国内分布于吉林、安徽、浙江、江西、西南各省区。本省分布新纪录：辛晓伟2016092218、2017071905（凭证标本SDFH），2016年9月22日，采自烟台（昆嵛山），海拔307m，2017年7月19日，采自威海（伟德山），海拔305m。

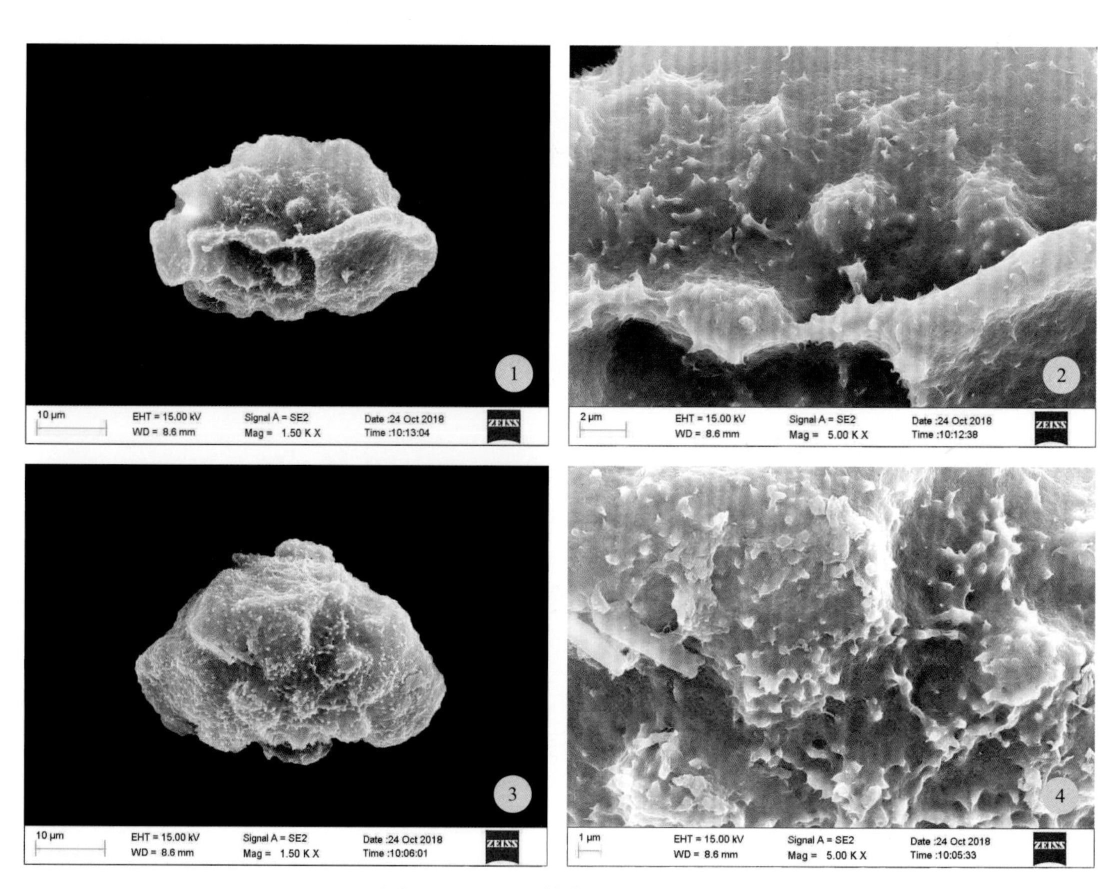

图 23-1-1-1　毛枝蕨孢子（SEM）

1～2. 近极面　3～4. 赤道面

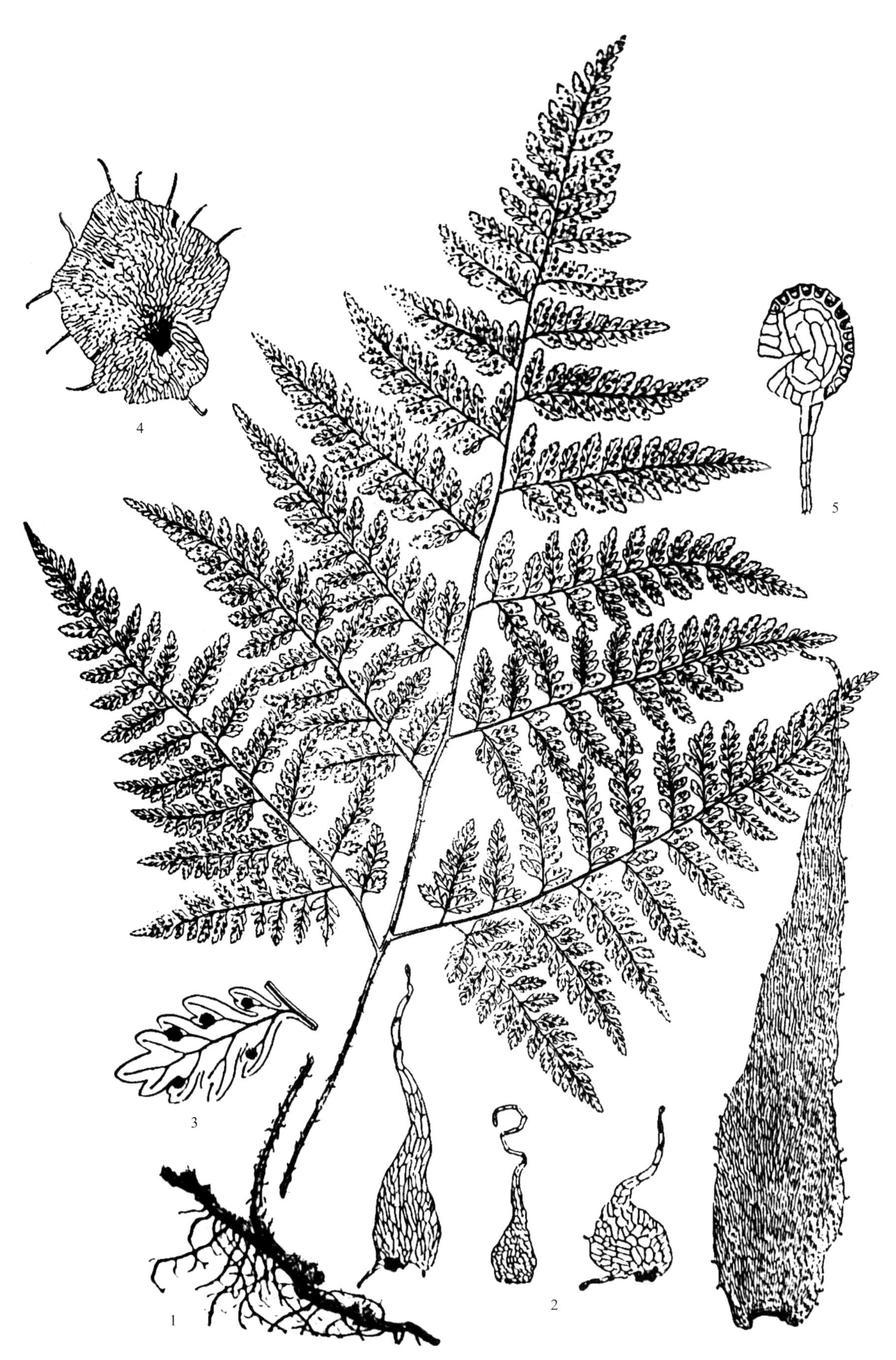

图 23-1-1-2　**毛枝蕨 Leptorumohra miqueliana** (Maxim.) H. Ito

1. 植株　2. 鳞片　3. 小羽片　4. 囊群盖　5. 孢子囊（引自《中国高等植物》）

图 23-1-1-3　毛枝蕨

复叶耳蕨属 **Arachniodes** Blume

中型土生蕨类。根茎粗壮，长而横走，稀斜升，连同叶柄基部被密鳞片，鳞片全缘或有齿。叶疏生或近生；叶片三角形或卵状三角形，多三至四回羽状，稀二回或五回羽状；羽片有柄，常斜展，接近或密接，基部羽片多为三角形或长圆形，基部小羽片长，偶短，一回至三回羽状；小羽片上先出，末回小羽片顶端常尖头，基部不对称，具芒状锯齿；叶脉羽状，分离。孢子囊群顶生或近顶生于小脉，稀背生，着生于主脉与叶缘间，或近叶缘生，圆形；囊群盖圆肾形，以深缺刻处着生，膜质，脱落。孢子两侧对称，单裂缝，周壁具褶皱，透明，有瘤状或刺状纹饰。

约150种，广布于热带、亚热带、南温带，非洲、亚洲、大洋洲、中南美洲均产。中国103种2变种。山东1种。

1. 刺头复叶耳蕨 刺头芒蕨

图23-2-1-1

Arachniodes exilis (Hance) Ching

Aspidium exilis Hance

Arachniodes michelli (Levl.) Ching ex Y. T. Hsieh

植株高50～70cm。根茎长而横走，密被棕褐色钻形鳞片。叶远生或近生；叶柄长28～36cm，直径2～3mm，禾秆色，基部密被红棕色、披针形鳞片；叶片五角形或卵状五角形，长22～34cm，宽14～24cm，顶部羽片与其下侧羽片同形，基部近截形，三回羽状；侧生羽片4～7对，下部1～2对长三角形，向上的互生，斜长方形，长达1.5cm，宽约7mm，急尖头，基部不对称，上侧圆截形并凸出呈耳状，下侧斜切，边缘浅裂或有粗锯齿，顶端具芒刺；第3～6对羽片披针形，羽状，基部上侧一片小羽片略大，多少羽裂；第7对羽片明显缩短，阔披针形，羽状或全裂；叶干后纸质，棕色，上面略有光泽，叶轴和羽轴下面被有相当多的褐棕色、线状钻形小鳞片。孢子囊群每小羽片5～8对，位于中脉与叶边中间；囊群盖棕色，膜质，脱落。

产山东崂山（太清宫林下）。

国内分布于河南及长江以南各省区。

图 23-2-1-1　**刺头复叶耳蕨 Arachniodes exilis** (Hance) Ching

1. 植株　2. 小羽片（引自《中国高等植物》）

鳞毛蕨属 **Dryopteris** Adanson

陆生蕨类。根茎短粗，直立或斜升，连同叶柄基部密被鳞片；鳞片卵形、阔披针形、卵状披针形，红棕色、褐棕色或黑色，有光泽，全缘或略有疏齿或流苏状，质厚。叶簇生，螺旋状排列，向四面放射呈中空的倒圆锥形；有叶柄，被与根茎相同的鳞片；叶片阔披针形、长圆形、三角形、五角形，一至四回羽状或四回羽裂，顶部羽裂；叶通常为纸质至近革质，少有草质，干后淡绿色或草绿色；各回小羽轴（或主脉）以锐角斜出，基部以狭翅下沿于下一回的小羽轴，下面圆形隆起，上面具纵沟，两侧具隆起的边，光滑，且与下一回的小羽轴上面的纵沟互通；叶轴、羽轴及小羽轴下面被小披针形（纤维状）或泡状（囊状）小鳞片；叶脉分离，羽状，单一或二至三叉，不达叶边，先端有水囊。孢子囊群圆形，背生或顶生小脉；通常有囊群盖，圆肾形，大而全缘，以深缺刻着生，有长柄，环带具12～20个加厚细胞。孢子椭圆形，两侧对称，单裂缝，周壁具瘤状、疣状、脊状等多种类型突起和鳞片状纹饰。

本属约230种，广布于世界各地，以亚洲大陆（特别是中国及喜马拉雅山地区其他国家、日本、朝鲜）为分布中心，中国127种，为中国蕨类植物中大属之一。山东14种。

分种检索表

1a. 羽轴及小羽轴下面具披针形（或纤维状）小鳞片。
　2a. 叶为长圆形、长圆状披针形、卵状披针形或倒披针形；二回羽状或三回羽裂。
　　3a. 孢子囊群仅生于叶片中部以上的羽片下面。
　　　4a. 叶片倒披针形，基部数对羽片逐渐缩短，约为中部羽片长度的1/2左右……………………1. **粗茎鳞毛蕨D. crassirhizoma**
　　　4b. 叶片长圆形或长圆状披针形，基部羽片不缩短。
　　　　5a. 孢子囊群生于叶片中部以上的羽片下面，约占叶片1/2左右，这些羽片不狭缩……………………2. **半岛鳞毛蕨D. peninsulae**
　　　　5b. 孢子囊群生于叶片近顶部的羽片下面，约占叶片1/3，这些羽片骤窄缩……………………3. **狭顶鳞毛蕨D. lacera**
　　3b. 孢子囊群满布于叶片下面。
　　　6a. 末回小羽片不分裂；叶两面具腺毛……………………4. **细叶鳞毛蕨D. woodsiisora**
　　　6b. 末回小羽片羽状深裂；叶两面无腺毛。
　　　　7a. 叶下部一对羽片的基部下侧一小羽片略缩短……………………5. **华北鳞毛蕨D. goeringiana**
　　　　7b. 叶下部一对羽片的基部下侧一小羽片略伸长……………………6. **山东鳞毛蕨D. shandongensis**
　2b. 叶片五角形或卵状五角形；三至四回羽裂。
　　8a. 叶柄细弱，向上连同叶轴被棕褐色披针形鳞片……………………7. **中华鳞毛蕨D. chinensis**
　　8b. 叶柄较粗壮，向上连同叶轴近光滑……………………8. **裸叶鳞毛蕨D. gymnophylla**
1b. 羽轴下面有泡状（或囊状）小鳞片（即基部为圆球形，上部为长钻形）。

9a. 根茎、叶柄、叶轴和羽轴均密被红棕色鳞片；叶下部一对羽片的基部下侧一小羽片比同侧的小羽片显著缩短……………………………………………………………………9. **崂山鳞毛蕨D. laoshanensis**

9b. 根茎、叶柄、叶轴和羽轴均有黑褐色鳞片。

10a. 叶下部一对羽片的基部下侧一小羽片显著缩短，长圆形，不羽裂……………………………………………………………………………………………………10. **阔鳞鳞毛蕨D. championii**

10b. 叶下部一对羽片的基部下侧一小羽片伸长并深羽裂。

11a. 叶片三回羽状或三回羽裂。

12a. 叶柄基部及叶轴上疏被易脱落的鳞片；叶片三回羽裂；羽轴上具有稀疏小鳞片；孢子囊群生于小脉中部……………………………………11. **假中华鳞毛蕨D. parachinensis**

12b. 叶柄基部密被二色鳞片（通常基部和边缘棕色，鳞片中央和上部黑色），鳞片不易脱落；叶片三回羽状。

13a. 叶轴和羽轴疏被泡状小鳞片……………………………12. **棕边鳞毛蕨D. sacrosancta**

13b. 叶轴和羽轴密被棕色泡状小鳞片…………………………… 13. **两色鳞毛蕨D. setosa**

11b. 叶片二回羽状；末回小羽片不羽裂（除基部羽片最下一片外）…………………………………………………………………………………………… 14. **假异鳞毛蕨D. immixta**

1. 粗茎鳞毛蕨

图23-3-1-1～图23-3-1-3

Dryopteris crassirhizoma Nakai

植株高达1m。根茎粗壮，直立或斜升，连同叶柄密被淡褐色或栗棕色、边缘具刺、卵状披针形或窄披针形鳞片，向上为线形或钻形且扭曲的窄披针形鳞片。叶簇生；叶柄深禾秆色，短于叶片；叶片长圆形或倒披针形，长50～80cm，宽15～30cm，二回羽状深裂；羽片30对以上，无柄，线状披针形，下部羽片缩短，中部稍上的长8～15cm，宽1.5～3cm，向两端渐短，羽状深裂；裂片长圆形，宽2～5mm，基部与羽轴合生，全缘或具浅钝齿；叶脉羽状，侧脉分叉，偶单一；叶厚草质或纸质，下面淡绿色，沿叶轴和羽轴具披针形小鳞片，裂片两面散生扭卷鳞片和鳞毛。孢子囊群圆形，着生于叶片上部1/3～1/2小脉中下部，每裂片1～4对；囊群盖圆肾形或马蹄形，近全缘，棕色，成熟时不完全覆盖孢子囊群。孢子两侧对称，单裂缝，极面观为类圆形，赤道面观为圆肾形，周壁具瘤状和瘤块状突起，其表面具鳞片状纹饰。

产山东威海。

国内分布于东北、华北。生于山地林下。俄罗斯、朝鲜、日本也有分布。

2020年版《中国药典》收载，药用根茎和叶柄残基，称绵马贯众。味苦，性微寒，有小毒。归肝、胃经。清热解毒，止血，杀虫。主治时疫感冒，风热头疼，温毒发斑，疮疡肿毒，崩漏下血，虫积腹痛。

含间苯三酚类、绵马三萜、鞣质、挥发油、树脂等。

图 23-3-1-1　**粗茎鳞毛蕨 *Dryopteris crassirhizoma*** Nakai

1. 根茎　2. 植株　3. 裂片

图 23-3-1-2　粗茎鳞毛蕨

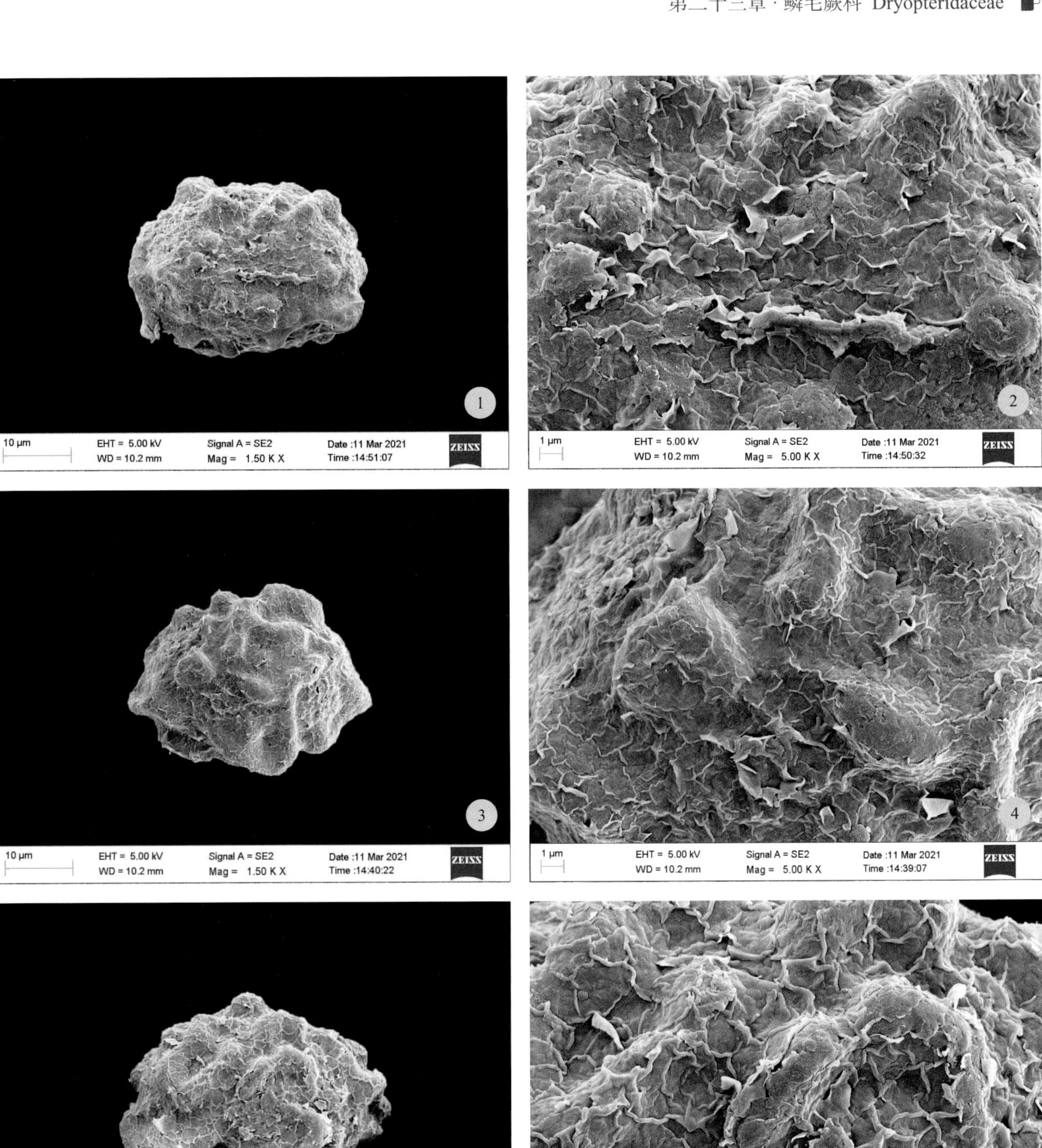

图 23-3-1-3　粗茎鳞毛蕨孢子（SEM）

1 ～ 2. 近极面　3 ～ 4. 远极面　5 ～ 6. 赤道面

2. 半岛鳞毛蕨 辽东鳞毛蕨

图23-3-2-1～图23-3-2-3

Dryopteris peninsulae Kitag.

植株高达50cm。根状茎粗，近直立。叶簇生；叶柄长达24cm，淡棕褐色，有1纵沟，基部密被棕褐色、膜质、线状披针形至卵状长圆形、具长尖头的鳞片，向上连同叶轴散生栗色或基部栗色上部棕褐色、边缘疏生细尖齿、披针形至长圆形鳞片；叶片长圆形或狭卵状长圆形，长13～38cm，宽8～20cm，基部多少心形，先端短渐尖，二回羽状；羽片12～20对，对生或互生，具短柄，卵状披针形至披针形，基部不对称，先端长渐尖且微镰状上弯，下部羽片较大，长达11cm，宽达4.5cm，向上渐变小，羽轴禾秆色，疏生线形鳞片，易脱落；小羽片或裂片达15对，长圆形，先端钝圆且具短尖齿，基部几对小羽片的基部多少耳形，边缘具浅尖齿；裂片或小羽片上的叶脉羽状，明显；叶厚纸质。孢子囊群圆形，较大，通常仅生于叶片上半部，沿裂片中肋排成2行；囊群盖圆肾形至马蹄形，近全缘，成熟时不完全覆盖孢子囊群。孢子两侧对称，单裂缝，极面观和赤道面观均为近椭圆形，周壁具不规则耳片状突起，其表面具鳞片状纹饰。

产山东泰山、徂徕山、莲花山、沂山、蒙山、崂山、大珠山、小珠山、昆嵛山、牙山、艾山、正棋山、里口山、济南（佛慧山）等，为山东常见蕨类植物之一。生于阴湿地杂草丛中。

国内分布于辽宁、甘肃、陕西、江西、河南、湖北、四川、贵州、云南东北部。模式标本采自山东。

药用根茎。味苦，性凉。归肝、小肠经。清热解毒，凉血止血，驱虫。主治产后出血，崩漏，吐血，衄血，便血，赤痢，绦虫病，蛔虫病，并能预防流行性感冒、流行性乙型脑炎。据刘正宇等研究，其根茎收敛止痢，叶活血散瘀。

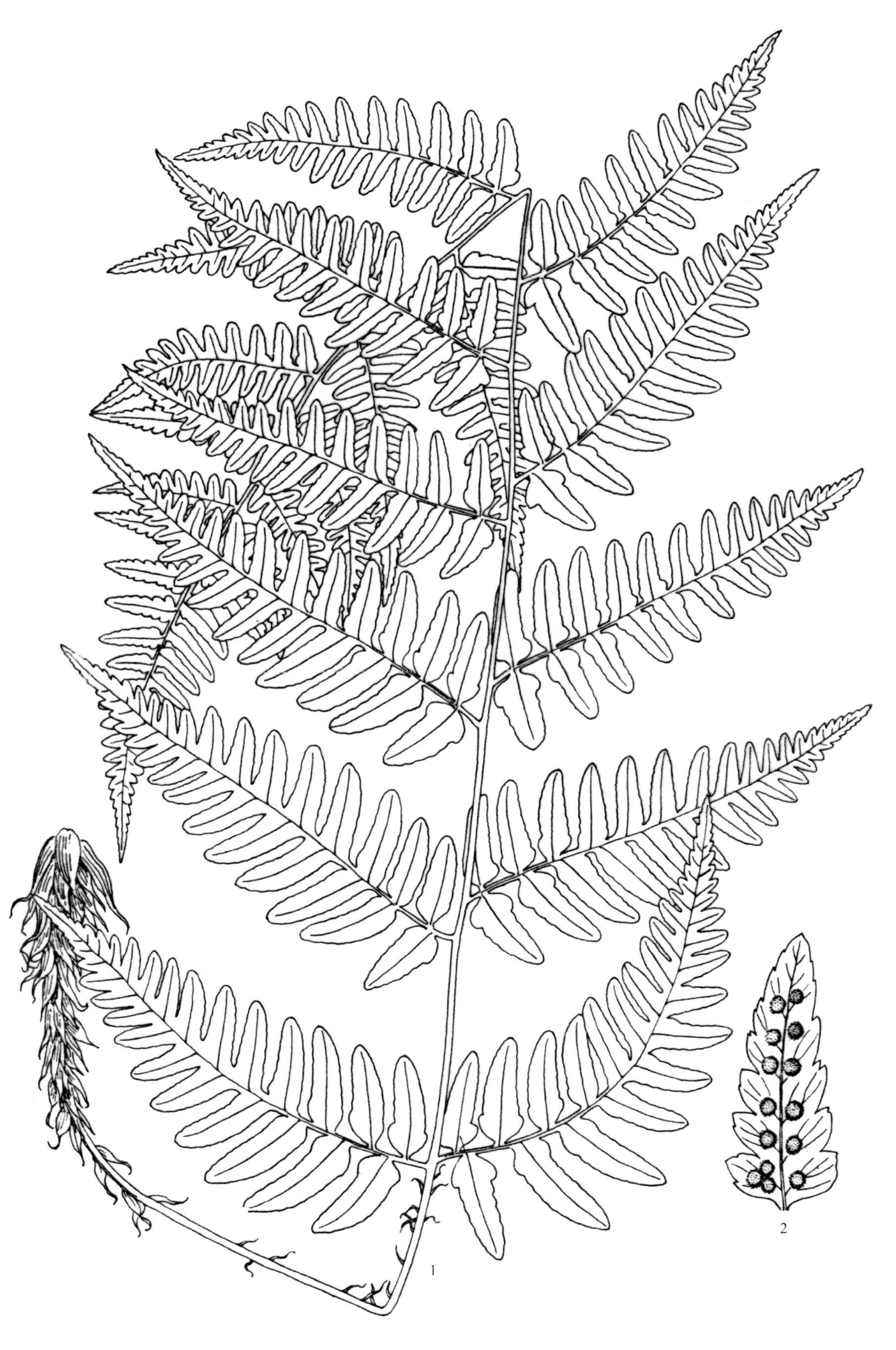

图 23-3-2-1 **半岛鳞毛蕨 *Dryopteris peninsulae*** Kitag.

1. 植株 2. 小羽片

图 23-3-2-2　半岛鳞毛蕨

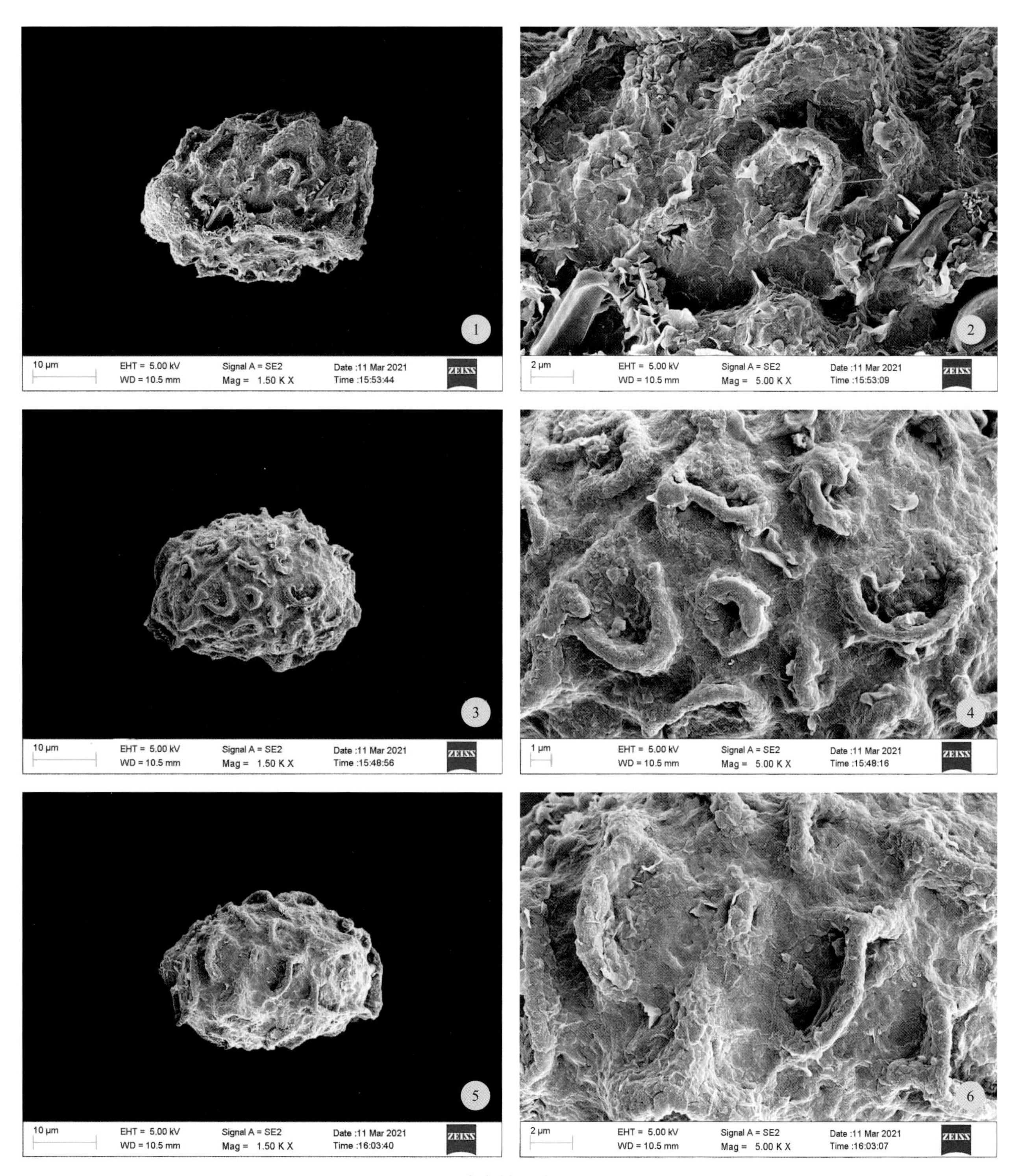

图 23-3-2-3　半岛鳞毛蕨孢子（SEM）

1～2. 近极面　3～4. 远极面　5～6. 赤道面

3. 狭顶鳞毛蕨

图23-3-3-1～图23-3-3-3

Dryopteris lacera (Thunb.) O. Kuntze

Polypodium lacerum Thunb.

植株高约60～80cm。根茎短粗，直立或斜升。叶簇生；叶柄通常显著短于叶片，禾秆色，连同叶轴密被鳞片；鳞片褐色至赤褐色，膜质，全缘或略有尖齿，基部鳞片大，卵状长圆形，先端长渐尖，长达2cm，向上鳞片变小；叶片椭圆形至长圆形，长40～70cm，宽15～30cm，二回羽状分裂；羽片约10对，对生或互生，开展，具短柄，广披针形至长圆状披针形，先端长渐尖；小羽片长卵状披针形至披针形，长达2cm，宽5～10mm，钝尖至钝尖头，边缘有齿；叶上部为产生孢子的能育羽片，约占整个叶片长度的1/3，常骤狭缩，孢子散发后即枯萎卷曲；叶厚草质至近革质，淡绿色；叶轴上的鳞片披针形至线状披针形，羽轴背面残存有小鳞；叶脉羽状，侧脉在小羽片上面略下凹。孢子囊群圆形，生于叶片上部骤狭缩的羽片背面；囊群盖圆肾形，全缘。孢子左右对称，单裂缝，极面观椭圆形，赤道面观半圆形，周壁具瘤状和瘤块状突起，其表面具颗粒状纹饰或粗糙。

产山东崂山、昆嵛山、牙山、艾山、正棋山、里口山、蒙山。生山地疏林下。

国内分布于黑龙江、浙江、江西、湖南、湖北、四川。朝鲜、日本也有分布。

药用根茎，清热，活血，收敛止痢，杀虫。药用叶，活血散瘀，主治痢疾、跌打损伤、绦虫病等。

图 23-3-3-1 **狭顶鳞毛蕨 Dryopteris lacera** (Thunb.) O. Kuntze

图 23-3-3-2　狭顶鳞毛蕨

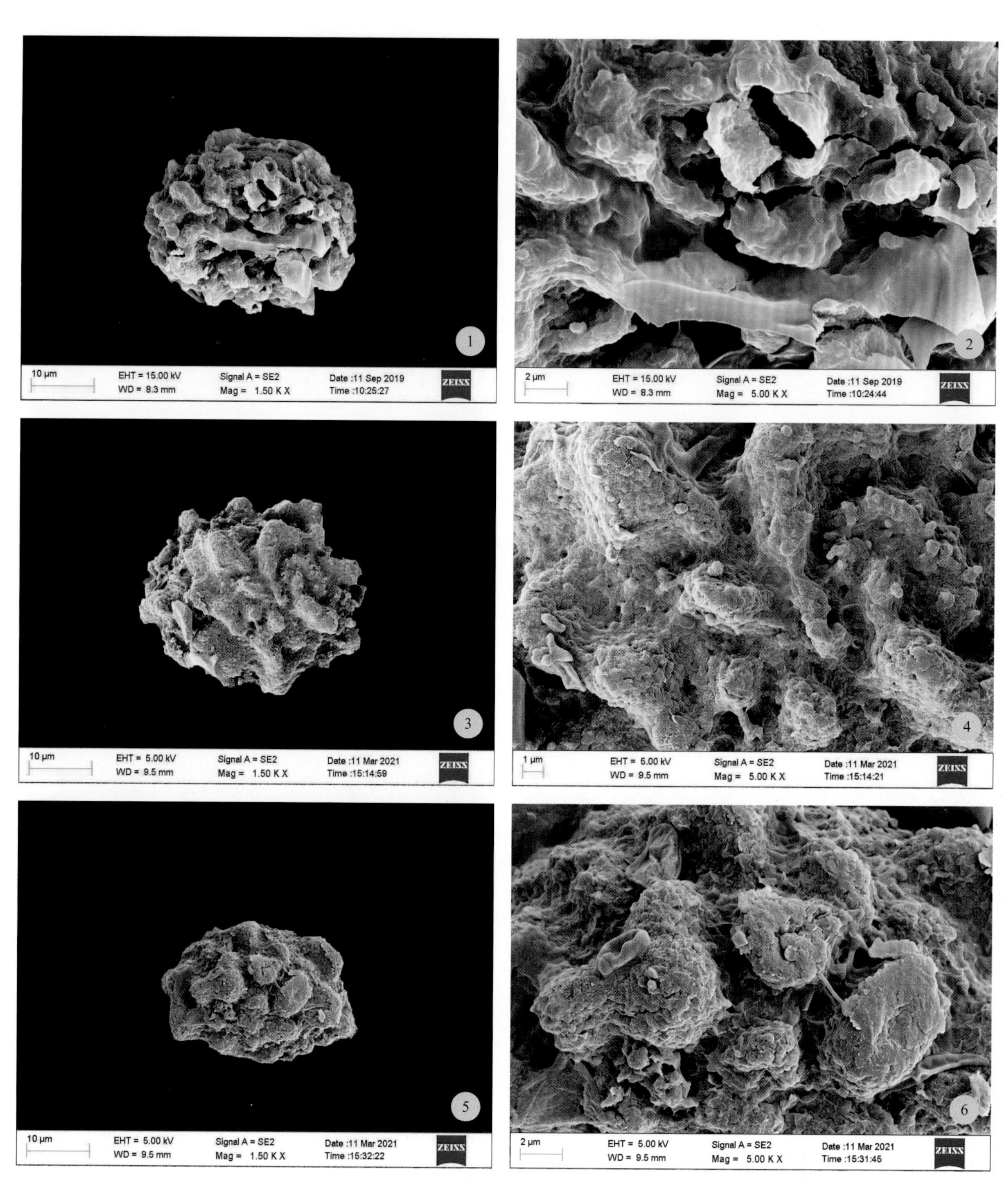

图 23-3-3-3　狭顶鳞毛蕨孢子（SEM）

1～2. 近极面　3～4. 远极面　5～6. 赤道面

4. 细叶鳞毛蕨 泰山鳞毛蕨

图23-3-4-1～图23-3-4-3

Dryopteris woodsiisora Hayata

Dryopteris taishanensis F. Z. Li

植株高40～60cm。根茎短，直立或斜升，顶端密被卵状披针形、棕色、全缘的鳞片。叶簇生；叶柄长10～20cm，直径3～4mm，禾秆色，密被鳞片；鳞片阔披针形，顶端渐尖，边缘有尖齿；叶片卵状披针形，长20～40cm，宽10～20cm，一回羽状深裂；羽片10～13对，披针形，长2～7cm，宽1.5～2.5cm，基部1～2对羽片略短，具短柄，顶端钝圆，边缘羽状浅裂至羽状深裂；裂片5～10对，长圆形，圆钝头。侧脉羽状，叶片下面明显可见；叶轴密被基部阔披针形、顶端毛状渐尖、边缘有细齿的棕色鳞片，羽轴具有较密的披针形小鳞片，羽片下面特别是沿羽轴被较密的腺毛；叶草质，干后褐绿色。孢子囊群大，圆形，每裂片中脉两侧多行，位于中脉与边缘之间或略靠边缘着生；囊群盖蚌壳状，淡棕色，全缘。孢子两侧对称，单裂缝，极面观长圆形，赤道面观长半圆形，周壁具条脊状突起，呈大网状，表面具鳞片状纹饰，周壁易脱落，外壁光滑。

产山东泰山和蒙山（大洼和龟蒙顶下）。国内分布于江苏、河南、长江以南各省区。日本、朝鲜也有分布。

图 23-3-4-1　细叶鳞毛蕨

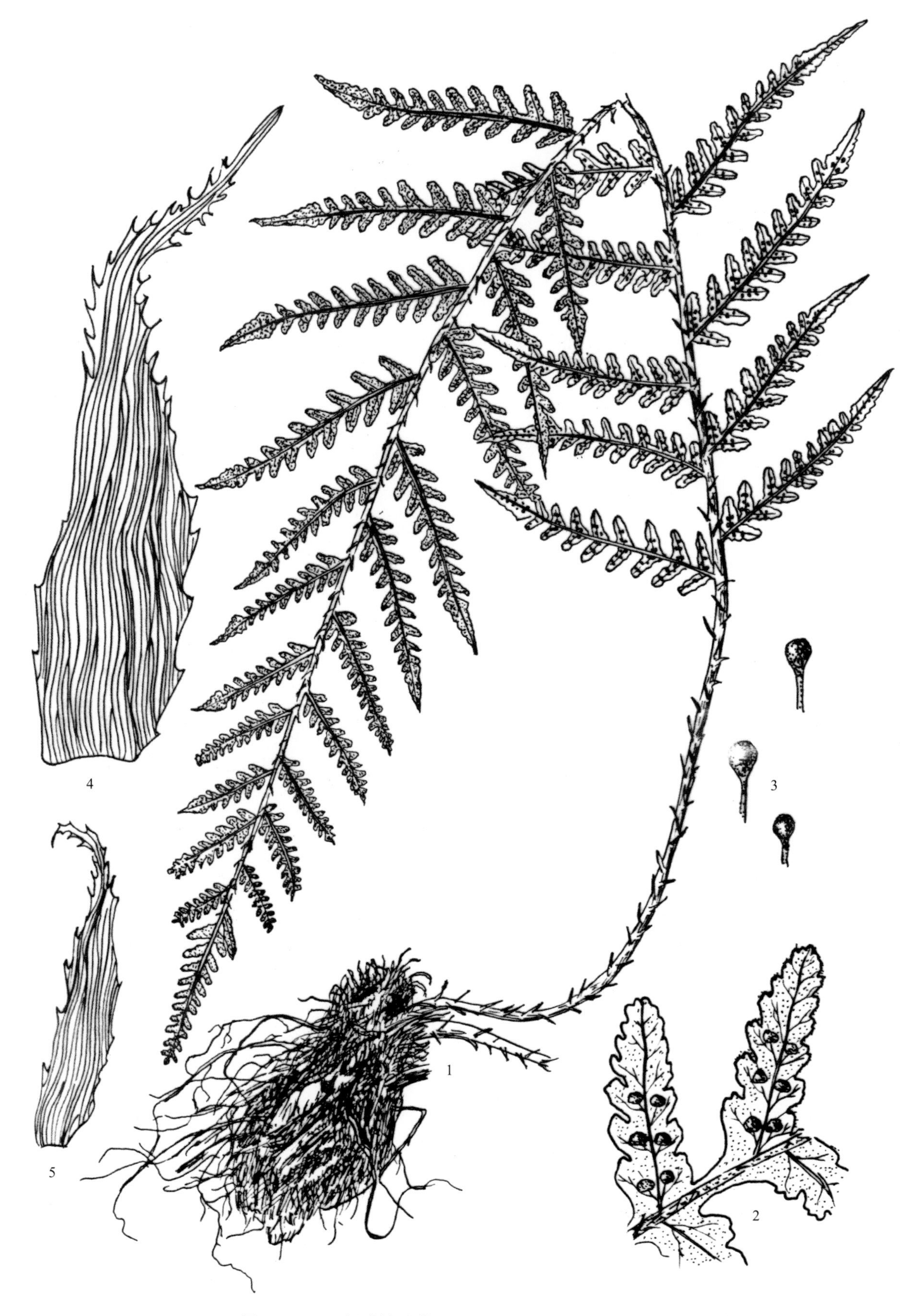

图 23-3-4-2　**细叶鳞毛蕨 *Dryopteris woodsiisora*** Hayata

1. 植株　2. 羽片（部分）　3. 腺毛　4. 叶柄基部的鳞片　5. 叶轴下的小鳞片

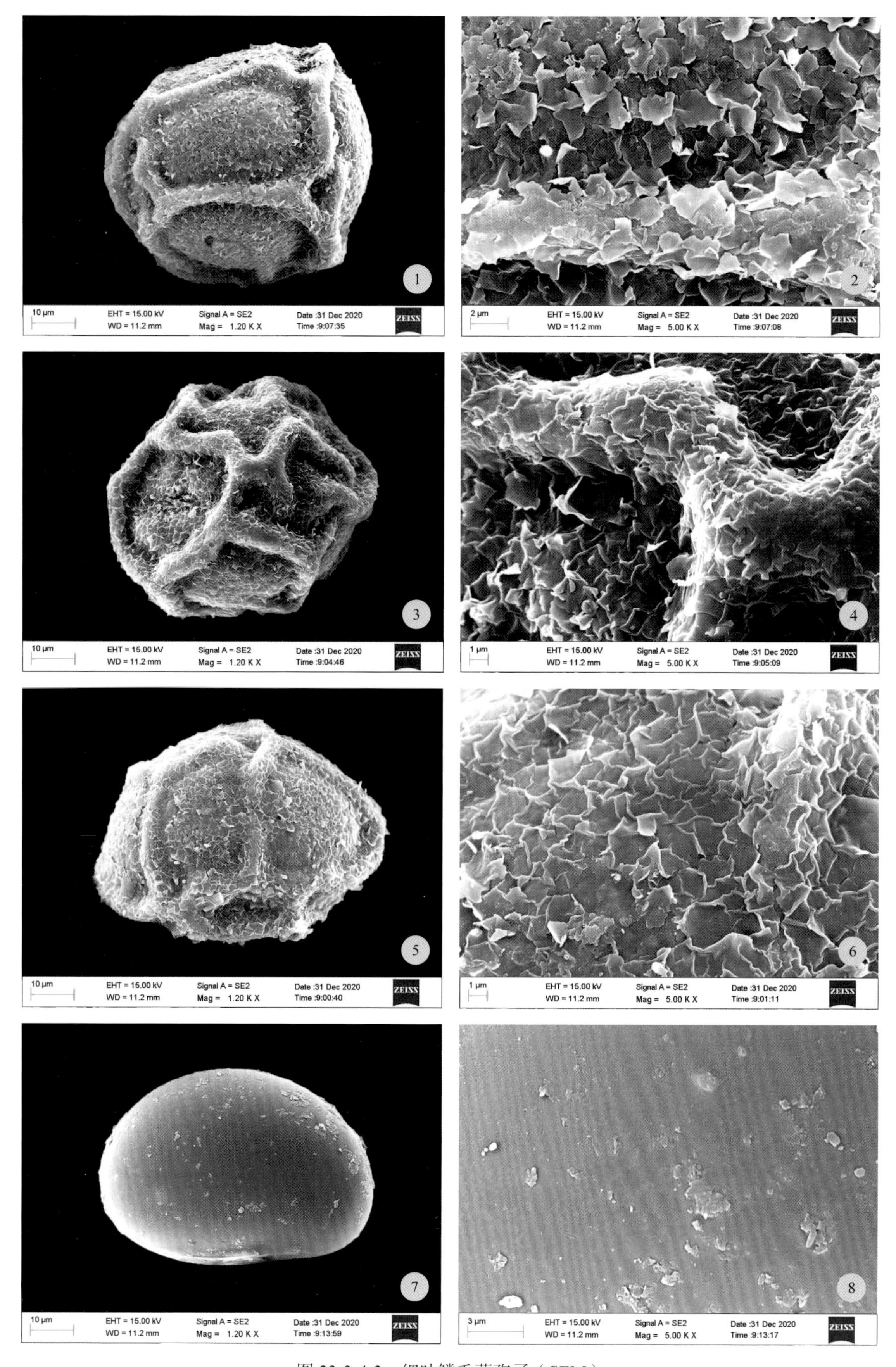

图 23-3-4-3 细叶鳞毛蕨孢子（SEM）

1～2. 近极面 3～4. 远极面 5～6. 赤道面 7～8. 脱掉周壁的孢子

5. 华北鳞毛蕨 美丽鳞毛蕨

图23-3-5-1～图23-3-5-2

Dryopteris goeringiana (Kunze) Koidz.

Aspidium goeringianum Kunze

Dryopteris laeta (Kom.) C. Chr.

植株高50～90cm。根茎粗壮，横卧。叶近生；叶柄长25～50cm，淡褐色，有纵沟，具淡褐色、膜质、边缘微具齿的鳞片，下部鳞片较大，广披针形至线形，长达1.5cm，上部连同中轴被线形或毛状鳞片；叶片卵状长圆形、长圆状卵形或三角状广卵形，长25～50cm，宽15～40cm，先端渐尖，三回羽状深裂；羽片6～8对，互生，具短柄，披针形或长圆披针形，长渐尖头，中下部羽片较长，长11～27cm，宽2.5～6cm，向基部稍微变狭；小羽片10～12对，稍远离，基部下侧几个小羽片缩短，披针形或长圆状披针形，尖头至锐尖头，羽状深裂；裂片长圆形，宽1～3mm，通常顶端有尖锯齿；侧脉羽状，分叉；叶片草质至薄纸质，羽轴及小羽轴背面生有毛状小鳞片。孢子囊群近圆形，通常沿小羽片中脉排成2行；囊群盖圆肾形，膜质，边缘啮蚀状。孢子两侧对称，单裂缝，极面观长圆形，赤道面观半圆形，周壁具不规则的弯曲条脊状和瘤状突起，突起间具小颗粒状纹饰。

产山东牙山、泰山。生阔叶林下或灌丛中。

国内分布于东北、华北、西北。俄罗斯、朝鲜、日本也有分布。

6. 山东鳞毛蕨

图23-3-6-1～图23-3-6-3

Dryopteris shandongensis J. X. Li et F. Li

植株高25～55cm。根茎短粗直立，粗约2.5cm，连同叶柄基部密被棕色阔披针形鳞片。叶簇生；叶柄长10～15cm，基部粗约4mm；叶片卵状长圆形，长约35cm，基部较宽，12～20cm，向上渐狭缩，先端渐尖并羽裂，二回羽状或三回深羽裂；羽片12对，斜展，彼此以狭间隔分开，基部羽片对生，较大，基部不对称，长三角形，长7～12cm，宽5～8cm，渐尖头，柄长达1cm，一回羽状或二回深羽裂；小裂片约10对，披针形，互生，下部的有短柄，基部下侧一片略长，长3～4cm，宽10～12mm，深羽裂；第2～3对小羽片羽状半裂，先端全缘或有不明显的锯齿；第二羽片比基部一对略狭缩，小羽片无柄，披针形，钝头，长2～2.5cm，有锯齿；裂片长圆形，先端略有细齿，两侧近全缘；叶脉羽状，小脉单一，少数分叉，下面略见；叶干后淡绿色，草质；中脉下面疏生披针形小鳞片。孢子囊群在中脉两侧各排成1行；囊群盖小，棕色，圆肾形，中央淡棕色，宿存。孢子两侧对称，单裂缝，极面观矩圆形，赤道面观半圆形，周壁具瘤状和瘤块状突起，突起表面具鳞片状纹饰，周壁易脱落，外壁光滑。

产山东蒙山（天麻岭）、沂南。生林下湿地，海拔1000m。山东特有种。李建秀105Typus PE（模式标本），1983年7月5日，采自山东蒙山（天麻岭）。

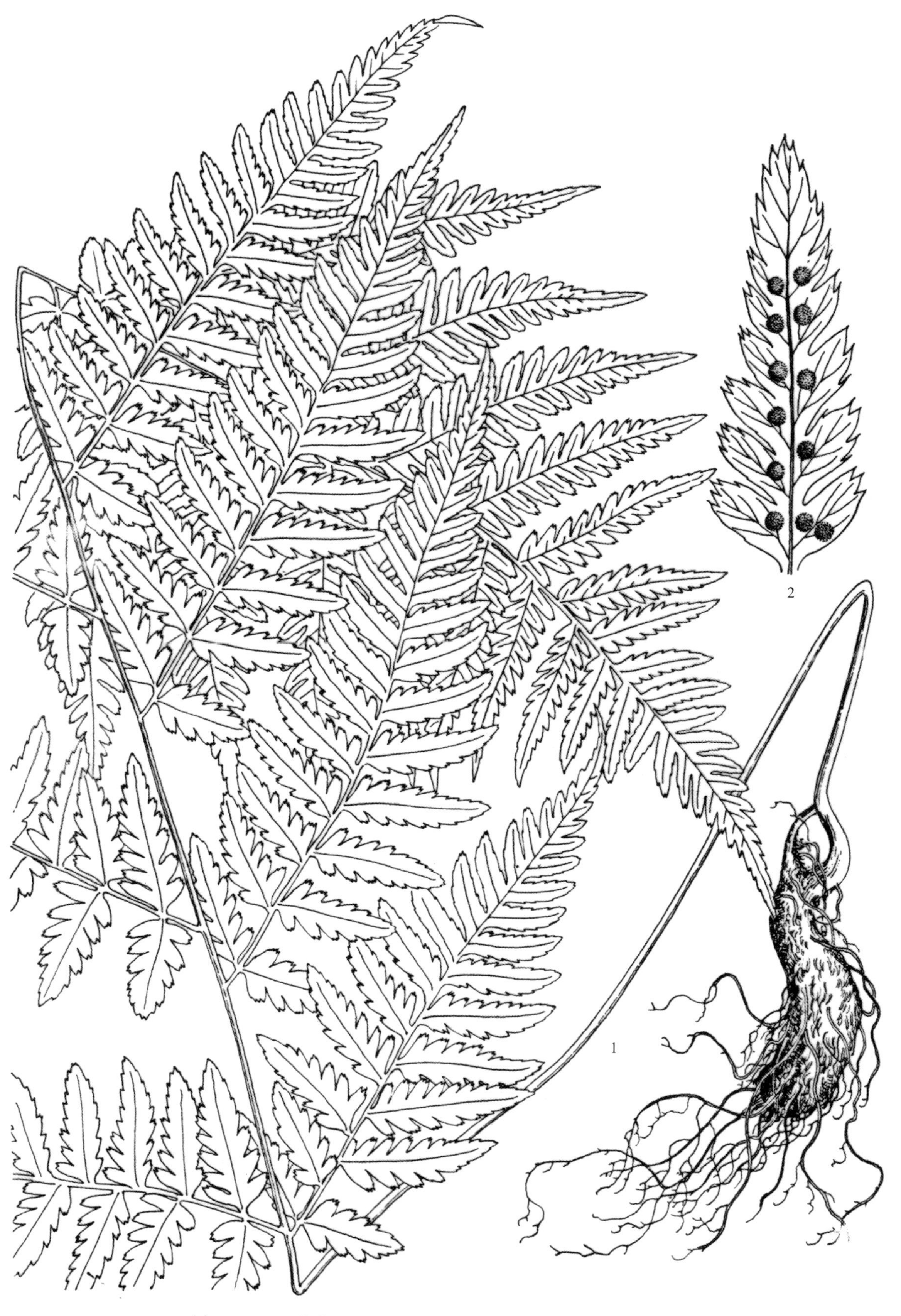

图 23-3-5-1　**华北鳞毛蕨 *Dryopteris goeringiana*** (Kunze) Koidz.

1. 植株　2. 小羽片

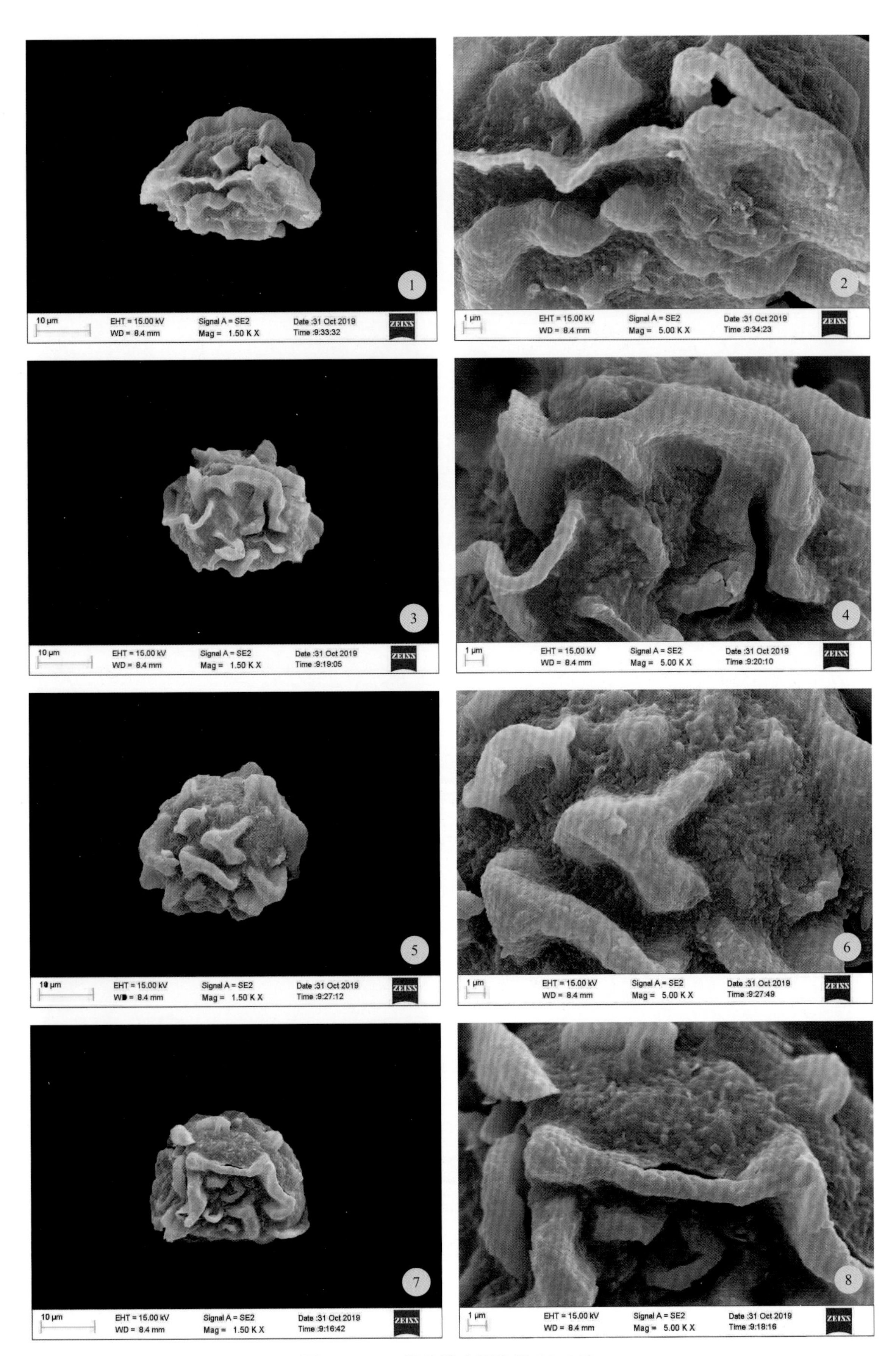

图 23-3-5-2　华北鳞毛蕨孢子（SEM）

1～2. 近极面　3～6. 远极面　7～8. 赤道面

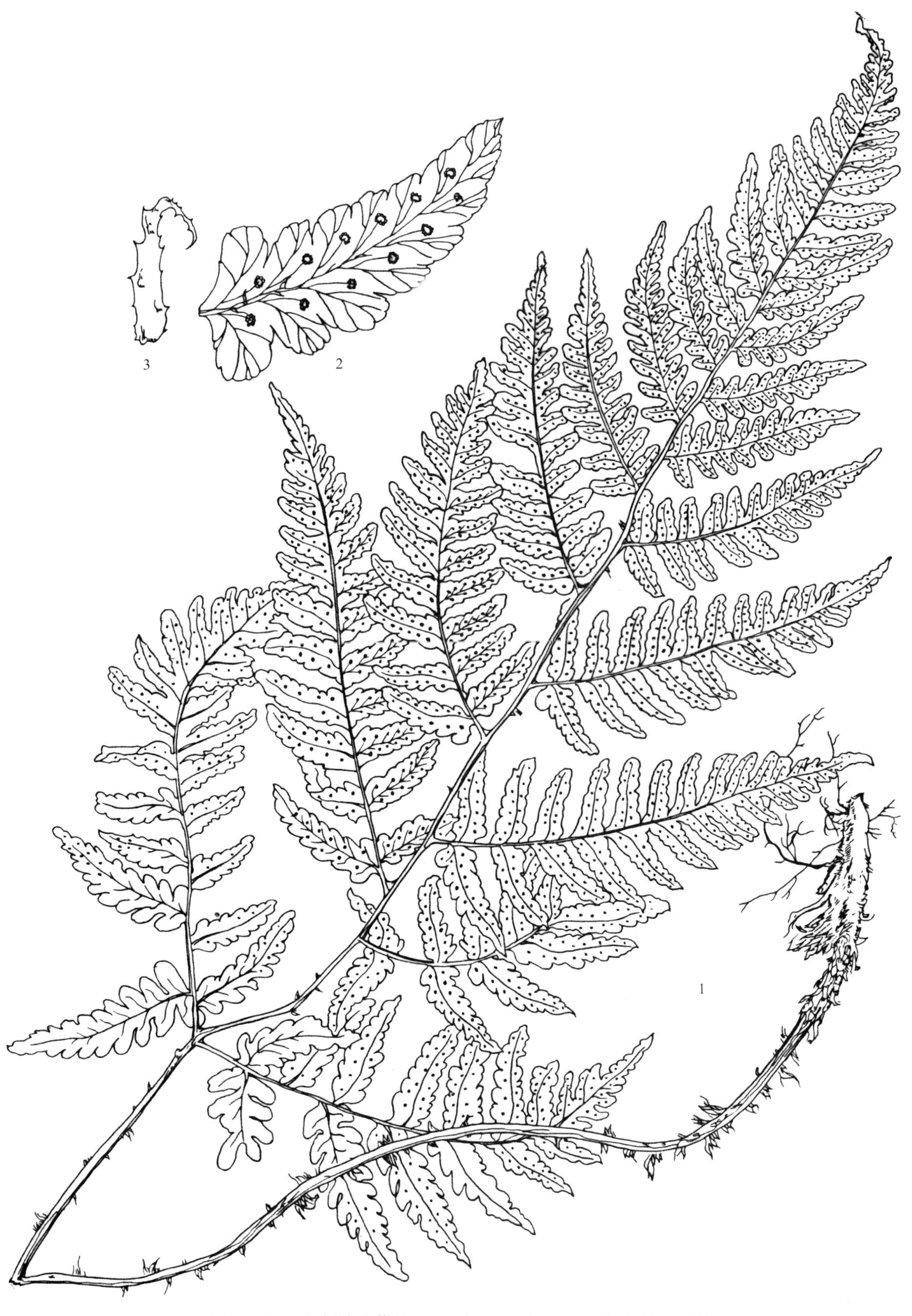

图 23-3-6-1　**山东鳞毛蕨 Dryopteris shandongensis** J. X. Li et F. Li

1. 植株　2. 小羽片　3. 叶轴下的小鳞片

图 23-3-6-2　山东鳞毛蕨

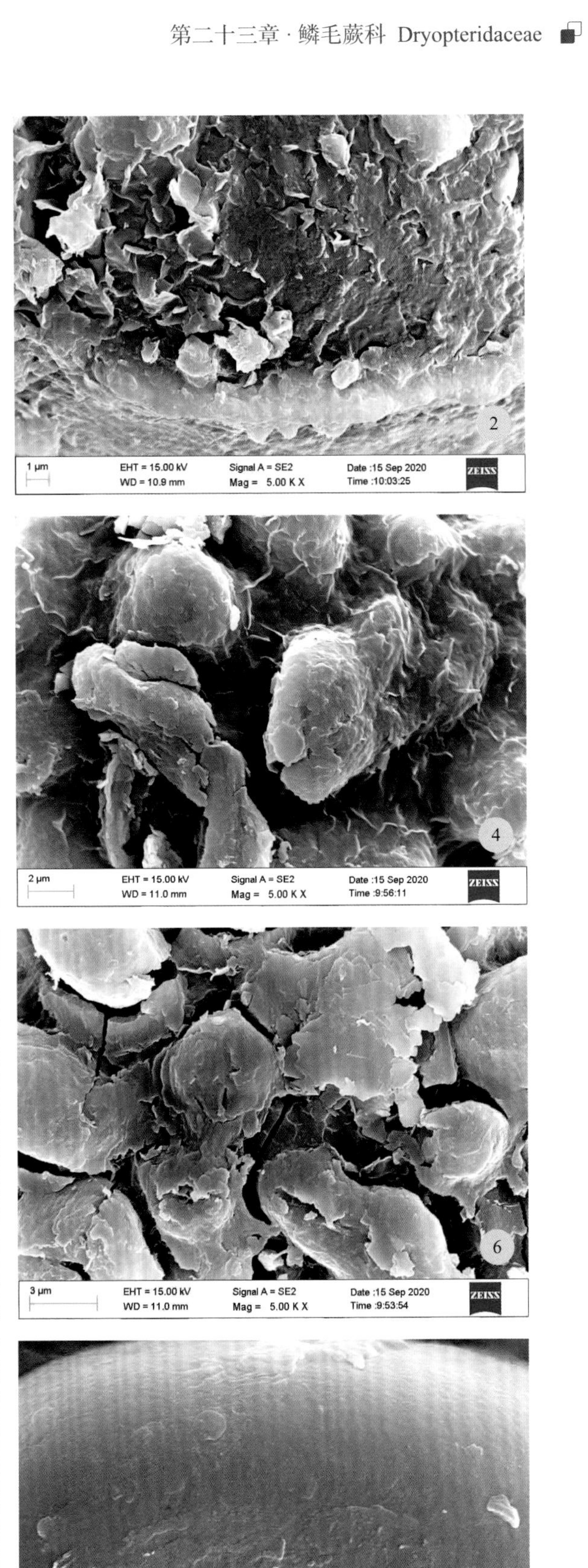

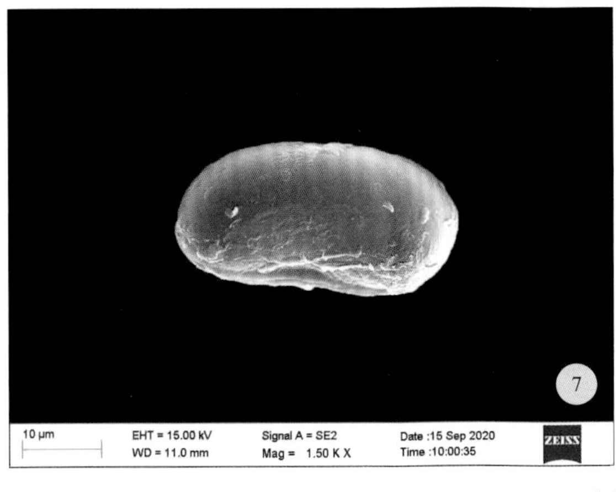

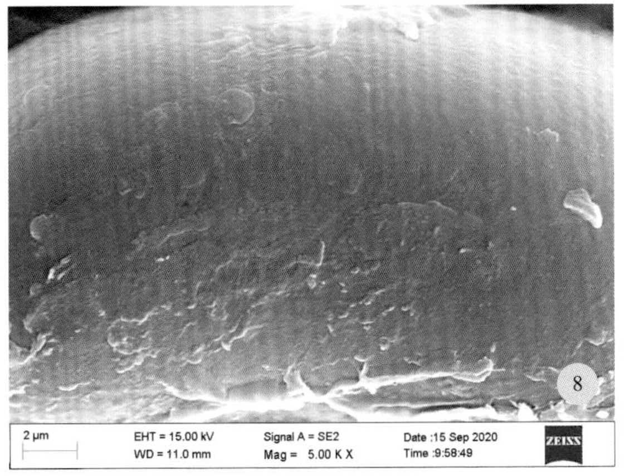

图 23-3-6-3　山东鳞毛蕨孢子（SEM）

1～2. 近极面　3～4. 远极面　5～6. 赤道面　7～8. 脱掉周壁的孢子

7. 中华鳞毛蕨

图23-3-7-1～图23-3-7-3

Dryopteris chinensis (Baker) Koidz.

Nephrodium chinense Baker

植株高25～35cm。根茎粗短，直立，连同叶柄基部密生棕色或有时中央褐棕色的披针形鳞片。叶簇生；叶柄长10～20cm，直径约2mm，禾秆色，基部以上疏生鳞片或近光滑；叶片长等于或略长于叶柄，宽8～18cm，五角形渐尖头，基部四回羽状，中部三回羽状；羽片5～8对，斜展，基部一对最大，长6～12cm，基部宽3～8cm，三角状披针形，渐尖头，基部不对称，上侧靠近叶轴，下侧斜出，柄长5～10mm，三回羽裂；一回小羽片斜展，下侧的较上侧的为大，基部一片更大，长2.5～5.0cm，基部宽1.5～2.5cm，三角状披针形，短渐尖头，基部近截形，柄长1.5～3.0mm，二回羽裂；末回小羽片或裂片三角状卵形或披针形，钝头，基部与小羽轴合生，边缘羽裂或有粗齿；叶脉下面可见；在末回小羽片或裂片上羽状，侧脉分叉或单一；叶纸质，干后褐绿色，上面光滑；下面沿叶轴及羽轴有褐棕色披针形小鳞片，沿叶脉被稀疏的棕色短毛。孢子囊群生于小脉顶部，靠近叶缘；囊群盖圆肾形，近全缘，宿存。孢子两侧对称，单裂缝，极面观长圆形，赤道面观超半圆形，周壁具密集大小不等的瘤状和瘤块状突起，突起表面具鳞片状纹饰。

产山东泰山、徂徕山、莲花山、沂山、蒙山、崂山、大珠山、小珠山、昆嵛山、牙山、艾山、正棋山、里口山。生林下，海拔200～1200m。

国内分布于辽宁、江苏、安徽、浙江、江西、河南。朝鲜、日本也有分布。模式标本采自山东烟台。

图 23-3-7-1　**中华鳞毛蕨 Dryopteris chinensis** (Baker) Koidz.

图 23-3-7-2　中华鳞毛蕨

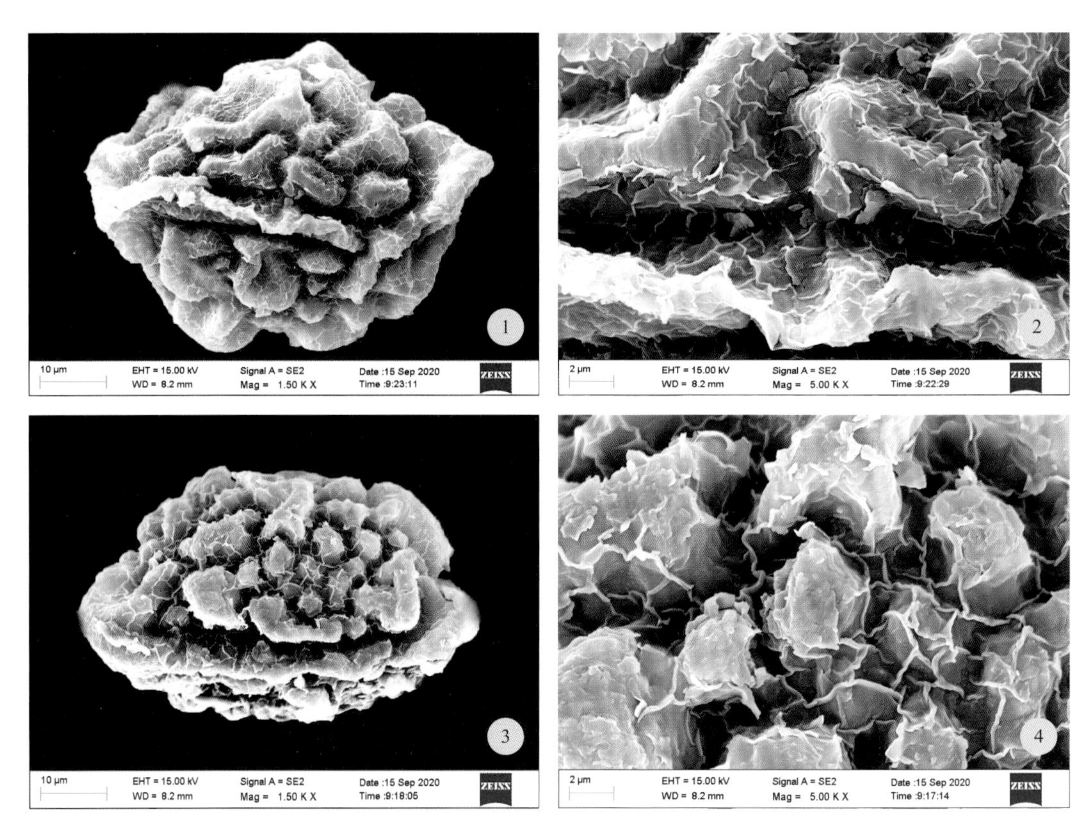

图 23-3-7-3　中华鳞毛蕨孢子（SEM）

1～2. 近极面　3～4. 赤道面

8. 裸叶鳞毛蕨

图23-3-8-1～图23-3-8-3

Dryopteris gymnophylla (Baker) C. Chr.

Nephrodium gymnophyllum Baker

植株高50～60cm。根茎短而横走，顶部和叶柄基部被褐棕色长圆状披针形、披针形鳞片。叶近生；叶柄长30～40cm，连同叶轴和羽轴禾秆色带绿晕，光滑；叶片五角形，长、宽几相等，长25～40cm，常长于叶片，三回羽状或四回羽裂；羽片5～8对，互生或近对生，斜展，分开，向上弯弓，有柄（最长可达5cm），基部1对最大，三角状披针形，长10～25cm，宽6～18cm，先端长尾状渐尖，基部不对称，下侧小羽片最长最大，上侧一片与同侧第2片等大；一回小羽片10～12对，有柄，三角状长圆形，羽轴下侧的比上侧大，二回浅裂或深裂；末回小羽片或裂片无柄，基部下延，镰状长圆披针形，钝头，全缘或有锯齿，其余羽片逐渐缩小由长圆披针形至披针形；叶脉羽状，不分叉；叶草质，干后绿色。孢子囊群圆形，着生于小脉顶端，靠近叶边；囊群盖圆肾形，棕色，宿存。孢子圆球形，两侧对称，单裂缝，极面观类圆形，赤道面观类圆形，周壁具瘤状突起，其表面具鳞片，鳞片呈网状纹饰。

产山东泰山、徂徕山、莲花山、沂山、蒙山、崂山、小珠山、昆嵛山、牙山、艾山、正棋山、里口山。生林下，海拔300～700m。

国内分布于江苏、安徽、浙江、江西、河南、湖北、贵州。日本、朝鲜半岛也有分布。

图 23-3-8-1　裸叶鳞毛蕨

图 23-3-8-2 **裸叶鳞毛蕨 *Dryopteris gymnophylla*** (Baker) C. Chr.

1. 植株 2. 小羽片

图 23-3-8-3　裸叶鳞毛蕨孢子（SEM）

1～2. 近极面　3～6. 远极面　7～8. 赤道面

9. 崂山鳞毛蕨

图23-3-9-1～图23-3-9-3

Dryopteris laoshanensis J. X. Li et S. T. Ma

植株高达60cm。根茎短而斜升，顶端连同叶柄基部密被鳞片；鳞片红棕色，披针形，基部有锯齿，上部全缘，先端毛发状。叶簇生；叶柄长15～30cm，直径2～3mm，淡绿色，向上连同叶轴密被阔披针形、边缘有锯齿的鳞片，与条形鳞片混生；叶片三角状卵形或长圆状卵形，长30～35cm，中部宽20～25cm，先端渐尖并为羽裂，基部不狭缩，二回羽状；羽片12对，互生，近平展，有短柄，相距约3cm，彼此接近，基部两对较大，长圆状披针形，长10～15cm，宽约4cm，先端渐尖并为羽裂，基部略狭缩，向上其余各对羽片渐狭缩，狭披针形，一回羽状；小羽片15对，近对生，斜展，镰刀状披针形，基部两侧略呈耳状突起，有短柄或几无柄，叶片下部一对羽片的基部下侧第一片小羽片显著缩短，呈长三角形，长1.7cm，基部宽1.2cm，钝尖头，向上各小羽片三角状披针形，长3.2cm，宽1.2cm，向上逐狭缩；叶脉羽状，2叉，下面明显；叶近革质，干后绿色，上面光滑，下面有红棕色鳞毛，叶轴和羽轴下面被较密的红棕色基部泡状小鳞片。孢子囊群满布叶片下面，每小羽片8～12对，在小羽片中脉两侧各排成一行，中生；囊群盖棕色，质厚，宿存。孢子两侧对称，单裂缝，极面观和赤道面观均为长圆形，周壁具长而弯曲的粗脊状突起，其表面具鳞片状纹饰。

产山东崂山（下清宫）、济南（华山）。生山坡林下岩石边。山东特有种，李建秀、马书太02013-1Typus PE（模式标本），1981年采自山东青岛市崂山。

《中国植物志》和*Flora of China*编者将崂山鳞毛蕨*D. laoshanensis*合并于阔鳞鳞毛蕨*D. championii*(Benth.) C. Chr.，用后者学名。我们对两者进行深入研究，崂山鳞毛蕨*D. laoshanensis*根茎顶端和叶柄基部密被红棕色、边缘有锯齿的披针形鳞片；叶片三角状卵形至长圆状卵形，下部一对羽片不狭缩，呈长三角形；叶近革质，叶片下面被较密的红棕色鳞毛；孢子囊群在小羽片主脉两侧各排成一行，中生；孢子周壁具长而弯曲的粗脊状纹饰，与阔鳞鳞毛蕨*D. championii*易于区别。著者不接受《中国植物志》和*Flora of China*的观点，建议恢复崂山鳞毛蕨*D. laoshanensis* J. X. Li et S. T. Ma在分类学上的种级地位，为其正名。

药用根茎。味苦，性寒。归肺、大肠经。清热解毒，平喘，散瘀止血，敛疮，驱虫。主治感冒，麻疹，目赤肿痛，气喘，便血，崩漏，痛经，骨折，疮毒溃烂，烫伤，钩虫病。

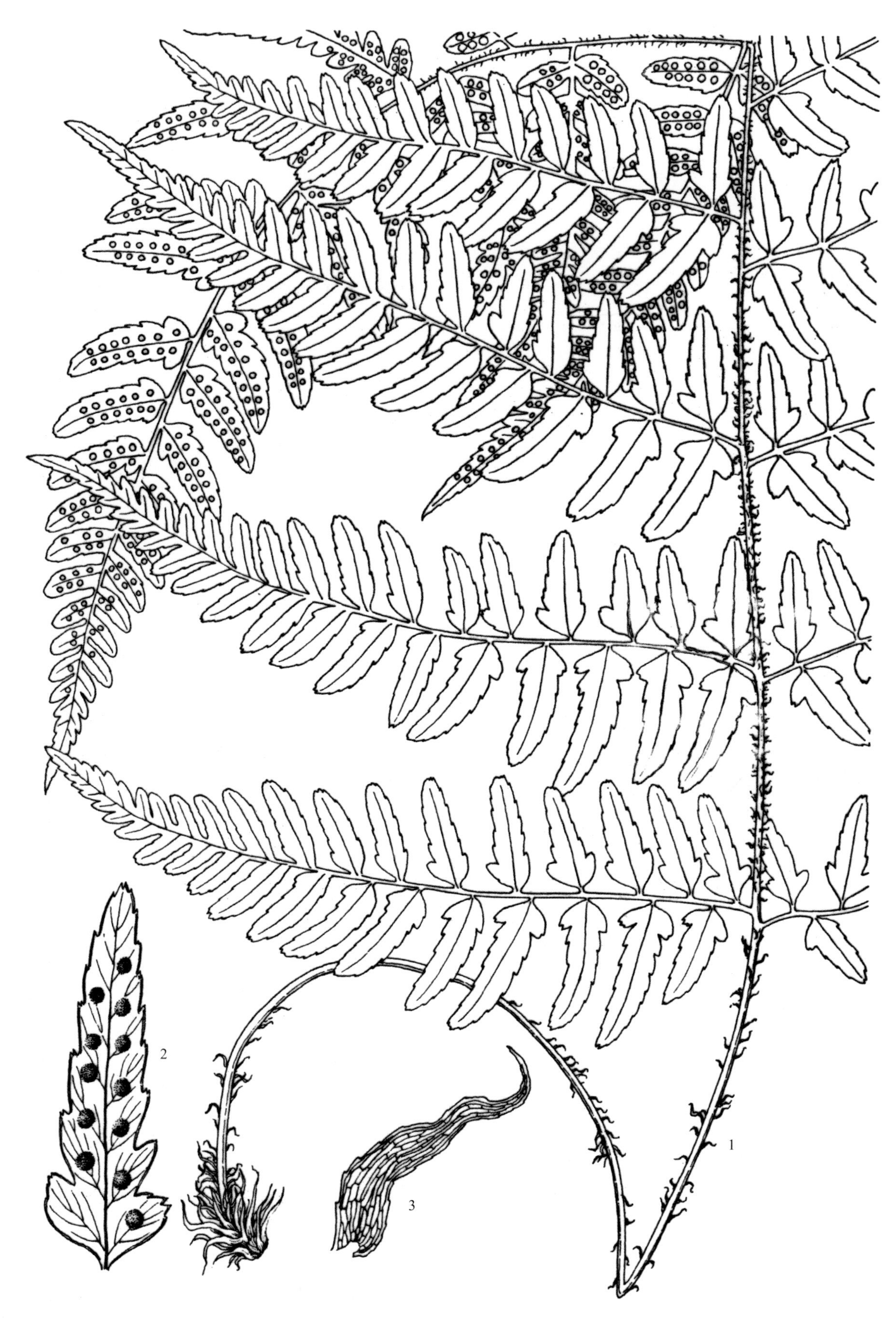

图 23-3-9-1 **崂山鳞毛蕨 *Dryopteris laoshanensis*** J. X. Li et S. T. Ma

1. 植株 2. 小羽片 3. 叶柄基部的鳞片

图 23-3-9-2　崂山鳞毛蕨

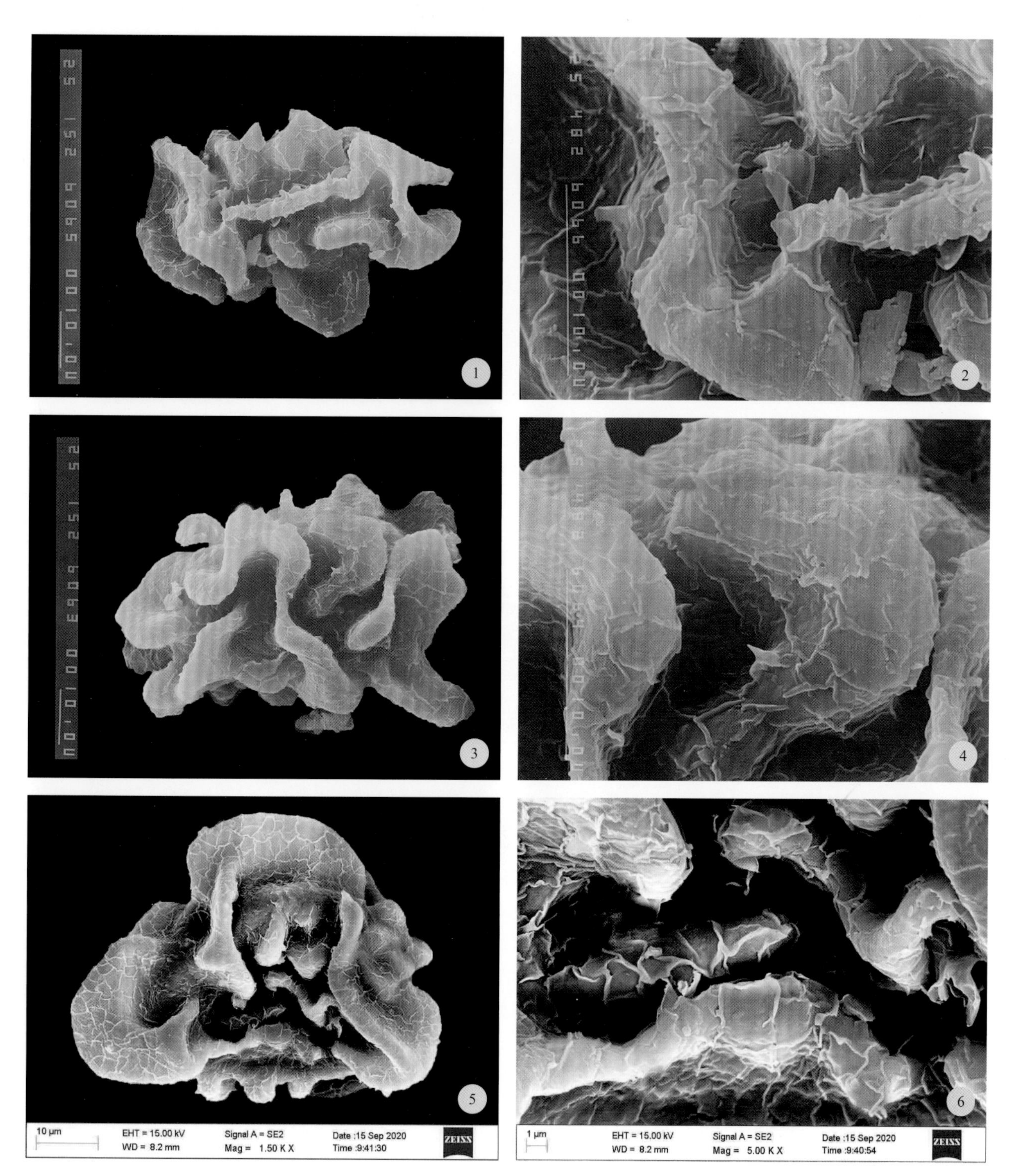

图 23-3-9-3　崂山鳞毛蕨孢子（SEM）

1～2. 近极面　3～4. 远极面　5～6. 赤道面

10. 阔鳞鳞毛蕨

图23-3-10-1～图23-3-10-3

Dryopteris championii (Benth.) C. Chr.

植株高50～80cm。根茎粗壮，横卧或斜升，顶端及叶柄基部密被棕褐色、全缘卵状披针形鳞片。叶簇生；叶柄长30～40cm，直径4～5mm，禾秆色，密被鳞片；鳞片棕褐色，阔披针形，顶端长渐尖，边缘有尖齿；叶片卵状披针形，长40～60cm，宽20～30cm，叶片下部一对羽片略狭缩，稍短于上面的几对羽片，二回羽状；羽片10～15对，基部近对生，上部互生，卵状披针形，基部略收缩，顶端斜向叶尖；小羽片10～13对，披针形，长2～3cm，基部浅心形至阔楔形，具短柄，顶端钝圆并具细尖齿，边缘羽状浅裂至羽状深裂，基部一对裂片明显最大而使小羽片基部最宽；裂片圆钝头，顶端具尖齿；侧脉羽状，上面不显，下面明显可见；叶轴密被基部阔披针形、顶端毛状渐尖、边缘有细齿的棕色鳞片，羽轴具较密的泡状鳞片；叶草质，干后褐绿色，孢子囊群大，在小羽片主脉两侧或裂片主脉两侧各排成一行，位于中脉与边缘之间或略靠近边缘着生；囊群盖圆肾形，棕色，全缘。孢子圆肾形，单裂缝，近极面观和远极面观长圆形，赤道面观超半圆形，周壁具瘤状和瘤块状突起，突起表面具鳞片状纹饰。

产山东蒙山、塔山及威海铁槎山。

国内分布于江苏、浙江、江西、福建、河南等长江以南各省。日本、朝鲜也有分布。

药用根茎。味苦，性寒。归肺、大肠经。清热解毒，平喘，散瘀止血，敛疮，杀虫。主治感冒，麻疹，目赤肿痛，气喘，便血，崩漏，痛经，骨折，疮毒溃烂，烫伤，钩虫病。

含黄酮、苯酚衍生物、甾醇、脂肪酸等。

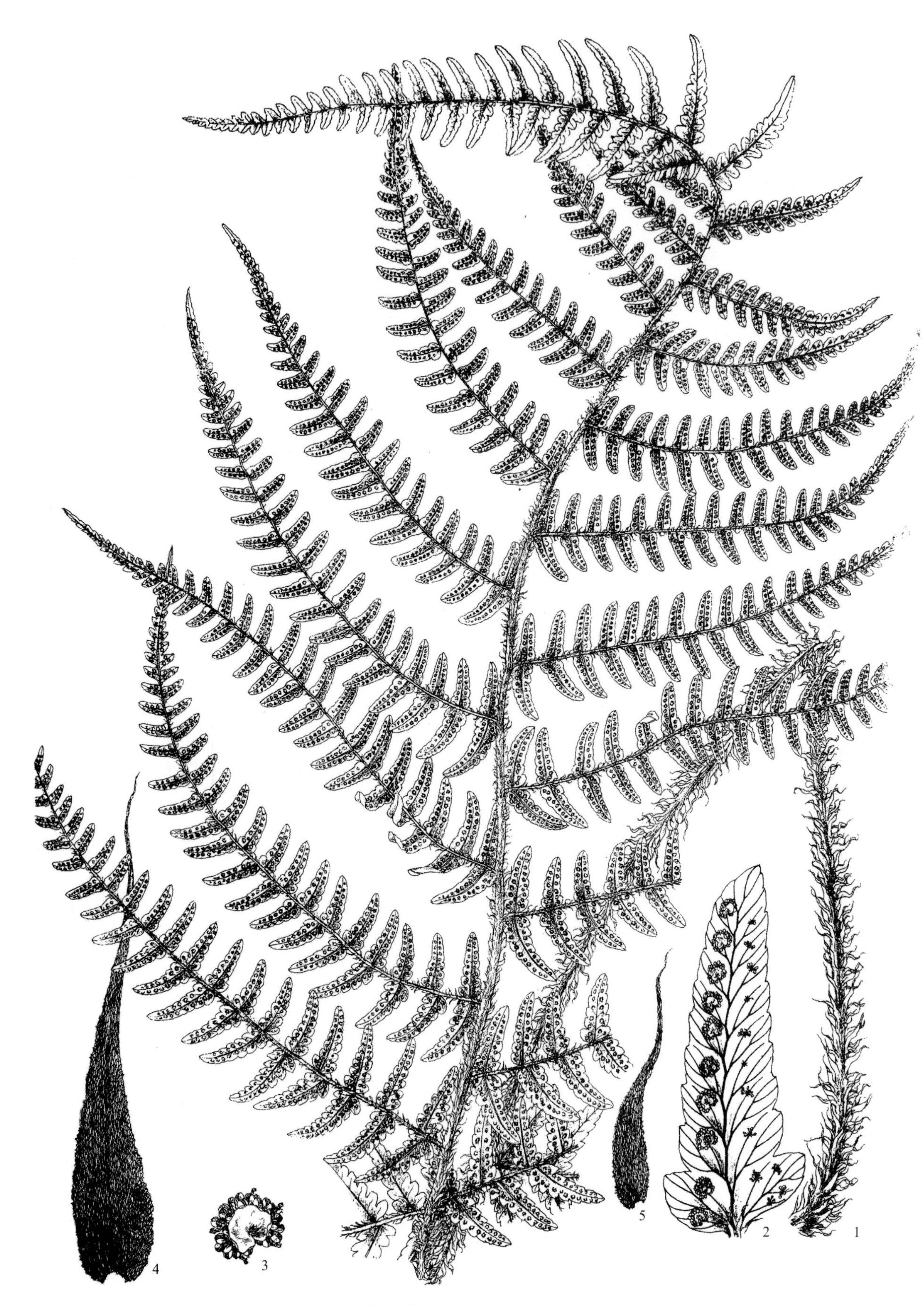

图 23-3-10-1 **阔鳞鳞毛蕨 Dryopteris championii** (Benth.) C. Chr.

1. 植株　2. 小羽片　3. 孢子囊群　4～5. 鳞片（引自《中国蕨类植物图谱》）

图 23-3-10-2　阔鳞鳞毛蕨

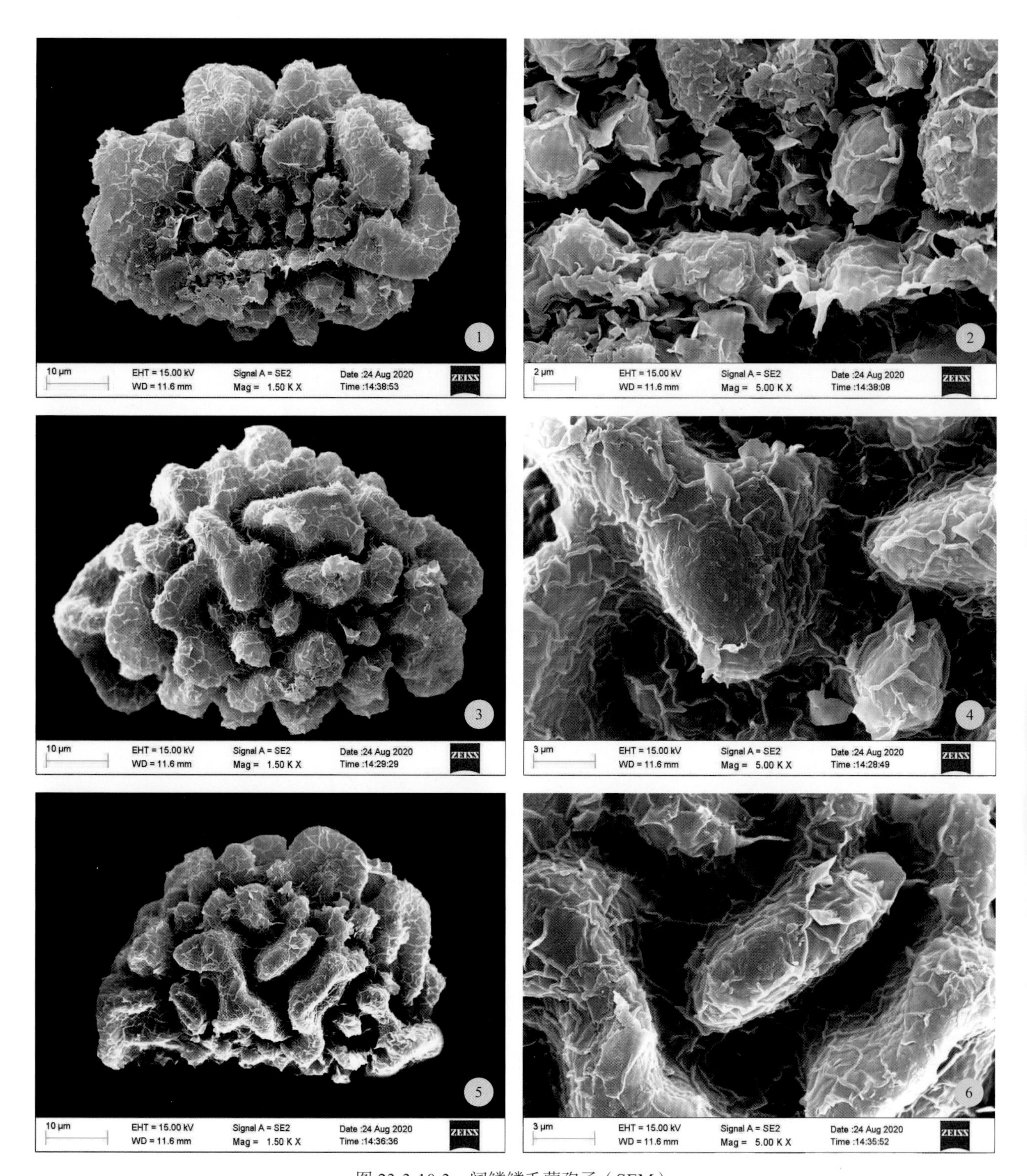

图 23-3-10-3　阔鳞鳞毛蕨孢子（SEM）

1～2. 近极面　3～4. 远极面　5～6. 赤道面

11. 假中华鳞毛蕨

图23-3-11-1～图23-3-11-3

Dryopteris parachinensis Ching et F. Z. Li

植株高达60cm。根茎直立或斜升，顶端密被鳞片；鳞片黑褐色，披针形，全缘，边缘有棕色狭边。叶簇生；叶柄长20～25cm，禾秆色，初有黑褐色先端卷曲的披针形鳞片，后逐渐脱落；叶片长圆形，长30～40cm，宽20～25cm，基部圆形，先端渐尖并为羽裂，三回羽裂；羽片10～12对，斜向上，互生，基部一对较大，柄长约1cm，卵状披针形，长约16cm，宽约10cm，二回羽裂；小羽片约10对，基部上侧小羽片与叶轴平行，下侧一片较大，长圆形，长约6cm，宽约3mm，一回羽裂；末回小羽片长圆形，边缘羽裂或全缘；其余各对羽片向上渐狭缩；叶草质；叶脉羽状；叶轴下面疏被极易脱落的鳞片，羽轴下面疏被泡状鳞片。孢子囊群生于小脉中部；囊群盖圆肾形，灰褐色，全缘，宿存，中等大小，直径约1.2mm。孢子两侧对称，单裂缝，极面观和赤道面观均为长圆形，周壁具密集的瘤状突起，其表面具小鳞片，并构成细网状纹饰。

产山东崂山、石岛、塔山、临沭（松影湖）等地。生山坡林下湿地。山东特有种，模式标本采自山东威海（荣成石岛）。

图 23-3-11-1　**假中华鳞毛蕨 Dryopteris parachinensis** Ching et F. Z. Li

图 23-3-11-2　假中华鳞毛蕨

图 23-3-11-3　假中华鳞毛蕨孢子（SEM）

1～2. 近极面　3～4. 远极面　5～6. 赤道面

12. 棕边鳞毛蕨

图23-3-12-1～图23-3-12-3

Dryopteris sacrosancta Koidz.

Dryopteris bissetiana (Bak.) C. Chr.

植株高35～45cm。根茎横卧斜升，顶端连同叶柄基部密被棕色狭披针形鳞片。叶簇生；叶柄长约20cm，基部密被披针形鳞片，鳞片长约1cm，宽1～1.5mm，中间黑色，边缘棕色；叶片卵状披针形，长25～35cm，基部心形，顶端渐尖，三回羽状；叶片10～13对，互生或近对生，卵状披针形，基部一对羽片最大，长13～18cm，宽7～10cm，基部具柄，柄长8～10mm，顶端羽裂渐尖并弯向叶尖；小羽片8～10对，披针形，基部下侧的小羽片较大，最基部一片最大，长达7cm，宽达2.5cm，基部心形并具短柄；基部小羽片的末回小羽片约5～7对，顶端短渐尖或钝圆，边缘羽状浅裂或有锯齿；叶脉羽状，小脉分叉或单一；叶厚纸质或近革质；叶轴疏被棕色披针形鳞片，羽轴和小羽轴疏被棕色泡状鳞片。孢子囊群大，着生于小羽片或末回裂片的中脉两侧；囊群盖大，棕色，圆肾形，边缘啮蚀状或近全缘。孢子两侧对称，单裂隙，极面观长圆形，赤道面观半圆形，周壁具密集的瘤状突起，突起表面具鳞片，形成网状纹饰。

产山东昆嵛山、牙山、艾山、正棋山、里口山、石岛、泰山、蒙山、塔山、徂徕山、莲花山、沂山、鲁山。

国内分布于辽宁、浙江。日本、朝鲜也有分布。

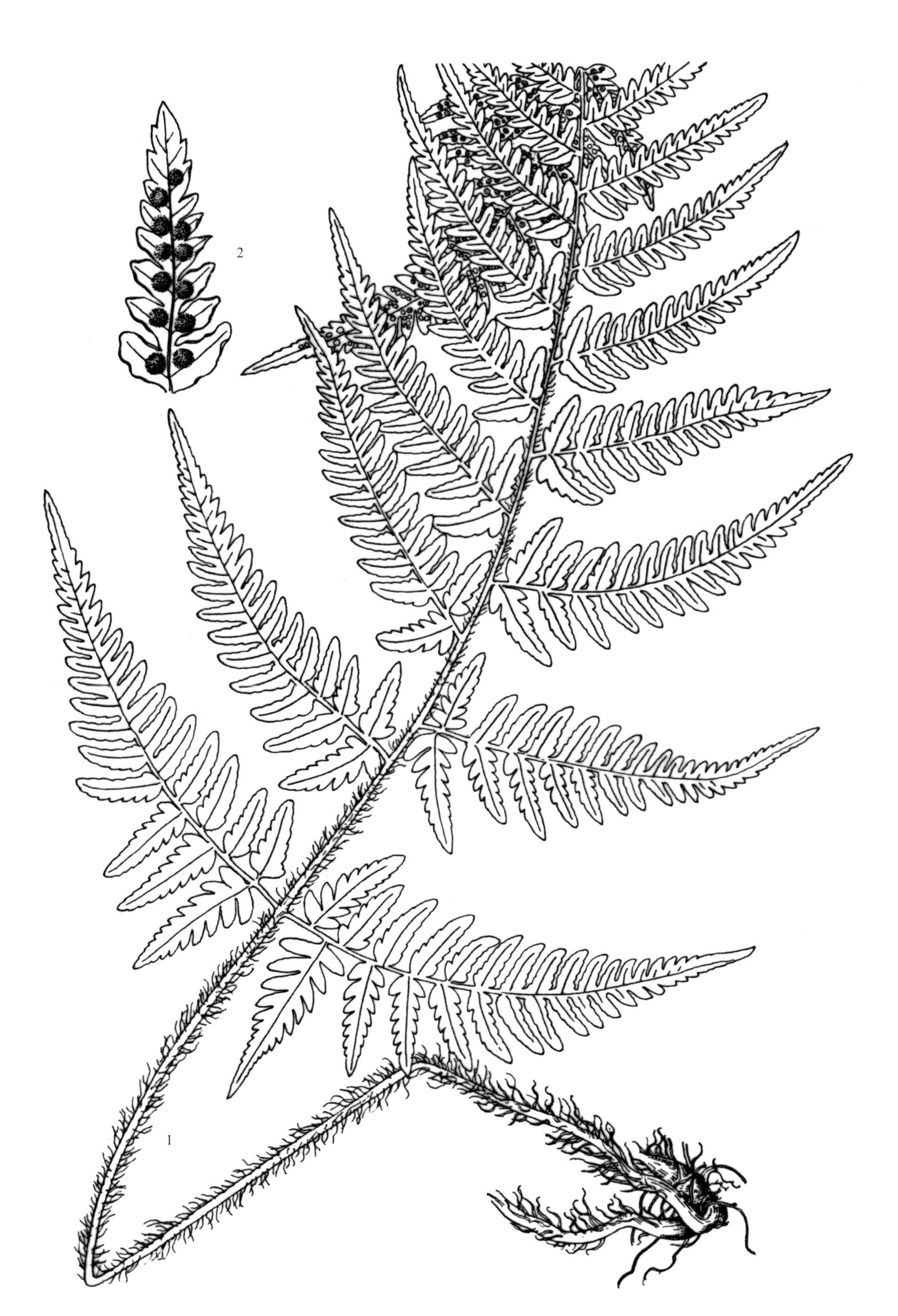

图 23-3-12-1 **棕边鳞毛蕨 *Dryopteris sacrosancta*** Koidz.

1. 植株 2. 小羽片

图 23-3-12-2　棕边鳞毛蕨

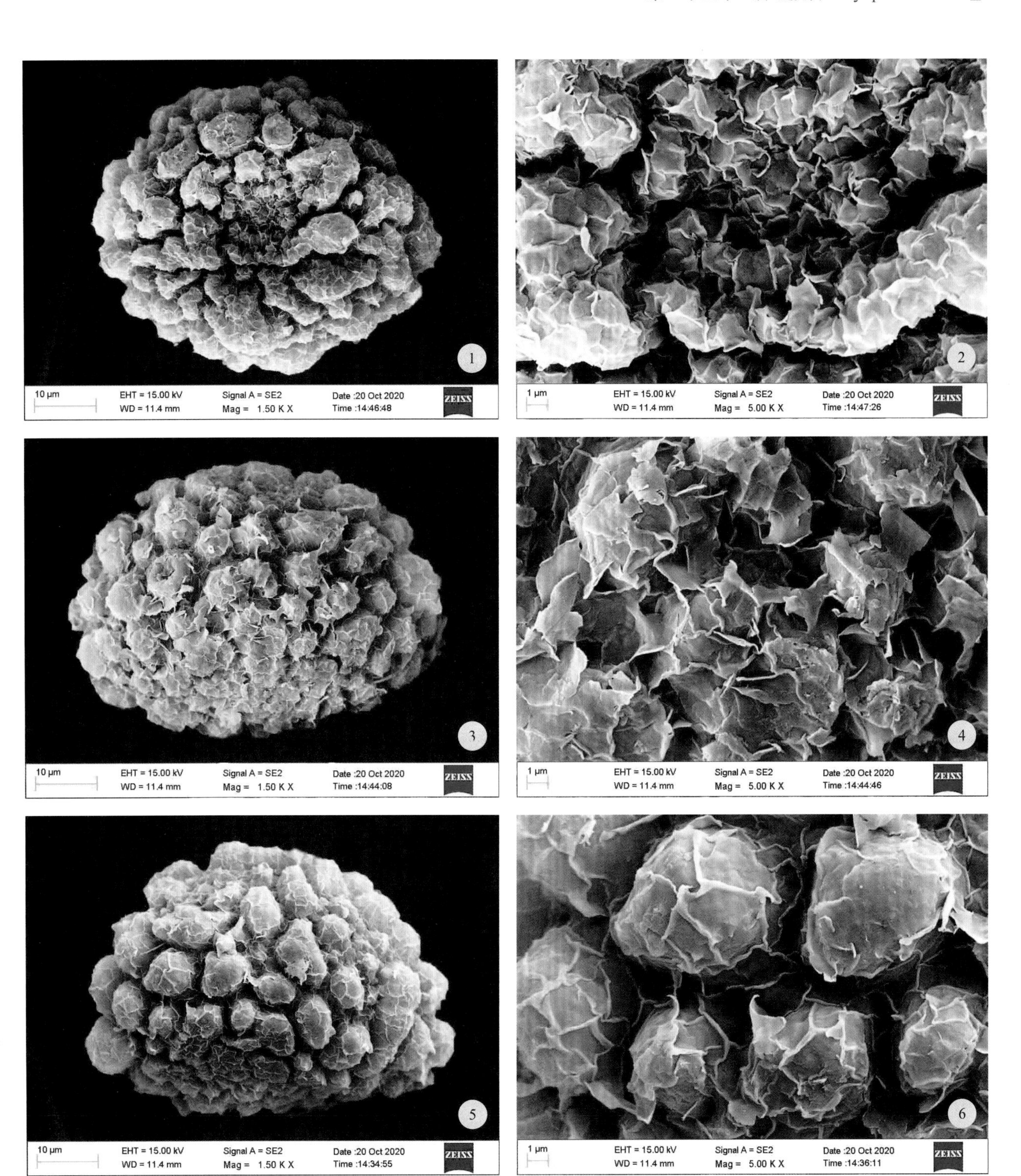

图 23-3-12-3　棕边鳞毛蕨孢子（SEM）

1～2. 近极面　3～4. 远极面　5～6. 赤道面

13. 两色鳞毛蕨

图23-3-13-1～图23-3-13-3

Dryopteris setosa (Thunb.) Akasawa

Dryopteris bissetiana (Bak.) C. Chr.

Polypodium setosum Thunb.

植株高40～60cm。根茎横卧或斜升，顶端连同叶柄基部密被两色（基部和边缘棕色，中央和上部黑褐色）狭披针形鳞片。叶簇生；叶柄长15～40cm，禾秆色；叶片卵状披针形，长20～40cm，宽15～25cm，三回羽状，顶端渐尖；羽片10～15对，互生，基部具短柄，顶端羽裂渐尖，基部一对羽片最大，长约15cm，基部宽约7cm，披针形；小羽片10～13对，披针形，下侧小羽片较大，基部一对较大，长1～1.5cm，宽3～5mm，顶端短渐尖，边缘具粗齿至全缘；叶脉两面不明显；叶片近革质，干后黄绿色；叶轴、羽轴和小羽轴下面密被黑棕色泡状小鳞片。孢子囊群大，靠近小羽片中脉或末回裂片中脉着生；囊群盖大，棕色，圆肾形，边缘全缘或有短睫毛。孢子两侧对称，单裂缝，极面观长圆形，赤道面观半圆形，周壁具密集的不规则瘤块状突起，其表面具鳞片，形成网状纹饰。

产山东昆嵛山、牙山、艾山、正棋山、里口山、石岛、泰山、蒙山、塔山、徂徕山、莲花山、沂山、鲁山。

国内分布于山西、陕西、河南、江苏、安徽及长江以南各省区。朝鲜、日本也有分布。

14. 假异鳞毛蕨

图23-3-14-1～图23-3-14-3

Dryopteris immixta Ching

植株高25～35cm。根茎横卧或斜升，顶端密被黑棕色或褐色的线形鳞片。叶簇生；叶柄长15～20cm，基部直径2～2.5mm，禾秆色，密被与根茎顶端相同的鳞片，向上鳞片稀疏；叶片卵状披针形，长15～25cm，基部宽15～18cm，二回羽状，基部下侧一小羽片羽状深裂，顶端羽裂渐尖；羽片8～10对，基部一对最大，长约10cm，宽约7cm，卵状披针形，叶片中上部的羽片披针形，基部有短柄，顶端短渐尖或长渐尖头；小羽片5～8对，基部下侧的小羽片边缘羽状半裂或具浅齿；裂片短渐尖头，边缘有锯齿；裂片的叶脉羽状，小脉二叉或单一；叶近革质，干后黄绿色；叶轴具有棕色披针状鳞片，羽轴和小羽片中脉下面具有棕色泡状鳞片。孢子囊群大，靠近小羽片或裂片的边缘着生；囊群盖圆肾形，棕色，边缘啮蚀状。孢子两侧对称，单裂缝，极面观长圆形，赤道面观半圆形，周壁具大形疣块状及脊状突起，其表面具鳞片，形成网状纹饰。

产山东崂山、昆嵛山、泰山、蒙山、塔山、徂徕山、莲花山、沂山、鲁山。模式标本采自甘肃。

国内分布于西北、长江以南各省区。

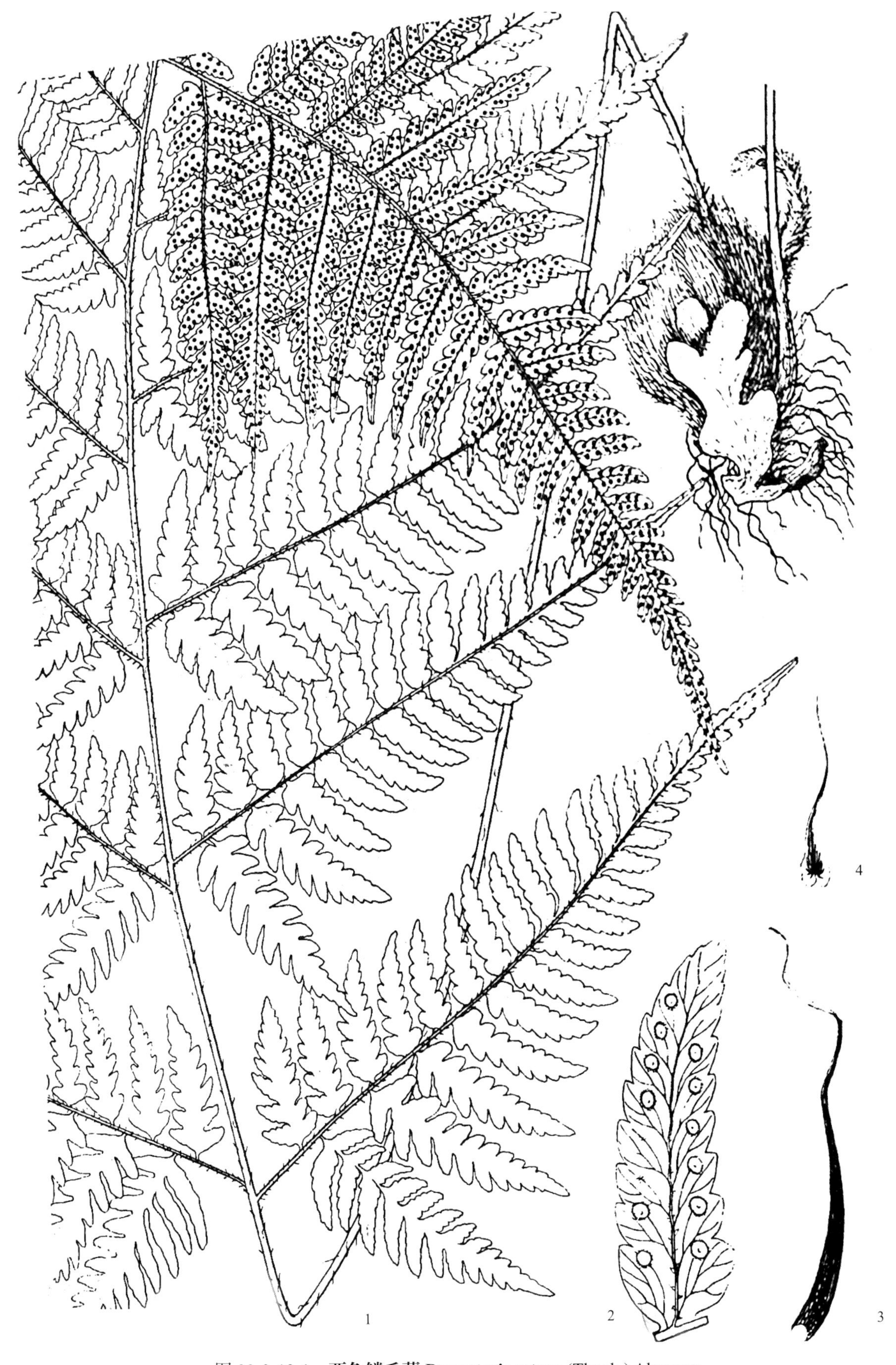

图 23-3-13-1 **两色鳞毛蕨 Dryopteris setosa** (Thunb.) Akasawa

1. 植株 2. 小羽片 3. 叶柄基部的鳞片 4. 叶轴下的小鳞片（引自《中国高等植物》）

图 23-3-13-2　两色鳞毛蕨

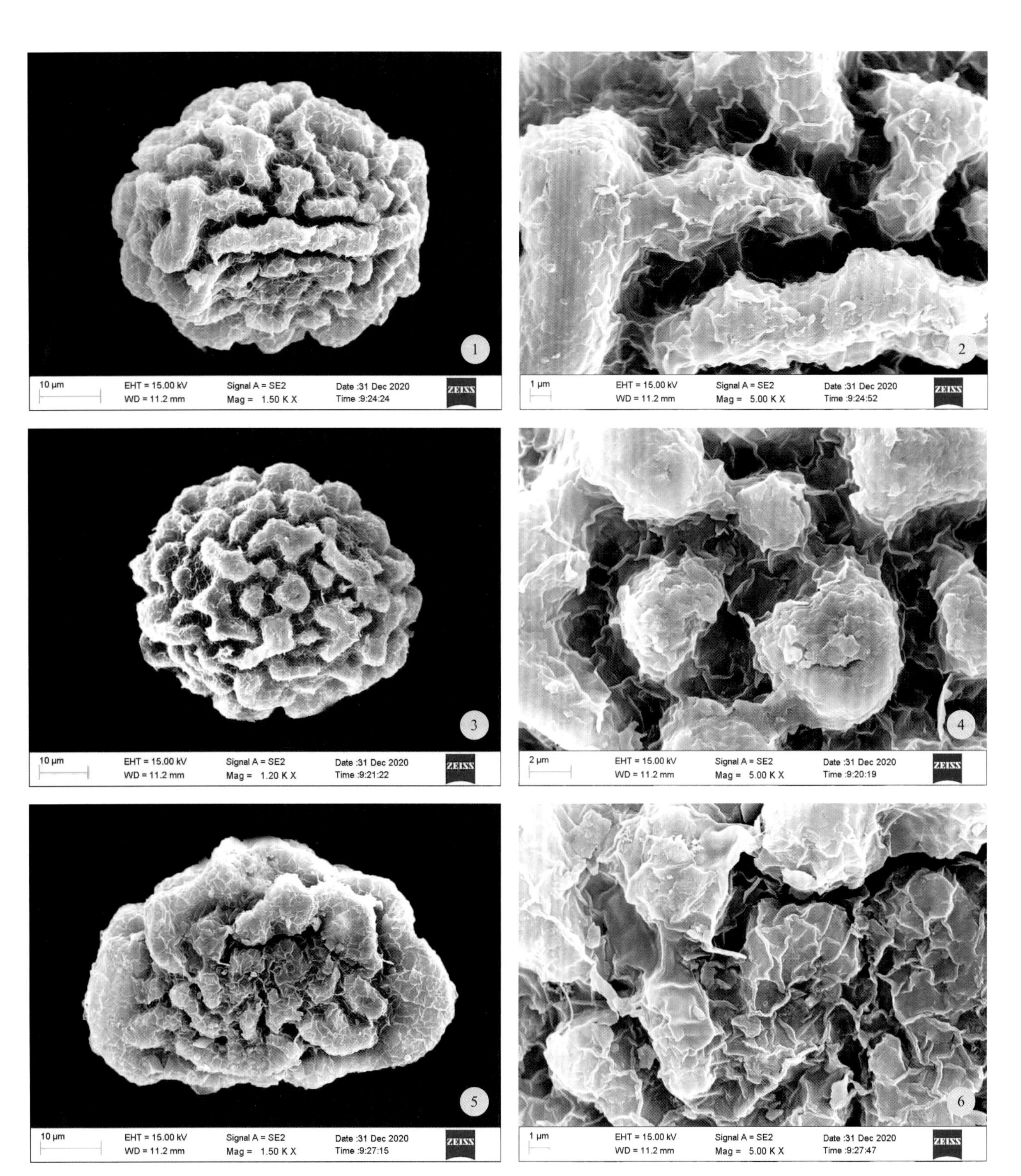

图 23-3-13-3　两色鳞毛蕨孢子（SEM）

1～2. 近极面　3～4. 远极面　5～6. 赤道面

图 23-3-14-1　**假异鳞毛蕨 *Dryopteris immixta*** Ching

1. 植株　2. 小羽片

图 23-3-14-2　假异鳞毛蕨

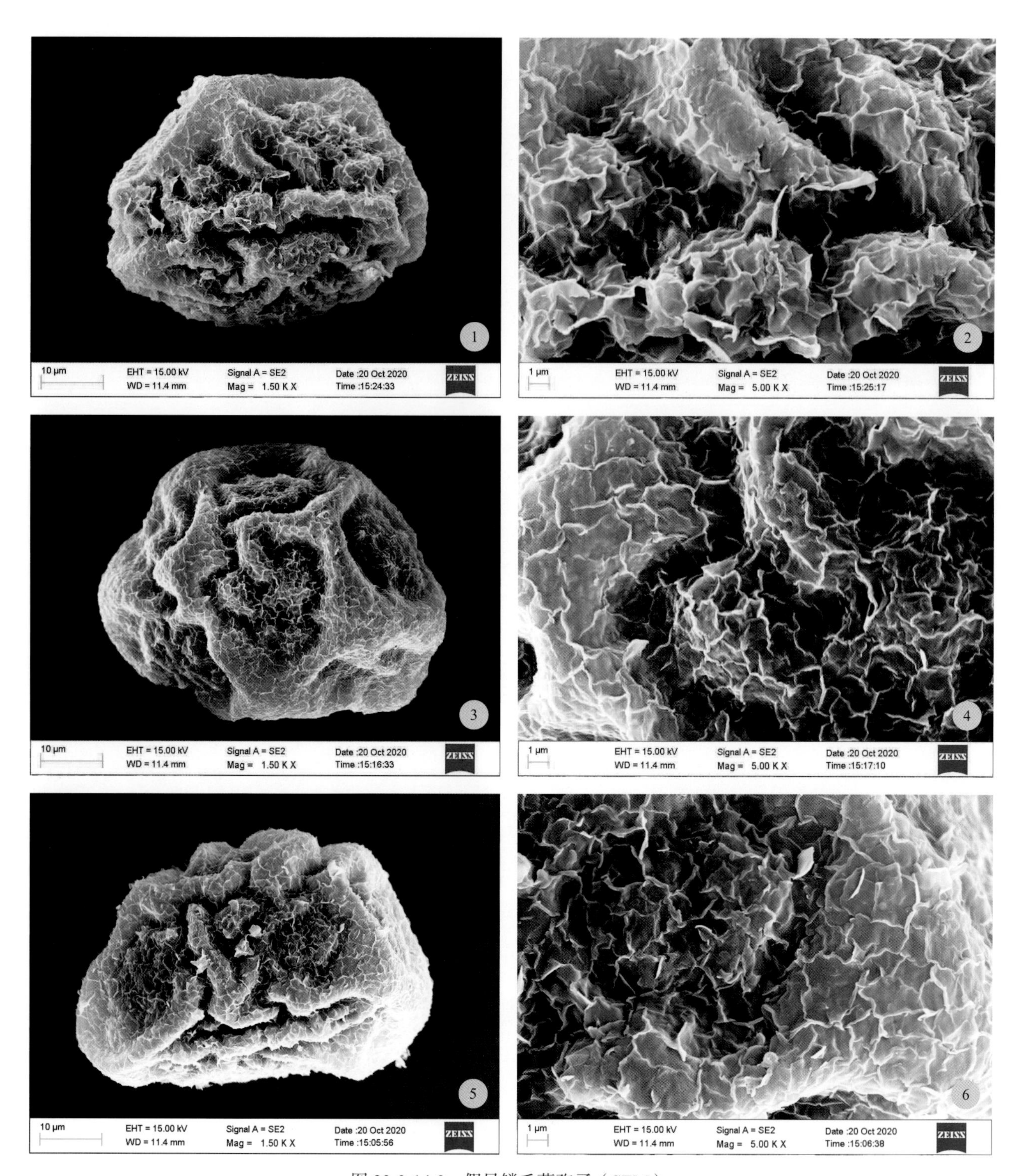

图 23-3-14-3　假异鳞毛蕨孢子（SEM）

1～2. 近极面　3～4. 远极面　5～6. 赤道面

贯众属 Cyrtomium Presl

土生蕨类。根茎短，直立或斜升，连同叶柄基部，密被鳞片；鳞片卵形或披针形，边缘有齿或流苏状。叶簇生；叶柄腹面有浅纵沟，嫩时密生鳞片，后渐脱落；叶片卵形或矩圆披针形，少为三角形，奇数一回羽状复叶，少数仅具有一枚顶生小叶（即单叶状），有时下部有1对裂片或羽片；侧生羽片多少上弯成镰刀状，基部两侧近对称或不对称，有时上侧有耳状凸起。叶纸质至革质。孢子囊群圆形，背生于内藏小脉上，在主脉两侧各1至多行；囊群盖圆形，盾状着生。

约50种，主要分布于亚洲东部，以中国西南为中心，极少种类达印度南部和非洲东部。

中国38种。分布于山地丘陵，个别种分布于沿海潮水线石缝间。山东9种。

分种检索表

1a. 叶革质；侧生羽片全缘；生沿海潮水线石缝间或海滨地区……1. **全缘贯众C. falcatum**

1b. 叶草质或纸质；侧生羽片边缘具齿；生内地。

  2a. 侧生羽片20对以上；孢壁具长条脊状褶皱……4. **济南贯众C. polypterum**

  2b. 侧生羽片20对以下；孢壁具瘤状、瘤块状、耳片状突起或鳞片状纹饰。

    3a. 侧生羽片边缘具细密前倾长锯齿……5. **密齿贯众C. confertiserratum**

    3b. 侧生羽片边缘具密而开展三角状齿、疏锯齿或波状粗齿。

      4a. 叶轴基部以上具较密的倒生线状披针形或线形小鳞片……6. **倒鳞贯众C. reflexosquamatum**

      4b. 叶轴基部以上小鳞片非倒生。

        5a. 顶生羽片2～3叉裂；孢子囊群满布羽片背面。

          6a. 侧生羽片边缘近全缘或有前倾小齿。

            7a. 侧生羽片镰状披针形；囊群盖全缘；孢子周壁具耳片状突起……3. **贯众C. fortunei**

            7b. 侧生羽片卵形、宽披针形或狭披针形；囊群盖边缘有小齿；孢子周壁具瘤状突起或鳞片状纹饰。

              8a. 侧生羽片狭披针形；孢子周壁具鳞片状纹饰……9. **齿盖贯众C. tukusicola**

              8b. 侧生羽片卵形或宽披针形；孢子周壁具瘤状突起……7. **阔羽贯众C. yamamotoi**

          6b. 侧生羽片边缘波状或具粗齿；孢子周壁具瘤块状或粗脊状突起……8. **粗齿阔羽贯众C. yamamotoi** var. **intermedium**

        5b. 顶生羽片多少羽裂；孢子囊群在主脉两侧近羽片边缘处各排成1～2行……2. **山东贯众C. shandongense**

1. 全缘贯众

图23-4-1-1～图23-4-1-3

Cyrtomium falcatum (L. f.) Presl

Polypodium falcatum L. f.

植株高30～40cm。根茎直立，密被披针形棕色鳞片。叶簇生；叶柄长15～27cm，基部直径3～4mm，禾秆色，腹面有浅纵沟，下部密生卵形棕色有时中间带黑棕色鳞片，鳞片边缘流苏状，向上秃净；叶片宽披针形，长22～35cm，宽12～15cm，先端急尖，基部略变狭，奇数一回羽状；侧生羽片5～14对，互生，平伸或略斜向上，有短柄，偏斜的卵形或卵状披针形，常向上弯，中部的长6～10cm，宽2.5～3cm，先端长渐尖或成尾状，基部偏斜圆楔状，上侧圆形，下侧宽楔形或弧形，边缘全缘常成波状。具羽状脉，小脉结成3～4行网眼，腹面不明显，背面微凸起；顶生羽片卵状披针形，2叉或3叉状，长4.5～8cm，宽2～4cm；叶为革质，两面光滑；叶轴腹面有浅纵沟，被披针形、边缘有齿的棕色鳞片或秃净。孢子囊群遍布羽片背面；囊群盖圆形，盾状，边缘有小齿缺。孢子两侧对称，单裂缝，近极面观椭圆形，远极面观圆形，赤道面观超半圆形，周壁具瘤状和短脊状突起，突起表面粗糙，突起间具细丝相连和颗粒状纹饰。

产山东崂山、胶南（灵山岛）、烟台、威海（刘公岛）、石岛等。

国内分布于江苏、浙江、福建、台湾、广东。日本也有分布。

药用根茎。味微苦、涩，性寒。驱虫，止血，解热。主治外伤出血、绦虫病。含贯众苷、黄芪苷等。

图 23-4-1-1　**全缘贯众 *Cyrtomium falcatum*** (L. f.) Presl

1. 植株　2. 羽片　3. 叶柄基部鳞片　4. 羽片中脉上的小鳞片（引自《中国蕨类植物图谱》）

图 23-4-1-2　全缘贯众

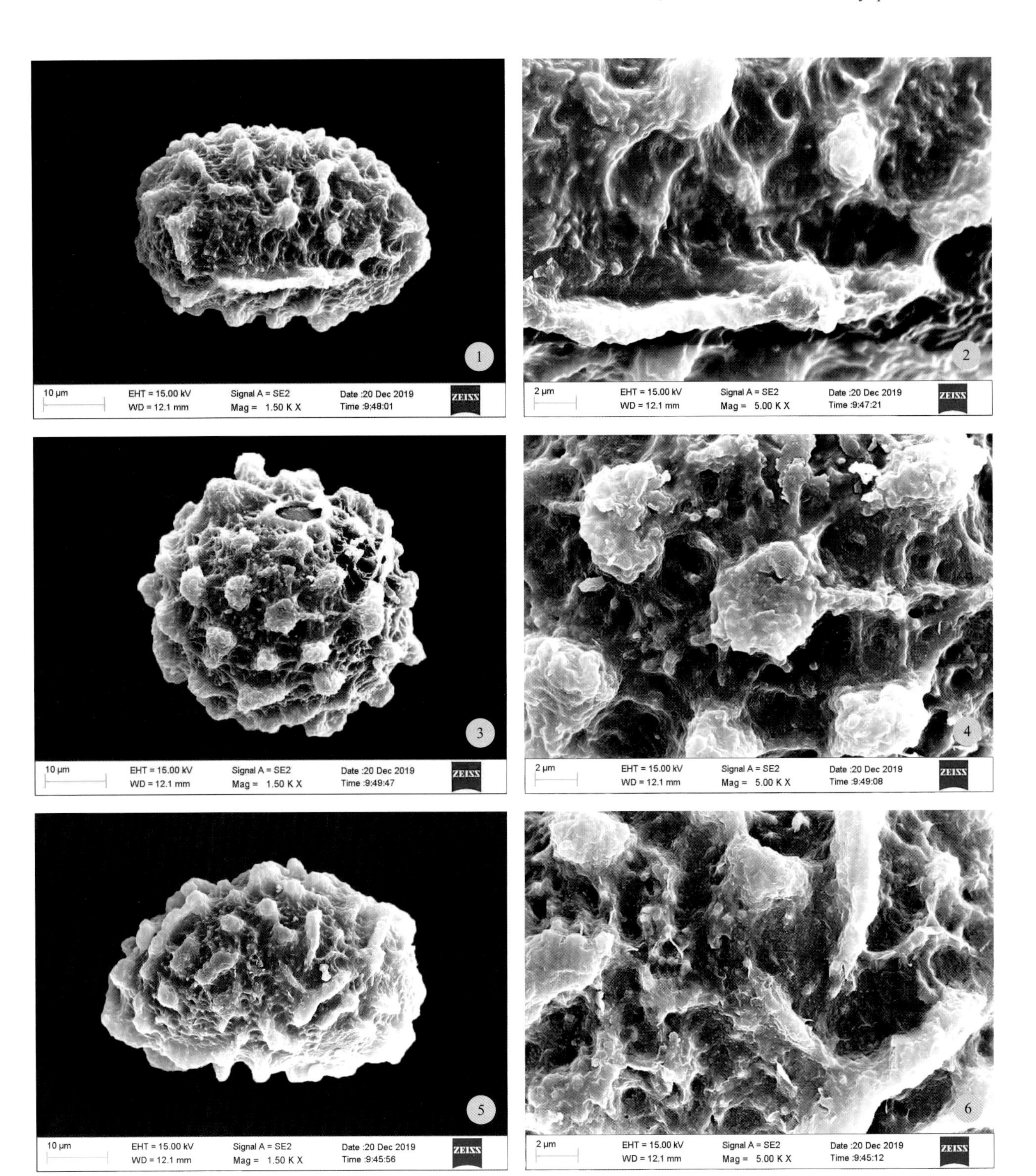

图 23-4-1-3　全缘贯众孢子（SEM）

1～2. 近极面　3～4. 远极面　5～6. 赤道面

2. 山东贯众

图23-4-2-1～图23-4-2-3

Cyrtomium shandongense J. X. Li

植株高20～35cm。根茎直立，密被卵状披针形棕色鳞片。叶簇生；叶柄长8～10cm，基部直径约2mm，禾秆色，腹面有浅纵沟，下部密生卵形及披针形棕色鳞片，鳞片边缘流苏状，向上秃净；叶片矩圆披针形，长18～30cm，宽6～8cm，先端渐狭，基部略宽狭，奇数一回羽状；侧生羽片8～15对，互生，略斜向上，柄极短，镰状披针形，中部长3～4cm，宽1～1.5cm，先端渐尖，基部偏斜，上侧近截形，下侧楔形，边缘有前倾小齿；具羽状脉，小脉连接成2行网眼，两面不明显；顶生羽片狭卵形，多少呈羽裂，下部有1或2个裂片，长3～5cm，宽2～3cm；叶为纸质，两面光滑；叶轴腹面有浅纵沟，疏生披针形及线形棕色鳞片。孢子囊群靠近叶边，两侧各有1～2行；囊群盖圆形，盾状，边缘流苏状或有小齿。孢子长圆形，两侧对称，单裂缝，周壁具较密的瘤状及瘤块状突起，其表面具鳞片状纹饰。

产山东费县（塔山）、蒙山、平邑（魏庄）、崂山。生林下岩石缝或枯井口砖缝间，海拔500m。山东特有种。李建秀02023-1 Typus PE（模式标本），1982年5月12日，采自山东费县（塔山）。

*Flora of China*编者将山东贯众*Cyrtomium shandongense* J. X. Li与贯众*Cyrtomium fortunei* J. Sm.合并，采用后者学名。经我们观察研究，山东贯众*Cyrtomium shandongense* J. X. Li与贯众*Cyrtomium fortunei* J. Sm.主要区别：前者孢子囊群在羽片背面上下边缘仅1～2行；顶生羽片多少羽裂；囊群盖边缘齿状；孢子周壁具较密的瘤状及瘤块状突起，与贯众*Cyrtomium fortunei* J. Sm.易于区分。著者不接受*Flora of China*编者将山东贯众*Cyrtomium shandongense* J. X. Li与贯众*Cyrtomium fortunei* J. Sm.合并的观点，建议恢复山东贯众*Cyrtomium shandongense* J. X. Li在分类学上的种级地位，为其正名。

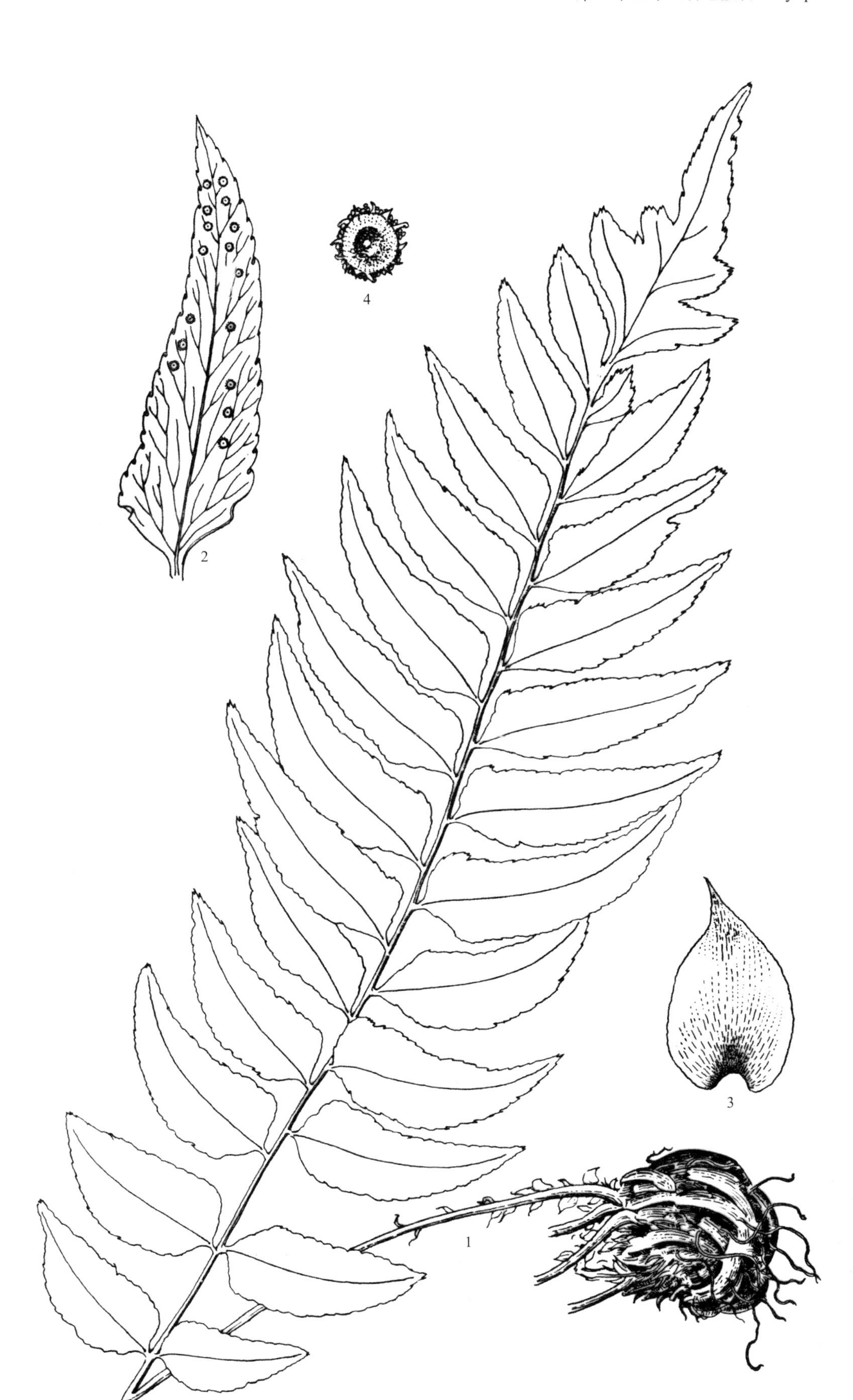

图 23-4-2-1 **山东贯众 *Cyrtomium shandongense*** J. X. Li

1. 植株 2. 羽片 3. 叶柄基部的鳞片 4. 囊群盖

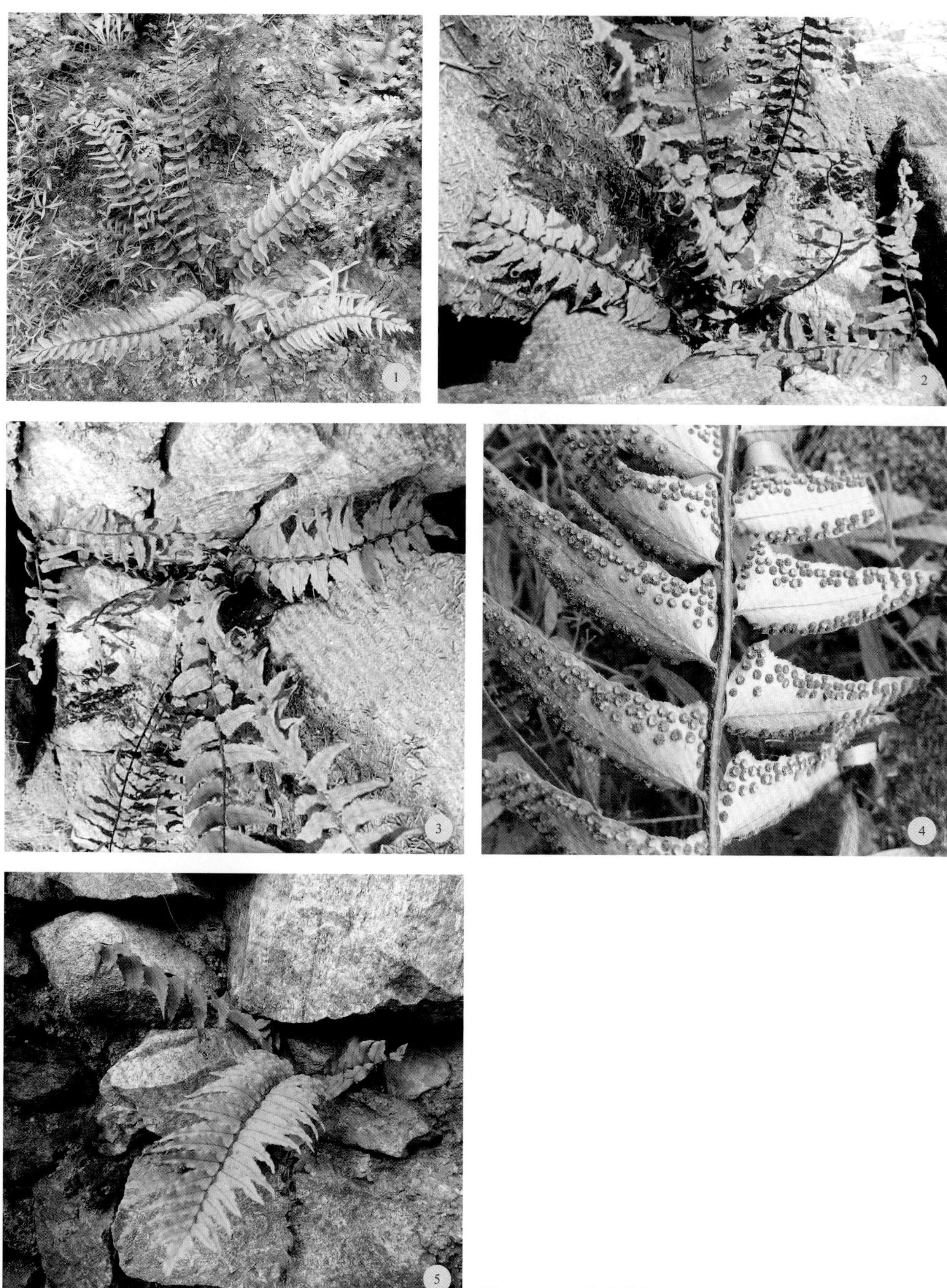

图 23-4-2-2　山东贯众

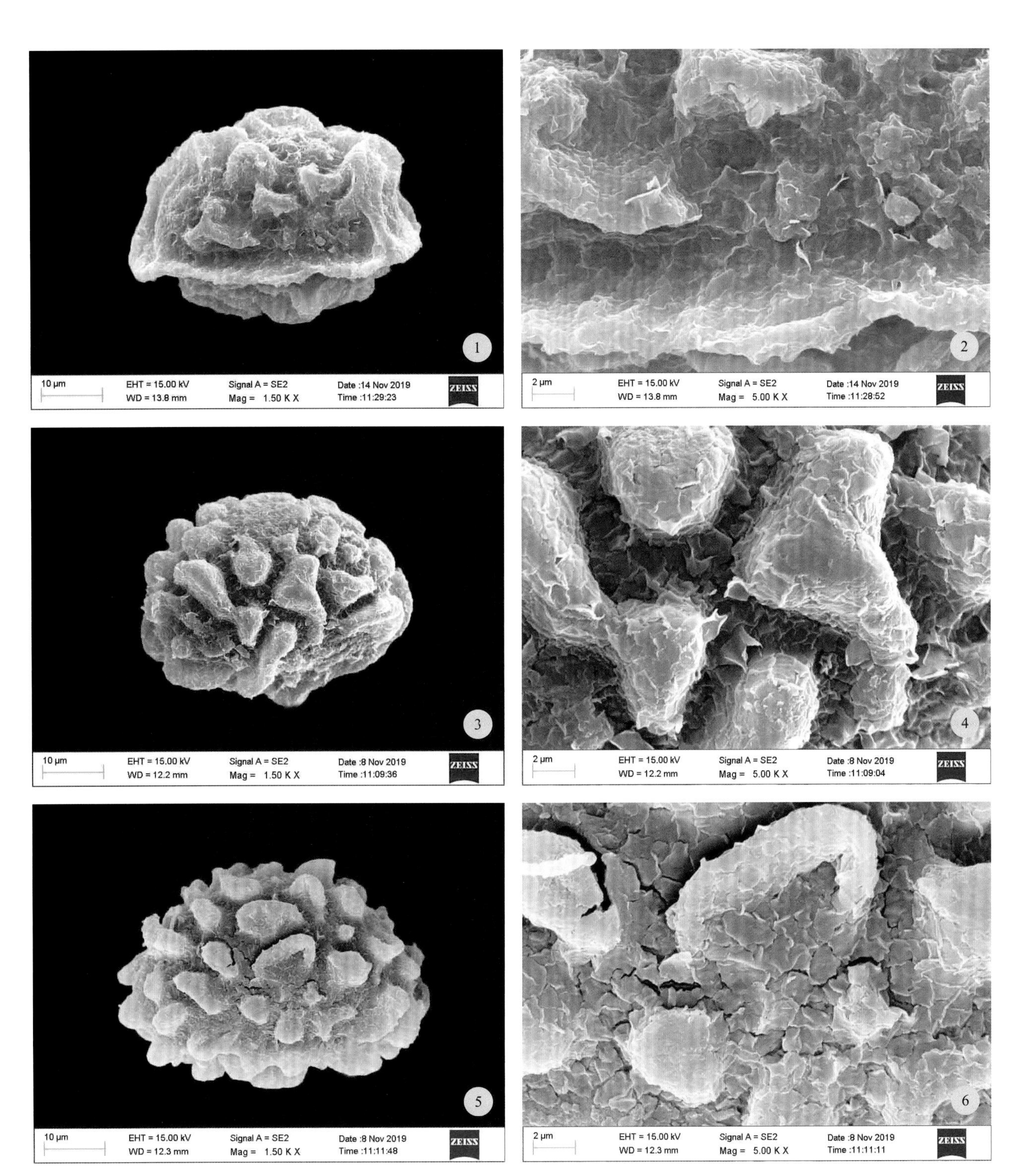

图 23-4-2-3　山东贯众孢子（SEM）

1～2. 近极面　3～4. 远极面　5～6. 赤道面

3. 贯众

图23-4-3-1～图23-4-3-3

Cyrtomium fortunei J. Sm.

植株高25～50cm。根茎直立，密被棕色鳞片。叶簇生；叶柄长12～26cm，基部直径2～3mm，禾秆色，腹面有浅纵沟，密被卵形及披针形、棕色、有时中间为深棕色鳞片，鳞片边缘有齿，有时向上部秃净；叶片矩圆披针形，长20～42cm，宽8～14cm，先端钝，基部不变狭或略变狭，奇数一回羽状；侧生羽片7～16对，互生，近平伸，柄极短，披针形，多少上弯成镰状，中部的长5～8cm，宽1.2～2cm，先端渐尖少数成尾状，基部偏斜、上侧近截形，有时略有钝形耳状凸，下侧楔形，边缘近全缘，有时有前倾的小齿；羽片具网状脉，小脉联结成2～3行网眼，腹面不明显，背面微凸起；顶生羽片狭卵形，顶端具2～3叉状或不分裂，长3～6cm，宽1.5～3cm；叶为纸质，两面光滑；叶轴腹面有浅纵沟，疏生披针形及线形棕色鳞片。孢子囊群遍布羽片背面；囊群盖圆形，盾状，全缘。孢子两侧对称，单裂缝，极面观椭圆形，赤道面观长椭圆形，周壁具耳片状突起，突起间具细丝构成的网状和鳞片状纹饰，外壁粗糙。

产山东临沭（松影湖）、泰山、肥城、蒙山、沂源、威海（伟德山）、泰安（大汶口）、平邑（魏庄）等。生石灰岩缝或林下。

国内广布于华北、西北、长江以南各省区。日本、朝鲜南部、越南北部、泰国也有分布。

药用根茎及叶。根茎称“小贯众”：味苦、涩，性微寒。归肺、大肠经。清热平肝，解毒散瘀，凉血止血，驱虫。主治感冒，湿毒斑疹，白喉，乳痈，瘰疬，痢疾，黄疸，高血压头晕，吐血，便血，崩漏，痔血，带下，跌打损伤，肠道寄生虫病。叶名“公鸡头叶”：味苦，性微寒。凉血止血，清热利湿。主治崩漏，白带，刀伤出血，烧烫伤。

地上部分含异槲皮苷、紫云英苷、冷蕨苷、贯众苷等。根茎和叶柄含黄绵马酸、鞣质、挥发油、树胶、糖类、氨基酸等，现用于治疗乙型病毒性肝炎、病毒性角膜炎、妇科出血等。

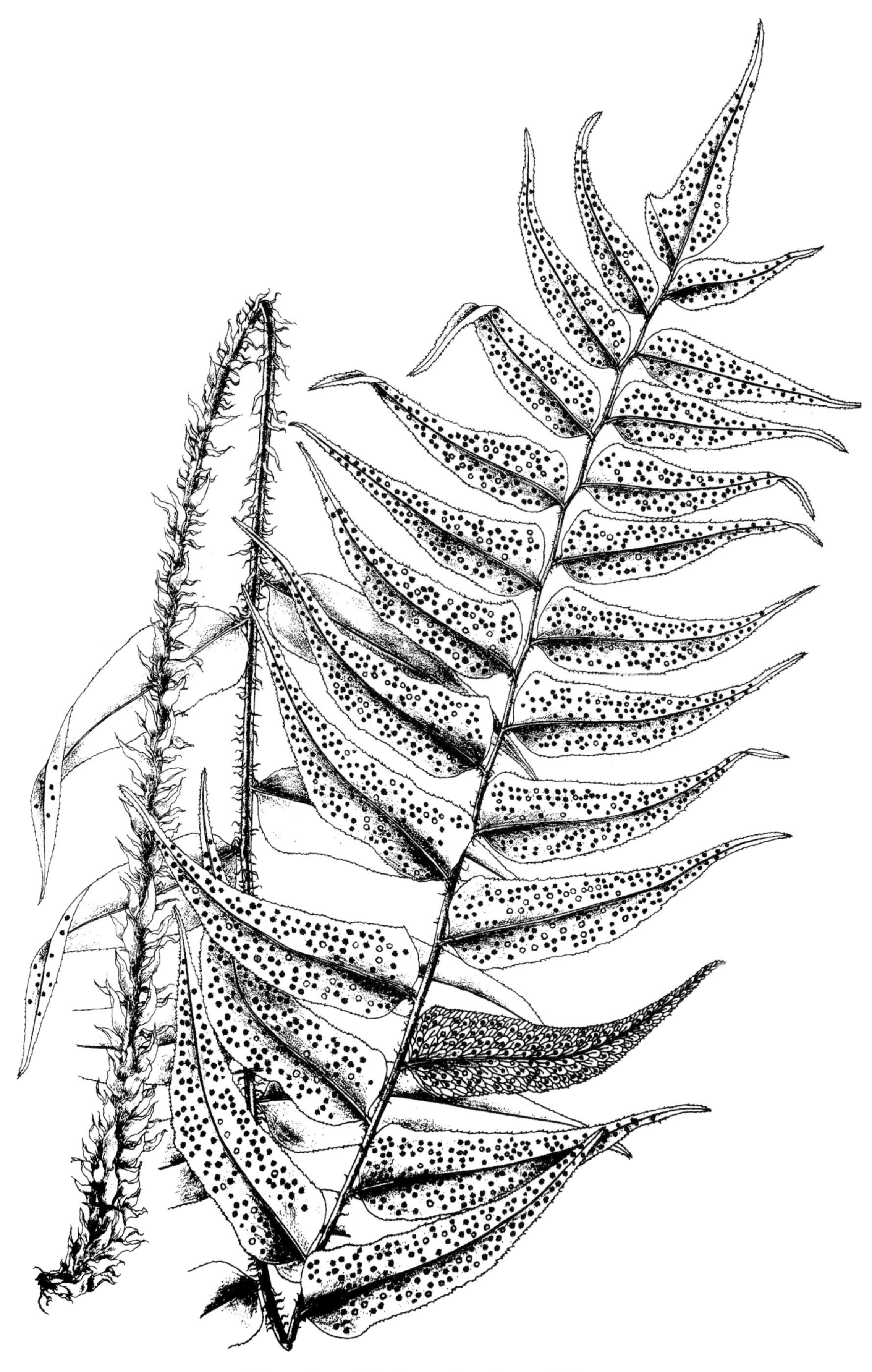

图 23-4-3-1 **贯众 Cyrtomium fortunei** J. Sm.

图 23-4-3-2　贯众

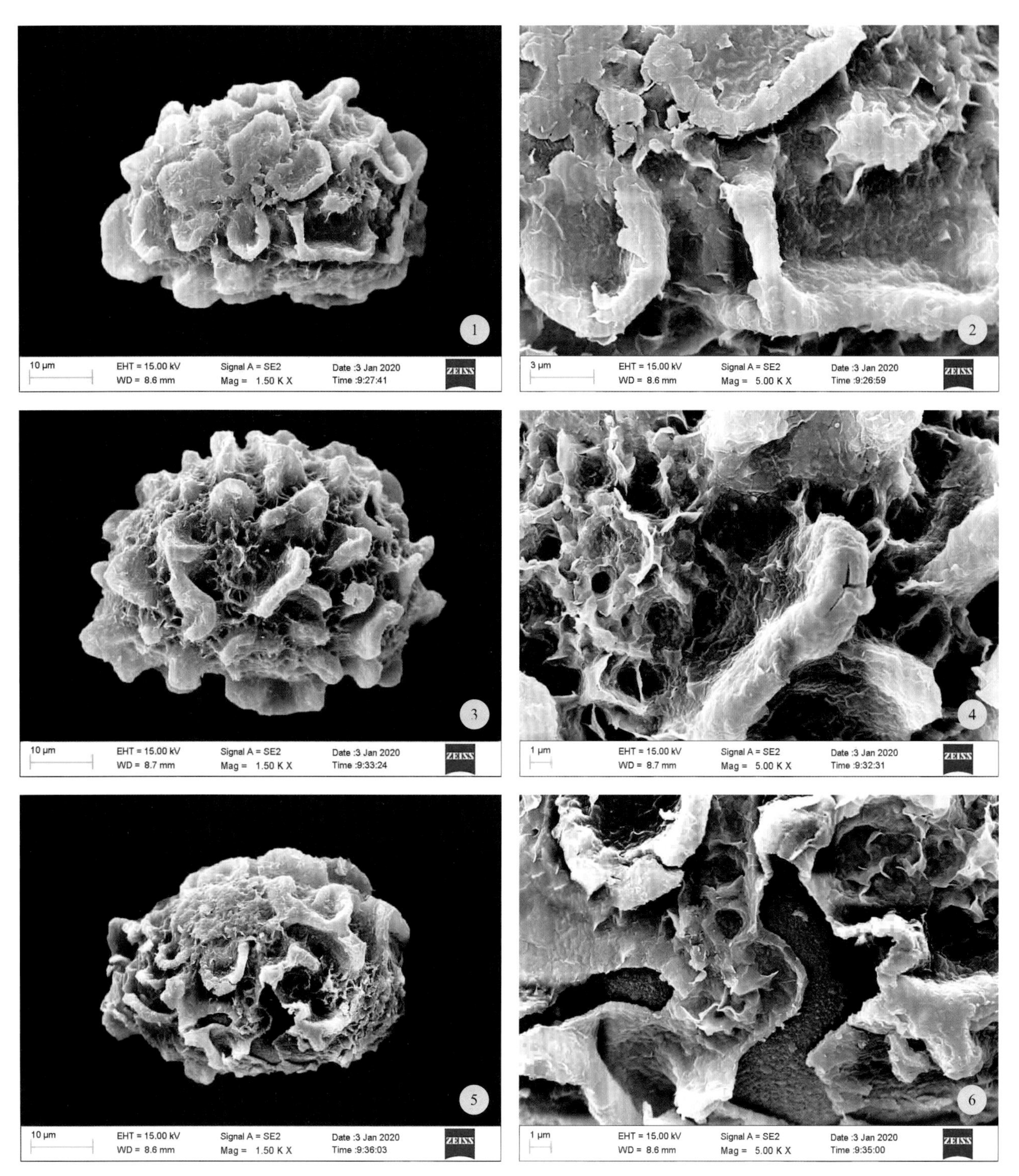

图 23-4-3-3　贯众孢子（SEM）

1～2. 近极面　3～4. 远极面　5～6. 赤道面

4. 济南贯众 小羽贯众

图23-4-4-1～图23-4-4-2

Cyrtomium polypterum (Diels) J. X. Li & X. J. Li

Polystichum falcatum var. *polypterum* Diels

植株高45～60cm。根茎直立，密被棕色宽卵状披针形大鳞片。叶簇生；叶柄长8～12cm，基部直径2～3mm，棕褐色。腹面有浅纵沟，密生卵状披针形、棕褐色、中间为深褐色的鳞片，鳞片边缘具齿和纤细毛，向上渐疏；叶片狭披针形，长38～50cm，宽8～10cm，先端渐尖，基部略变狭，奇数一回羽状；羽片20～32对，中部羽片长3.5～4.0cm，宽1.2～1.4cm，互生，近平展，柄极短，镰状披针形，先端尾尖，基部偏斜，上侧略突起，下侧楔形，边缘有前倾的小密齿，常3～4齿相连；羽片具网状脉，小脉联接成4～5行网眼，脉腹面不明显，背面微凸起，顶生羽片基部有1或2个浅裂；叶厚纸质，两面光滑；叶轴腹面有浅纵沟，密生线形棕色小鳞片。孢子囊群小，圆形，在羽片背面边缘1～2行。囊群盖圆形，盾状着生，边缘具粗齿。孢子两侧对称，单裂缝，极面观和赤道面观均为椭圆形，周壁具长而弯曲的脊状突起，其表面粗糙。

产山东济南（佛慧山）。生林下石缝间，海拔250～300m。

国内分布于山西（晋城）、陕西（秦岭地区）、甘肃（天水）、江西（修水）、河南（卢氏）、湖北西部、湖南西部、四川（平武、峨眉）、重庆（南川、奉节）、贵州（梵净山、遵义）。

李建秀、李晓娟20180826（凭证标本），2018年8月26日，采自济南佛慧山。

药用根茎。据《陕西中草药》记载："清热解毒，凉血，降压。"主治高血压头晕，头疼，可预防及治疗急性传染病。根茎磨粉，对防治蚜虫有良效。

本种《中国植物志》将其定为贯众*Cyrtomium fortunei* J. Sm.的变型小羽贯众*Cyrtomium fortunei* J. Sm. f. *polypterum* (Diels) Ching。*Flora of China*与贯众合并，采用*Cyrtomium fortunei* J. Sm.学名。经我们多年观察研究，本种与贯众*Cyrtomium fortunei* J. Sm.主要区别：羽片20～32对；孢子囊群在羽片背面上下近边缘仅1～2行；囊群盖边缘齿状；孢子周壁具长而弯曲的脊状纹饰。根据《国际植物命名法规》，我们将*Cyrtomium fortunei* J. Sm. f. *polypterum* (Diels) Ching组合，提升为新等级种级地位，命名为济南贯众*Cyrtomium polypterum* (Diels) J. X. Li & X. J. Li，发表于Bangladesh Journal of Botany。

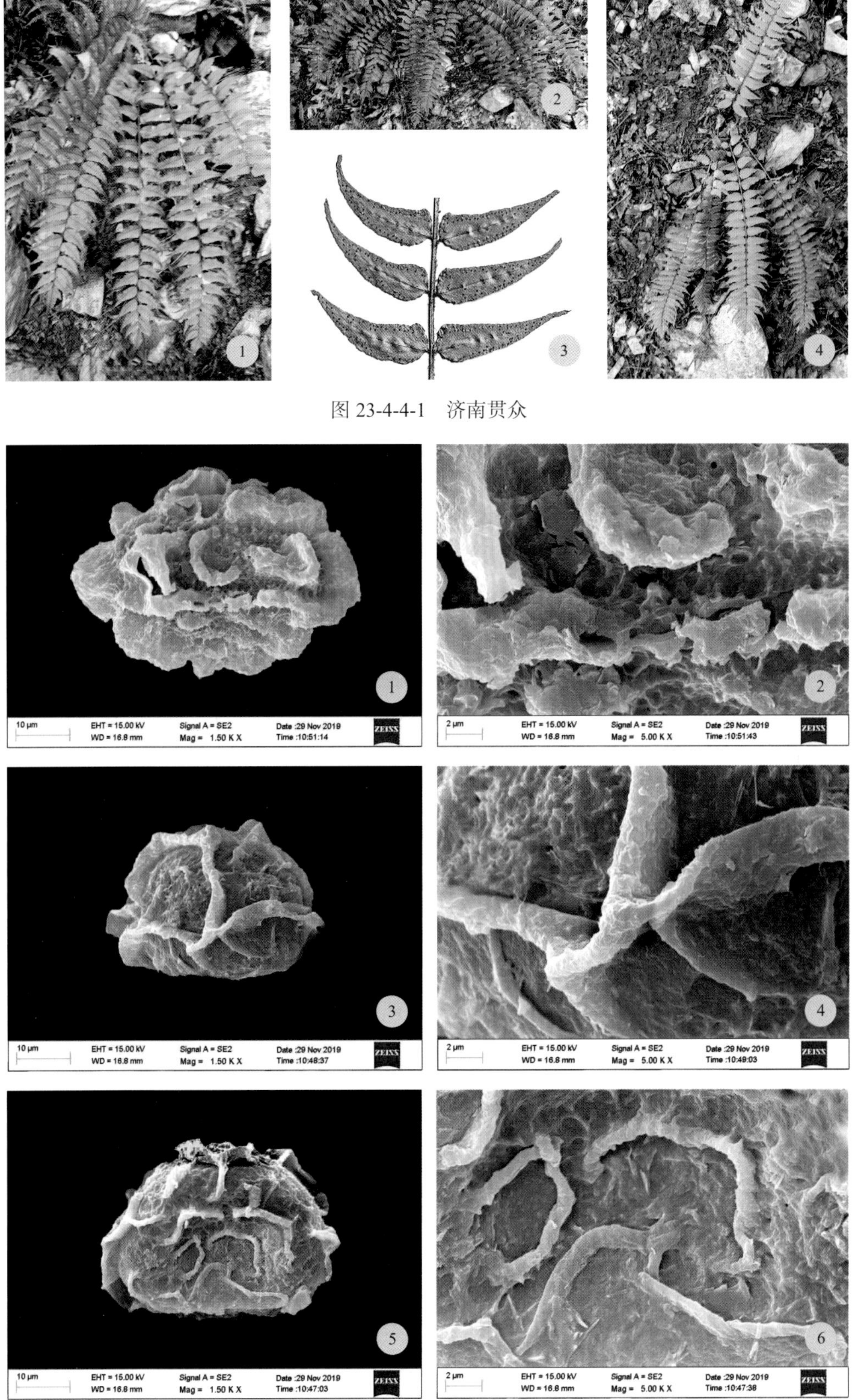

图 23-4-4-1　济南贯众

图 23-4-4-2　济南贯众孢子（SEM）

1～2. 近极面　3～4. 远极面　5～6. 赤道面

5. 密齿贯众

图23-4-5-1～图23-4-5-3

Cyrtomium confertiserratum J. X. Li, H. S. Kung et X. J. Li

植株高50～60cm。根茎直立，密被阔卵形棕色鳞片。叶簇生；柄长8～10cm，基部直径约2mm，禾秆色，腹面有浅纵沟，被宽披针形鳞片，鳞片边缘有流苏状齿，向上渐稀疏；叶片狭披针形，长40～50cm，宽10～20cm，先端渐尖，基部略变狭，奇数一回羽状；侧生羽片15～17对，互生，斜向上，柄极短，镰刀状披针形，中部羽片长6～8cm，宽约2cm，先端渐尖，基部偏斜，近圆形，上侧具钝圆形耳状突起，下侧楔形，边缘具明显向前伸展的细密尖锯齿；顶生羽片菱形，长6cm，宽4cm，下部1～2深裂，裂片长3～4cm，宽约10mm；具羽状脉，小脉联结成多行网眼，腹面不明显，背面微凸起；叶为坚草质，腹面光滑，背面生毛状小鳞片；叶轴腹面有浅纵沟，生线状披针形棕色小鳞片。孢子囊群遍布羽片背面；囊群盖圆形，盾状，边缘有波状小齿，易早落。孢子两侧对称，单裂缝，极面观长椭圆形，赤道面观半圆形，周壁瘤状突起，突起间具稀疏颗粒和细丝状纹饰。

产山东泰安（良庄）、济南南部山区（锦绣川水库）。生枯井壁，海拔600m。山东特有种，孙积泉88-131 Typus PE（模式标本），1988年6月5日，采自泰安（良庄）。

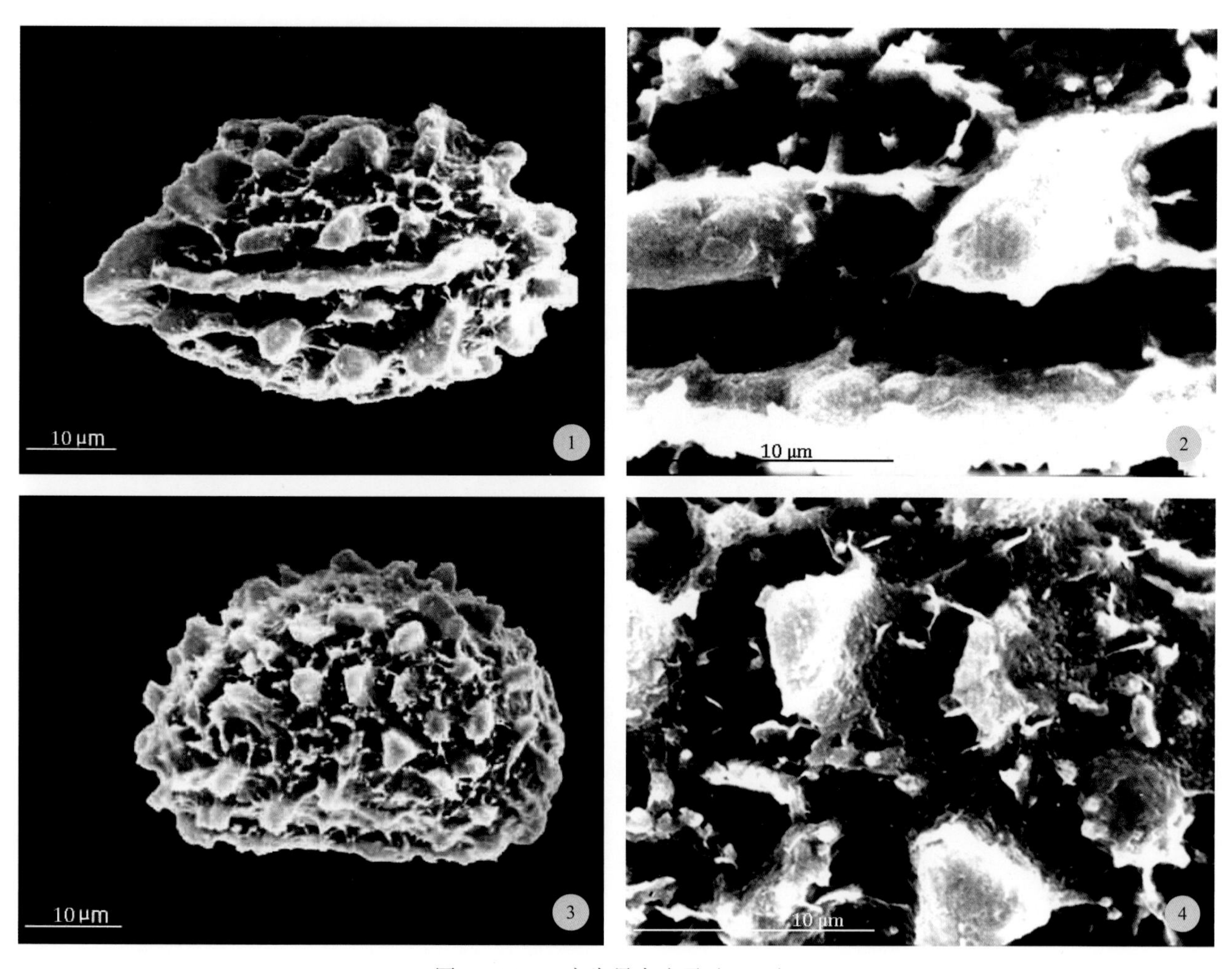

图 23-4-5-1　密齿贯众孢子（SEM）

1～2. 近极面　3～4. 赤道面

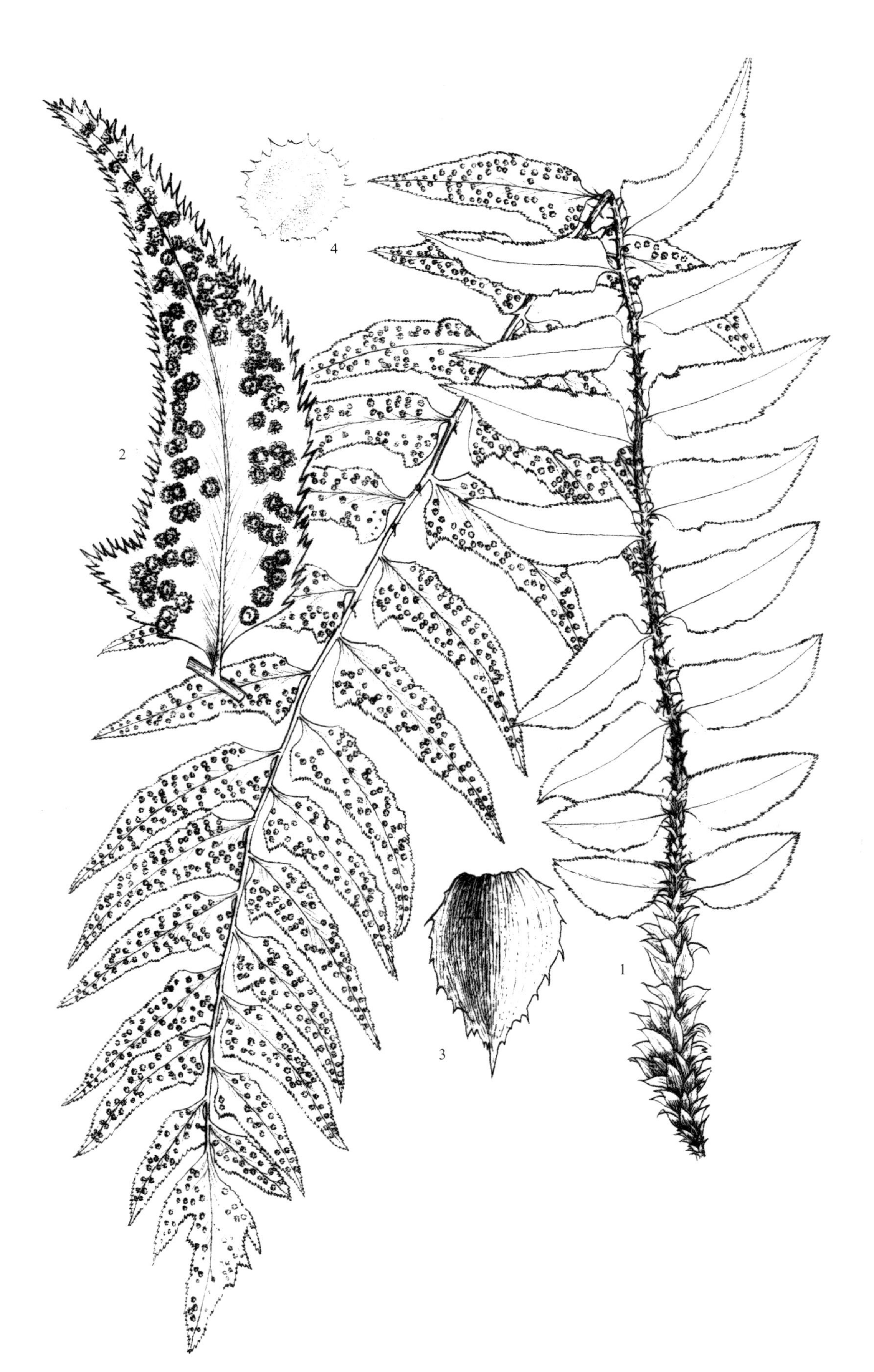

图 23-4-5-2 **密齿贯众 Cyrtomium confertiserratum** J. X. Li, H. S. Kung et X. J. Li

1. 植株 2. 羽片 3. 叶柄基部的鳞片 4. 囊群盖

图 23-4-5-3　密齿贯众

6. 倒鳞贯众

图23-4-6-1～图23-4-6-3

Cyrtomium reflexosquamatum J. X. Li et F. Q. Zhou

植株高40～60cm。根茎直立，密被长卵状棕色鳞片。叶簇生；叶柄长8～10cm，基部直径约2mm，禾秆色，腹面有浅纵沟，基部密被长卵形或披针形棕色鳞片，鳞片边缘有流苏状齿；叶片线状披针形，长30～50cm，宽6～8cm，先端渐尖，基部略变狭，奇数一回羽状；侧生羽片15～29对，互生，近平展，柄极短，镰刀状披针形，中部羽片长4.5～5.5cm，宽约10cm，先端尾状长渐尖，基部偏斜或圆楔形，上侧具钝圆形耳状突起或三角形耳状凸起，下侧楔形，边缘具有不规则的疏锯齿。顶生羽片狭卵形，基部有1～2浅裂片，长3～4cm，宽2～2.5cm；羽片具羽状脉，小脉联结成2行网眼，腹面不明显，背面微凸起；叶为草质，腹面光滑，绿色，背面灰绿色，有较密的毛状小鳞片；叶轴腹面有浅纵沟，基部以上密被倒生（指向下方的）线状披针形棕色小鳞片。孢子囊群在中脉两侧近叶缘处各排成1～2行；囊群盖圆形，盾状，边缘有波状小齿，易早落。孢子两侧对称，单裂缝，极面观椭圆形，赤道面观长椭圆形，周壁具耳片状突起，突起间具网状纹饰。

产山东济南南部山区（西营云梯山）。生井壁石缝间，海拔500m。山东特有种。李建秀2005-01 Typus PE（模式标本）。2005年10月5日，采自济南南部山区（西营云梯山）。

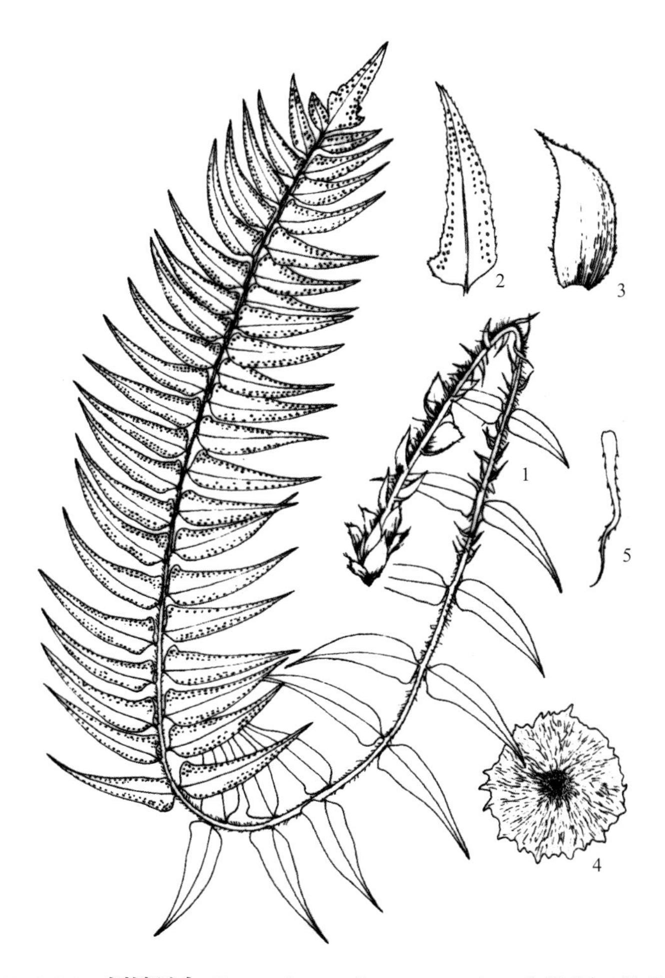

图 23-4-6-1　**倒鳞贯众 Cyrtomium reflexosquamatum** J. X. Li et F. Q. Zhou

1. 植株　2. 羽片　3. 叶柄基部的鳞片　4. 囊群盖　5. 叶轴中部小鳞片

图 23-4-6-2　倒鳞贯众

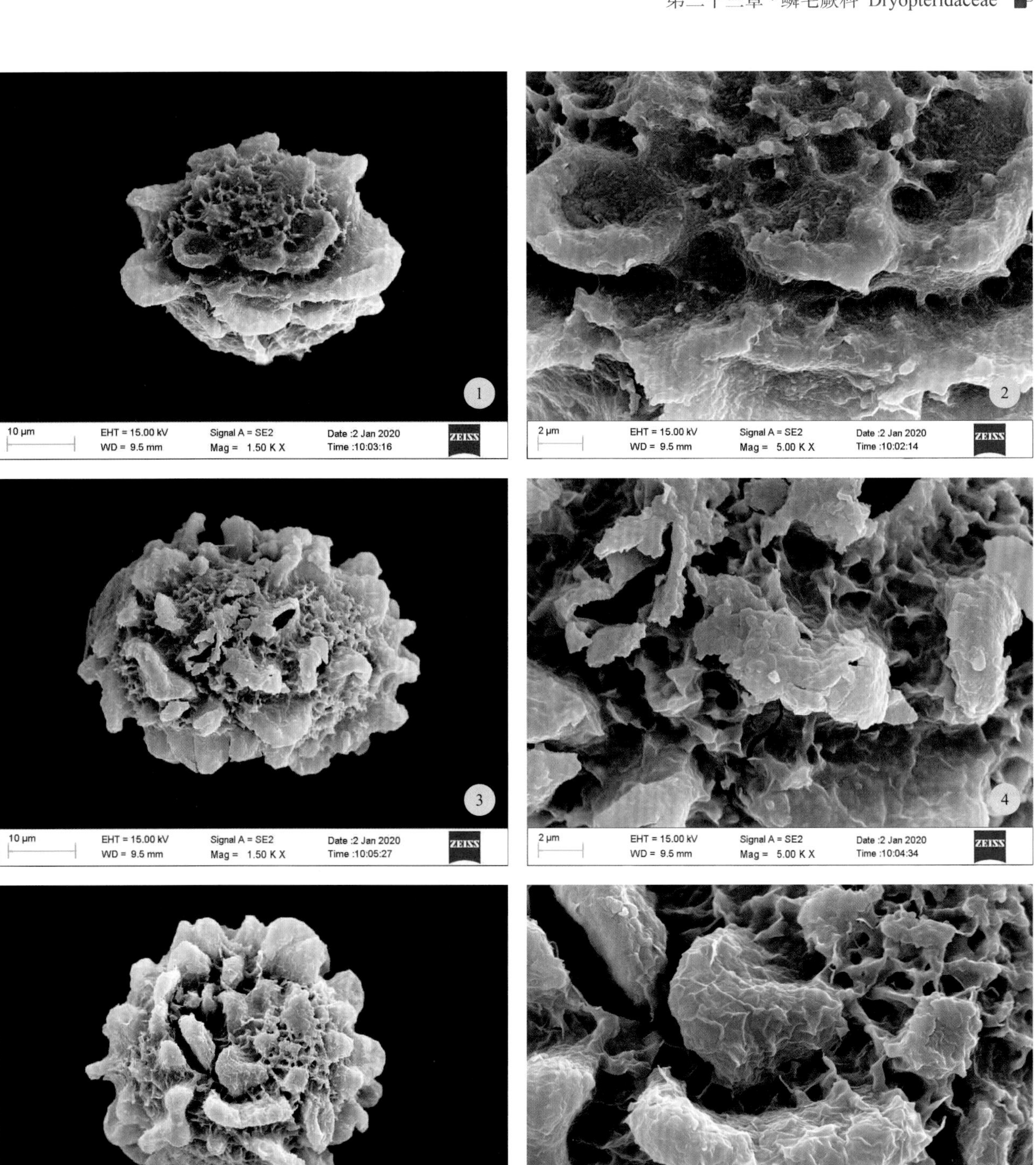

图 23-4-6-3　倒鳞贯众孢子（SEM）

1～2. 近极面　3～6. 远极面

7. 阔羽贯众

图23-4-7-1～图23-4-7-2

Cyrtomium yamamotoi Tagawa

植株高40～50cm。根茎直立，密被披针形黑棕色鳞片。叶簇生；叶柄长22～25cm，基部直径2～3mm，禾秆色，腹面有浅纵沟，密生卵形及披针形、黑棕色或中间黑棕色边缘棕色的鳞片，鳞片边缘有小齿，上部渐稀疏；叶片卵状披针形，长24～30cm，宽12～18cm，先端钝，基部略狭，奇数一回羽状；侧生羽片4～14对，互生，略斜向上，有短柄，披针形或宽披针形，多少上弯成镰状，中部的长8～12cm，宽3～3.5cm，先端渐尖成尾状，基部圆楔形或宽楔形不对称，上侧有半圆形或尖的耳状凸，边缘全缘或近顶处有前倾的小齿；顶生羽片卵形或菱状卵形，2叉或3叉状，长8～12cm，宽6～8cm；具羽状脉，小脉联结成3～4行网眼；叶为纸质，两面光滑；叶轴腹面有浅纵沟，疏生披针形黑棕色或棕色鳞片。孢子囊群遍布羽片背面；囊群盖圆形，盾状，边缘有齿缺。孢子极面观菱形，赤道面观类卵形，周壁具耳片状或瘤块状突起，突起间具网状和颗粒状纹饰。

产山东泰安（大汶口）。生枯井壁石缝间。

国内分布于陕西、甘肃、安徽、浙江、江西、湖北、湖南、广西、四川、贵州。日本也有分布。山东省分布新纪录：李建秀、李晓娟201208（凭证标本），2012年10月6日，采自泰安（大汶口）。

药用根茎。味苦，性寒。归肺、大肠经。清热解毒，凉血，杀虫。主治流行性感冒，风热感冒，流行性脑脊髓膜炎，崩漏，蛔虫病。

图 23-4-7-1　阔羽贯众

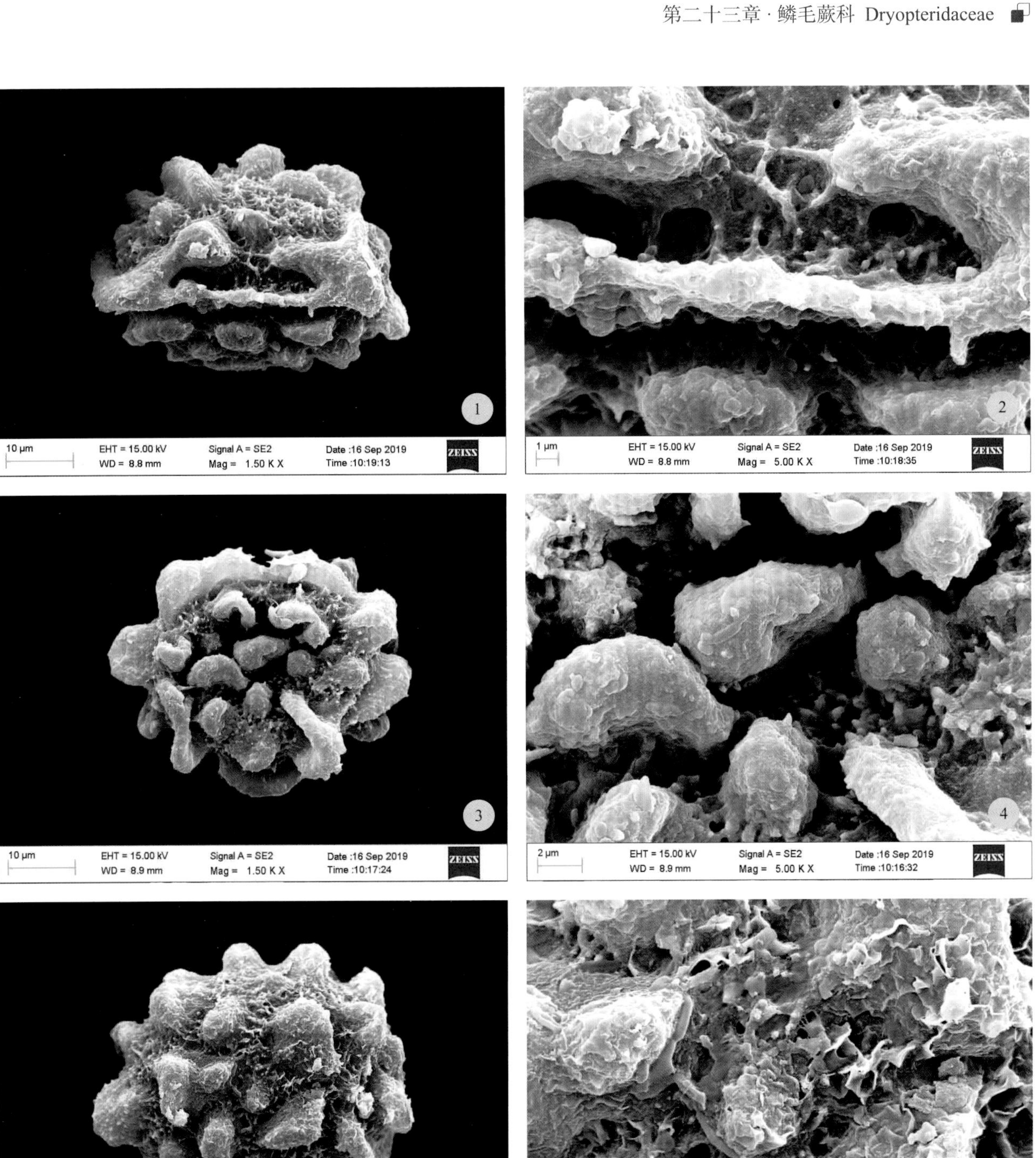

图 23-4-7-2　阔羽贯众孢子（SEM）

1～2. 近极面　3～4. 远极面　5～6. 赤道面

8. 粗齿阔羽贯众

图23-4-8-1～图23-4-8-2

Cyrtomium yamamotoi var. **intermedium** (Diels) Ching & Shing ex Shing

Polystichum falcatum Diels f. *intermedium* Diels

本变种与原种阔羽贯众（*C. yamamotoi* Tagawa）的主要区别在于，前者侧生羽片镰状披针形，边缘波状或具粗钝齿。孢子极面观和赤道面观类卵形，周壁具脊状及不规则块状突起，其表面具鳞片状纹饰。

产山东泰安（大汶口）。生枯井壁石缝间。

国内分布于陕西、安徽、浙江、江西、湖北、广西、四川、贵州、云南。日本也有分布。山东省分布新纪录：李建秀、李晓娟20121106（凭证标本），2012年10月6日，采自泰安（大汶口）。

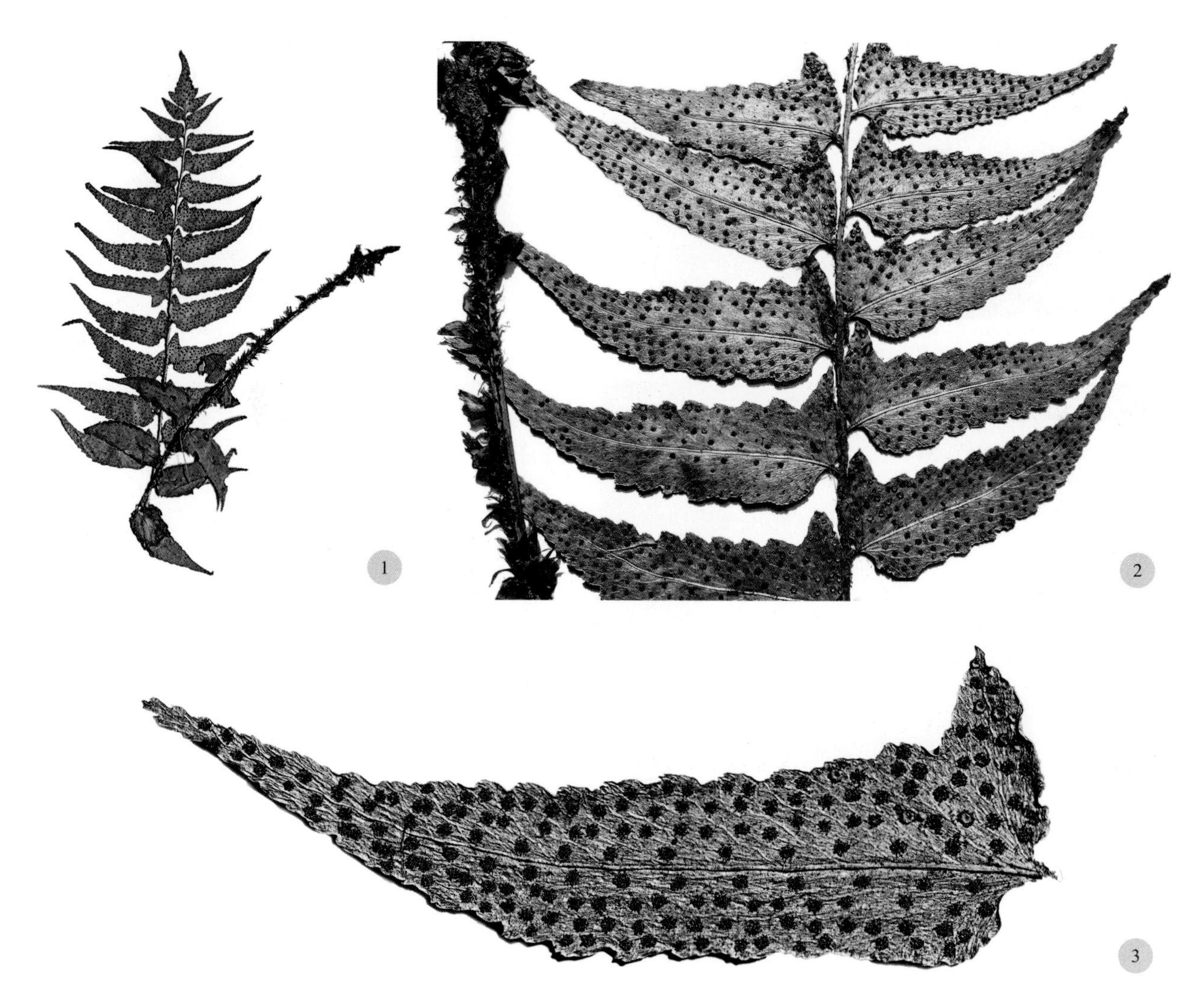

图 23-4-8-1　粗齿阔羽贯众

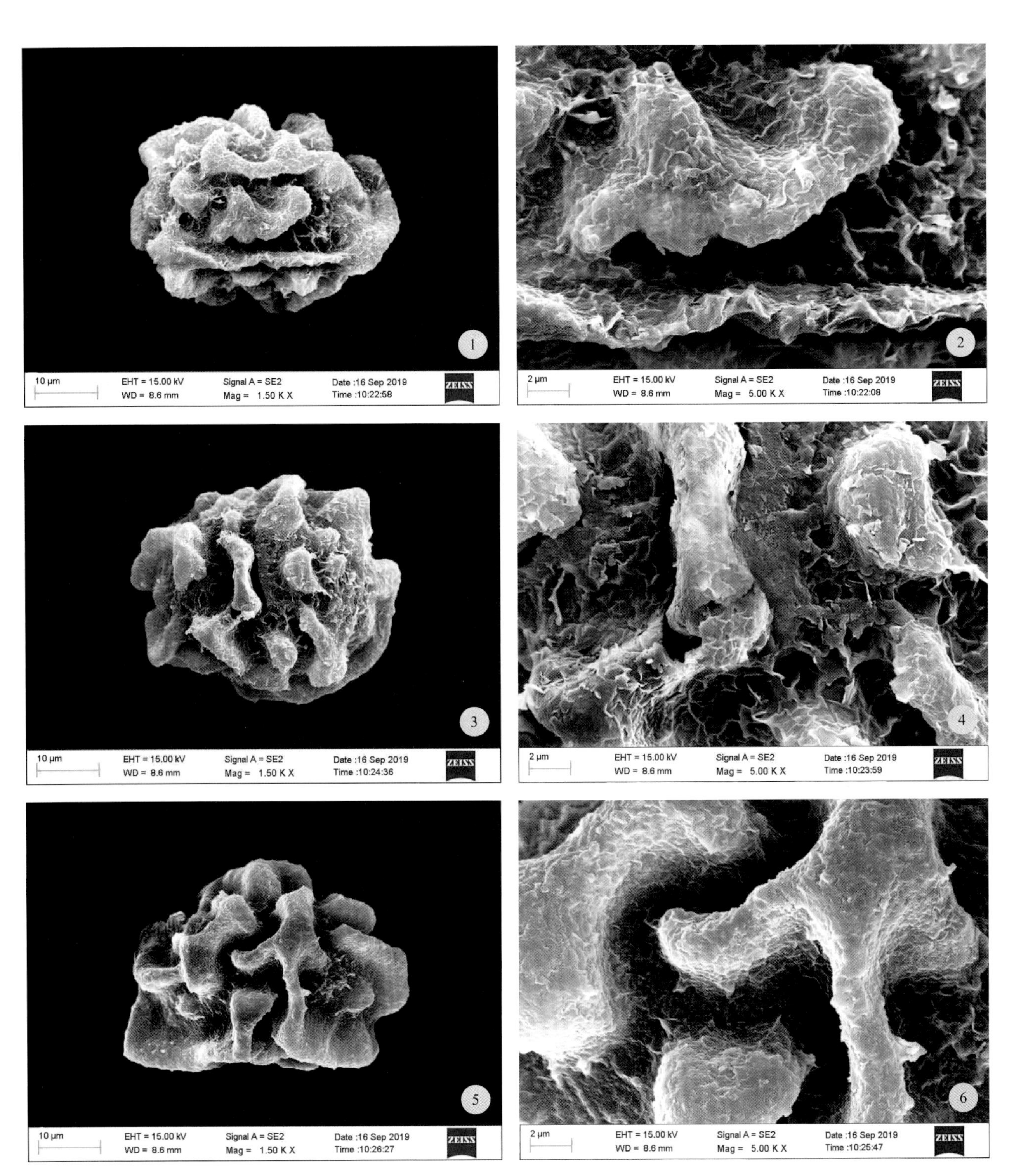

图 23-4-8-2　粗齿阔羽贯众孢子（SEM）

1～2. 近极面　3～4. 远极面　5～6. 赤道面

9. 齿盖贯众

图23–4–9–1～图23–4–9–3

Cyrtomium tukusicola Tagawa

植株高40～97cm。根茎短而直立，密被黑棕色披针形鳞片。叶簇生；叶柄长8～48cm，禾秆色。上面具纵沟，下部密被卵形及披针形黑棕色鳞片，向上近光滑；叶片矩圆状卵形或矩圆状披针形，长24～50cm，宽14～20cm，奇数一回羽状，侧生羽片2～9对，互生，斜展，具短柄，基部1或2对较大，卵形，其余的长圆形或窄卵形，中部的长11～15cm，宽3～5cm，渐尖头或尾状头，全缘或疏具细齿；顶生羽片倒卵形或菱状卵形，2叉或3叉，长7～14cm，宽4～10cm，叶脉网状，在主脉两侧各有7～8行网眼；叶纸质，干后黄褐色，两面光滑；叶轴下面具纵沟，疏被披针形及线形棕色鳞片。孢子囊群成不规则多行密布羽片下面；囊群盖浅碟形，边缘具细齿。孢子两侧对称，单裂缝，极面观圆肾形，赤道面观半圆形，周壁粗糙，具鳞片状纹饰。

产山东淄博市沂源等山地丘陵。

国内分布于浙江、湖南、贵州、四川及云南，生于海拔1000～2500m林下。日本也有分布。

图 23-4-9-1　齿盖贯众

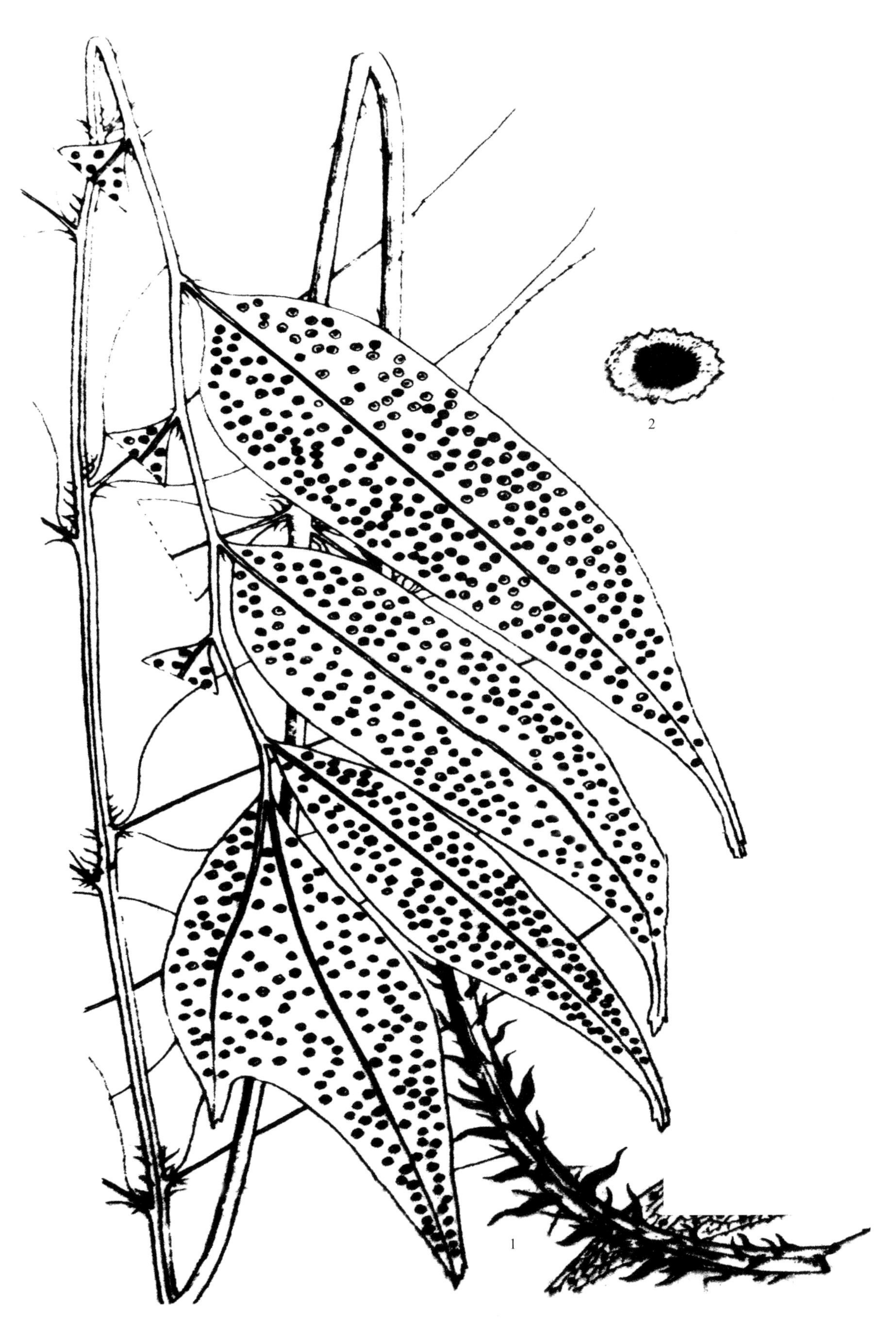

图 23-4-9-2 **齿盖贯众 *Cyrtomium tukusicola*** Tagawa

1. 植株 2. 囊群盖（引自《中国高等植物》）

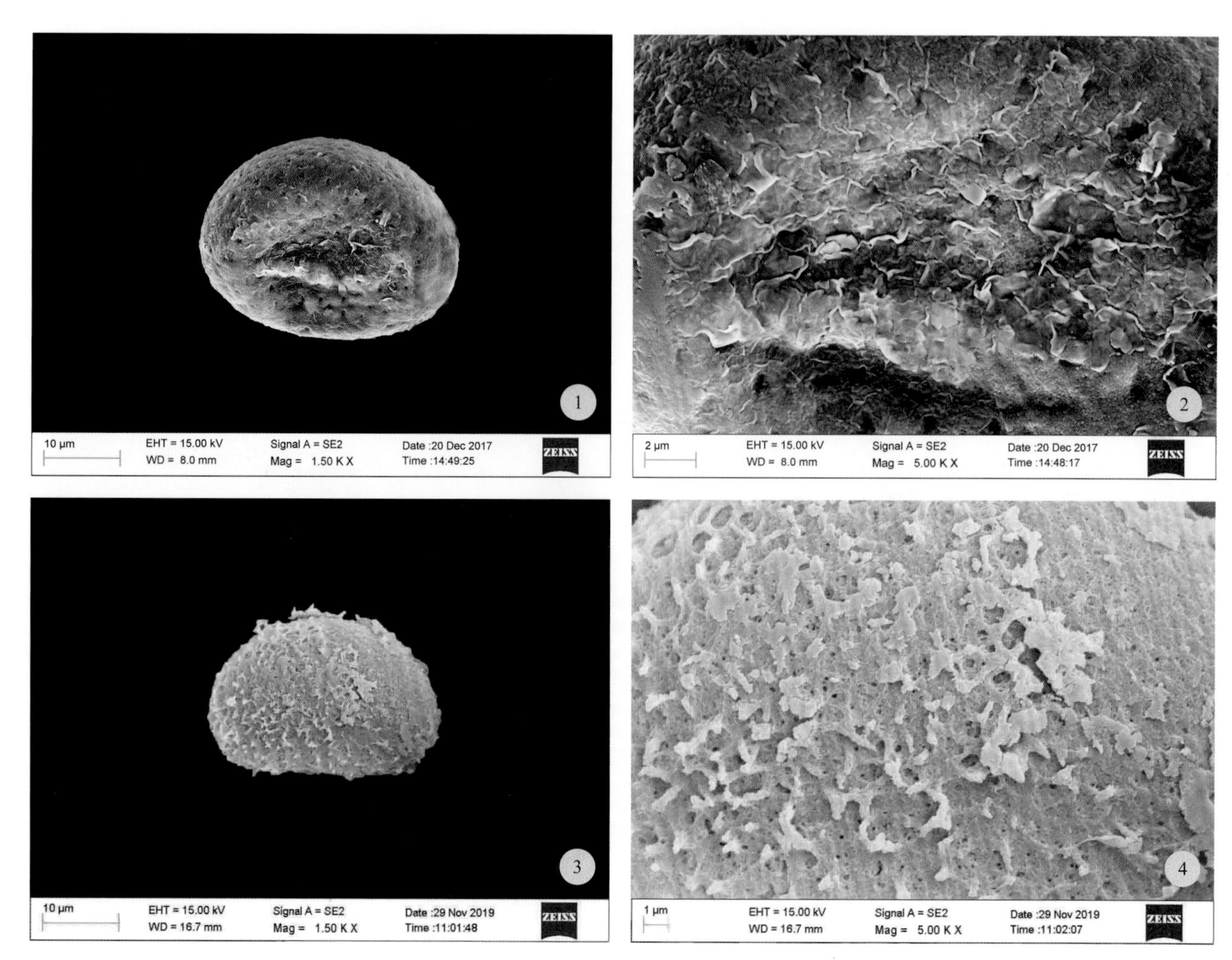

图 23-4-9-3　齿盖贯众孢子（SEM）

1～2. 近极面　3～4. 赤道面

耳蕨属 **Polystichum** Roth

陆生蕨类。根茎短，直立或斜升，连同叶柄基部通常被鳞片；鳞片卵形、披针形、线形或纤毛状，边缘有齿或芒状，棕色或带黑棕色而成二色。叶簇生；叶柄腹面有浅纵沟，基部以上常被与基部相同而较小的鳞片；叶片线状披针形、卵状披针形、矩圆形，一回羽状，二回羽裂至二回羽状，少为三回羽状细裂；羽片基部上侧常有耳状凸；叶片纸质、草质或为薄革质，背面多少有披针形或纤毛状的小鳞片；叶轴上部有时有芽孢，有时芽孢在顶端而叶轴先端能延生成鞭状，着地生根萌发成新株。孢子囊群圆形，着生于小脉顶端，少数为背生或近顶生；囊群盖圆形，盾状着生。

约300种，多分布于北半球温带、亚热带山地，较集中分布在中国西南和南部。喜马拉雅山区其他地区、印度北部、日本等也有分布。中国约170种。山东6种。

分种检索表

1a. 叶片一回羽状。
  2a. 叶轴为鞭状，先端有1芽孢。
    3a. 羽片带状披针形，长2.5cm；孢子囊群在中脉上下两侧各排成整齐1行；叶柄下部鳞片为狭卵形……1. **山东耳蕨P. shandongense**
    3b. 羽片长圆形，长不及2cm；孢子囊群在中脉上侧排成整齐1行；叶柄下部鳞片为披针形……2. **鞭叶耳蕨P. craspedosorum**
  2b. 叶轴不伸长为鞭状，无芽孢；叶片先端羽状；孢子囊群在中脉上下侧各排成整齐2行……3. **巴郎耳蕨P. balansae**
1b. 叶片二回羽状或掌状三出。
  4a. 叶片掌状三出。
    5a. 中央羽片的侧生小羽片镰刀状，渐尖头……4. **戟叶耳蕨P. tripteron**
    5b. 中央羽片的侧生小羽片斜长方形，先端尖或钝尖……5. **小戟叶耳蕨 P. hancockii**
  4b. 叶片二回羽状，小羽片斜卵形……6. **对马耳蕨P. tsus-simense**

1. 山东耳蕨 山东鞭叶耳蕨

图23-5-1-1～图23-5-1-3

Polystichum shandongense J. X. Li et Y. Wei

植株高30～40cm。根茎直立，密生狭卵形棕色鳞片。叶簇生；叶柄长10～15cm，基部直径约2mm，禾秆色，腹面有纵沟，密生狭卵形棕色鳞片，鳞片边缘有齿，下部边缘为卷曲的纤毛状；叶片线状披针形，长20～30cm，宽4～5cm以上，先端渐狭，基部楔形，一回羽状；羽片30～34对，互生，平展，柄极短，带状披针形，中部的长2～2.5cm，宽5～6mm，先端钝，基部偏斜，上侧截形，有明显的三角形耳凸，下侧楔形，边缘有内弯的尖齿牙；具羽状脉；叶纸质，背面脉上有较多的线形及毛状黄棕色鳞片，鳞片下部边缘为卷曲的纤毛状；叶轴腹面有纵沟，背面密生狭披针形、基部边缘纤毛状的鳞片，先端延伸成鞭状，顶端有芽孢能萌发新植株。孢子囊群生于羽片上下两侧边缘，小脉顶端，各成1行；囊群盖大，圆形隆起，全缘，盾状着生。孢子两侧对称，单裂缝，裂缝粗，其长为极轴长的1/2，极面观和赤道面观均为卵圆形，周壁具密集的小颗粒，小颗粒堆积成高低不平的纹饰。

产山东崂山、蒙山、泰山。生林下岩石缝间，海拔1000m。李建秀00105 Typus PE（模式标本），1983年8月，采自山东蒙山龟蒙顶。

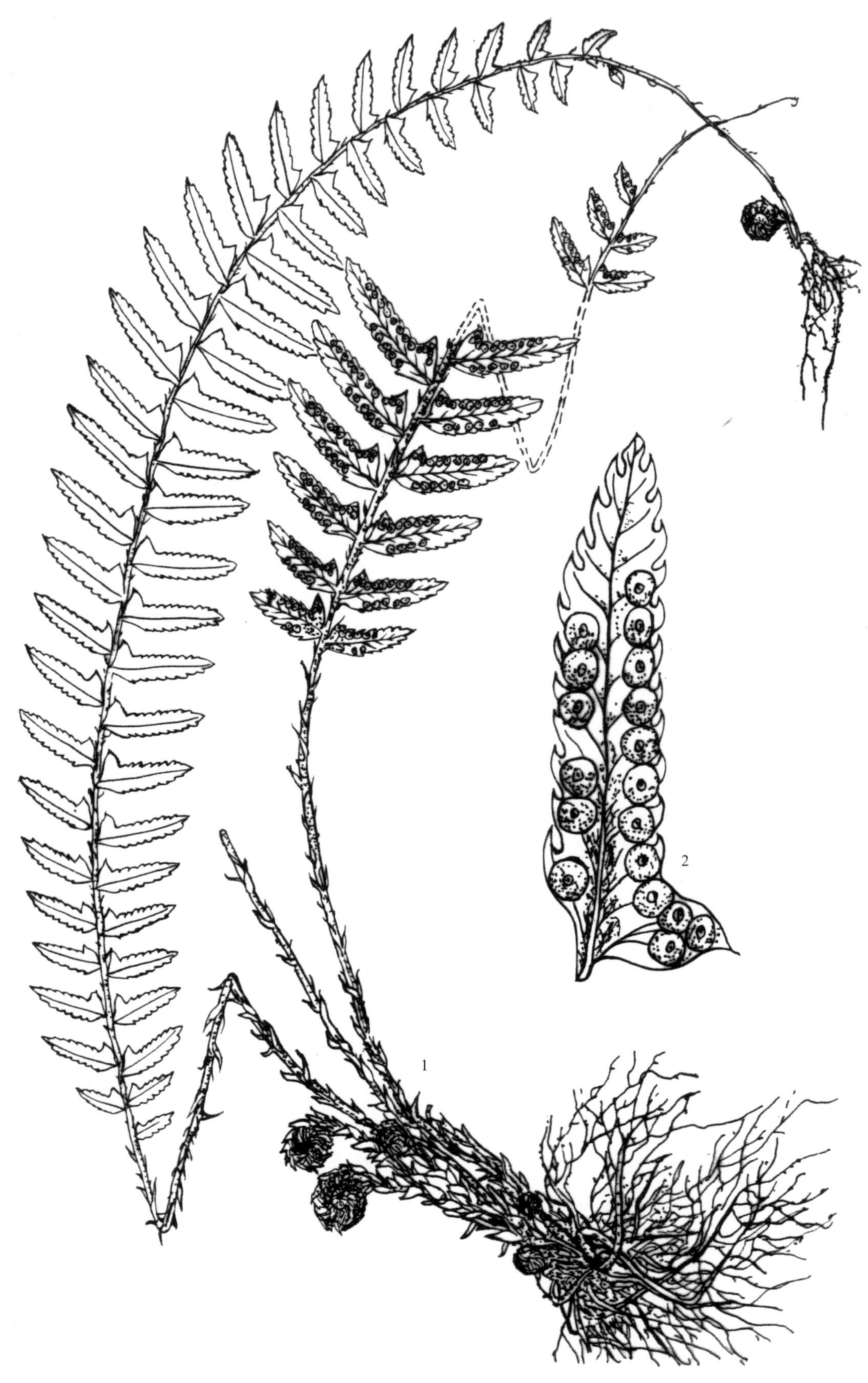

图 23-5-1-1　**山东耳蕨 *Polystichum shandongense*** J. X. Li et Y. Wei

1. 植株　2. 羽片

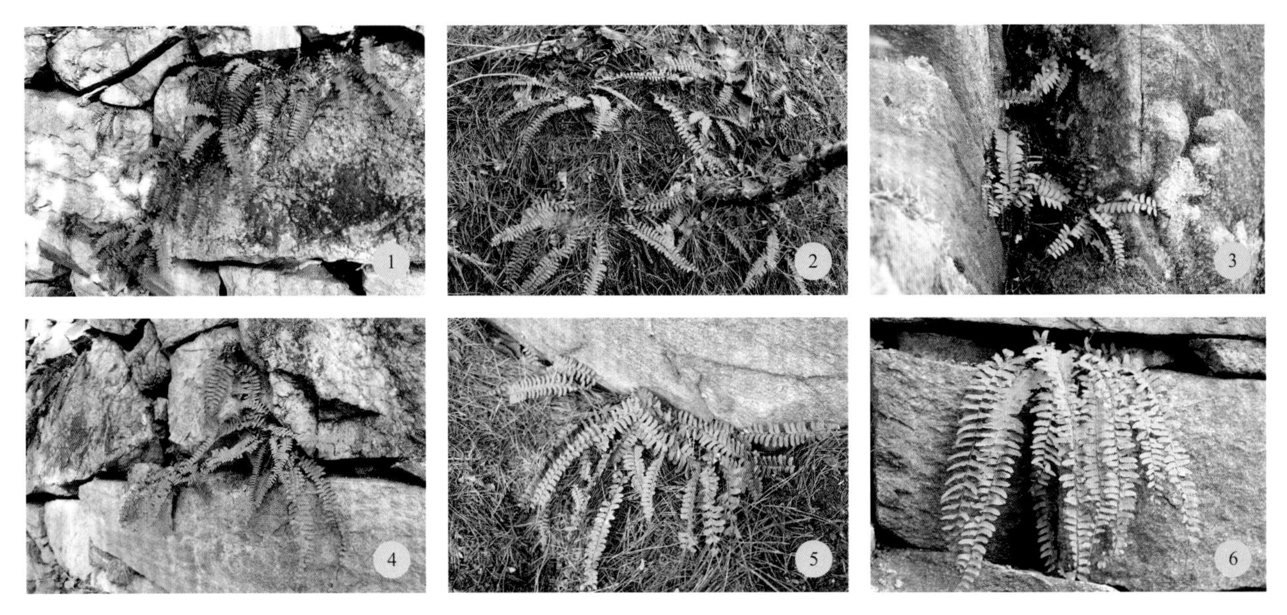

图 23-5-1-2　山东耳蕨

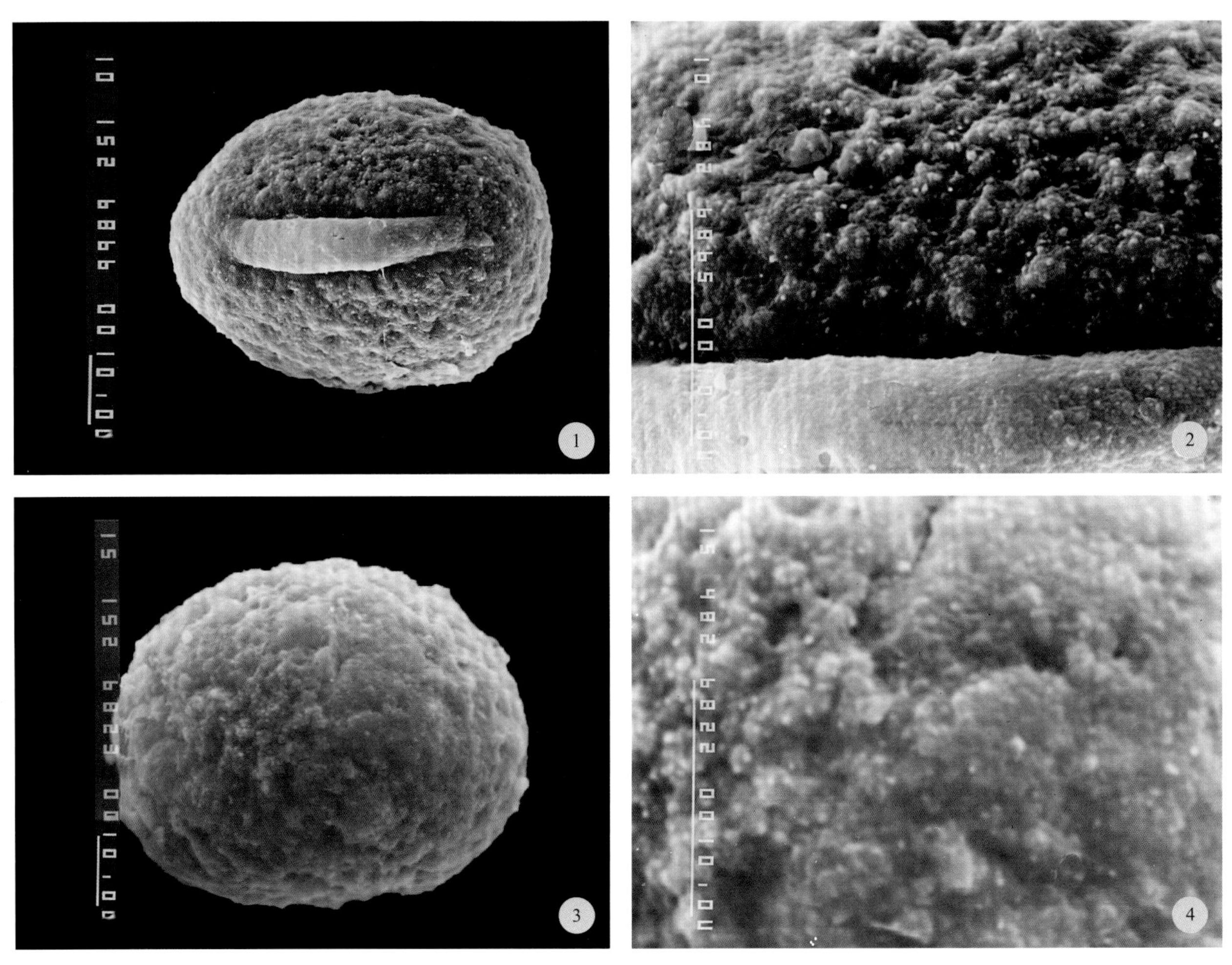

图 23-5-1-3　山东耳蕨孢子（SEM）

1～2. 近极面　3～4. 远极面

2. 鞭叶耳蕨 华北耳蕨

图23-5-2-1～图23-5-2-3

Polystichum craspedosorum (Maxim.) Diels

Aspidium craspedosorum Maxim.

植株高10～20cm。根茎直立，密生披针形棕叶鳞片。叶簇生；叶柄长2～6cm，基部直径1～2mm，禾秆色，腹面有纵沟，密生披针形棕色鳞片，鳞片边缘有齿，下部边缘为卷曲的纤毛状；叶片线状披针形或狭倒披针形，长10～20cm，宽2～4cm，先端渐狭，基部略狭，一回羽状；羽片14～26对，下部的对生，向上为互生，平展或略斜向下，柄极短，矩圆形或狭矩圆形，中部的长0.8～2cm，宽5～8mm，先端钝或圆形，基部偏斜，上侧截形，耳状凸明显或不明显，下侧楔形，边缘有内弯的尖齿牙；具羽状脉，侧脉单一，腹面不明显，背面微凸；叶纸质，背面脉上有或疏或密的线形及毛状黄棕色鳞片，鳞片下部边缘为卷曲的纤毛状；叶轴腹面有纵沟，背面密生狭披针形、基部边缘纤毛状的鳞片，先端延伸成鞭状，顶端有芽孢能萌发新植株。孢子囊群通常位于羽片上侧边缘成一行，囊群盖大，圆形，全缘，盾状着生。孢子两侧对称，单裂缝，其长为极轴长的1/2，极面观椭圆形，赤道面观超半圆形，周壁具密集的小颗粒和小刺状纹饰，表面近平坦。

产山东泰山、蒙山、崂山等。生阴面干燥石灰岩石缝间。

国内分布于黑龙江、吉林、辽宁、河北、山西、陕西、甘肃、宁夏、浙江（临安、昌化）、河南、湖北、湖南、四川、贵州。俄罗斯远东地区、日本、朝鲜半岛也有分布。

药用全草。味苦、涩，性寒。归肝经。清热解毒，生肌止血。主治乳痈，肠炎，外伤出血，伤口久不愈合，下肢疖肿。

植株含黄酮类化合物。

图 23-5-2-1　鞭叶耳蕨

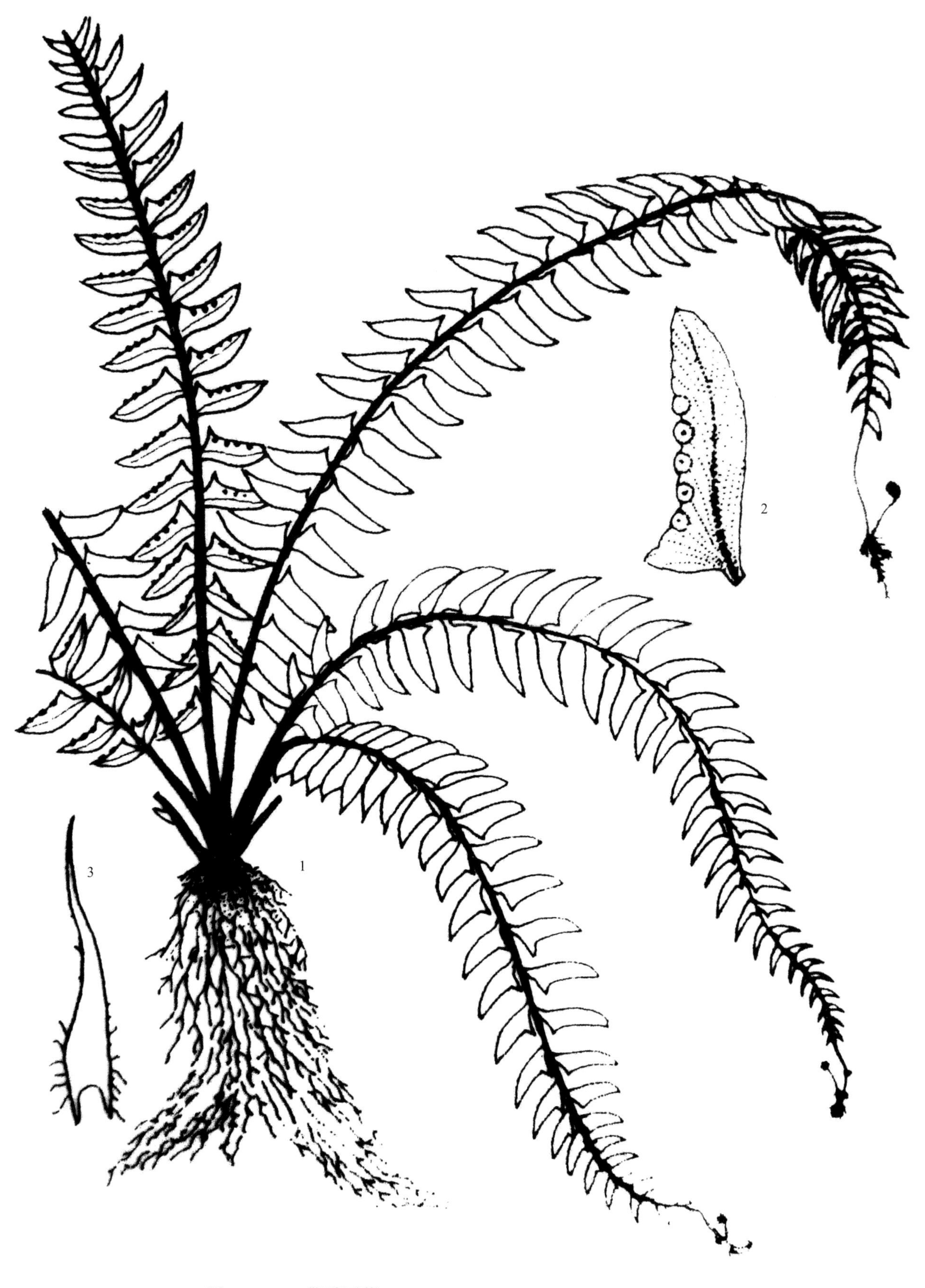

图 23-5-2-2　**鞭叶耳蕨 Polystichum craspedosorum** (Maxim.) Diels

1. 植株　2. 羽片　3. 叶柄基部的鳞片

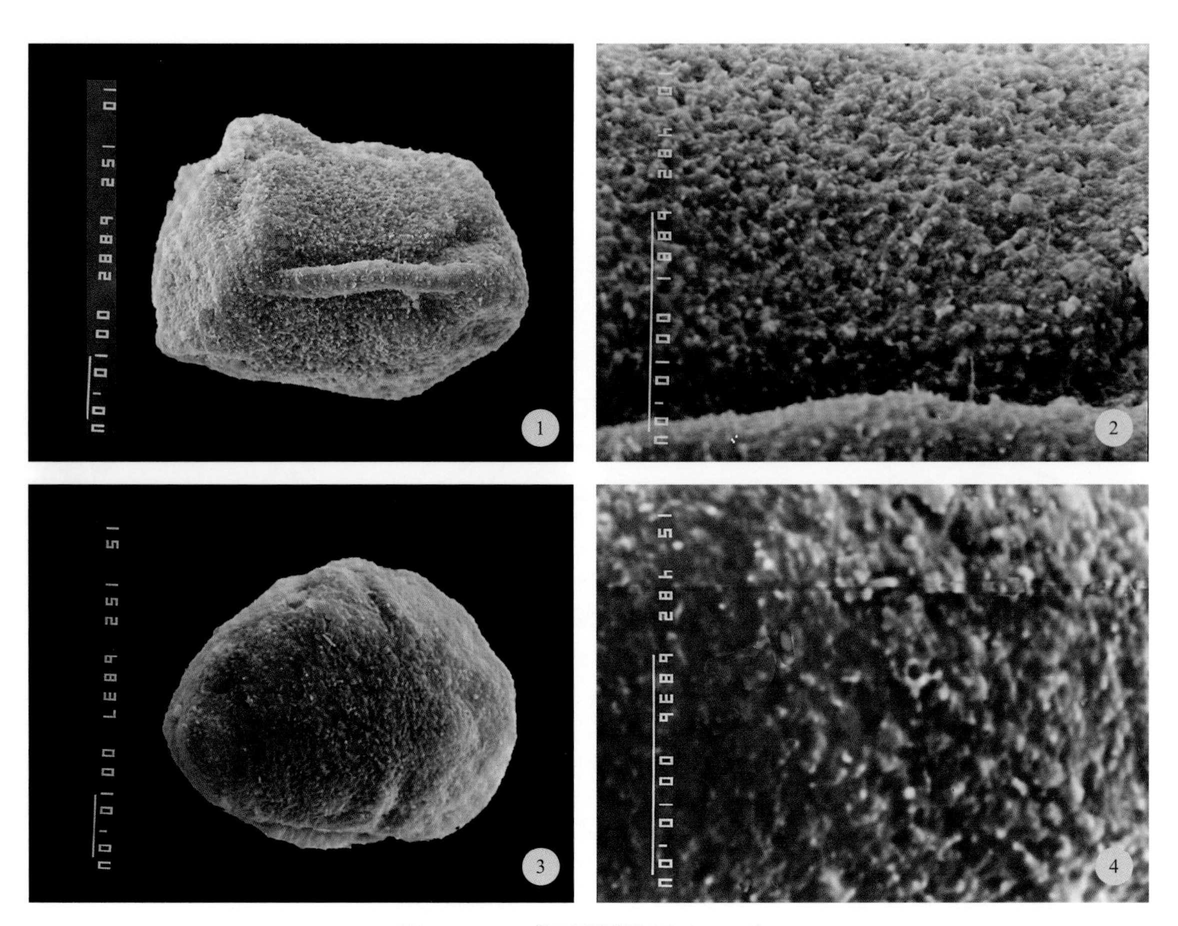

图 23-5-2-3　鞭叶耳蕨孢子（SEM）

1～2. 近极面　3～4. 远极面

3. 巴郎耳蕨 镰羽贯众 巴兰贯众

图23-5-3-1～图23-5-3-3

Polystichum balansae Christ

Cyrtomium balansae (Christ) C. Chr.

植株高25～60cm。根茎直立，密被披针形棕色鳞片。叶簇生；叶柄长12～35cm，基部直径2～4mm，禾秆色，腹面有浅纵沟，有狭卵形及披针形棕色鳞片，鳞片边缘有小齿，上部秃净；叶片披针形或宽披针形，长16～42cm，宽6～15cm，先端渐尖，基部略狭，一回羽状；羽片12～18对，互生，略斜向上，柄极短，镰状披针形，下部的长3.5～9cm，宽1～2cm，基部上侧耳状尖三角形，下侧楔形，具前倾钝齿或近全缘；叶脉羽状，小脉连成2行网眼，具内藏小脉；叶纸质，上面光滑，下面疏被披针形小鳞片；叶轴上面具纵沟，下面疏被披针形及线形卷曲棕色鳞片。孢子囊群背生内藏小脉中上部或近顶端；囊群盖圆盾形，全缘。孢子两侧对称，单裂缝，极面观椭圆形，赤道面观超半圆形，周壁具褶皱，褶皱具小刺状纹饰。

产山东青岛市崂山。生山谷湿地、岩石缝或密林下，海拔80～1000m。

国内分布于长江以南各省区。越南、日本也有分布。

药用根茎。味微苦，性寒。归肺、大肠经。清热解毒，驱虫。主治流行性感冒，肠道寄生虫病。

根茎含黄酮类等。

图 23-5-3-1　巴郎耳蕨

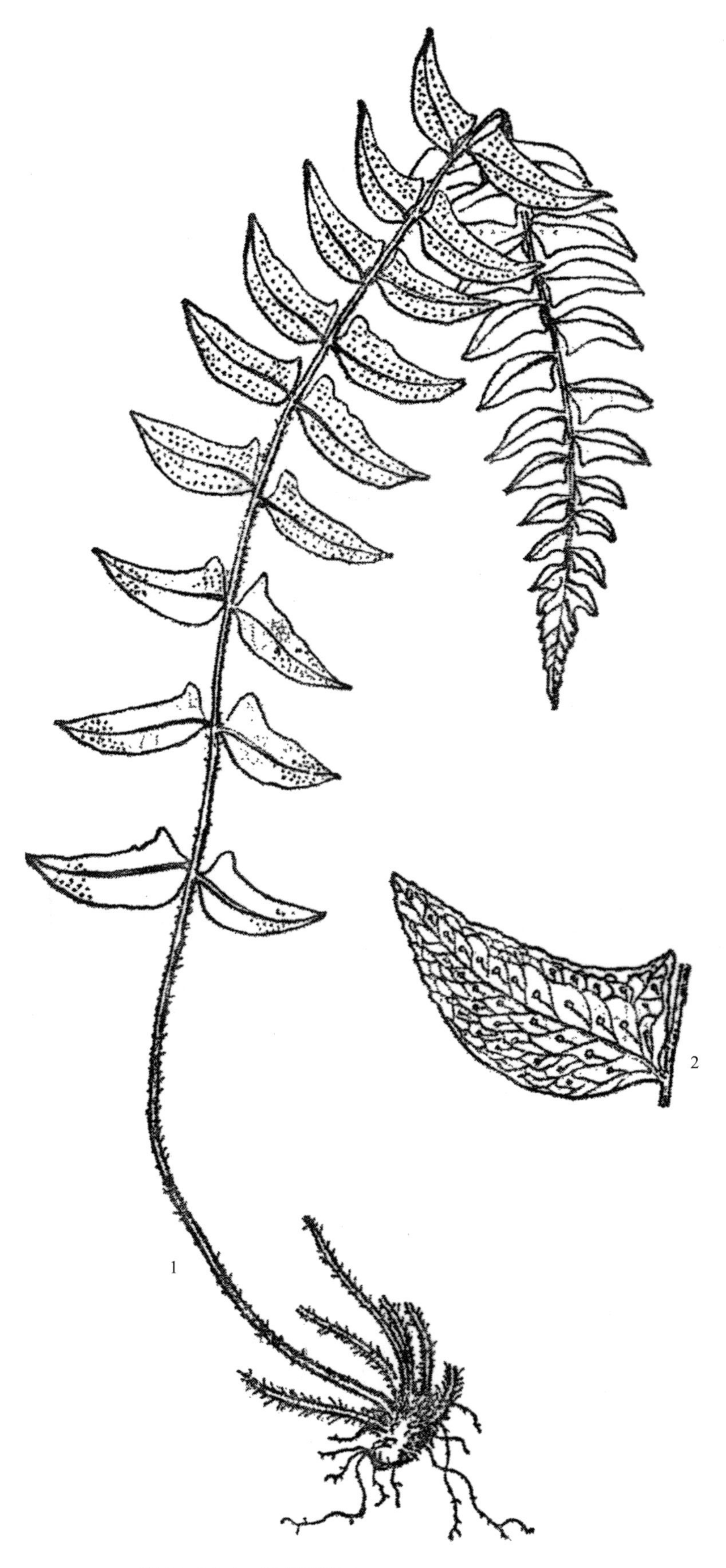

图 23-5-3-2　**巴郎耳蕨 *Polystichum balansae*** Christ

1. 植株　2. 羽片

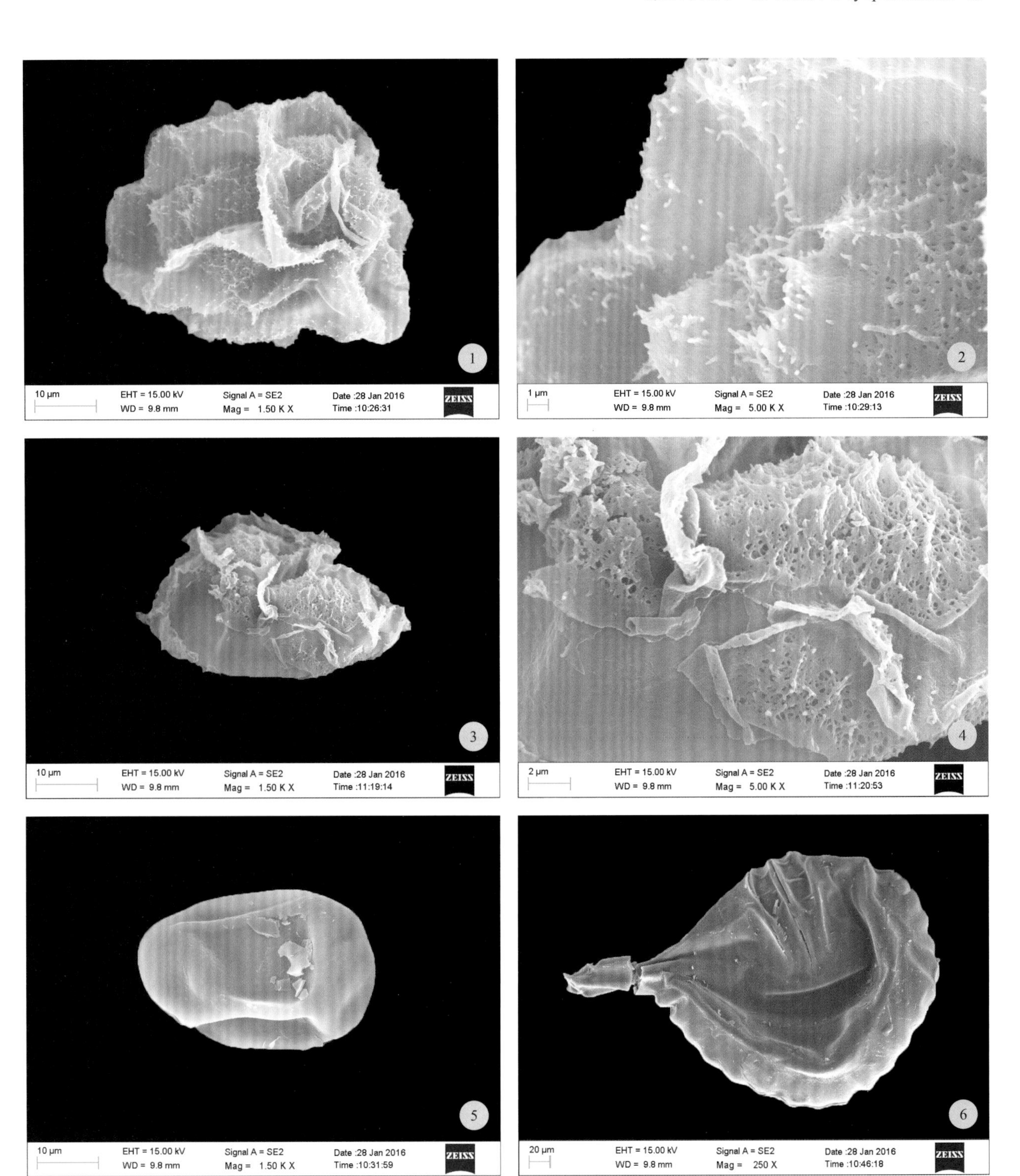

图 23-5-3-3　巴郎耳蕨孢子（SEM）

1～2. 近极面　3～4. 赤道面　5. 脱掉周壁的孢子　6. 孢子囊

4. 戟叶耳蕨 三叶耳蕨

图23-5-4-1～图23-5-4-3

Polystichum tripteron (Kunze) Presl

Aspidium tripteron Kunze

植株高30～65cm。根茎短而直立，先端连同叶柄基部密被棕色、有缘毛的披针形鳞片。叶簇生；叶柄长12～30cm，直径约2mm，基部以上禾秆色，连同叶轴和羽轴疏生披针形小鳞片；叶片3出戟状披针形，长30～45cm，基部宽10～16cm，具3枚椭圆披针形的羽片；侧生1对羽片较短小，长5～8cm，宽2～5cm，有短柄，一回羽状；小羽片8～10对；中央羽片的小羽片25～30对，互生，近平展，下部有短柄，向上近无柄，中部长3～4cm，宽0.8～1.2cm，镰状披针形，渐尖头，基部下侧斜切，上侧截形，具三角形耳状突起，边缘有粗锯齿或浅羽裂，锯齿及裂片顶端有芒状小刺尖；叶脉在裂片上羽状，小脉单一，罕见分叉；叶草质，干后绿色，上面色较深。孢子囊群圆形，在主脉上下两侧各排成整齐的1行。孢子两侧对称，单裂缝，裂缝长为极轴长的1/2，极面观卵圆形，赤道面观超半圆形，周壁具疣块状突起，突起表面不光滑。

产山东牙山、崂山、昆嵛山。生林下湿地。

国内分布于东北、长江以南各省区。俄罗斯远东地区、朝鲜半岛、日本也有分布。

药用根茎。味苦，性凉。归胃、膀胱经。清热解毒，利尿通淋。主治内热腹痛，痢疾，淋浊。

根茎含甾醇、脂肪酸等。

图 23-5-4-1　戟叶耳蕨

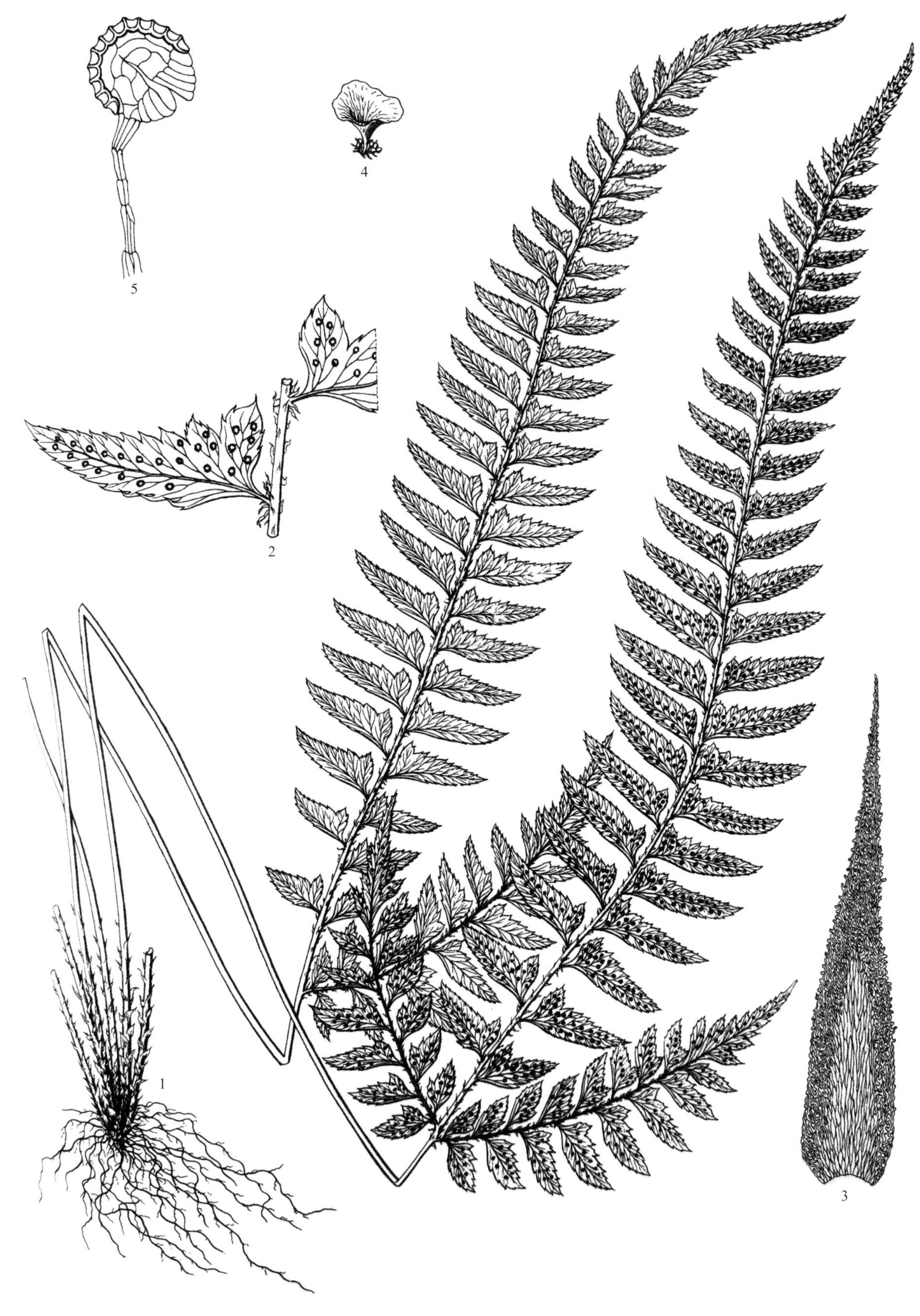

图 23-5-4-2 **戟叶耳蕨 Polystichum tripteron** (Kunze) Presl

1. 植株 2. 能育羽片 3. 叶柄基部鳞片 4. 囊群盖 5. 孢子囊（引自《中国蕨类植物图谱》）

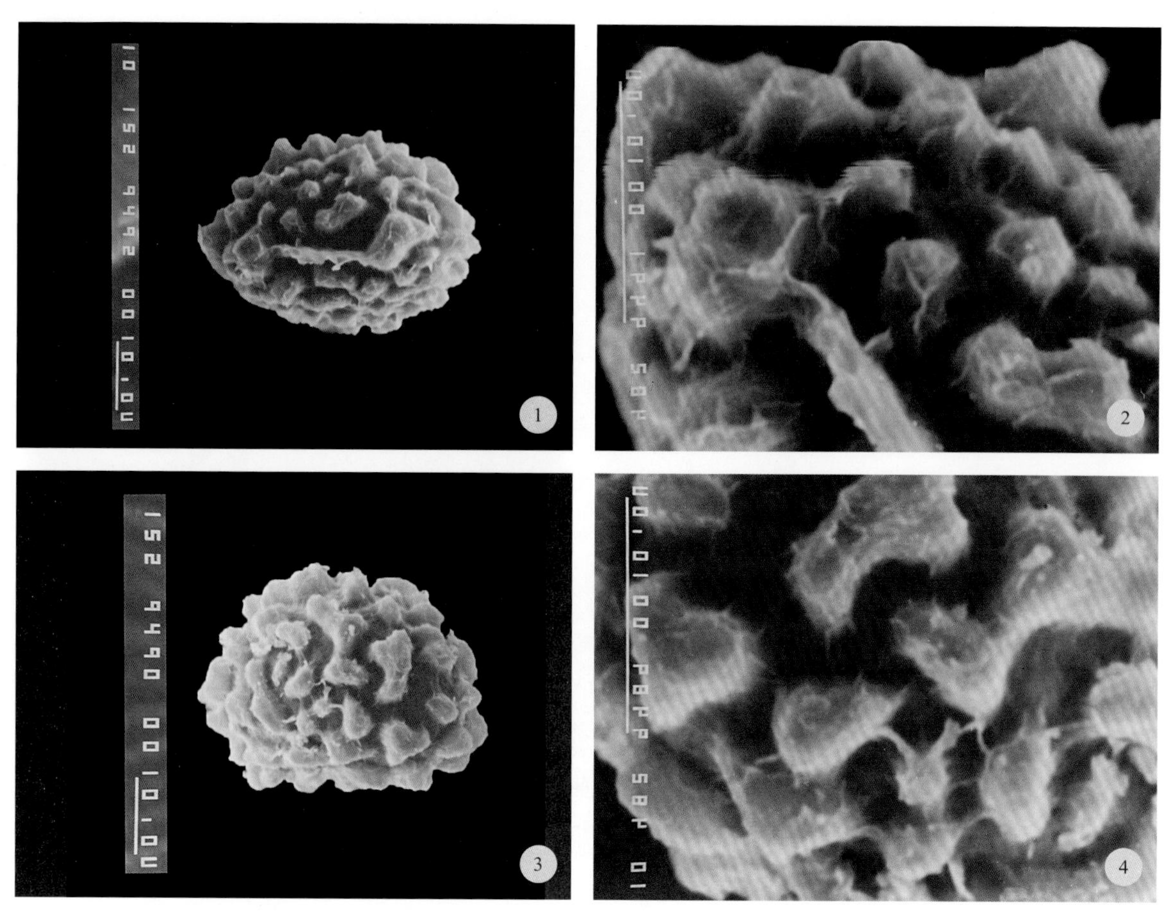

图 23-5-4-3　戟叶耳蕨孢子（SEM）

1～2. 近极面　3～4. 赤道面

5. 小戟叶耳蕨 小三叶耳蕨

图23-5-5-1～图23-5-5-2

Polystichum hancockii (Hance) Diels

Ptilopteris hancockii Hance

植株高30～50cm。根茎短而直立，先端及叶柄基部密被深棕色、顶部有齿的卵状披针形鳞片。叶簇生；叶柄长10～20cm，基部以上禾秆色，疏生鳞片或近光滑；叶片戟状披针形，长20～25cm，基部宽8～12cm，具三枚线状披针形的羽片；侧生一对羽片短小，长2～5cm，宽1～2cm，先端短渐尖，基部有短柄，羽状，有小羽片5～6对；中央羽片远较侧生羽片为大，长20～25cm，宽3～6cm，先端长渐尖，基部有长柄，一回羽状；有小羽片20～25对，小羽片均互生，近平展，下部的有短柄，上部的近无柄，中部的长1.5～2cm，宽6～8mm，斜长方形，先端急尖或钝，基部上侧有三角形耳状突起，边缘有具小刺头的粗锯齿。孢子囊群圆形，生于上侧小脉顶端；囊群盖圆盾形，边缘略呈啮蚀状，早落。孢子两侧对称，单裂缝，极面观椭圆形，赤道面观半圆形，周壁具褶皱，褶皱间具小刺状纹饰。

产山东崂山、昆嵛山。生林下湿地，海拔600～800m。

国内分布于长江以南各省区。朝鲜半岛也有分布。药用全草。味微苦，性凉。清热解毒。主治蛇咬伤，外伤。

图 23-5-5-1　**小戟叶耳蕨 Polystichum hancockii** (Hance) Diels

1. 植株　2. 羽片　3. 叶柄基部的鳞片（引自《中国植物志》）

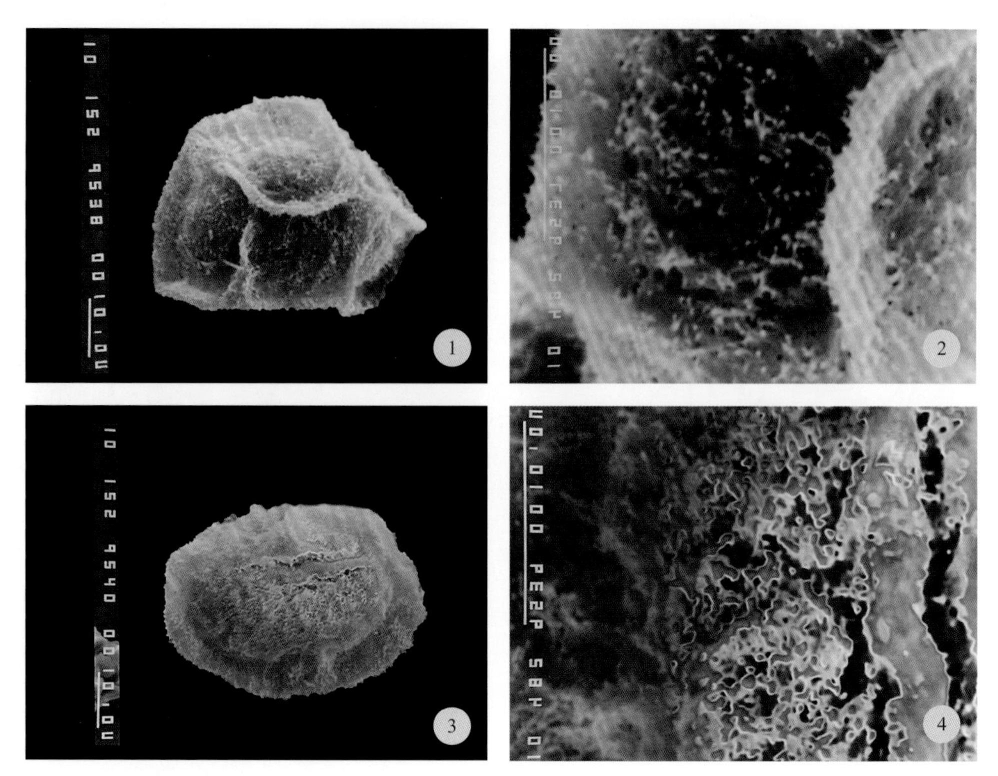

图 23-5-5-2　小戟叶耳蕨孢子（SEM）

1～2. 近极面　3～4. 远极面

6. 对马耳蕨

图23-5-6-1

Polystichum tsus-simense (Hook.) J. Sm.

Aspidium tsus-simense Hook.

植株高30～60cm。根茎粗壮直立，连同叶柄基部密被狭卵形黑褐色鳞片。叶簇生；叶柄长10～30cm，基部直径2～4mm，禾秆色，腹面有纵沟，下部密生披针形及线形黑棕色鳞片，向上部渐成线形鳞片，鳞片边缘睫毛状；叶片长圆状披针形或狭卵形，长20～42cm，宽6～14cm，先端长渐尖或成尾状，基部圆楔形或截形，二回羽状；羽片20～26对，互生，平展或略斜向上，柄极短，卵状披针形，中部以下长4～9cm，宽1～1.5cm，先端渐尖至尾状，基部偏斜，上侧截形，下侧宽楔形，一回羽状；小羽片7～13对，互生，略斜向上，密接，柄极短，斜矩圆形，斜的卵形或三角卵形，上侧有三角形耳状凸，边缘有或长或短的小尖齿；基部上侧第1片增大，卵形或三角卵形，长7～15mm，宽4～6mm，有时羽状分裂；叶脉羽状，侧脉常为二叉状，腹面隐没，背面微凹下或微凸起；叶为薄革质，背面疏生纤毛状基部扩大的鳞片；叶轴腹面有纵沟，背面密生鳞片，鳞片线形，基部扩大，边缘睫毛状。孢子囊群位于小羽片主脉两侧，每个小羽片3～9个；囊群盖圆形，盾状，全缘。

产山东嘉祥。生常绿阔叶林下或灌丛中。

国内分布于吉林、陕西、甘肃、长江以南各省区。朝鲜、日本、越南、印度北部及西北部也有分布。

药用根茎或嫩叶。味苦，性凉。归肝、胃、大肠经。清热解毒，凉血散瘀，止痛。主治目赤肿痛，痢疾，胃脘胀痛，乳痈，疮痈肿毒，痔疮下血，烧烫伤。

含间苯三酚衍生物。

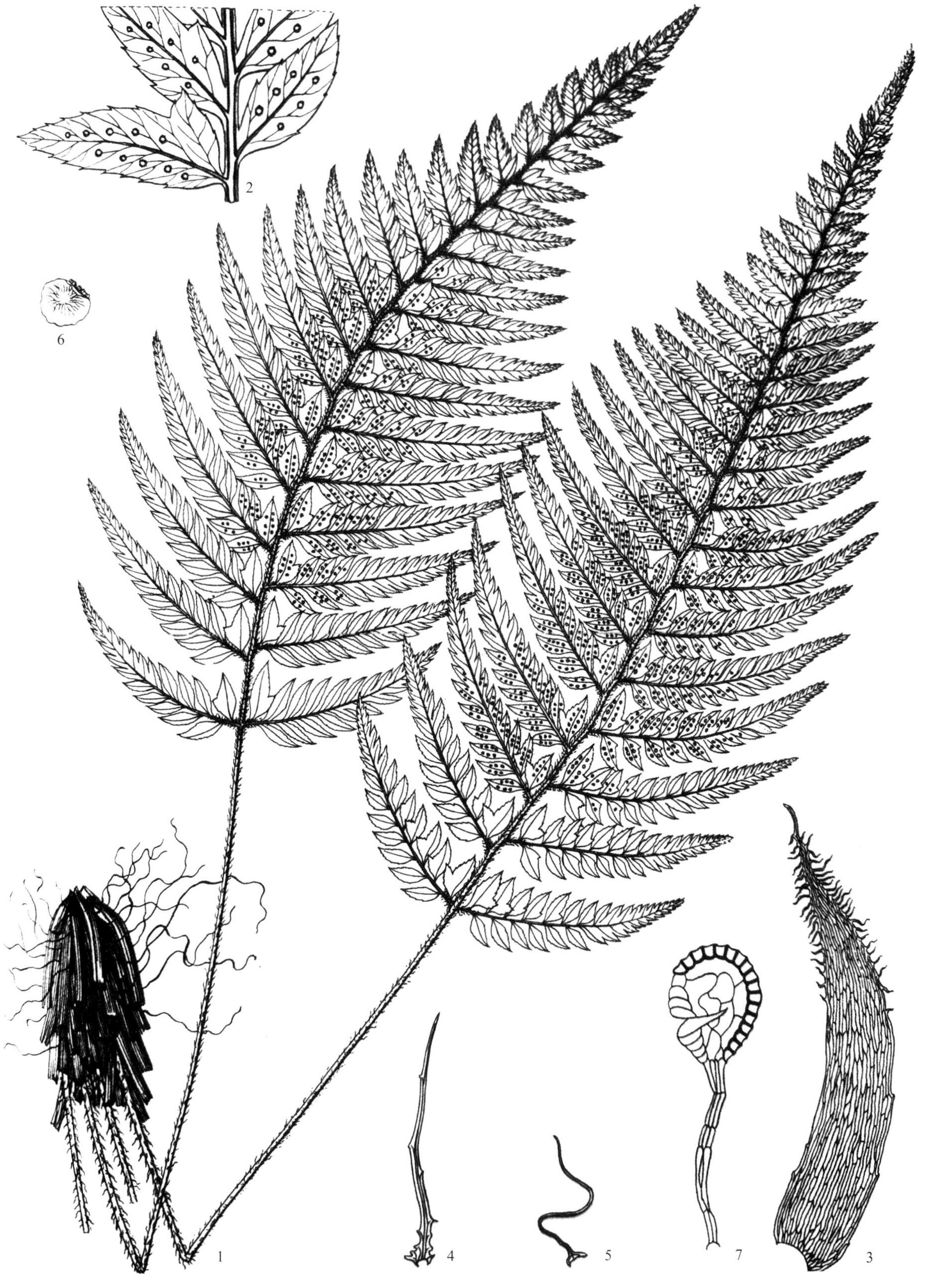

图 23-5-6-1 **对马耳蕨 *Polystichum tsus-simense*** (Hook.) J. Sm.

1. 植株 2. 羽片一部分 3. 叶柄基部鳞片 4～5. 叶轴上的小鳞片
6. 囊群盖 7. 孢子囊（引自《中国蕨类植物图谱》）

第二十四章 ◆ 肾蕨科 Nephrolepidaceae

陆生或附生蕨类。根茎短而直立，或细长而攀援，有鳞片；鳞片棕色，盾状贴生。叶簇生或疏生；叶柄基部与根茎相连处无关节或有关节；叶片披针形，一回羽状；羽片多数，无柄或近无柄，以关节着生于叶轴上，披针形或近镰刀形，边缘有疏齿，基部不对称；叶脉羽状，分离，小脉伸达叶缘或不达叶缘，顶端有水囊。孢子囊群圆肾形或圆形，着生于小脉顶端，沿中脉两侧各排列成1行；囊群盖圆肾形或肾形，以缺刻处着生，宿存。孢子两侧对称，单裂缝。

3属，约50种。分布于热带、亚热带地区。中国2属。山东1属。

肾蕨属 Nephrolepis Schott

陆生或附生蕨类。根茎短而直立，向上有簇生的叶丛，向下有铁丝状、细长的匍匐茎，匍匐茎自每个叶柄基部下侧生出，向四面横走，并生有许多须状小根和侧枝或块茎，能发育成新植株；根茎及叶柄有鳞片，鳞片以腹部着生，颜色较浅，边缘较薄，常有纤细睫毛。叶簇生；叶柄不以关节着生于根茎；叶片一回羽状；羽片多数，往往40～80对，无柄，以关节着生于叶轴上，干后易脱落，披针形或镰刀形，顶端渐尖，基部不对称，上侧多少具耳状突起或有一个小耳片，边缘有钝圆的锯齿；中脉明显，侧脉羽状，2～3叉，小脉伸达近叶缘，顶端有一个圆形或纺锤形水囊，通常明显可见；叶轴下面圆形，上面有一条纵沟，两侧边缘钝圆，幼时被较密的纤维状弯曲而贴生的鳞片。孢子囊群圆形，着生于每组侧脉的上侧1条小脉顶端，沿中脉两侧各排成1行，靠近羽片边缘；囊群盖圆肾形或很少为肾形，以缺刻处着生，暗棕色，宿存。孢子两侧对称，单裂缝，周壁表面具疣块状纹饰。

约30种，分布于热带、亚热带地区。南达新西兰，北到日本。中国5种。山东1种。

1. 肾蕨

图24-1-1-1～图24-1-1-2

Nephrolepis auriculata (L.) Trimen

Nephrolepis auriculatum L.

Nephrolepis cordifolia (L.) C. Presl

植株高30～60cm。根茎有直立的主轴，从主轴向四面发出粗铁丝状、长约30cm的匍匐茎，并从匍匐茎的短枝上长出圆球形块茎，主轴和根茎上密被钻状披针形鳞片，匍匐茎、叶柄和叶轴上疏生钻形鳞片。叶簇生；叶柄长6～10cm，通常密被淡棕色、条状鳞片；叶片狭披针形，长30～80cm，宽3～5cm，顶端短尖，基部不缩狭或略缩狭，一回羽状，羽片多数，披针形，互生，无柄，以关节着生于叶轴上，常常密集呈覆瓦状排列，中部羽片较大，长2～3cm，宽约8mm，向基部的羽片渐短，常变成卵状三角形，长不到1cm，顶端钝圆，基部不对称，下侧圆形，上侧为三角状耳形，边缘有疏浅的钝锯齿；侧脉纤细，小脉伸达羽片边缘，顶端有1个纺锤形的水囊；叶草质，两面无毛，也无鳞片，近叶轴两侧有纤维状鳞片。孢子囊群生于每组侧脉的上侧小脉顶端，沿中脉两侧各排成一行；囊群盖圆肾形。孢子两侧对称，单裂缝，极面观为椭圆形，赤道面观为肾形，周壁具瘤状突起，其表面具鳞片状纹饰。

山东济南、青岛、泰安等城市公园、公共场景及家庭均有栽培，作为花卉供观赏。

国内分布于长江以南各省区。

药用全草、叶或块茎。全草和叶称冰果草：味甘、淡、微涩，性凉。归肝、肺、膀胱经。清热利湿，消肿解毒，润肺止咳。主治黄疸，淋浊，小便涩痛，产后虚肿，骨刺鲠喉，咳嗽，肺结核咯血，痢疾，乳痈，瘰疬，乳蛾，烧烫伤，外伤出血，体癣，毒蛇咬伤。根茎称凉水果：味微苦，性凉。清热利湿，止血，软坚消积。主治感冒发热，乳蛾，咳嗽吐血，泄泻，小儿疳积，中毒性消化不良，妇女不育，崩漏，带下，乳痈，痢疾，血淋，睾丸炎。

植株含黄酮、倍半萜、蛋白质、脂肪、纤维素、碳水化合物等。

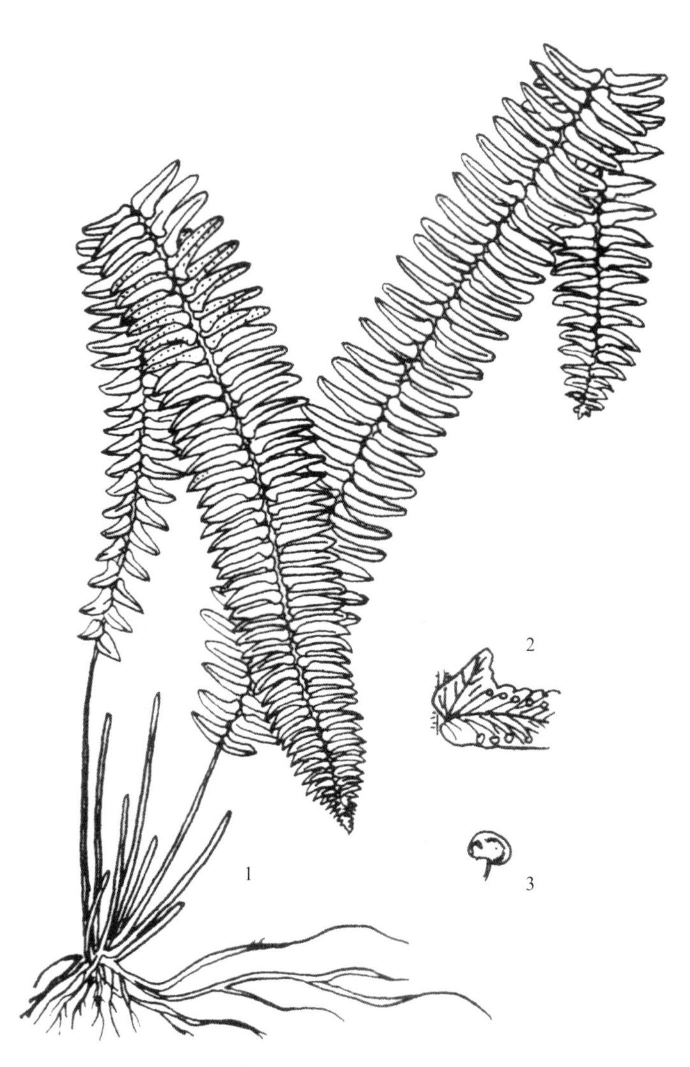

图 24-1-1-1　**肾蕨 *Nephrolepis auriculata*** (L.) Trimen

1. 植株　2. 羽片（基部）　3. 囊群盖

图 24-1-1-2　肾蕨

第二十五章 ◆ 骨碎补科 Davalliaceae

中小型附生蕨类，少为陆生。根茎粗长而横走，或少为直立，通常密被鳞片；鳞片大，棕色，以伏贴的阔腹部盾状着生，有缘毛或小齿，或近全缘。叶近生；叶柄基部以关节与根茎相连；叶片通常为三角形或卵圆形，二至四回羽状细裂，少为一回羽状或披针形单叶；叶脉分离，羽状或叉状分枝；叶草质或坚革质，光滑、很少有鳞片或毛。孢子囊群生于小脉顶端，为叶缘内生或叶背生；囊群盖为半管形、杯形、圆形、半圆形或肾形，基部着生或同时多少以两侧着生，仅口部开向叶缘；孢子囊有细长柄，环带由12～16个增厚细胞组成。孢子两侧对称，单裂缝，极面观为椭圆形或长椭圆形，赤道面观超半圆形或豆形，周壁具疣状纹饰。

100余种，主要分布于亚洲热带及亚热带地区。中国1属。分布于西南、华北、东北。山东1属。

骨碎补属 **Davallia** Sm.

中型附生蕨类。根茎粗长而横走，密被鳞片；鳞片大，以阔腹部盾状着生，有缘毛。叶疏生；叶柄基部以关节与根茎相连；叶片五角形或狭卵形，一型或少为近二型，通常多回羽状细裂，伸达有翅的小羽轴。叶脉2叉分离，有时伸达软骨质的叶缘，小脉之间有时有假脉；叶革质或坚草质，通常无毛。孢子囊群圆形或长圆形，单生于小脉顶端，位于近叶缘处，每末回裂片仅生1枚；囊群盖半圆筒形或半杯形，以基部及两侧着生，顶端开口，其顶端伸达叶缘或稍短于叶缘，边缘外侧常有一个角状突起；孢子囊有长柄，环带约由14个增厚细胞组成。孢子两侧对称，单裂缝，极面观椭圆形，赤道面观超半圆形或半圆形，孢壁有疣状纹饰。

中国30种，主要分布于南部、西南部。山东1种。

1. 骨碎补 海州骨碎补

图25-1-1-1～图25-1-1-2

Davallia mariesii Moore ex Baker

Davallia trichomanoides Blume

植株高15～20cm。根茎长而横走，连同叶柄基部密被蓬松鳞片；鳞片灰白色，阔披针形，顶端长渐尖，边缘有睫毛。叶远生；叶柄基部以关节与根状茎相连，叶片五角形，长与宽8～14cm，先端短渐尖，四回羽状细裂：羽片6～7对，有短柄，基部一对最大，长三角形，长5～7cm，宽4～6cm，向上的羽片渐缩小为长圆形；末回裂片卵圆形，宽1.5～2mm，顶端钝或2裂为不等长的粗钝齿；叶脉单一或分叉，不明显，每齿有小脉一条；叶为坚草质，无毛。孢子囊群生于小脉顶端，每裂片1枚；囊群盖半杯状，棕色厚膜质，长为宽的二倍，顶端截形，不达钝齿的弯缺处，成熟时孢子囊群突出口外，覆盖裂片顶端，仅突出外侧的长钝齿。孢子两侧对称，单裂缝，极面观和赤道面观均为长圆形，孢壁具疣状突起，突起表面粗糙。

产山东崂山、小珠山、昆嵛山、牙山、招远、海阳、里口山、日照、蒙山。生山坡岩石间。

国内分布于辽宁、江苏、浙江、台湾、福建、江西、湖南等。

药用根茎。味苦，性温。健骨补肾，祛风活络，行血止痛。主治肾虚，跌打损伤。

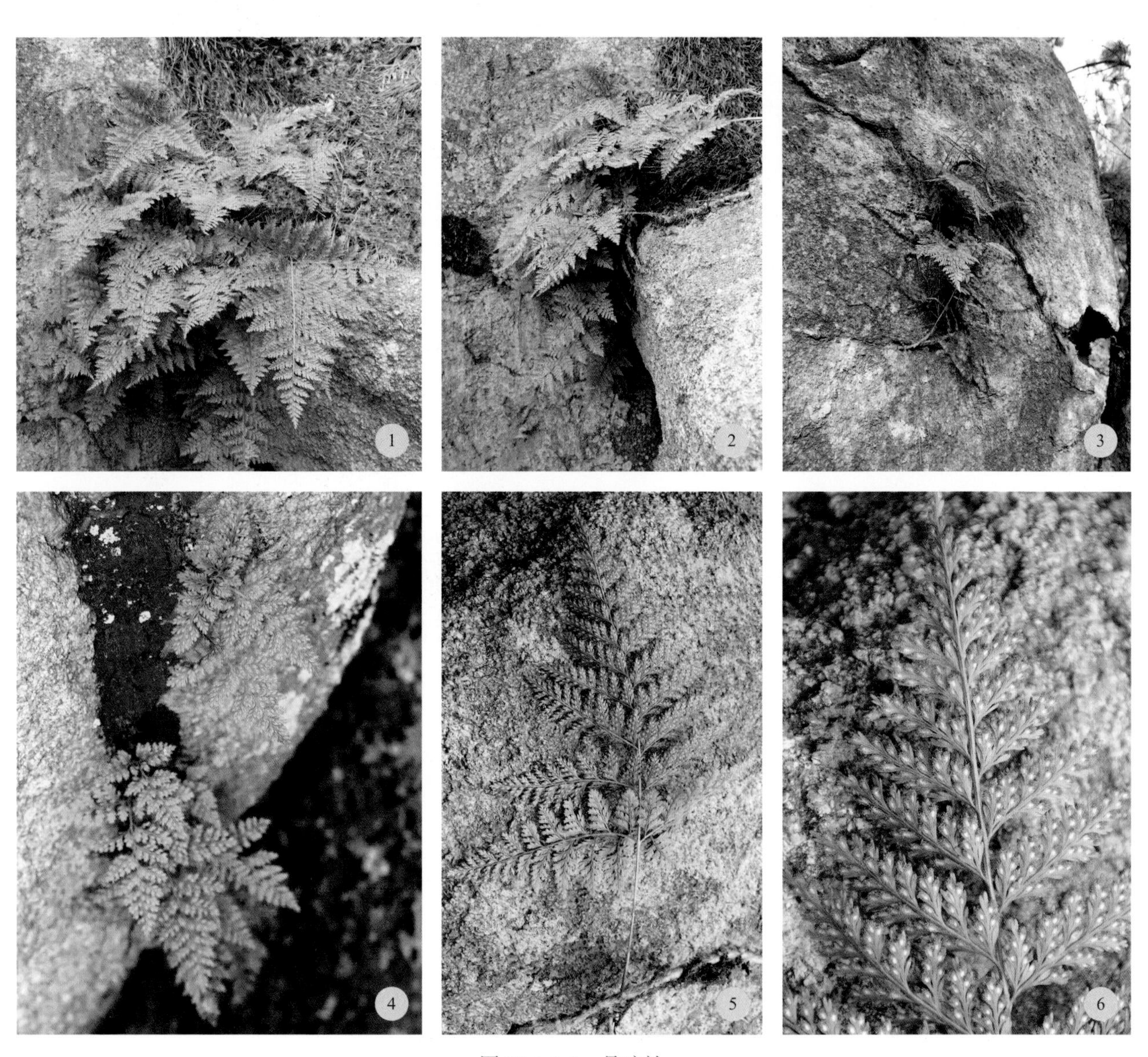

图 25-1-1-1　骨碎补

图 25-1-1-2 **骨碎补 Davallia mariesii** Moore ex Baker

1. 植株 2. 末回小羽片（示叶脉及囊群盖） 3. 根茎鳞片（引自《中国蕨类植物图谱》）

第二十六章 · 水龙骨科 Polypodiaceae

中小型蕨类，通常附生，稀土生。根茎长，横走，有网状中柱，通常有厚壁组织，被鳞片；鳞片盾状着生，通常具粗筛孔，全缘或有锯齿，稀具刚毛或柔毛。叶一型或二型；有柄并具关节着生根茎；单叶全缘，或分裂，或羽状，草质或纸质，无毛或被星状毛，罕疏被鳞片；叶脉网状，稀分离，网眼有分叉的内藏小脉，小脉顶端具水囊。孢子囊群圆形、椭圆形或线形，或有时密被能育叶片下面一部或全部；无囊群盖，有隔丝；孢子囊具长柄，环带具12～18个增厚细胞，成纵行环带。孢子椭圆形，单裂缝，两侧对称。

40余属，广布于全世界，主产于热带和亚热带地区。中国25属。山东4属。

分属检索表

1a. 叶片下面及孢子囊群通常被星状毛或隔丝覆盖。

2a. 叶片下面疏被鳞片；孢子囊群被隔丝覆盖；孢子囊群大形，在主脉两侧各排成整齐的一行……………………………………………………1. **瓦韦属Lepisorus**

2b. 叶片下面密被星状毛；孢子囊群被星状毛覆盖；孢子囊群小形，布满叶片下面……………………………………………………2. **石韦属Pyrrosia**

1b. 叶片下面及孢子囊群无星状毛或隔丝覆盖。

3a. 野生蕨类；植株高不及10cm，单叶，椭圆形或掌状三深裂；孢子囊群大形，在主脉两侧各排成整齐的一行……………………………3. **假瘤蕨属Phymatopteris**

3b. 栽培观赏种；植株高15cm以上，单叶，长披针形，孢子囊群在主脉两侧各排成不整齐的1～2行……………………………………4. **星蕨属Microsorum**

瓦韦属 Lepisorus (J. Sm.) Ching

附生蕨类。根茎粗短，横走，密被鳞片；鳞片卵圆形、卵状披针形或钻状披针形，黑褐色，不透明或粗筛孔状透明，全缘或具长短不一的锯齿。单叶，远生或近生，一型；叶柄通常较短，基部略被鳞片，向上光滑，多为禾秆色，少为深棕色；叶片多为披针形，少为狭披针形或近带状，边缘全缘或呈波状，干后通常反卷；主脉明显，侧脉常不见，小脉连接成网，网眼内顶端呈棒状不分叉或分叉的内藏小脉；叶片干后多为革质或纸质，少为草质，两面均无毛，或下面有时疏被棕色小鳞片。孢子囊群大，圆形或椭圆形，通常彼此分离，少为密接，汇生或线形，多生于叶片下表面，少有陷入叶肉内，在主脉和叶缘之间各排成1行，幼时有隔丝覆盖；隔丝多为圆盾形，全缘或有细齿，少为星芒状或鳞片形，网眼大，透明，中部常呈棕色，边缘色淡。孢子囊近梨形，有长柄，纵行环带，由14个增厚的细胞组成；少数孢子囊近圆形，无明显增厚的细胞组成的环带。孢子两侧对称，单裂缝，极面观椭圆形，赤道面观半圆形，不具周壁，外壁具瘤状、瘤块状突起，轮廓线为不整齐的波纹状。

约70种，主要分布于亚洲东部，少数至非洲。中国68种。山东4种。

分种检索表

1a. 根茎鳞片网眼均透明。
  2a. 根茎鳞片近卵形，网眼细密透明；叶片宽通常2～3cm，有软骨质狭边；孢壁具不规则块状纹饰 .... 2. **有边瓦韦L. marginatus**
  2b. 根茎鳞片卵状披针形或三角状卵形，鳞片网眼为粗筛孔。
    3a. 根茎鳞片卵状披针形，网眼大而透明；叶片线状披针形，中部宽0.5～1cm，先端短渐尖；孢壁具波纹状纹饰 .... 3. **乌苏里瓦韦L. ussuriensis**
    3b. 根茎鳞片三角状卵形，网眼大且透明，叶片披针形，先端渐尖；孢壁密被瘤状突起 .... 4. **远叶瓦韦L. ussuriensis** var. **distans**
1b. 根茎鳞片网眼不透明，披针形，具细筛孔，仅边缘1～2行网眼透明；叶片线状披针形，先端渐尖；孢壁具稀疏的短脊状及瘤状突起 .... 1. **瓦韦L. thunbergianus**

1. 瓦韦

图26-1-1-1～图26-1-1-3

Lepisorus thunbergianus (Kaulf.) Ching
Pleopeltis thunbergianus Kaulf.

植株高8～20cm。根茎横走，密被披针形鳞片；鳞片褐棕色，细筛孔，网眼大部分不透明，仅鳞片边缘1～2行网眼透明、具锯齿。叶柄长1～3cm，禾秆色；叶片线状披针形，或狭披针形，中部宽0.5～1.3cm，渐尖头，基部渐变狭并下延。干后黄绿色至淡黄绿色，或淡绿色至褐色，纸质。主脉上下均隆起，小脉不显。孢子囊群大，圆形或椭圆形，彼此相距较近，成熟后扩展几密接，幼时被圆形褐棕色的隔丝覆盖。孢子两侧对称，单裂缝，极面观长卵圆形，赤道面观超半圆形，孢壁具稀疏短脊状和瘤状突起。

产山东昆嵛山、牙山、艾山、里口山、正棋山、崂山、蒙山、沂山、济南南部山区。附生山坡林下树干或岩石间。

国内分布于华北、西北、长江以南各省区。朝鲜、日本、菲律宾也有分布。

药用全草。味苦，性寒。归肺、肝、脾经。清热解毒，利尿通淋，止血。主治小便淋漓涩痛，小儿高热，惊风，咽喉肿痛，痈肿疮疡，毒蛇咬伤，肝炎，崩漏，尿血，咳嗽，咯血，便血。

植株含苯丙素、甾体等，如绿原酸、蜕皮甾酮。

图 26-1-1-1 **瓦韦 Lepisorus thunbergianus** (Kaulf.) Ching

1. 植株 2. 隔丝 3. 根茎鳞片（引自《中国蕨类植物图谱》）

图 26-1-1-2　瓦韦

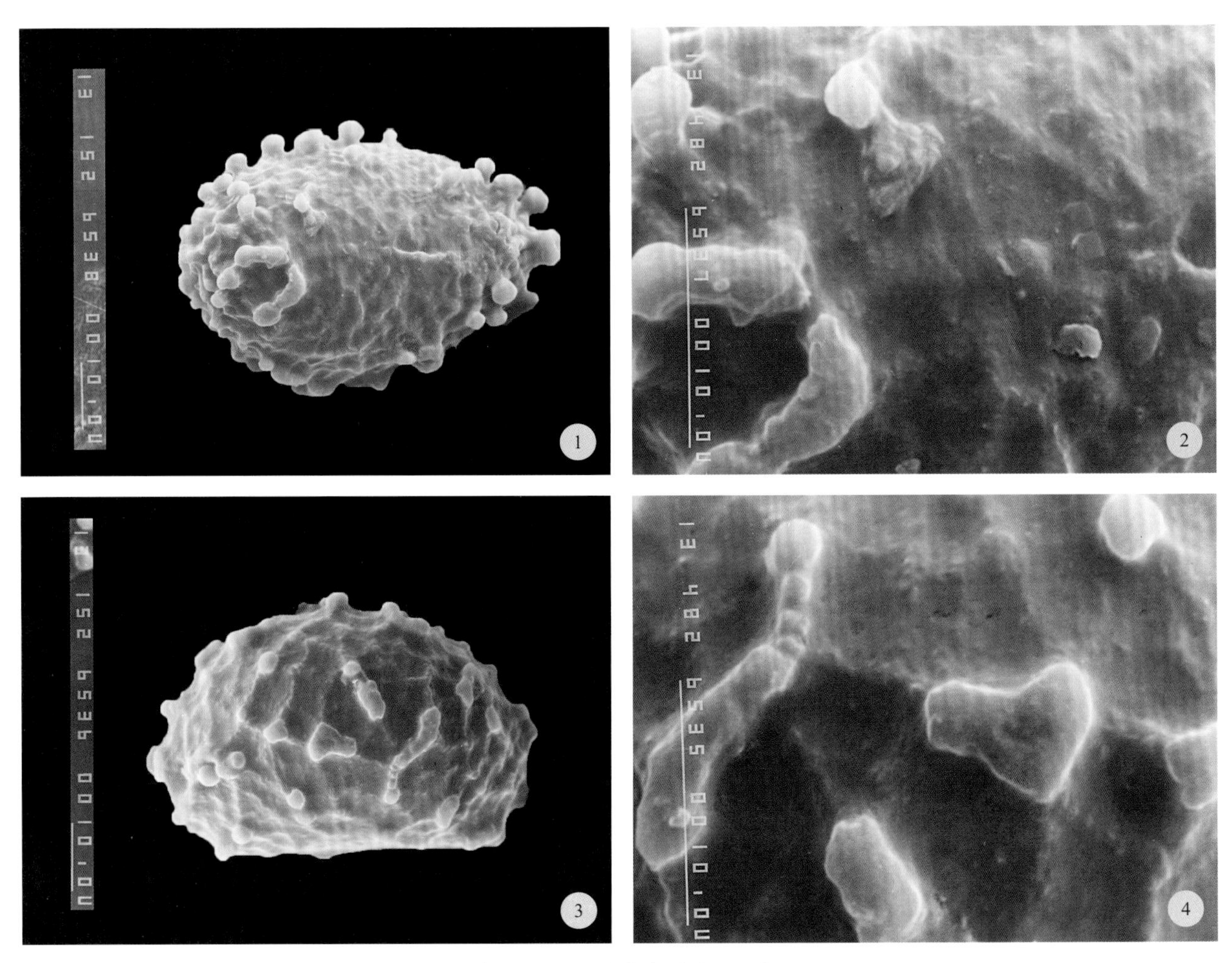

图 26-1-1-3　瓦韦孢子（SEM）

1～2. 近极面　3～4. 赤道面

2. 有边瓦韦

图26-1-2-1～图26-1-2-3

Lepisorus marginatus Ching

植株高18～25cm。根茎横走，直径约2.4mm，褐色，密被棕色软毛和鳞片；鳞片近卵形，网眼细密透明，棕褐色，基部常有软毛粘连，老时软毛易脱落。叶近生或远生；叶柄长2～7（10）cm，禾秆色，光滑；叶片披针形，长15～25cm，中部最宽，通常2～3（4）cm，渐尖头，向基部渐变狭并常下延，叶边有软骨质的狭边，干后呈波状，多少反折，软革质，两面均为淡黄绿色，上面光滑，下面多少有卵形棕色小鳞片贴生；主脉上下均隆起，小脉不明显。孢子囊群圆形或椭圆形，着生于主脉与叶边之间，彼此远离，约等于1.5～2个孢子囊群的距离，在叶片下面高高隆起，叶上面成穴状凹陷，幼时有棕色圆形隔丝覆盖。孢子两侧对称，单裂缝，极面观长圆形，赤道面观半圆形，孢壁具不规则块状突起，表面光滑。

产山东崂山。

国内分布于河北、河南、山西、湖北、陕西、甘肃、四川。

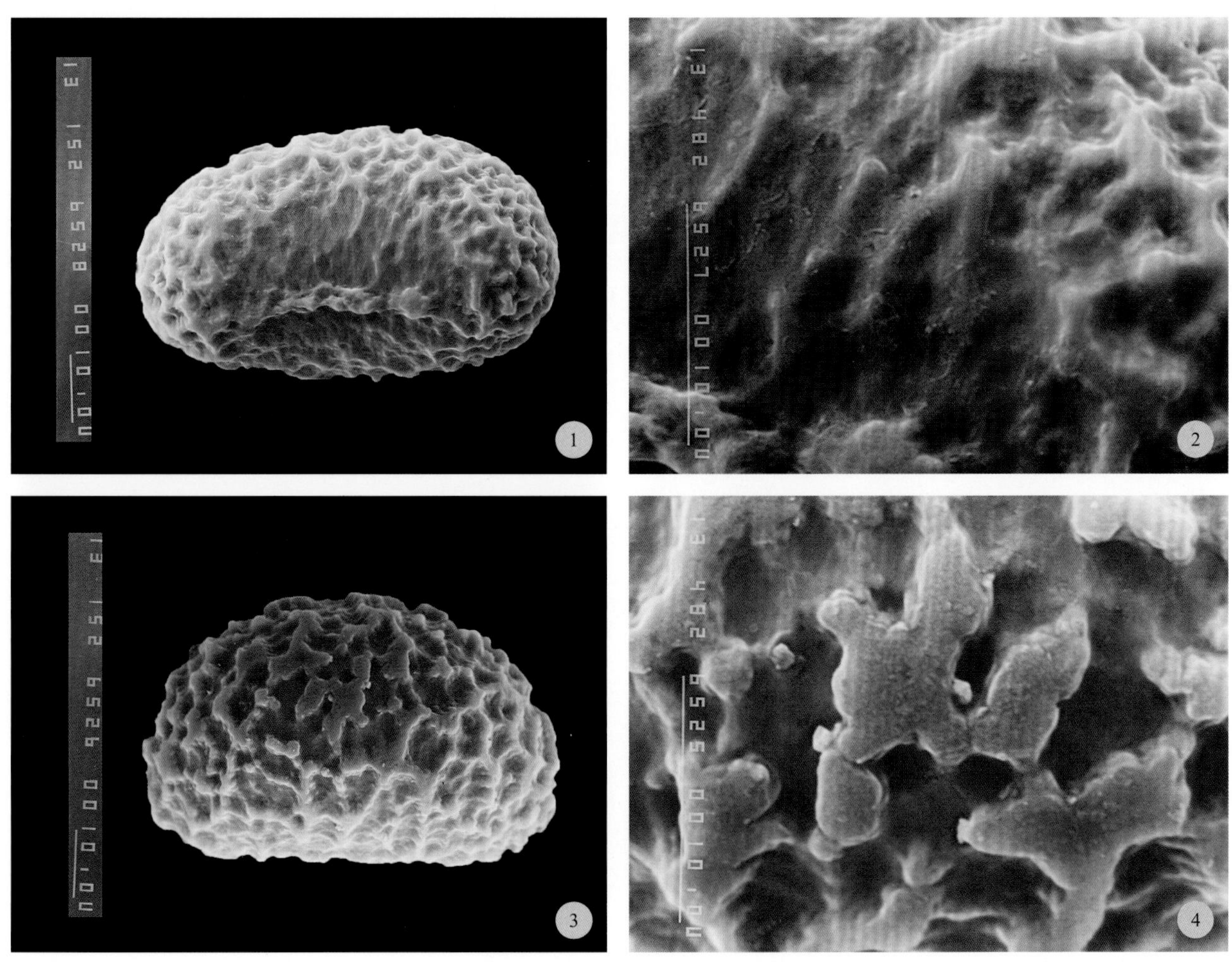

图 26-1-2-1　有边瓦韦孢子（SEM）

1～2. 近极面　3～4. 赤道面

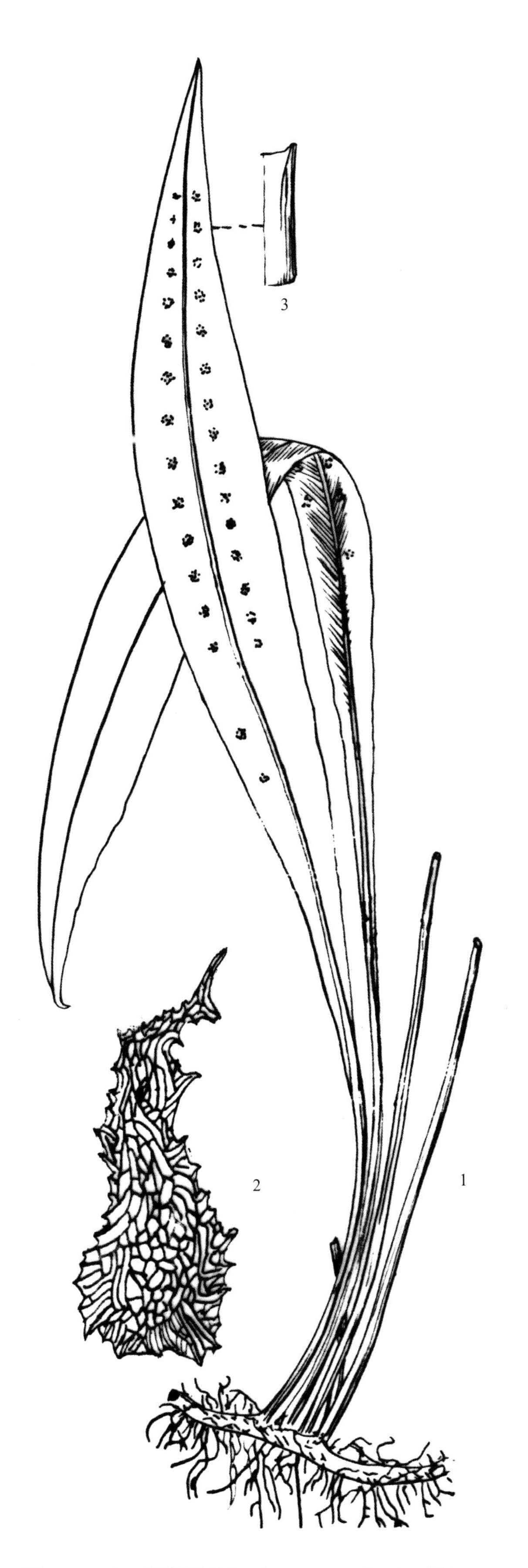

图 26-1-2-2 **有边瓦韦 *Lepisorus marginatus*** Ching

1. 植株 2. 根茎上的鳞片 3. 叶缘

图 26-1-2-3　有边瓦韦

3. 乌苏里瓦韦

图26-1-3-1～图26-1-3-3

Lepisorus ussuriensis (Regel et Maack) Ching

Pleopeltis ussuriensis Regel et Maack

植株高10～15cm。根茎细长横走，密被鳞片；鳞片卵状披针形，褐色，基部扩展近圆形，胞壁加厚，网眼大而透明，近等直径，向上突然狭缩，具有长的芒状尖，网眼长方形，边缘有细齿。叶着生变化较大，相距3～22mm；叶柄长1.5～5cm，禾秆色，或淡棕色至褐色，光滑；叶片线状披针形，长4～13cm，中部宽0.5～1cm，向两端渐变窄，短渐尖头，或圆钝头，基部楔形，下延；叶干后上面淡绿色，下面淡黄绿色，或两面均为淡棕色，边缘略反卷，纸质或近革质；主脉上下均隆起，小脉不明显。孢子囊群圆形，位于主脉和叶边之间，彼此相距等于1～1.5个孢子囊群体积，幼时被星芒状褐色隔丝覆盖。孢子两侧对称，单裂缝，裂缝与极轴近等长，孢壁具波纹状纹饰，表面近光滑。

产山东崂山、昆嵛山、泰山、济南南部山区。

国内分布于辽宁、吉林、黑龙江、安徽、河南、河北、北京。

药用全草。味苦，性平。消肿止痛，止血，利尿，祛风清热。主治风湿疼痛，跌打肿痛，肺炎，月经不调。

图 26-1-3-1　**乌苏里瓦韦 Lepisorus ussuriensis** (Regel et Maack) Ching

1. 植株　2. 隔丝　3. 根茎鳞片（引自《中国蕨类植物图谱》）

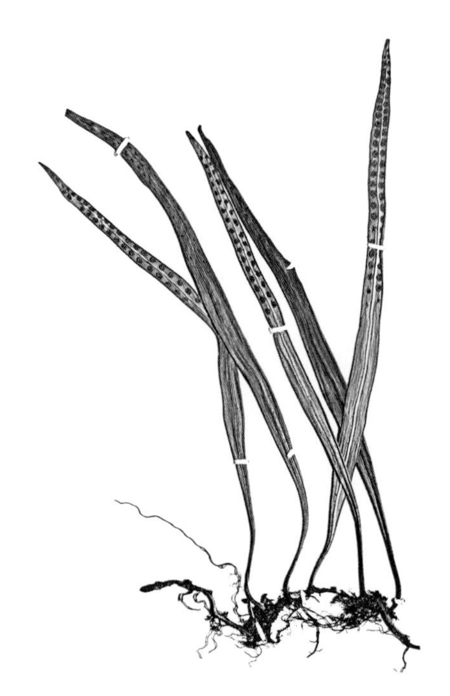

图 26-1-3-2　乌苏里瓦韦

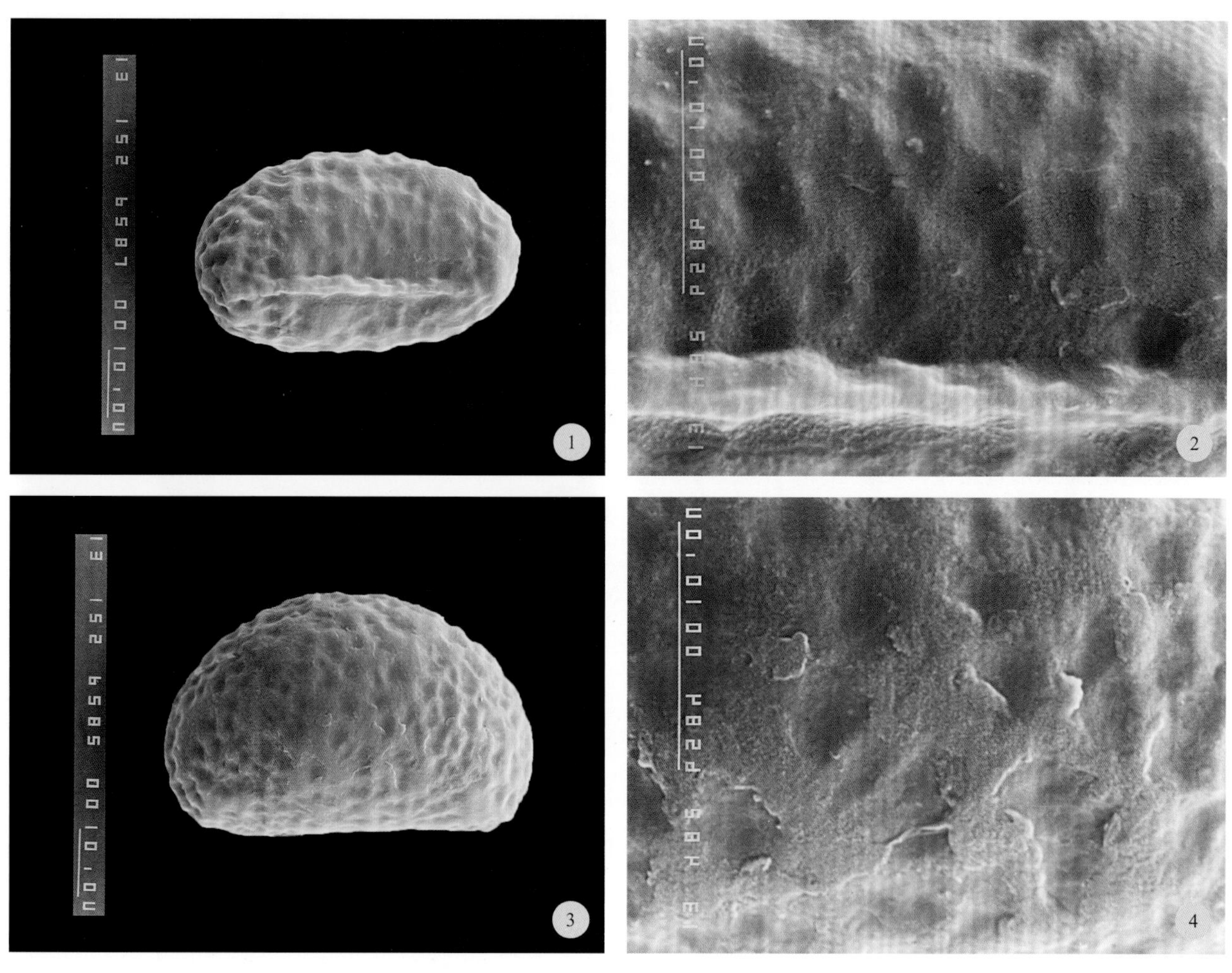

图 26-1-3-3　乌苏里瓦韦孢子（SEM）

1～2. 近极面　3～4. 赤道面

4. 远叶瓦韦

图26-1-4-1～图26-1-4-3

Lepisorus ussuriensis var. **distans** (Makino) Tagawa

Lepisorus distans (Makino) Ching

植株高5～8cm。根茎细长横走，根茎及叶柄基部密被棕褐色粗筛孔，透明，宽卵形鳞片。叶远生；叶柄短；单叶，叶片线状条形，长4.5～7.5cm，渐尖头，宽3～4mm，先端渐尖，基部狭缩；叶近革质；孢子囊群椭圆形，在主脉两侧各排成一行，彼此接近。孢子两侧对称，单裂缝，孢壁具密集的瘤状突起。

产山东蒙山。生林下岩石缝间。

国内分布于安徽、江西、浙江。日本、朝鲜半岛也有分布。山东为首次记录。李建秀198008（凭证标本），1981年8月16日，采自山东蒙山。

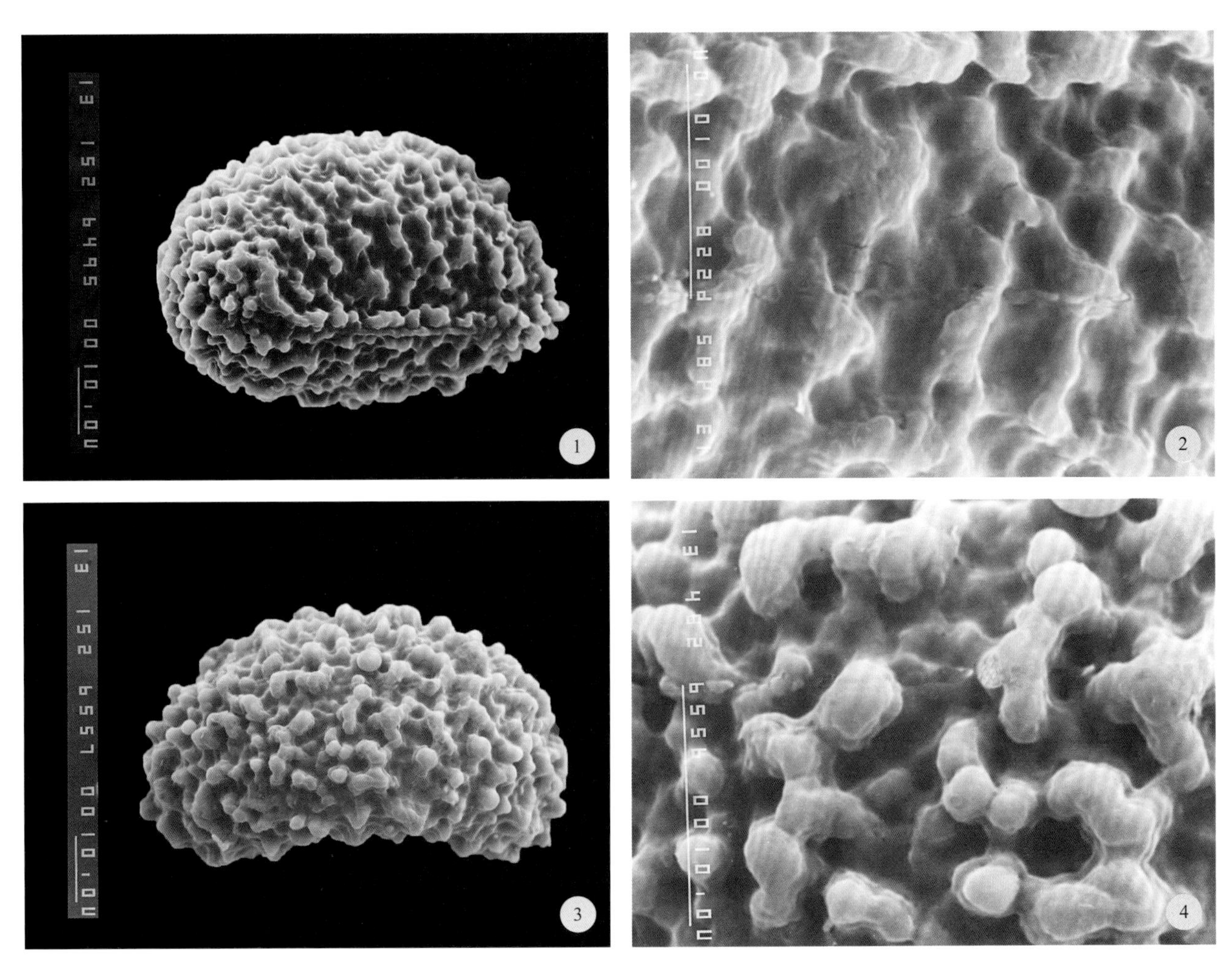

图 26-1-4-1　远叶瓦韦孢子（SEM）

1～2. 近极面　3～4. 赤道面

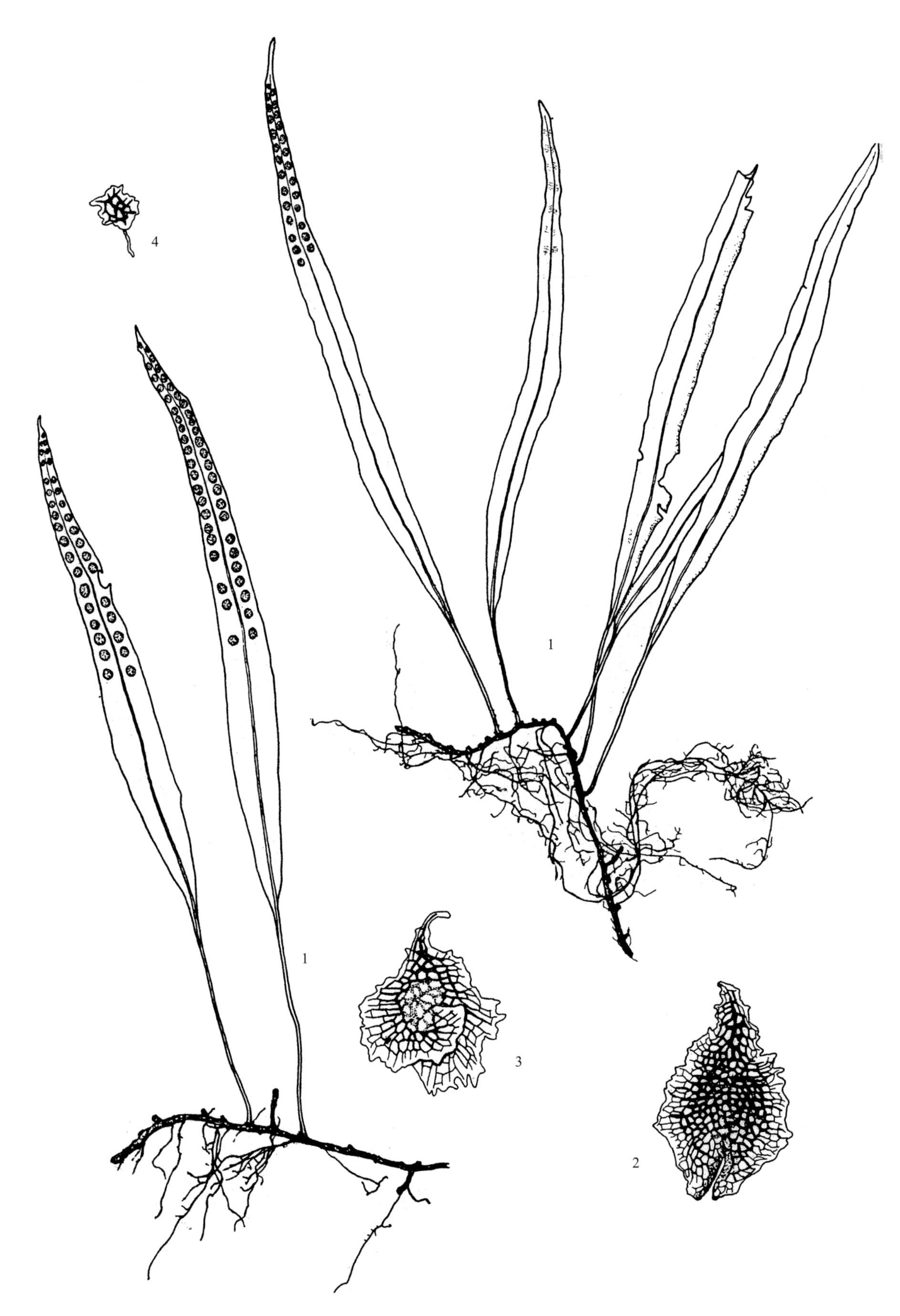

图 26-1-4-2　**远叶瓦韦 Lepisorus ussuriensis** var. **distans** (Makino) Tagawa

1. 植株　2. 根茎上的鳞片　3. 叶柄基部的鳞片　4. 隔丝

图 26-1-4-3　远叶瓦韦

石韦属 **Pyrrosia** Mirbel

中型附生蕨类。根茎长而横走，或短而横卧，内有网状中柱和黑色厚壁组织束散生，外密被鳞片；鳞片盾状着生，通常呈棕色，通体或仅边缘及顶部具睫毛。叶一型或二型，近生、远生或近簇生；通常有柄，基部以关节与根茎连接，下部疏被鳞片，向上通常被疏毛；叶片线形至披针形，或长卵形，全缘，或罕见戟形或掌状分裂；主脉明显，侧脉斜展，明显或隐没于叶肉中，小脉不显，连接成各式网眼，有内藏小脉，小脉顶端有膨大的水囊，在叶片上面通常形成洼点；叶干后革质或纸质，通体特别是叶片下面常被厚的星状毛，上面较稀疏，罕见两面近光滑；覆盖于叶片下面的星状毛分为一层或二层，而芒状臂则有单型和二型之分，单型的芒状臂有披针形、针形和钻状几种类型，二型的星状毛具有两种形状的芒状臂，即除了有宽而短的芒状臂外，在同轴上又长出长的针状臂；二层星状毛的上层星状毛形态同上述，通常为棕色；下层的星状毛细长，卷曲和柔软，绒毛状交织，常为灰白色。孢子囊群近圆形，着生于内藏小脉顶端，成熟时多少汇合，在主脉两侧排成1至多行；无囊群盖，具星芒状隔丝，幼时被星状毛覆盖，淡灰棕色，成熟时孢子囊开裂呈砖红色。孢子囊通常有长柄，少为无柄或近无柄。孢子两侧对称，单裂缝，极面观椭圆形，表面有瘤状、颗粒状或纵脊突起。

约100种，主产于亚洲热带和亚热带地区，少数达非洲及大洋洲。中国37种。山东3种。

分种检索表

1a. 叶片背面被星状毛分支臂披针形，长宽之比为3：1。

  2a. 叶片长3～6cm，具长柄，常等于叶片长度的1/2～2倍，被毛，侧脉不明显..2. **有柄石韦P. petiolosa**

  2b. 叶片长10～20cm，无毛，叶柄短于叶片，侧脉明显..3. **石韦P. lingua**

1b. 叶片背面被星状毛分枝臂针状或钻状，长宽之比为7：1；叶片狭披针形......1. **华北石韦P. davidii**

1. 华北石韦 北京石韦

图26-2-1-1～图26-2-1-2

Pyrrosia davidii (Baker) Ching

Polypodium davidii Baker

植株高5～18cm。根茎略粗壮，横卧，密被披针形鳞片；鳞片长尾状渐尖头，幼时棕色，老时中部黑色，边缘具齿牙。叶密生，一型；叶柄长2～5cm，基部着生处密被鳞片，向上被星状毛，禾秆色；叶片狭披针形，长5～14cm，中部最宽，向两端渐狭，先端尖，顶端圆钝，基部楔形，两边狭翅沿叶柄常下延，长5～12cm，中部宽0.5～1.5（2）cm，全缘。叶干后近革质，上面淡灰绿色，下面棕色，密被星状毛；主脉在下面不明显隆起，上面浅凹状，侧脉与小脉均不显。孢子囊群布满叶片下表面，幼时被星状毛覆盖，棕色，成熟时孢子囊开裂而呈砖红色。孢子两侧对称，单裂缝，极面观和赤道面观均为长圆形，孢壁具瘤状突起。

产山东蒙山、泰山、临沭（夹谷山）等山地丘陵。

国内分布于辽宁、内蒙古、河北、北京、河南、陕西、山西、甘肃、湖北、湖南等。

药用全草。味甘、苦，性微寒。清热利尿。主治肺热咳嗽，尿路感染。

图 26-2-1-1　华北石韦

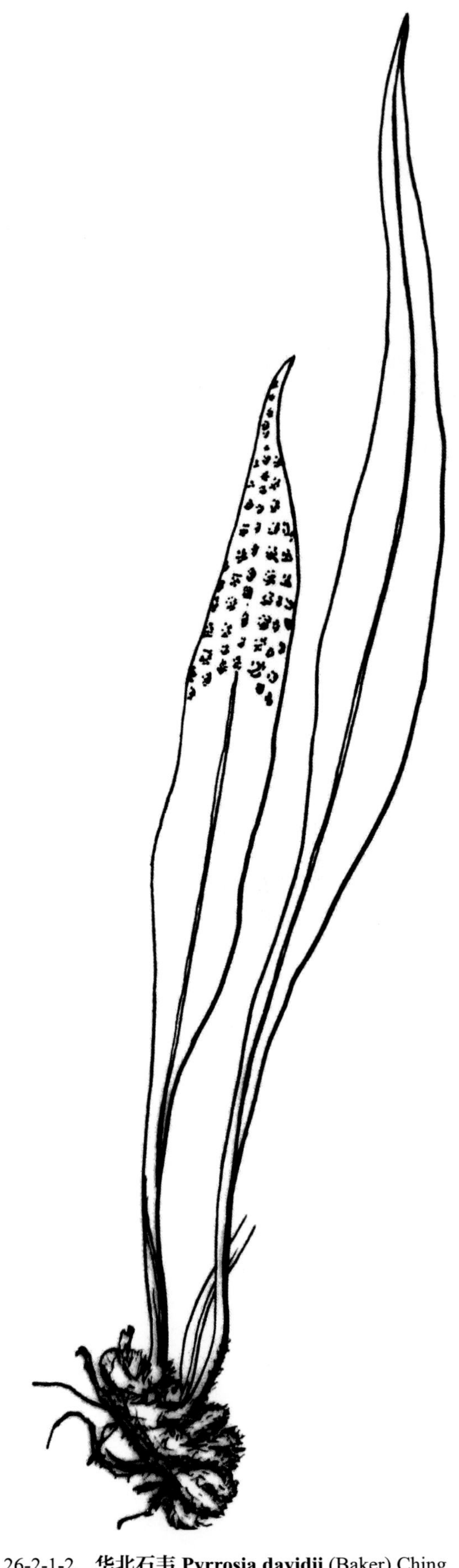

图 26-2-1-2　**华北石韦 *Pyrrosia davidii*** (Baker) Ching

2. 有柄石韦

图26-2-2-1～图26-2-2-2

Pyrrosia petiolosa (Christ) Ching

Polypodium petiolosum Christ

植株高5～15cm。根茎细长，横走，幼时密被披针形渐尖头、边缘具睫毛的鳞片。叶远生，二型；具长柄，通常等于叶片长度的1/2～2倍，基部被鳞片，向上被星状毛，棕色或灰棕色；叶上表面有洼点，疏被星状毛，下面凹陷；叶干后近革质，侧脉和小脉均不明显。孢子囊群布满叶片下面，成熟时扩散并汇合。孢子两侧对称，单裂缝，裂缝长为极轴长的1/3，赤道面观和极面观均为长圆形，孢壁表面具大、小混生的两种瘤状突起，分布较均匀。

产山东威海、海阳、崂山、昆嵛山、沂山、蒙山、泰山、鲁山。生于旱裸露岩石上，海拔250～1500m。

国内分布于东北、西北、西南、长江中下游各省区。朝鲜半岛、俄罗斯也有分布。

2020年版《中国药典》收载，药用叶称“石韦”。味甘、苦，性微寒。归肺、膀胱经。利尿通淋，清肺止咳，凉血止血。主治热淋，血淋，石淋，小便不通，淋沥涩痛，肺热喘咳，吐血，衄血，尿血，崩漏。

植株含芒果苷、异芒果苷、延胡索酸、咖啡酸、β-谷甾醇、绵马三萜、黄酮、树脂、皂苷。

图 26-2-2-1　**有柄石韦 Pyrrosia petiolosa** (Christ) Ching

图 26-2-2-2　有柄石韦

3. 石韦

图26-2-3-1

Pyrrosia lingua (Thunb.) Farw.

植株高10～30cm。根茎长，横走，密被鳞片，鳞片披针形，淡棕色，边缘有睫毛。叶疏生，近二型；能育叶通常比不育叶长而褶皱，两者叶片比叶柄略长，稀等长；不育叶片长圆形或长圆状披针形，下部1/3最宽，向上渐窄，渐尖头，基部楔形，宽1.5～5cm，长（5）10～20cm，全缘；叶干后革质，上面灰绿色，近无毛，下面淡棕色或砖红色，被厚星状毛层；能育叶长于不育叶1/3，较其窄1/3～2/3；主脉下面稍隆起，上面不明显下凹，侧脉在下面隆起，小脉不明显。孢子囊群近椭圆形，在侧脉间成多行整齐排列，密被叶片下面，或聚生于叶片上半部，初为星状毛覆盖呈淡棕色，成熟后孢子囊开裂外露呈砖红色。

植物体姿态优美，具有很高的观赏价值，山东济南、青岛、潍坊等花卉市场均有销售。

国内分布于河北、陕西、甘肃、江苏、安徽、浙江等区域，生于海拔100～1800m林下树干上，或生于稍干岩石上。印度、越南、朝鲜半岛及日本也有分布。

干燥的叶是2020年版《中国药典》收载的传统中药材石韦的主要来源之一，味甘、苦，性微寒。归肺、膀胱经。利尿通淋，清肺止咳，凉血止血。主治热淋，血淋，石淋，小便不通，淋沥涩痛，吐血，衄血，尿血，崩漏，肺热喘咳等。

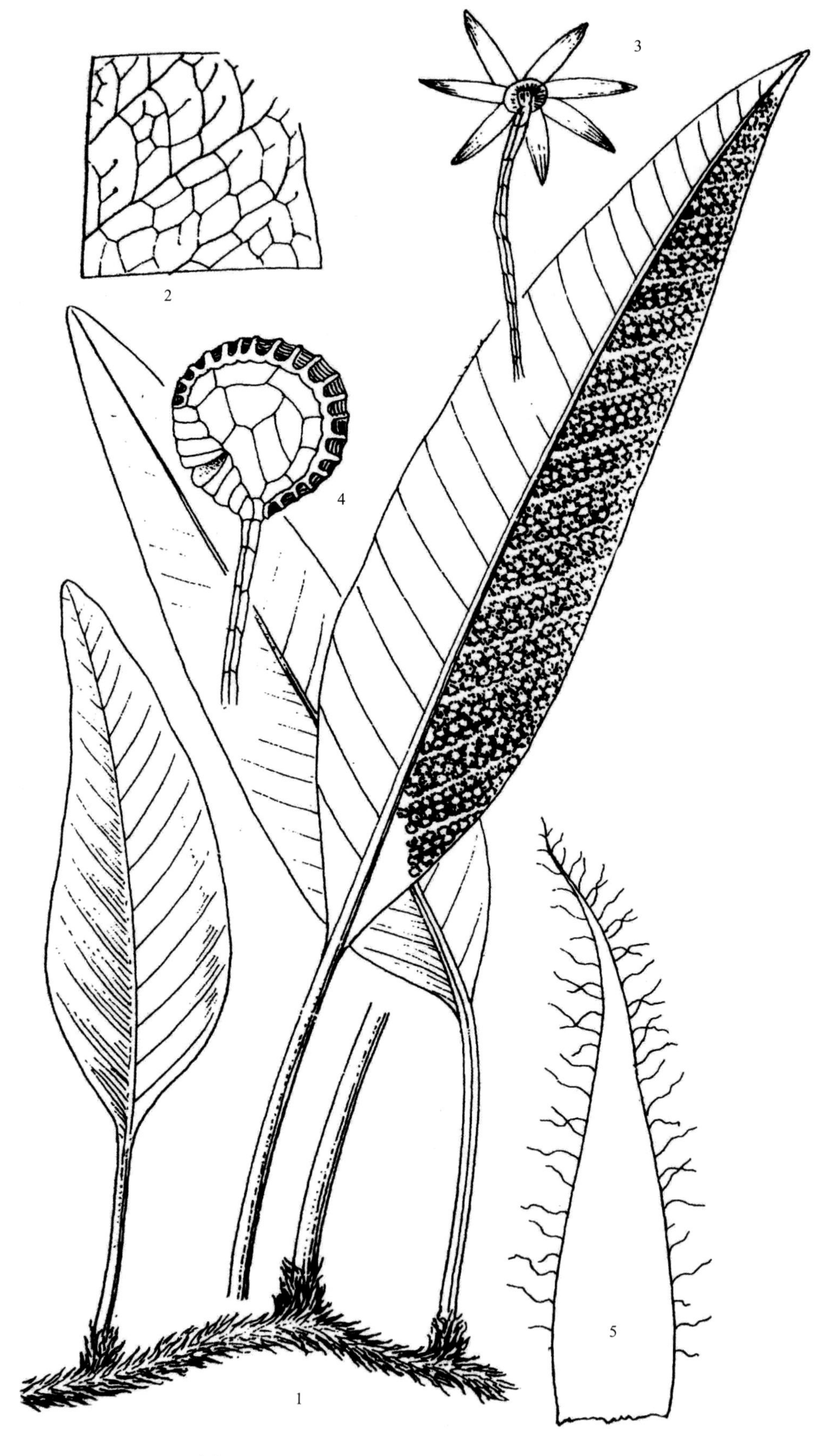

图 26-2-3-1　**石韦 Pyrrosia lingua** (Thunb.) Farw.

1. 植株　2. 叶片　3. 星状毛　4. 孢子囊　5. 叶柄基部鳞片（引自《中国植物志》）

假瘤蕨属 **Phymatopteris** Pic. Serm.

附生或土生蕨类。根茎细长而横走，木质，被鳞片；鳞片通常披针形，少有钻形或毛状，多数为棕色，少数栗黑色或灰白色，具狭长而不透明的筛孔。叶通常一型，少数二型或近二型；叶片单叶不分裂，呈条形、卵圆形或卵状披针形，或2～3裂，或掌状分裂，或羽状分裂，少数为一回羽状，边缘全缘，或有缺刻或锯齿；叶通常为纸质，少数为革质或膜质；多数种类的叶片两面光滑无毛，少数种类的叶片被短柔毛或鳞片；主脉和侧脉明显，小脉网状，具内藏小脉。孢子囊群圆形，在主脉两侧各1行，通常叶表面生，少数略凹陷于叶肉中。孢子两侧对称，单裂缝，极面观椭圆形，赤道面观半圆形，孢壁具刺状、小瘤状或细颗粒状突起。

约75种，分布于亚洲热带、亚热带山地。中国48种，主产西南、华南，少数达华北和西北。山东2种。

分种检索表

1a. 叶片戟状，二至三裂或单叶不分裂，先端渐尖；叶柄直径0.5～2mm；孢子囊群圆形，中脉两侧各一行；孢壁具粗刺状突起……1. **金鸡脚假瘤蕨P. hastata**

1b. 单叶不分裂，叶片卵圆形，先端钝圆；叶柄纤细如丝，约0.4mm；孢子囊群近圆形，4～5对；孢壁具细颗粒状纹饰……2. **山东假瘤蕨P. shandongensis**

1. 金鸡脚假瘤蕨

图26-3-1-1～图26-3-1-2

Phymatopteris hastata (Thunb.) Pic. Serm.

Selliguea hastata (Thunb.) Fraser-Jenk.

Polypodium hastatum Thunb.

土生蕨类。根茎长而横走，粗约3mm，密被鳞片；鳞片披针形，长约5mm，棕色，顶端长渐尖，边缘全缘或偶有疏齿。叶远生；叶柄长短和粗细均变化较大，长2～20cm，直径0.5～2mm，禾秆色，光滑无毛；叶为单叶，形态变化极大，单叶不分裂，或戟状二至三分裂；不分裂的单叶形态变化极大，从卵圆形至长方形，长2～20cm，宽1～2cm，顶端短渐尖或钝圆，基部楔形至圆形；分裂叶片其形态也极其多样，常见的是戟状二至三分裂，裂片或长或短，或较宽，或较狭，但通常都是中间裂片较长或较宽；叶片（或裂片）的边缘具缺刻和加厚的软骨质边，通直或呈波状；中脉和侧脉两面明显，侧脉不达叶边，小脉不明显；叶纸质或草质，背面通常灰白色，两面光滑无毛。孢子囊群大，圆形，在叶片中脉或裂片中脉两侧各一行，着生于中脉和叶缘之间。孢子两侧对称，单裂缝，极面观长圆形，赤道面观长半圆形，孢壁具长粗刺状突起，刺间具细颗粒状纹饰。

产山东威海、崂山、昆嵛山。

国内分布于西北、长江以南各省区。日本、朝鲜、俄罗斯远东地区等也有分布。

药用全草。味甘、苦、辛，性凉。归肺、肝、大肠、膀胱经。清热解毒，祛风镇惊，利水通淋。主治外感热病，肺热咳嗽，小儿惊风，痈肿疮毒，虫蛇咬伤，烧烫伤，痢疾，泄泻，小便淋浊。

植株含香豆素。

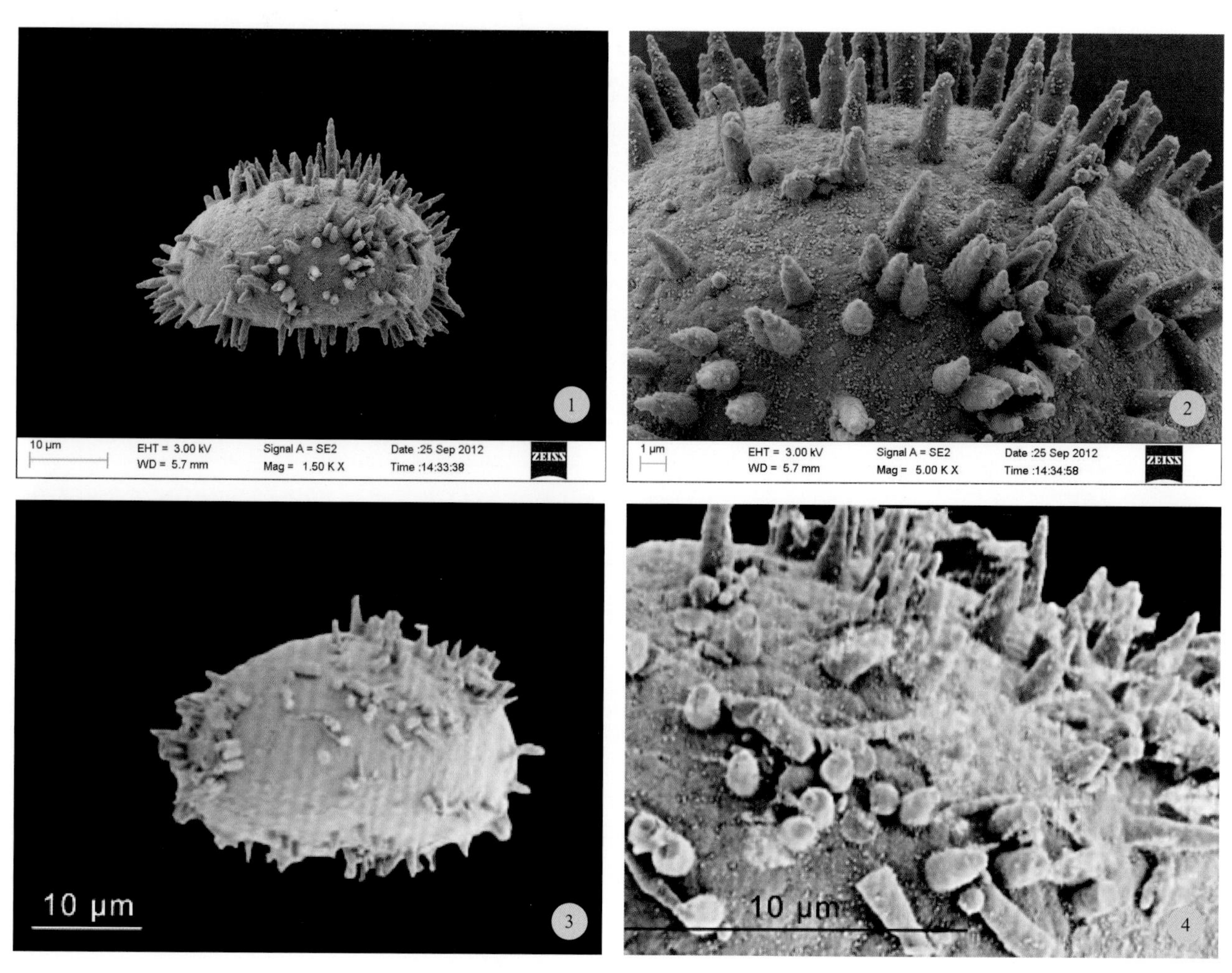

图 26-3-1-1　金鸡脚假瘤蕨孢子（SEM）

1～2. 赤道面　3～4. 远极面

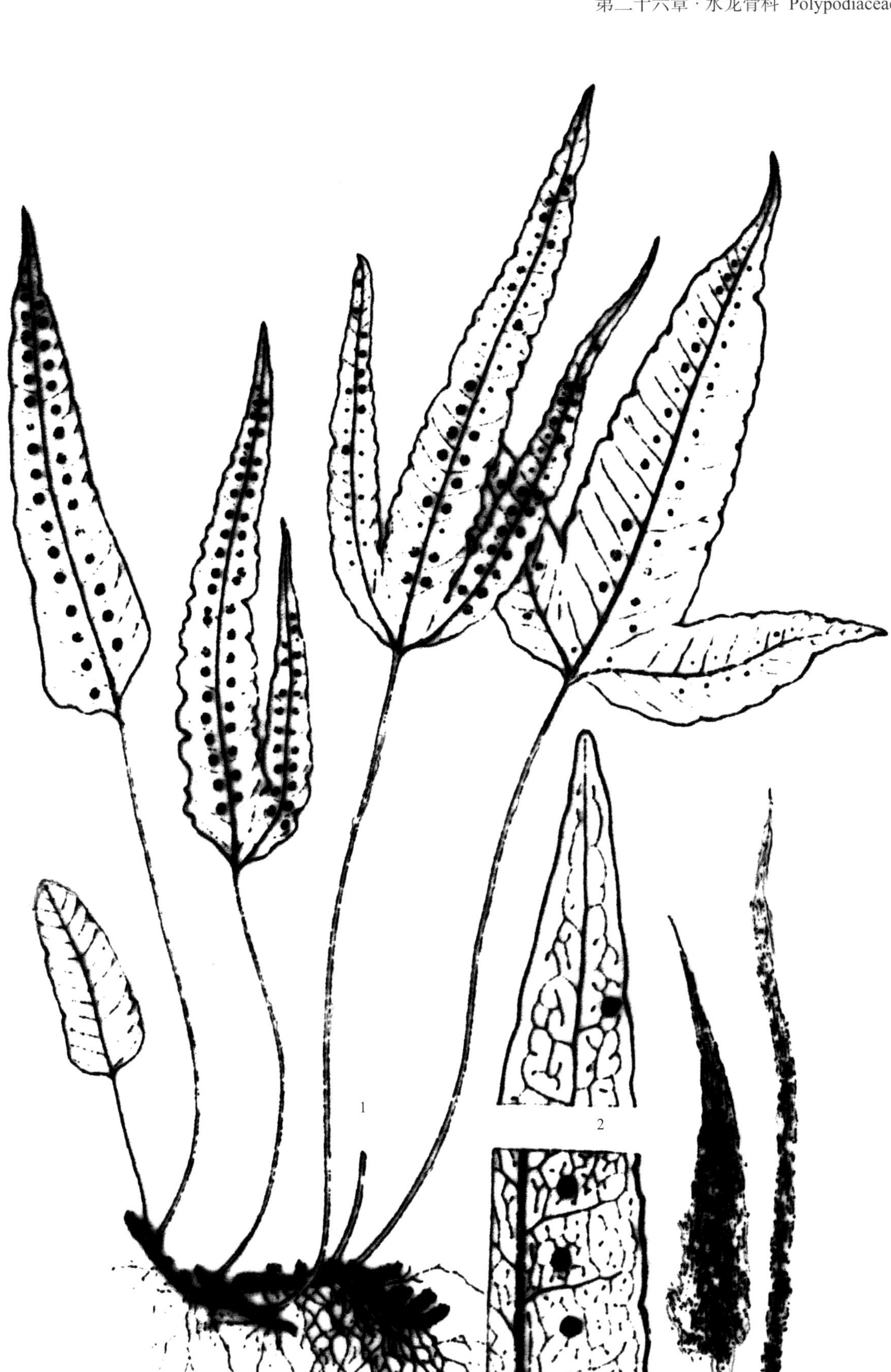

图 26-3-1-2　**金鸡脚假瘤蕨 Phymatopteris hastata** (Thunb.) Pic. Serm.

1. 植株　2. 叶片（部分）　3. 鳞片

2. 山东假瘤蕨

图26-3-2-1～图26-3-2-3

Phymatopsis shandongensis J. X. Li et C. Y. Wang

Selliguea shandongensis (J. X. Li et C. Y. Wang) J. X. Li & X. J. Li

Phymatopteris hastata (Thunb.) Pic. Serm.

Selliguea hastata (Thunb.) Fraser-Jenk.

植株矮小，高3～5cm。根茎细长而横走，顶端密被淡棕色、条状钻形小鳞片。叶一型，远生；叶柄纤细如丝，直径0.4mm以下，淡绿色，长2.5cm；叶片长卵形，长2.5cm，宽1.3cm，圆头或钝尖，基部阔楔形，边缘软骨质加厚，栗棕色，有疏浅缺刻。叶上下两面中脉和侧脉明显。叶薄纸质，淡绿色，无毛。孢子囊群近圆形，4～5对，中生，在中脉两侧各排成整齐的1行，彼此远离。孢子两侧对称，单裂缝，极面观椭圆形，赤道面观半圆形，孢壁表面具小颗粒状纹饰。

产山东威海、海阳、崂山、昆嵛山、沂山、蒙山、泰山。生林下岩石缝间。山东特有种。李建秀00106 Typus PE（模式标本），1982年采自山东蒙山（龟蒙顶）。

《中国植物志》及*Flora of China*编者将山东假瘤蕨*Phymatopsis shandongensis* J. X. Li et C. Y. Wang合并于金鸡脚假瘤蕨，分别采用*Phymatopteris hastate* (Thunb.) Pic. Serm.和*Selliguea hastate* (Thunb.) Fraser-Jenk.学名。经我们多年野外观察和研究，在山东假瘤蕨野外种群中，叶片长卵形，先端钝圆，叶柄纤细如丝，直径0.4mm以下，淡绿色，性状稳定，没有见金鸡脚假瘤蕨叶片多变的类型；山东假瘤蕨孢壁具细颗粒状纹饰，金鸡脚假瘤蕨孢壁具粗刺状纹饰，两者明显区分，故作者不接受《中国植物志》和*Flora of China*编者的意见，建议恢复山东假瘤蕨*Phymatopsis shandongensis* J. X. Li et C. Y. Wang在植物分类学上的种级分类地位，为其正名。

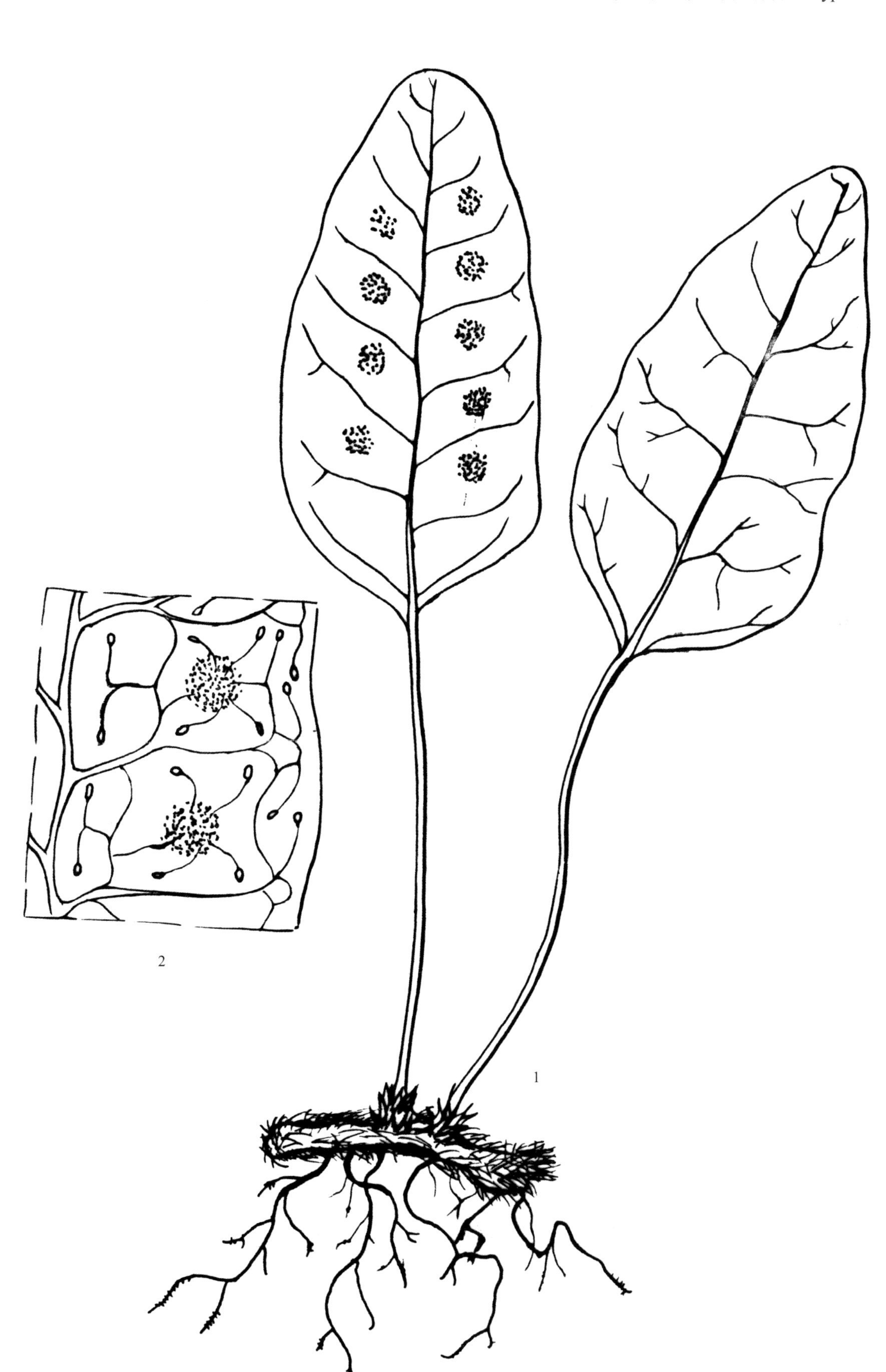

图 26-3-2-1　**山东假瘤蕨 *Phymatopsis shandongensis*** J. X. Li et C. Y. Wang

1. 植株　2. 叶片（部分）

图 26-3-2-2　山东假瘤蕨

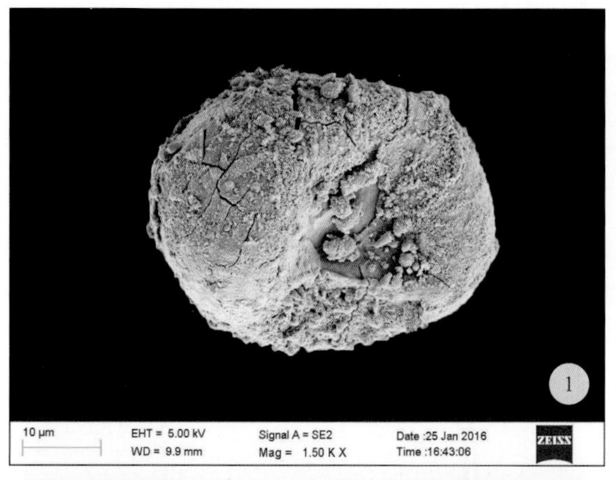

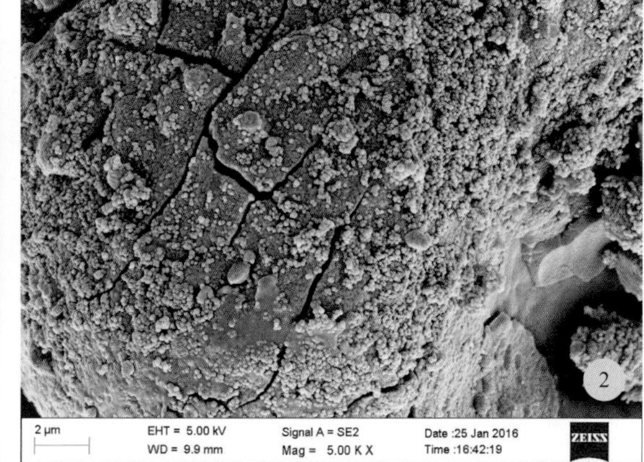

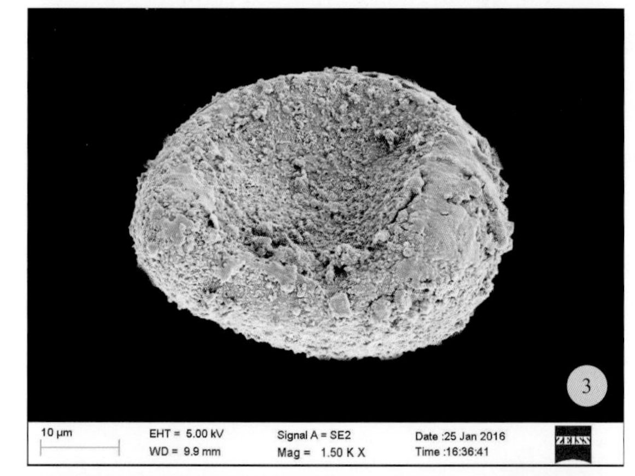

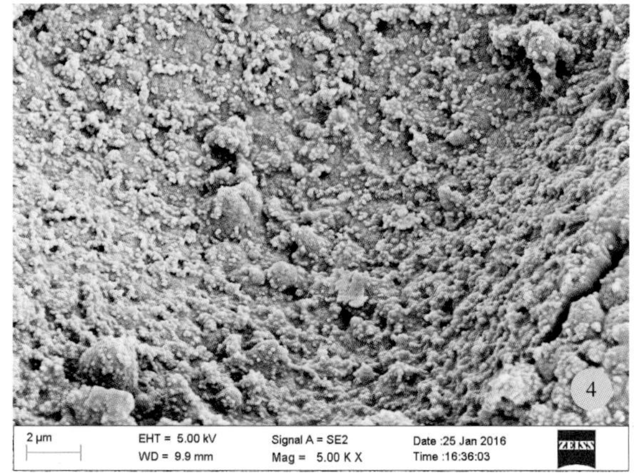

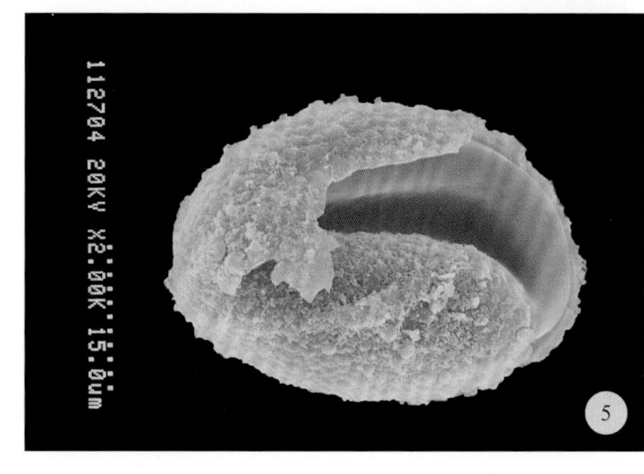

图 26-3-2-3　山东假瘤蕨孢子（SEM）

1～2. 近极面　3～5. 远极面

星蕨属 Microsorum Link

中型或大型附生蕨类，少土生。根茎粗壮，横走，肉质，具网状中柱，密被棕褐色鳞片，阔卵形至披针形，盾状着生，粗筛孔。叶疏生或近生；有叶柄，基部有关节与根状茎相连；单叶，披针形，少有长卵圆形或羽状深裂；侧脉明显或不明显，小脉联结成不整齐的网眼，网眼内有分叉的内藏小脉，顶端有1个水囊；叶草质或革质，无毛、无鳞片，或很少有毛。孢子囊群圆形，着生于网脉交接处，沿中脉两侧排列成不整齐的多行，偶有1～2行，无隔丝；孢子囊环带由14～16个增厚细胞组成。孢子两侧对称，单裂缝，孢壁表面有小瘤状纹饰。

约40种，分布于亚热带地区。中国约9种。山东1种。

1. 江南星蕨

图26-4-1-1

Microsorum fortunei (T. Moore) Ching

Neolepisorus fortunei (T. Moore) Li Wang

Drynaria fortunei T. Moore

植株高30～50cm。根茎长，横走，长20～40cm，宽1.5～4cm，先端渐尖，基部渐狭，下延于叶柄成狭翅，全缘，有软骨质边缘；中脉明显隆起，侧脉不明显，小脉网状，网眼中内藏小脉分叉；叶厚纸质，下面灰绿色，光滑。孢子囊群大，圆形，靠近主脉两侧各排成较整齐的1行或不规则的2行；无隔丝。

山东济南、青岛等城市公园均有栽培，供观赏。

国内分布于长江以南各省区，北达陕西南部。

药用全草或根茎。味苦，性寒。归肝、脾、心、肺经。清热解毒，祛风利湿，活血，止血。主治热淋，小便不利，带下，痢疾，黄疸，咯血，吐血，衄血，痔疮出血，瘰疬痰核，疔毒痈肿，毒蛇咬伤，风湿痹痛，跌打损伤。

植株含黄酮、挥发油等。

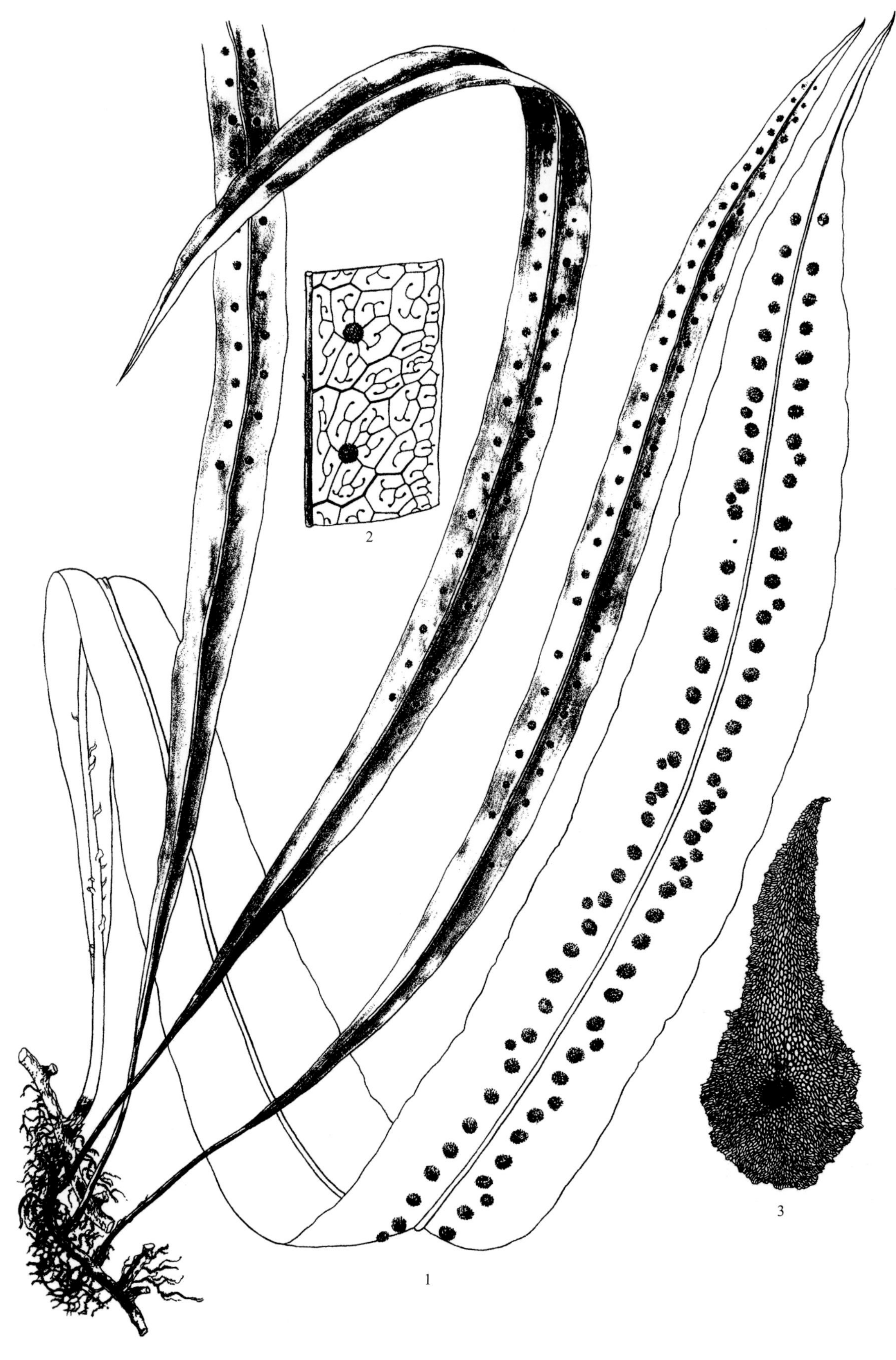

图 26-4-1-1　**江南星蕨 Microsorum fortunei** (T. Moore) Ching

1. 植株　2. 叶片（部分）　3. 根茎鳞片（引自《中国蕨类植物图谱》）

第二十七章 ◆ 槲蕨科 Drynariaceae

大型或中型附生蕨类，多年生。根茎横生，粗肥，肉质，具穿孔网状中柱，密被鳞片，鳞片通常大，窄长，基部盾状着生，深棕至褐棕色，不透明，中部细胞具加厚隆起细胞壁，不为筛孔状，边缘有睫毛状锯齿。叶近生或疏生，无柄或有短柄，基部不以关节着生于根茎（有时有关节痕迹但无功能）；叶片通常大，坚革质或纸质，一回羽状或羽状深羽裂，二型或一型或基部成宽耳型；在二型叶属中，叶分两类：一类为大而正常的能育叶，有柄，另一类为短而基生的不育叶，槲叶状，坚硬干膜质、灰棕或浅绿色，无柄或柄极短，称腐殖质积聚叶；正常的能育叶羽片或裂片以关节着生于叶轴，老时或干时全部脱落，羽柄或中脉腋间常具腺体；叶脉为槲蕨型：一至三回叶脉粗而隆起，明显，以直角相连，形成大小四方形网眼，小网眼内有少数分离小脉。孢子囊群或大或小，如为小点状，则生于小网眼内的分离小脉上，有时生于几条小脉的交结点上；如为大者则孢子囊群多少沿叶脉扩展成长形或生于两脉间，无囊群盖，无隔丝；孢子囊为水龙骨型，环带具11～16个增厚细胞。孢子椭圆形，两侧对称，单裂缝。

约32种，多分布于亚洲，延伸至一些太平洋热带岛屿，南至澳大利亚北部、非洲大陆、马达加斯加及附近岛屿。中国2属，山东1属。

槲蕨属 **Drynaria** (Bory) J. Sm.

大型或中型附生蕨类。根茎横走，粗肥，肉质，密被鳞片，鳞片一色，偶中部深色，披针形，盾状着生，非粗筛孔型，边缘有齿状或流苏状睫毛，先端渐尖。叶二型，偶一型；基生营养叶短（偶有生孢子囊者），无柄，或柄极短，如槲叶，被毛或鳞片，或光滑，坚硬干膜质或硬革质，枯棕色，宿存，全缘，波状至羽状分裂，基部心形，覆盖根茎，以储存枯枝落叶碎屑，转化成腐殖质供植株所需营养，保护根系免受干旱；大而正常的营养叶，绿色有柄，叶基下延成窄翅，叶轴上面具沟槽，有毛或小鳞片；叶片羽状或深羽裂，几达羽轴，下部裂片沿叶柄下延，裂片或羽片披针形，不裂，基部扩大，具不明显关节与叶轴合生，干时从叶轴脱落或不易脱落；叶脉均隆起，多次连成四方形网眼，内有单一或2叉内藏小脉，构成槲蕨型脉序。孢子囊群着生于叶脉交叉处，圆形，一般着生叶下面，无囊群盖，多无隔丝；孢子囊环带具13个增厚细胞。孢子两侧对称，单裂隙，极面观椭圆形，赤道面观超半圆形或豆形。

15种，主要分布于亚洲至大洋洲。中国9种。山东1种。

1. 槲蕨

图27-1-1-1～图27-1-1-2

Drynaria roosii Nakaike

Drynaria fortunei (Kunze ex Mett.) J. Sm.

附生岩石上，匍匐生长，或附生树干上，螺旋状攀援。根茎直径1～2cm，密被鳞片；鳞片斜生，盾状着生，长0.7～1.2cm，宽0.8～1.5mm，边缘有齿。叶二型，基生；营养叶圆形，长5～9cm，宽3～7cm，基部心形，全缘，厚干膜质，下面有疏短毛。孢子叶叶柄长10～15cm，深羽裂至距叶轴2～5mm处；裂片7～13对，互生，稍斜上，披针形，长6～10cm，宽2～3cm，有不明显疏钝齿；叶脉两面均明显；叶干后纸质，上面中脉略有短毛。孢子囊群圆形或椭圆形，在叶片下面沿裂片中脉两侧各排成2～4行，成熟时相邻2侧脉间有圆形孢子囊群1行，或幼时成1行长形孢子囊群，混生腺毛。孢子两侧对称，单裂缝，裂缝长为极轴长的1/3，极面观和赤道面观均为长椭圆形，孢壁表面具疏密不均匀的瘤状突起，瘤状突起间有小颗粒状纹饰。

山东济南、沂源有引种栽培。生树干或岩石间，偶生于墙缝，海拔250～1800m。

国内分布于长江以南各省区。越南、老挝也有分布。

2020年版《中国药典》收载，药用根茎，称“骨碎补”。味苦，性温。归肝、肾经。疗伤止痛，补肾强骨；外用消风祛斑。主治跌扑闪挫，筋骨折伤，肾虚腰痛，筋骨痿软，耳鸣耳聋，牙齿松动；外治斑秃，白癜风。

根茎含黄酮、淀粉、葡萄糖等。多糖具有抗细菌和抗真菌活性，乙酸乙酯提取物具有较强的抗氧化作用。

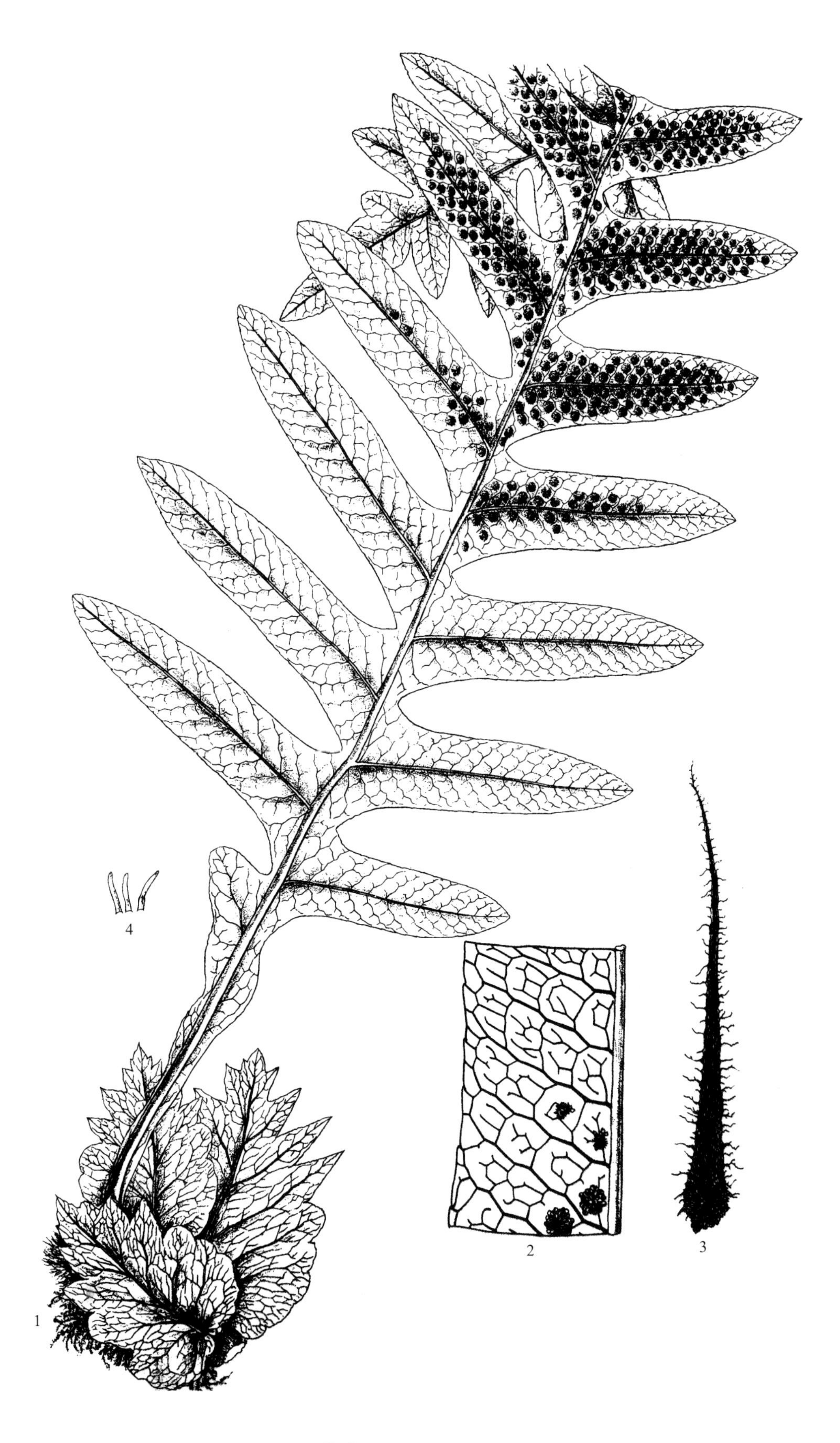

图 27-1-1-1　**槲蕨 *Drynaria roosii*** Nakaike

1. 植株　2. 裂片一部分（示叶脉及孢子囊群）　3. 根茎鳞片
4. 不育羽片背面毛（引自《中国蕨类植物图谱》）

图 27-1-1-2　槲蕨

第二十八章 · 鹿角蕨科 Platyceriaceae

奇特大型附生多年生蕨类，偶生岩石上。根茎短，横卧，粗肥，具简单网状中柱，外被具中肋宽鳞片，鳞片基部着生，有时二色，边缘具齿。叶近生，2列，叶大，二型，不以关节着生。基生不育叶直立，无柄，偶有短柄；叶片宽圆形，基部膨大，覆瓦状，宽心形，肉质，稍全缘或略二歧浅裂，密被星状毛，叶脉密网状，旋干枯，褐色，覆瓦状覆盖于根茎上，宿存，呈鸟巢状或圆球状，以积聚腐殖质及保护根茎、根免受干旱威胁；正常能育叶具短柄，以关节着生，直立或下垂，近革质，被具柄星状毛，老时脱落，叶形变化大，全缘或多回分叉，裂片全缘，叶脉网结，在主脉两侧具大而偏斜的多角形长网眼，具内藏小脉。孢子囊群为卤蕨型，着生于圆形、增厚的小裂片顶部，或生于特化裂片下面；孢子囊为水龙骨型，具长柄，有2～3行细胞，环带具10～20（24）个增厚细胞；隔丝星毛状，具长柄，多数。孢子两侧对称，椭圆球状，单裂缝，裂缝长为孢子1/4～1/2，黄色或绿色，透明，有瘤状纹饰。染色体基数$x=37$。

单型科。

15种，分布中心在非洲、马达加斯加（6种）和东南亚（8种），1种产南美洲安第斯山脉。中国1种。植株形态优美，为著名观赏蕨类。山东1种。

鹿角蕨属 **Platycerium** Desv.

属的特征同科。

1. 鹿角蕨

图28-1-1-1

Platycerium wallichii Hook.

附生蕨类。根茎肉质，短而横卧，密被鳞片；鳞片淡棕色或灰白色，中间深褐色，坚硬，线形，长1cm，宽4mm。叶2列，二型；基生营养叶（腐殖叶）宿存，厚革质，下部肉质，厚达1cm，上部薄，直立，无柄，贴生于树干上，长达40cm，长宽40cm，3～5次叉裂，裂片近等长，全缘，主脉两侧隆起，叶脉不明显，两面疏被星状毛，初时绿色，不久枯萎，褐色；正常孢子叶常成对生长，下垂，灰绿色，长25～70cm，不等大3裂，基部楔形，下延，近无柄，内侧裂片最大，多次分叉成窄裂片，中裂片较小，两者都能育，外侧裂片最小，不育，裂片全缘，被灰白色星状毛；叶脉粗而突出。孢子囊散生于主裂片第一次分叉的凹缺以下，不达基部，初绿色，后黄色；隔丝灰白色，星状毛。孢子绿色。

山东济南、青岛等市公园及花卉市场常见。生山地雨林中，海拔210～950m。国内分布于云南、台湾。缅甸、印度东北部、泰国也有分布。

图 28-1-1-1　鹿角蕨

第二十九章 · 蘋科 Marsileaceae

通常生于浅水淤泥或湿地沼泥中的小型蕨类。根茎细长横走，内具管状中柱，外被短毛。营养叶为单叶线形，或由2～4片倒三角形的小叶组成，着生于叶柄顶端，漂浮或伸出水面；叶脉分叉，但顶端联结成狭长网眼；孢子叶变为球形或椭圆状球形孢子果，有柄或无柄，通常接近根茎，着生于营养叶的叶柄基部或近叶柄基部的根茎上，一个孢子果内含2至多数孢子囊。孢子囊二型，大孢子囊只含一个大孢子，小孢子囊含多数小孢子。

3属，约75种。大部分产于大洋洲、非洲南部、北美洲。生浅水或湿地上。中国1属。山东1属。

蘋属 Marsilea L.

浅水生蕨类。根茎细长横走，有腹背之分，分节，节上生根，向上长出单生或簇生的叶。营养叶近生或远生，沉水时叶柄细长柔弱，湿生时柄短而坚挺；叶片十字形，由4片倒三角形的小叶组成，着生于叶柄顶端，漂浮水面或挺立；叶脉明显，从小叶基部呈放射状二叉分枝，向叶边组成狭长网眼。孢子果圆形或椭圆状肾形，外壁坚硬，开裂时呈两瓣，果瓣有平行脉。孢了囊线形或椭圆状圆柱形，紧密排列成2行，着生于孢子果内壁胶质的囊群托上，囊群托的末端附着于孢子果内壁上，成熟时孢子果开裂，每个小孢子囊内含有多数小孢子。孢子囊均无环带；大孢子卵圆形，周壁具较密的细柱，形成不规则的网状纹饰；小孢子近球形，具明显周壁。

约70种，广布世界各地，尤以大洋洲及非洲南部最多。中国3种。山东1种。

1. 蘋 苹 田字草 破铜钱 四叶菜 叶合草

图29-1-1-1～图29-1-1-2

Marsilea quadrifolia L.

植株高5～20cm。根茎细长横走，分枝，顶端被有淡棕色毛，茎节远离，向上发出一至数枚叶。叶柄长5～20cm；叶片由4片倒三角形的小叶组成，排成十字形，长宽各1～2.5cm，边缘半圆形，基部楔形，全缘，幼时被毛，草质；叶脉从小叶基部向上呈放射状分叉，组成狭长网眼，伸向叶边，无内藏小脉；孢子果双生或单生于短柄上，其柄着生于叶柄基部，长椭圆形，幼时被毛，褐色，质坚硬；每个孢子果内含多数孢子囊，大小孢子囊同生于孢子囊托上；一个大孢子囊内只有一个大孢子；小孢子囊内有多数小孢子。

产山东微山湖、南阳湖、东平湖等水域。生水田或沟塘中，是水田中的有害杂草，可作饲料。

国内广布于长江以南各省区，北达华北和辽宁，西到新疆。世界温热两带其他地区也有。

药用全草。味甘，性寒。归肺、肝、肾经。清热解毒，利水消肿，止血，除烦安神。主治水肿热淋，小便不利，黄疸，吐血，衄血，尿血，崩漏，白带，月经量多，心烦不眠，消渴，感冒，痈肿疮毒，乳腺炎，急性结膜炎，咽喉肿痛；外用治疮痈，毒蛇咬伤。

植株含芹菜素、木犀草素、牡荆素、三萜等。

图 29-1-1-1　蘋

图 29-1-1-2　蘋 **Marsilea quadrifolia** L.

1. 植株　2. 孢子果　3. 孢子果纵切面

第三十章 ◆ 槐叶苹科 Salviniaceae

小型漂浮蕨类。根茎细长横走，被毛，无根，具原生中柱。叶三片轮生，排成三列，其中二列漂浮水面，为正常叶，无柄或具极短的柄；叶片长圆形，绿色，全缘，被毛，上面密布乳头状突起，中脉略显；另一列叶特化为细裂的须状根，悬垂水中，称沉水叶，起着根的作用，故又称假根。孢子果簇生于沉水叶的基部，或沿沉水叶成对着生；孢子果有大小两种：大孢子果体形较小，内生8～10个有短柄的大孢子囊，每个大孢子囊内只有一个大孢子；小孢子果体形大，内生多数有长柄的小孢子囊，每个小孢子囊内有64个小孢子；大孢子花瓶状，瓶颈向内收缩，三裂缝，位于瓶口，不具周壁，外壁表面形成很浅的小凹洼；小孢子球形，三裂缝，裂缝较细，裂缝处外壁常内凹，形成三角状，不具周壁，外壁较薄，表面光滑。

分布各大洲，以美洲和非洲热带地区为主。中国1属。山东1属。

槐叶苹属 Salvinia Adans.

小型漂浮蕨类。根茎细长横走，被毛，无根，内具原生中柱。无柄或具极短的柄；叶三片轮生，排成三列，其中二列漂浮水面，为正常的叶片，长圆形，绿色，全缘，被毛，上面密布乳头状突起，中脉略显；另一列叶特化为细裂的须状根，悬垂水中，称沉水叶，起着根的作用，故又叫假根。孢子果簇生于沉水叶的基部，或沿沉水叶成对着生。孢子果有大小两种，大孢子果体形较小，内生8～10个有短柄的大孢子囊，每个大孢子囊内只有一个大孢子；小孢子果体形大，内生多数有长柄的小孢子囊，每个小孢子囊内有64个小孢子。大孢子花瓶状，瓶颈向内收缩，三裂缝位于瓶口，不具周壁，外壁表面形成很浅的小凹洼；小孢子球形，三裂缝较细，裂缝处外壁常内凹，形成三角状，不具周壁，外壁较薄，表面光滑。

1属，分布各大洲，以美洲和非洲热带地区为主。中国1种。山东1种。

1. 槐叶苹

图30–1–1–1～图30–1–1–2

Salvinia natans (L.) All.

Marsilea natans L.

小型漂浮蕨类。根茎细长而横走，被褐色节状毛。三叶轮生，上面二叶漂浮水面，形如槐叶，长圆形或椭圆形，长0.8～1.4cm，宽5～8mm，顶端钝圆，基部圆形或稍呈心形，全缘；叶柄长1mm或近无柄。叶脉斜出，在中脉两侧有小脉15～20对，每条小脉上面有5～8束白色刚毛；叶草质，上面深绿色，下面密被棕色茸毛；下面一叶悬垂水中，细裂成线状，被细毛，形如须根，起着根的作用。孢子果4～8个簇生于沉水叶的基部，表面疏生成束的短毛；小孢子果表面淡黄色，大孢子果表面淡棕色。

产山东微山湖、南阳湖、东平湖、郯城（白马河）等水域。生沟塘和静水溪内。

广布于长江流域和华北、东北、新疆。日本、越南、印度、欧洲也有分布。

药用全草或根。味辛、苦，性寒。归肺、肝、膀胱经。清热解毒，解表，利水消肿。主治风热感冒，麻疹不透，浮肿，热淋，小便不利，热痢，痔疮，痈肿疔疮，丹毒，腮腺炎，湿疹，烧烫伤。

植物醇提取物具有抗氧化作用。

图 30-1-1-1　**槐叶蘋 Salvinia natans** (L.) All.

1. 植株　2. 小孢子果　3. 大孢子果

图 30-1-1-2　槐叶苹

第三十一章 ◆ 满江红科 Azollaceae

小型水生漂浮蕨类。根茎细弱，具直立或呈“之”字形的主干，易折断，绿色，具原始管状中柱，侧枝腋内生或腋外生，羽状分枝，或假二歧分枝，通常漂浮于水面，水浅时或植株密集的情况下，呈莲座状。茎挺立，可高出水面3～5cm。叶无柄，成2列互生茎上，覆瓦状排列，每叶片深裂，有背腹面，上面的裂片称背裂片，浮于水面，长圆形或卵形，中部略内凹，上面密被瘤状突起，绿色，肉质，基部肥厚，下面隆起，形成空腔，称共生腔，腔内寄生能固氮的鱼腥藻；腹裂片近贝壳状，膜质，覆瓦状排列，透明，无色，或近基部粉红色，略厚，沉于水中，有浮载作用，若植株处于直立状态，则腹裂片具有和背裂片同样的光合作用功能，叶肉的花青素由绿色变为红色或黄色。孢子果有大小两种，多双生，稀4个簇生于茎分枝处；大孢子果小于小孢子果，通常位于小孢子果下面，幼时被孢子叶所包，长圆锥形，外面被果壁包裹，内藏1个大孢子，顶部被帽状物覆盖，成熟时帽脱落，露出被一圈纤毛围着的漏斗状开口，精子由开口进入受精，漏斗状开口下面的孢子囊体上，围着3～9个无色海绵状起漂浮作用的附属物，称浮膘，浮载大孢子囊体漂浮于水面，小孢子果体积是大孢子果的4～6倍，呈球形或桃形，顶端具喙状突起，外壁薄而透明，内含多数小孢子囊；小孢子囊球形，具长柄，每个小孢子囊有64个小孢子，着生在5～6个无色透明的泡胶块上，泡胶块具附属物，使其固定于大孢子囊体上，便于精子进入大孢子囊受精。大小孢子均呈球形，3裂缝。

中国1属。山东1属。

满江红属 Azolla Lam.

通常为小型漂浮水生蕨类。根茎细弱，有明显直立或呈“之”字形的主干，易折断，绿色，内具原始管状中柱，侧枝腋内生或腋内外生，呈羽状分枝，或假二歧分枝，通常横卧漂浮水面，在水浅时或植株生长密集的情况下，则呈莲座状生长，茎则挺立向上，可高出水面3～5cm。叶无柄，呈两列互生于茎上，覆瓦状紧密排列，透明，无色，或近基部处呈粉红色，略增厚，沉于水下，主要起浮载作用，若植物体处于直立生长状态，则腹裂片向背裂片形态转化，具有和背裂片同样的光合作用功能，叶片内的花青素因受外界温度的影响，会由绿色变为红色或黄色；孢子果有大小两种，多为双生，少为4个簇生于茎下面的分枝处；大孢子果体积远比小孢子果小，位于小孢子果下面，幼小时被孢子叶所包被，长圆锥形，外面被果壁包裹着，内藏一个大孢子，顶部有帽状物覆盖，成熟时帽状物脱落，露出被一圈纤毛围着的漏斗状开口，精子经由开口进入受精，漏斗状开口下面的孢子囊群上，围着3～9个无色海绵状所谓浮膘的附属物，浮载着整个孢子囊体漂浮于水上等待受精，以及受精后孢子体幼苗阶段的发育；小孢子果体是大孢子果的4～6倍，呈球形或桃状，顶部有喙状突起，外壁薄而透明，内含多数小孢子囊群，小孢子囊球形，有长柄，每个小孢子囊内有64个小孢子，分别着生在5～8个无色透明的泡胶块上，泡胶块表面有因种类不同有各种形状的附属物，这些附属物帮助泡胶块固定于大孢子囊体上，便于精子进入大孢子囊进行受精。大小孢子均为圆形，三裂缝。

原产智利南部，分布于南美洲、北美洲、欧洲。其他各洲有引种。

分种检索表

1a. 大孢子囊外面有9个浮膘，泡胶块有少数单一或不规则分枝的丝状毛，侧枝腋内生，其数目与茎叶相等。

  2a. 植株群体通常不结孢子果，有时结少量孢子果，小孢子果占绝大多数，多生长于温暖地区，少数植株能越冬，植株叶片冬季随气温降低由绿色逐渐变为红色.........1. **满江红A. imbricata**

  2b. 植株群体通常大量结孢子果（特别是秋季），大小孢子果的比例为1：1，冬季植株多死亡，来年靠受精的大孢子萌发繁殖群体..............................2. **多果满江红A. imbricata** var. **prolifera**

1b. 大孢子囊外面有3个浮膘，泡胶块上有锚状毛，侧枝腋外生，其数目比茎叶片数目少...3. **细叶满江红A. filiculoides**

1. 满江红 红萍

图31-1-1-1～图31-1-1-2

Azolla imbricata (Roxb. ex Griff.) Nakai

Salvinia imbricata Roxb. ex Griff.

小型漂浮植物。植物体呈卵形或三角状，根茎细长横走，侧枝腋生，假二歧分枝，向下生须根。叶小如芝麻，互生，无柄，覆瓦状排列成两行；叶片深裂分为背裂片和腹裂片两部分，背裂片长圆形或卵形，肉质，绿色，秋后常变为紫红色，边缘无色透明，上表面密被乳头状瘤突，下表面中部略凹陷，基部肥厚形成共生腔；腹裂片贝壳状，无色透明，多少饰有淡紫红色，斜沉水中。孢子果双生于分枝处，大孢子囊有9个浮膘，分上下两排附生在孢子囊体上，上部3个较大，下部6个较小；小孢子果体积远较大，圆球形或桃形，顶端有短喙，果壁薄而透明，内含多数具长柄的小孢子囊，每个小孢子囊内有64个小孢子，分别埋藏在5～8块无色海绵状的泡胶块上，泡胶块上有丝状毛。

产山东济南市北园、德州、微山湖、南阳湖、东平湖等水域。生湖泊、水田和池塘等静水沟塘中。本植物体和蓝藻共生，是优良的绿肥，又是很好的饲料。

国内广布于长江流域和南北各省区。朝鲜、日本也有分布。

药用全草或根。全草称满江红：味辛，性凉。归肺、膀胱经。解表透疹，祛风胜湿，解毒。主治感冒咳嗽，麻疹不透，荨麻疹，皮肤瘙痒，疮疡，风湿疼痛，小便不利，水肿，带下，烧烫伤。根称满江红根：味甘，性平。润肺止咳。主治肺痨咳嗽。

植株含苯丙素、香豆素等，如绿原酸、七叶内酯、咖啡酸。

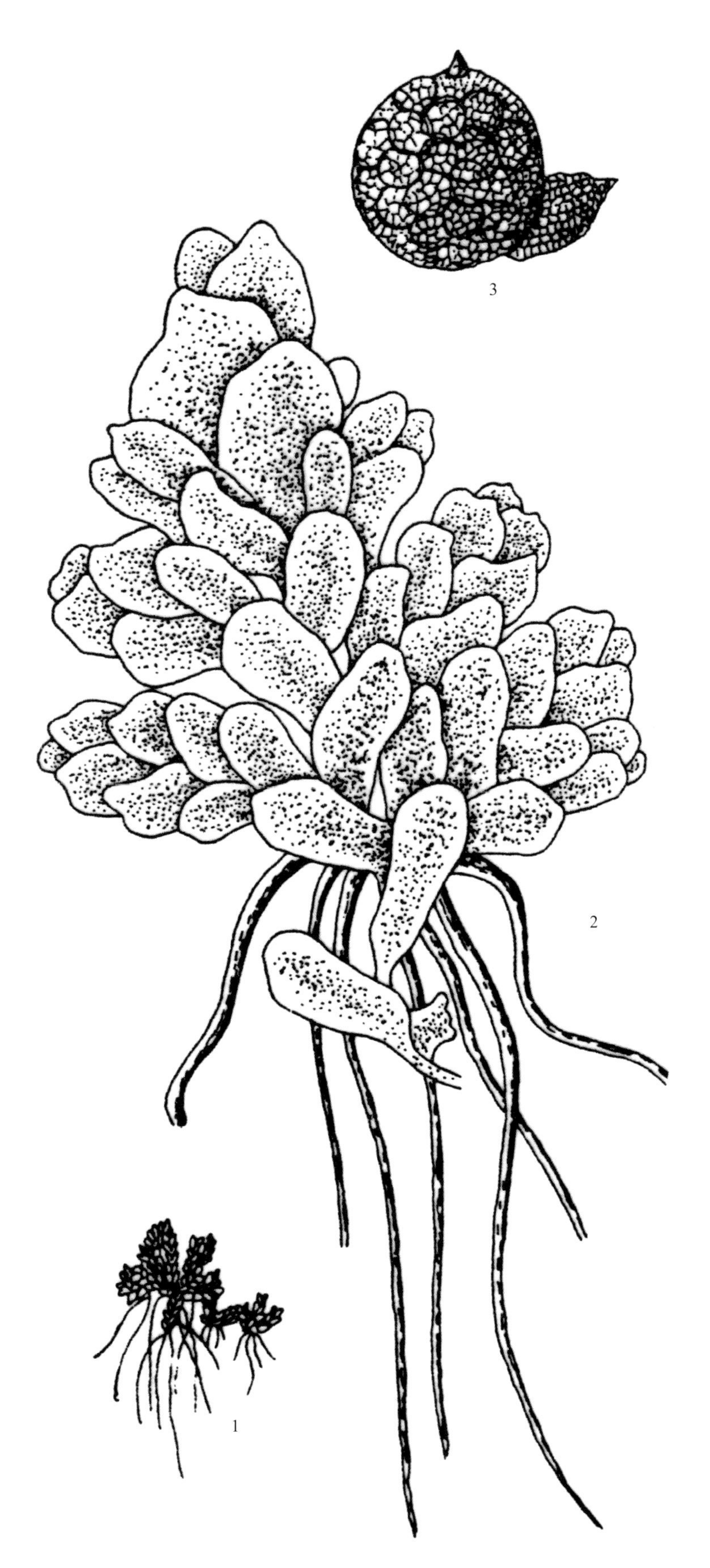

图 31-1-1-1　**满江红 *Azolla imbricata*** (Roxb. ex Griff.) Nakai

1～2. 植株　3. 孢子果

图 31-1-1-2　满江红

2. 多果满江红

图31-1-2-1

Azolla imbricata var. **prolifera** Y. X. Lin

本变种与原变种的主要区别：植株到秋季随气温降低大量结孢子果，大小孢子果比例为1 : 1。冬季植株多枯死，来年靠已受精的大孢子萌发繁殖。

特产山东临沂（郯城）。

国内分布于河南。

植物体可做猪及家禽饲料和肥料。

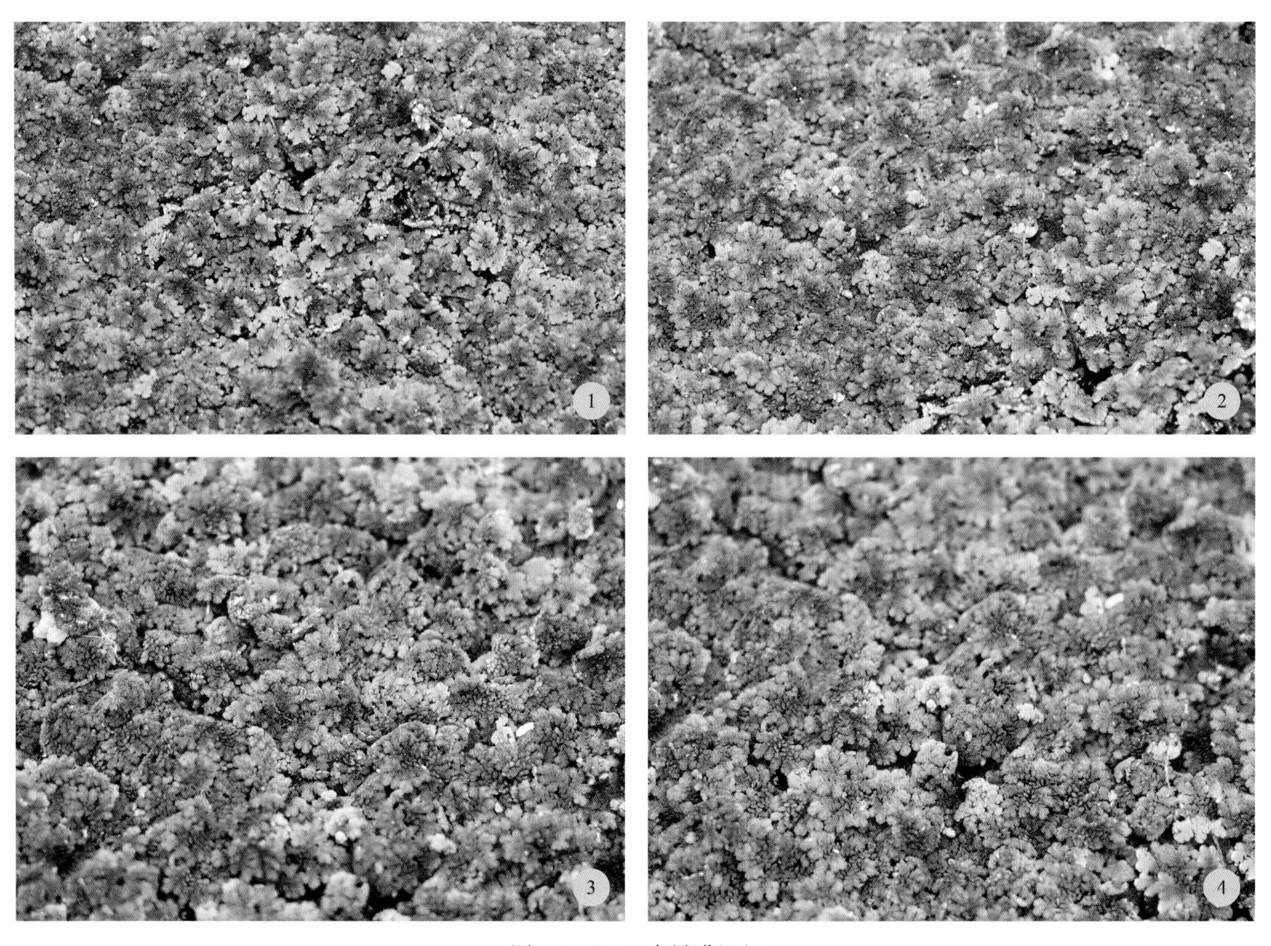

图 31-1-2-1　多果满江红

3. 细叶满江红 细绿萍 蕨状满江红

图31–1–3–1

Azolla filiculoides Lam.

本种与我国常见的满江红不同，在于植株粗壮，侧枝腋外生出，侧枝数目比茎叶的少，当生境水量减少变干或植株过于密集拥挤时，植物体会由平卧变成直立状态生长，腹裂片功能也向背裂片功能转化。大孢子囊外壁只有3个浮膘，小孢子囊内的泡胶块上有无分隔的锚状毛。

山东济南市大明湖百花洲和北园池塘有引种放养。

本种原产于美洲，现已扩散至全世界，我国20世纪70年代引进放养和推广利用，目前几乎遍布全国各地的水田。本种植株比常见的满江红粗大，耐寒，能大量结孢子果并容易进行有性繁殖，不仅被引种放养和利用，在有些地方已归化成为野生。

图 31-1-3-1　**细叶满江红 *Azolla filiculoides*** Lam.

1. 植株　2. 植株的一部分　3. 小羽片　4. 孢子果

参考文献

[1] 中国科学院中国植物志编辑委员会．中国植物志：第2~6卷[M]．北京：科学出版社，1959-2004.

[2] 邢公侠．贯众属（*Cyrtomium* Presl）的分类研究[J]．植物分类学报，1965：1-48.

[3] 中国科学院植物研究所，中国科学院西北植物研究所．秦岭植物志：第二卷 蕨类植物门[M]．北京：科学出版社，1974.

[4] 中国科学院北京植物研究所古植物研究室孢粉组．中国蕨类植物孢子形态[M]．北京：科学出版社，1976.

[5] 国家药典委员会．中华人民共和国药典：一部[M]．1977年版．北京：人民卫生出版社，1977.

[6] 山东经济植物编写组．山东经济植物[M]．济南：山东人民出版社，1978.

[7] 秦仁昌．中国蕨类植物科属的系统排列和历史来源[J]．植物分类学报，1978，16（3）：1-19；16（4）：16-37.

[8] 中国科学院植物研究所．中国高等植物科属检索表[M]．北京：科学出版社，1979.

[9] 张金谈．从孢子形态特征试论植物某些类群的分类与系统发育[J]．植物分类学报，1979，17（2）：1-7.

[10] Jermy A C．Biosystematic studies of *Dryopteris*[J]．Acta phytotax Sin，1980，18（1）：37-44.

[11] 武素功．中国粉背蕨属的研究[J]．植物分类学报，1981，19（1）：57-74.

[12] 邢公侠．蕨类名词及名称[M]．北京：科学出版社，1982.

[13] 丁恒山．中国药用孢子植物[M]．上海：科学技术出版社，1982.

[14] 李建秀，马书太．山东崂山鳞毛蕨属一新种[J]．植物研究，1984，3（4）：139-141.

[15] 李建秀．山东蕨类植物新种[J]．植物研究，1984，4（2）：142-146.

[16] 李建秀，卫云．山东蕨类植物两新种[J]．植物分类学报，1984，22（2）：164-166.

[17] 李建秀．山东蕨类植物名录[J]．山东中医学院学报，1985，9：11-20.

[18] 周凤琴，李建秀，丁作超．山东鳞毛蕨属植物叶柄基部解剖的初步研究[J]．山东中医学院学报，1985，9：68-72.

[19] 国家药典委员会．中华人民共和国药典：一部[M]．1985年版．北京：人民卫生出版社，1985.

[20] 陈亚民，王宁，魏莉莉，等．山东肿足蕨化学成分的研究[J]．济宁医专学报，1986（1）：5-6.

[21] 中国科学院植物研究所．中国高等植物图鉴：第一册[M]．北京：科学出版社，1987.

[22] 李建秀，李峰．山东鳞毛蕨属一新种[J]．植物分类学报，1988，26（5）：406-407.

[23] 秦仁昌．秦仁昌论文选[M]．北京：科学出版社，1988.

[24] 李建秀，丁作超．山东假蹄盖蕨属两新种[J]．植物分类学报，1988，26（2）：162-164.

[25] Jian-xiu Li, Feng-qin Zhou, Yu-long Zhang. Studies on the spore morphology of *Hypodematium* in China[C]// K. H. Shing, K. U. Kramer. Proceedings of the ISSP. Beijing: China Science & Technology Press，1988：269-272.

[26] 李建秀，丁作超，周凤琴．山东假蹄盖蕨属孢子形态研究[J]．植物研究，1989，9（3）：105-112.

[27] 李建秀，周凤琴，丁作超，等．山东蕨类植物研究简报[J]．山东中医学院学报，1989，13（4）：69-71.

[28] 李建秀，周凤琴，王代芝．山东瓦韦属植物孢子形态的研究[J]．植物生物学学报，1990，1（1）：77-79.

[29] 陈汉斌．山东植物志：上卷[M]．青岛：青岛出版社，1990.

[30] 周凤琴，李建秀．山东鳞毛蕨属细胞间隙腺毛形态发生的研究[J]．山东中医学院学报，1990，14（1）：45-46.

[31] 国家药典委员会．中华人民共和国药典：一部[M]．1990年版．北京：化学工业出版社，人民卫生出版社，1990.

[32] 李建秀，周凤琴．中日节节草（新组合变种）在中国的新记录[J]．植物研究，1991，11（2）：35-36.

[33] 李建秀，周凤琴．日本节节草（新组合变种）在中国的新记录[J]．植物分类学报，1991，11（2）：35-36.

[34] 李建秀，王彦英，周凤琴，等．山东蛾眉蕨属植物孢子形态的研究[J]．植物研究，1991，11（1）：73-77.

[35] 王仁卿，张昭洁．山东稀有濒危保护植物[M]．济南：山东大学出版社，1993.

[36] 山西省植物学会．北方植物学研究：第一集[C]．天津：南开大学出版社，1993.

[37] 李建秀，周凤琴．山东贯众属中药资源调查及生药鉴定[J]．植物生物学报，1994，4（1）：85-88.

[38] 李建秀，周蓬，周凤琴，等．山东中国蕨科植物研究[C]//李法曾，姚敦义．山东植物研究．北京：科学

技术出版社，1995.
[39] 国家药典委员会．中华人民共和国药典：一部[M]．1995年版．广州：广东科技出版社，北京：化学工业出版社，1995.
[40] 李建秀，周凤琴，万鹏．山东蕨类植物检索表[C]//田景振．中药研究与应用．北京：中医古籍出版社，1996：262-277.
[41] 李建秀，周凤琴，张玉翠．扫描电镜下孢子形态特征在新分类群中的意义[C]//科学光国丛书编辑委员会．中国科教论文集．成都：红旗出版社，1997.
[42] 魏·吴普．神农本草经[M]．清・孙星衍，孙冯翼，辑．鲁兆麟，主校．石学文，点校．沈阳：辽宁科学技术出版社，1997.
[43] 周凤琴，李建秀，张照荣．山东珍稀濒危野生药用植物的调整研究[J]．中草药，1998，29（1）：46-49.
[44] 刘家熙，赵云云．蕨类植物孢子形态研究进展[C]//张宪春，邢公侠．纪念秦仁昌论文集．北京：中国林业出版社，1999.
[45] 刘家熙，李雅轩．北京产冷蕨属孢子形态的研究[C]//张宪春，邢公侠．纪念秦仁昌论文集．北京：中国林业出版社，1999.
[46] 周凤琴，李建秀，等．山东肿足蕨科植物形态解剖学研究及其在分类上的意义[C]//张宪春，邢公侠．纪念秦仁昌论文集．北京：中国林业出版社，1999.
[47] 孙稚颖，李建秀．山东产卷柏属植物形态解剖学研究[C]//张宪春，邢公侠．纪念秦仁昌论文集．北京：中国林业出版社，1999.
[48] 国家药典委员会．中华人民共和国药典：一部[M]．2000年版．北京：化学工业出版社，2000.
[49] 姜楠，戴锡玲，曹建国，等．中国蕨类植物孢子形态的研究X．水龙骨科[J]．西北植物学报，2001，30（1）：2151-2163.
[50] 王全喜．中国水龙骨目（真蕨目）孢子形态的研究[D]．哈尔滨：东北林业大学，2001.
[51] 李法曾．山东植物精要[M]．北京：科学出版社，2004.
[52] 国家药典委员会．中华人民共和国药典：一部[M]．2005年版．北京：化学工业出版社，2005.
[53] 孙稚颖，张宪春，崔绍梅，等．中国29种和泰国1种卷柏科植物的叶形态学研究及其分类学意义[J]．植物分类学报，2006，44（2）：148-160.
[54] 周凤琴，李建秀，等．山东产蹄盖蕨科2属植物形态解剖学的研究[J]．西北植物学报，2006，26（8）：1569-1574.
[55] 郭庆梅，周凤琴，李建秀．山东3种金星蕨科植物的比较解剖[J]．山东师范大学学报（自然科学版），2007，22（2）：116-119.
[56] 傅立国，陈潭清，郎楷永，等．中国高等植物：第二卷[M]．青岛：青岛出版社，2008.
[57] 杨金玲，郭庆梅，周凤琴，等．有柄石韦及其近缘种叶的显微鉴别[J]．中药材，2009，32（7）：1046-1048.
[58] 邵文，商清春，陆树刚．22种假瘤蕨属植物孢子纹饰超微特征[J]．西北植物学报，2010，30（3）：524-529.
[59] 国家药典委员会．中华人民共和国药典：一部[M]．2010年版．北京：中国医药科技出版社，2010.
[60] 王全喜，戴锡玲．中国水龙骨目（真蕨目）植物孢子形态的研究[M]．北京：科学出版社，2010.
[61] 中国科学院植物研究所，昆明植物研究所，华南植物园，等．Flora of China（Vol.2）[M]．北京：科学出版社，2011.
[62] 中国科学院植物研究所，昆明植物研究所，华南植物园，等．Flora of China（Vol. 3）[M]．北京：科学出版社，2011.
[63] 秦仁昌．中国蕨类植物图谱[M]．北京：北京大学出版社，2011.
[64] 李建秀，周凤琴，李晓娟，等．山东贯众属（鳞毛蕨科）两新种[J]．植物分类与资源学报，2012，34（1）：17-21.
[65] 张宪春．中国石松类和蕨类植物[M]．北京：北京大学出版社，2012.
[66] 潘炉台．贵州药用蕨类植物[M]．贵阳：贵州科技出版社，2012.
[67] Editorial committee of Flora of China. Flora of China[M]. Science Press（Beijing）& Missouri Botanical Garden

Press（St Louis），2013.
[68] 李建秀，周凤琴，张照荣．山东药用植物志[M]．西安：西安交通大学出版社，2013.
[69] 王凡红，李德铢，薛春迎，等．石松类和蕨类植物的主要分类系统的科属比较[J]．植物分类与资源学报，2013，35（6）：791-809.
[70] 张宪春，卫然，刘红梅，等．中国现代石松类和蕨类的系统发育与分类系统[J]．植物学报，2013，48（2）：119-137.
[71] 李晓娟，李佳，黄杨，等．山东蛾眉蕨在植物分类学上的地位[J]．山东科学，2013，26（1）：44-46.
[72] 国家药典委员会．中华人民共和国药典：一部[M]．2015年版．北京：中国医药科技出版社，2015.
[73] 国家药典委员会．中华人民共和国药典：一部[M]．2020年版．北京：中国医药科技出版社，2020.
[74] 张宪春，孙久琼．石松类和蕨类名词及名称[M]．北京：中国林业出版社，2015.
[75] 曲京峰，李建秀，李晓娟．新编简明中药学[M]．西安：西安交通大学出版社，2015.
[76] 张宪春．中国现代石松类和蕨类植物分类系统概览[J]．生物学通报，2015，50（10）：1-2.
[77] 李晓娟，李建秀，等．山东假瘤蕨与金鸡脚假瘤蕨的孢子形态研究[J]．植物科学学报，2016，34（5）：680-683.
[78] 周喜乐，张宪春，孙久琼，等．中国石松类和蕨类植物的多样性与地理分布[J]．生物多样性，2016，24（1）：102-107.
[79] 李晓娟．山东石松类和蕨类植物新记录[J]．广西植物，2016，36（10）：1214-1219.
[80] 李法曾，李文清，樊守金．山东木本植物志：上卷[M]．北京：科学出版社，2016.
[81] XJ Li, JX Li, FY Meng. Taxonomy and palynology of some *Cyrtomium* species in Shandong, China[J]. Bangladesh Journal of Botany, 2017, 46（3）: 1129-1138.
[82] 张宪春，姚正明．中国茂兰石松类和蕨类植物[M]．北京：科学出版社，2017.
[83] 臧德奎．山东珍稀濒危植物[M]．北京：中国林业出版社，2017.
[84] XJ Li, JX Li, FY Meng. A new species of *Hypodematium*（Hypodematiaceae）from China[J]. Phytokeys, 2018, 92: 37-44.
[85] XJ Li，JJ Ding，JX Li, et al. Palynology and anatomy of *Dryopteris* Adans. from Shandong, China and their significance in classification[J]. Bangladesh Journal of Botany，2019，48（3）: 877-884.
[86] XJ Li, JX Li. A new species of *Hypodematium* Kunze（Hypodematiaceae）from China[J]. Bangladesh Journal of Botany，2019，48（3）: 869-875.
[87] 李晓娟，李建秀．山东对囊蕨属（蹄盖蕨科）植物孢粉学研究及其在分类上的意义[J]．植物研究，2019，39（5）：641-646.
[88] 陈万生，詹亚华，吴和珍．新编中国药材学：第四卷[M]．北京：中国医药科技出版社，2020.
[89] 李晓娟，李建秀．山东水龙骨科植物孢粉学研究及其在分类上的意义[J]．广西植物，2020，40（4）：443-451.
[90] XJ Li，JX Li．*Cyrtomium* Presl（Dryopteridaceae）- A New Species from China[J]. Bangladesh Journal of Botany，2020，49（3）: 703-708.

后记

我学习蕨类植物始于1979年，那年卫生部（原中华人民共和国卫生部）在江西中医学院举办全国医药高等院校《药用植物学》师资提高班，我有幸参加了这个班进修、学习。这个班当时聘请了江西大学程景福教授讲授蕨类植物，我在班里当班长，负责带车接送外聘教授的工作，这使我有更多的时间与机会和程教授交流学习，引起了我对蕨类植物的浓厚兴趣。

1979年底，进修班结业，我回到了山东中医学院，申报了“山东药用蕨类植物资源调查研究”的课题，对泰山、蒙山、崂山、昆嵛山的蕨类植物进行考察，采集了大量蕨类植物标本。在鉴定标本时，我发现有几个分类群可能是新种，便将其拟定为“山东耳蕨”和“山东假瘤蕨”。由于新种需要请同行知名专家进行认定，我将两个新种的模式标本和描述新种的论文寄给了中国科学院植物研究所秦仁昌院士，请秦老认定。当时秦老的助手邢公侠、林尤兴研究员将我邮寄的资料转给了秦老，秦老看后约我去北京见面。

当时秦老因挤公交车上班，不慎把腿摔伤，在家工作。秦老住在北京中关村，怕我去北京路不熟，特意给我画了一张去他家的路线简图，图上注明了从北京火车站到中关村需乘坐的公交车及途中换乘站，还有居所的门牌号及附近的招待所等信息，秦老都写得清清楚楚。

我按照秦老的意思来到了北京，他十分热情地接待了我，这样一位国内外著名的大专家院士（当时称学部委员），却一点架子都没有，十分平易近人。秦老详细地询问了我两个新种的鉴定特征，讨论了发表两个新种的论文（1983年《植物分类学报》），并与我约定，有急事可随时去北京，无需通过他的助手，可直接到他家，当面请教。

遵照与秦老的约定，我每年年底都会将这一年采集的蕨类植物标本和研究情况带去北京给秦老汇报。通常第一天我汇报，第二天我们一起讨论，第三天秦老给我布置下一年的采集任务和研究的重点。秦老健在的那几年，都是遵照他的要求去做的。在我跟着秦老学习蕨类植物的这几年里，不仅从秦老那里学到了研究蕨类植物的专业知识和方法，更学到了一位老科学家潜心研究的专业精神、平易近人的处世态度以及孜孜不倦的奉献精神。我之所以退而不休，多年来坚持对蕨类植物资源进行探索，正是从秦老身上学到的。秦老去世时，中国科学院植物研究所给我发来讣告，因我出差在外地，未能及时得知秦老去世的消息，没能去北京与他告别。后来我每次去往江西庐山，都会去秦老的墓前扫墓致哀。

秦老在世时，希望我能把山东蕨类植物资源查清。1990年虽然已经出版了《山东植物志》上册（蕨类植物门），收载了25科41属98种和9变种。但我总觉得山东的蕨类植物资源远远没有查清，所以退休后这20多年，我依然默默地在做山东蕨类植物的资源研究。近几年，我们又发现了10余个新种，现知山东蕨类植物31科49属130种（含种下分类等级），与1990年《山东植物志》相比，增加了近30个新种和分布新纪录，获得了创新成果。2020年，我获得了中国蕨协颁发的“中国蕨类植物研究终身成就奖”，在此感谢中国蕨协的领导对我工作的肯定和支持。

值此《山东药用蕨类植物图典》付梓之际，我怀着谦恭的心情将此书献给我的恩师秦仁昌院士，也算是后学对先师的悼念、告慰与追思吧。

主编李建秀（J. X. Li）和李晓娟（X. J. Li）命名发表的新种名录

一、蕨类植物新种

1. 崂山鳞毛蕨**Dryopteris laoshanensis** J. X. Li et S. T. Ma
2. 山东耳蕨**Polystichum shandongense** J. X. Li et Y. Wei
3. 山东假瘤蕨**Selliguea shandongensis** (J. X. Li et C. Y. Wang) J. X. Li & X. J. Li
4. 山东贯众**Cyrtomium shandongense** J. X. Li
5. 山东鳞毛蕨**Dryopteris shandongensis** J. X. Li et F. Li
6. 山东峨眉蕨**Lunathyrium shandongense** J. X. Li et F. Z. Li
7. 鲁山假蹄盖蕨**Athyriopsis lushanensis** J. X. Li
8. 山东假蹄盖蕨**Athyriopsis shandongensis** J. X. Li et Z. C. Ding
9. 密齿贯众**Cyrtomium confertiserratum** J. X. Li, H. S. Kung et X. J. Li
10. 倒鳞贯众**Cyrtomium reflexosquamatum** J. X. Li et F. Q. Zhou
11. 密毛肿足蕨**Hypodematium confertivillosum** J. X. Li, F. Q. Zhou & X. J. Li
12. 蒙山肿足蕨**Hypodematium mengshanensis** J. X. Li & X. J. Li

二、蕨类植物新组合

1. 济南贯众**Cyrtomium polypterum** (Diels) J. X. Li & X. J. Li
2. 中日节节草**Hippochaete ramosissima** var. **japonicum** (Milde) J. X. Li et F. Q. Zhou

三、对囊蕨属（蹄盖蕨科）新建立的两个亚属

亚属Ⅰ. 假蹄盖蕨亚属［Subgen. Ⅰ. Athuriopsis (Ching) J. X. Li & X. J. Li］

亚属Ⅱ. 峨眉蕨亚属［Subgen. Ⅱ. Lunathyrium (Koidz.) J. X. Li & X. J. Li］

四、新种论文范例

后附密毛肿足蕨（新种）SCI论文。

PhytoKeys 92: 37–44 (2018)
doi: 10.3897/phytokeys.92.21815
http://phytokeys.pensoft.net

RESEARCH ARTICLE

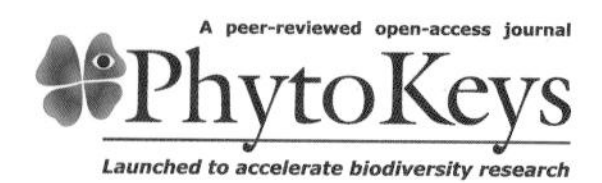

A new species of *Hypodematium* (Hypodematiaceae) from China

Xiaojuan Li[1,2], Jianxiu Li[3,4], Fanyun Meng[1,2]

1 *Beijing Key Laboratory of Protection and Application of Chinese Medicinal Resources, Beijing Normal University, Beijing 100875, China* **2** *Faculty of Geographical Science BNU, Beijing Normal University, Beijing 100875, China* **3** *Shandong Hongjitang Museum, Jinan 250100, China* **4** *Shandong University of Traditional Chinese Medicine, Jinan 250014, China*

Corresponding author: *Fanyun Meng* (mfy@bnu.edu.cn)

Academic editor: *T. Almeida* | Received 23 October 2017 | Accepted 25 December 2017 | Published 15 January 2018

Citation: Li X, Li J, Meng F (2018) A new species of *Hypodematium* (Hypodematiaceae) from China. PhytoKeys 92: 37–44. https://doi.org/10.3897/phytokeys.92.21815

Abstract

Hypodematium confertivillosum J.X.Li, F.Q.Zhou & X.J.Li, **sp. nov.**, a new species of *Hypodematium* from Shandong, China, is described and illustrated. It is similar to *H. crenatum* (Forssk.) Kuhn & Decken and *H. glanduloso-pilosum* (Tagawa) Ohwi, but differs greatly from them by its abaxial fronds sparsely covered with rod-shaped glandular hairs, its adaxial fronds without rod-shaped glandular hairs and spore reniform, with verrucate processes, surface with distinct finely lamellar rugae ornamentation. The description, photographs and a key to *H. confertivillosum* as well as their notes are provided.

Keywords

Hypodematium confertivillosum, *Hypodematium crenatum*, *Hypodematium glanduloso-pilosum*, spore ornamentation, SEM

Introduction

Described in 1833, *Hypodematium* Kunze is the only genus of Hypodematiaceae Ching (Ching 1975). Iwatsuki (1964) reviewed the genus and recognised four species including one subspecies. Recently, more than 16 species of *Hypodematium*, mainly distributed in subtropical and temperate areas of Asia and Africa, have been established (Shing et al. 1999). China, with 12 species of *Hypodematium*, is regarded as the centre of distribution for this genus (Zhang and Iwatsuki 2013). The genus is characterised by a distinctive swollen scaly stipe base and grows only on limestone habitat (Zhang and Iwatsuki 2013). Previous research on systematics and palynology of *Hypodematium* (Ching 1935, 1940, 1963, 1975, 1978a, b, Li et al. 1988, Shing et al. 1999, Zhou et al. 1999, Wang et al. 2010, Zhang and Iwatsuki 2013) provided an important background that allowed the recognition of the species new to science.

Materials and methods

The voucher specimens of the new species were collected from Tashan mountain, China and deposited in PE (herbaria acronyms according to Thiers 2016).

Scanning electron microscopy (SEM) was used to document the micromorphology of spore and fronds. Samples were dehydrated and were then placed on aluminium stubs using double-sided adhesive tape and sputter coated with gold in a Hitachi E-1010 Ion Sputter Coater, following Wen and Nowicke (1999). The materials were subsequently observed and photographed under a SUPRATM55 scanning electron microscope.

Taxonomy

***Hypodematium confertivillosum* J.X.Li, F.Q.Zhou & X.J.Li, sp. nov.**
urn:lsid:ipni.org:names:77174973-1

Diagnosis. *Hypodematium confertivillosum* J. X. Li, F. Q. Zhou & X. J. Li is similar to *H. crenatum* (Forssk.) Kuhn & Decken and *H. glanduloso-pilosum* (Tagawa) Ohwi, from which it differs greatly by its abaxial fronds sparsely covered with rod-shaped glandular hairs, its adaxial fronds without rod-shaped glandular hairs and spore reniform, with verrucate processes, surface with distinct finely lamellar rugae ornamentation.

Type. China. Shandong Province: Linyi City, Fei County, Tashan Mountain, limestone rocks, 35°33'59.76"N, 117°51'29.51"E, 500–700 m a.s.l., 15 September 1982, J. X. Li 02025 (Holotype: PE, Isotype: SDCM). Figure 1.

Description. Plants 21–32 cm tall. Rhizomes creeping; densely scaly together with stipe base, scales reddish-brown, lustrous, linear-lanceolate, 10–12 × 1–2 mm, membranaceous, margin subentire, apex acuminate. Fronds approximate; stipe stramineous, 7–17 cm × 1–1.2 mm, nearly glabrous upward; laminae pentagonal, 12–17 × 12–14 cm, 3-pinnate-pinnatifid, base round-cordate, apex acuminate and pinnatifid; pinnae 10–12 pairs, slightly oblique, lower 2 pairs sub-opposite, 3–4 cm apart, upper pairs alternate; basal pinnae largest, deltoid-oblong, 10–11 × 8–8.5 cm, 2-pinnate-pinnatifid, base cordate, pinnae tapered; pinnules 6–8 pairs, anadromous, alternate, slightly oblique, acroscopic ones smaller, proximal basiscopic pair largest, ovate-triangular, 5 × 2–3 cm, shortly stalked, base cuneate, pinnae tapered, pinnate-pinnatifid; ultimate pinnules oblong, 8–10 × 4–6 mm, apex obtuse, pinnatifid; lobe oblong, apex obtuse, margins obtuse-serrate; second and upper pairs of pinnae gradually shorter, lanceolate or oblong-lanceolate, 2-pinnate-pinnatifid, base rounded-cuneate or shallowly cordate, with a short stalk, apex shortly acute. Veins obvious on both surfaces, pinnate, simple, ending at margin. Laminas chartaceous, fronds densely covered with long grey hairs adaxially, fronds abaxial surface, rachis and costae densely covered with long grey hairs and sparsely mixed with rod-shaped glandular hairs. Sori round, dorsal, 1–4 per segment; indusia reniform, pale grey, membranaceous, densely covered with grey hairs. Spores reniform, with verrucate processes, surface with distinct finely lamellar rugae ornamentation.

Distribution. This species is known only from the area around the type locality in Tashan, Shandong.

Ecology. Usually growing in limestone crevices of xeric areas.

Discussion. The perispore is an important trait for identifying species under the scanning electron microscopy (Liu and Li 1999) and it contributes to the discovery of some new species, for example *Dryopteris guanchica* (Jermy 1980). There are significant differences between the perispore of *H. confertivillosum* that has verrucate processes, surface with distinct finely lamellar rugae ornamentation, *H. crenatum* having curved long ridges, surface with fine striae ornamentation and *H. glanduloso-pilosum* having tuberculate-massive ornamentation, providing an important micromorphological basis for establishment of the new species *H. confertivillosum*. A comparison of *H. confertivillosum*, *H. crenatum*, and *H. glanduloso-pilosum* is given in Table 1 and Figure 2.

It is commonly believed that *Hypodematium*, a very special group, has different types of glandular hairs and non-glandular hairs, which is an important basis for the identification and classification of species of *Hypodematium* (Zhang and Iwatsuki 2013). *Hypodematium confertivillosum* fronds are sparsely covered with rod-shaped glandular hairs abaxially, but its adaxial fronds without rod-shaped glandular hairs; *H. crenatum* fronds are sparsely covered with acicular hairs adaxially, densely covered with long hairs abaxially and without rod-shaped glandular hairs on both surfaces. *Hypodematium glanduloso-pilosum* fronds are mixed, densely covered with acicular and rod-shaped glandular hairs adaxially and long hairs and rod-shaped glandular hairs abaxially. Therefore, the types of hair and the degree of density of different types of hair support the establishment of the new species of *H. confertivillosum*. A comparison of *H. confertivillosum*, *H. crenatum*, and *H. glanduloso-pilosum* is given in Table 2 and the taxonomic key below (adapted from Zhang and Iwatsuki 2013), and Figure 3.

Taxonomic key to the species of *Hypodematium*

1 Fronds not covered with rod-shaped glandular hairs adaxially **2**

– Fronds covered with rod-shaped glandular hairs and long grey hairs on both surfaces; perispore with tuberculate-massive ornamentation ...***H. glanduloso-pilosum***

2 Fronds sparsely covered with rod-shaped glandular hairs abaxially; perispore with verrucate processes, surface with finely lamellar rugae ornamentation .. .. ***H. confertivillosum***

– Fronds not covered with rod-shaped glandular hairs abaxially; perispore with curved long ridges, surface with fine striae ornamentation .... ***H. crenatum***

Table 1. Comparison of spore morphological features amongst three species of *Hypodematium*.

Species name	Size (μm)	Ornamentation of perispore SEM	Locality and voucher	Figure 2
H. confertivillosum	40.8×52.6	Verrucate processes, surface with finely lamellar rugae	Shandong J.X. Li 02025 PE	A–D
H. crenatum	46.1×50.3	Curved long ridges, surface with fine striae	Guangxi R.H. Zhou 0013-1 PE	E–F
H. glanduloso-pilosum	48.2×53.6	Tuberculate-massive	Shandong J.X. Li 96-035 SDCM	G–H

Table 2. Comparison of fronds and indusia in three species of *Hypodematium*.

Species name	Adaxial fronds		Abaxial fronds		Rachis and costae		Indusia		Holotype, voucher and gatherer	Figure 3
	Non-glandular hairs	Glandular hairs	Non-glandular hairs	Glandular hairs	Non-glandular hairs	Glandular hairs	Non-glandular hairs	Glandular hairs		
H. confertivillosum	Densely covered with long grey hairs	Absent	Densely covered with long grey hairs	Sparsely rod-shaped glandular hairs	Densely covered with long grey hairs	Sparsely rod-shaped glandular hairs	Densely covered with long grey hairs	Sparsely rod-shaped glandular hairs	Holotype J. X. Li 02025	A–D
H. crenatum	Sparsely acicular hairs	Absent	Densely covered with long grey hairs	Absent	Densely covered with long grey hairs	Absent	Densely covered with long grey hairs	Absent	Voucher R. H. Zhou 0013-1	E–H
H. glanduloso-pilosum	Densely covered with acicular hairs	More rod-shaped glandular hairs	Densely covered with long grey hairs	Densely covered with rod-shaped glandular hairs	Densely covered with long hairs	Densely covered with rod-shaped glandular hairs	Densely covered with grey hairs	Densely covered with rod-shaped glandular hairs	Voucher J. X. Li 96-035	I–L

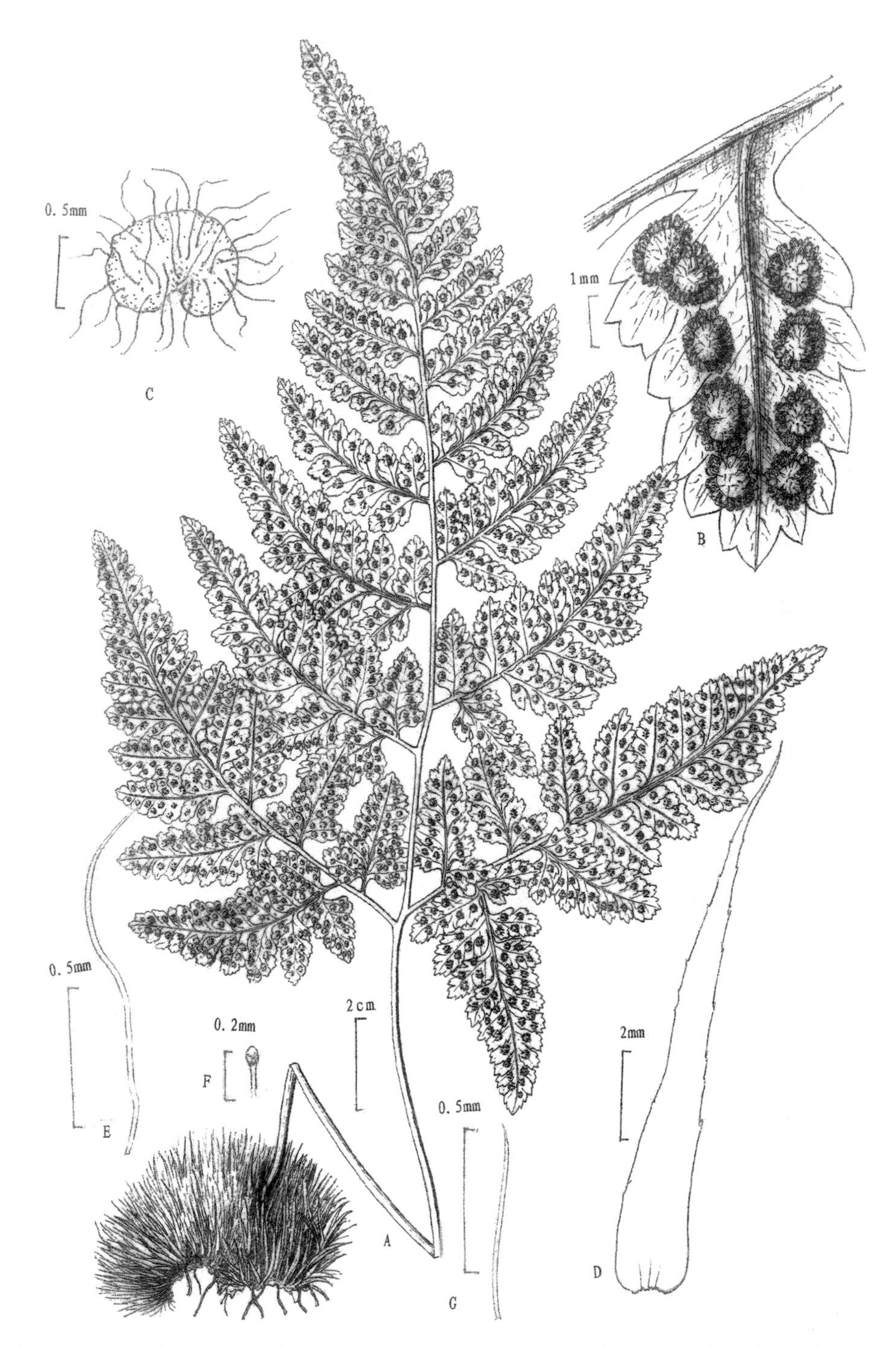

Figure 1. *Hypodematium confertivillosum* J.X.Li, F.Q.Zhou & X.J.Li, sp. nov. **A** Habit **B** Sori on the abaxial surface of pinnules **C** Indusium with long hairs **D** Rhizome and stipe base scales **E** Long hairs from the abaxial surface of fronds **F** Rod-shaped glandular hairs from the abaxial surface of fronds **G** Hairs from the adaxial surface of fronds (Drawn by Y. B. Sun & J. X. Li).

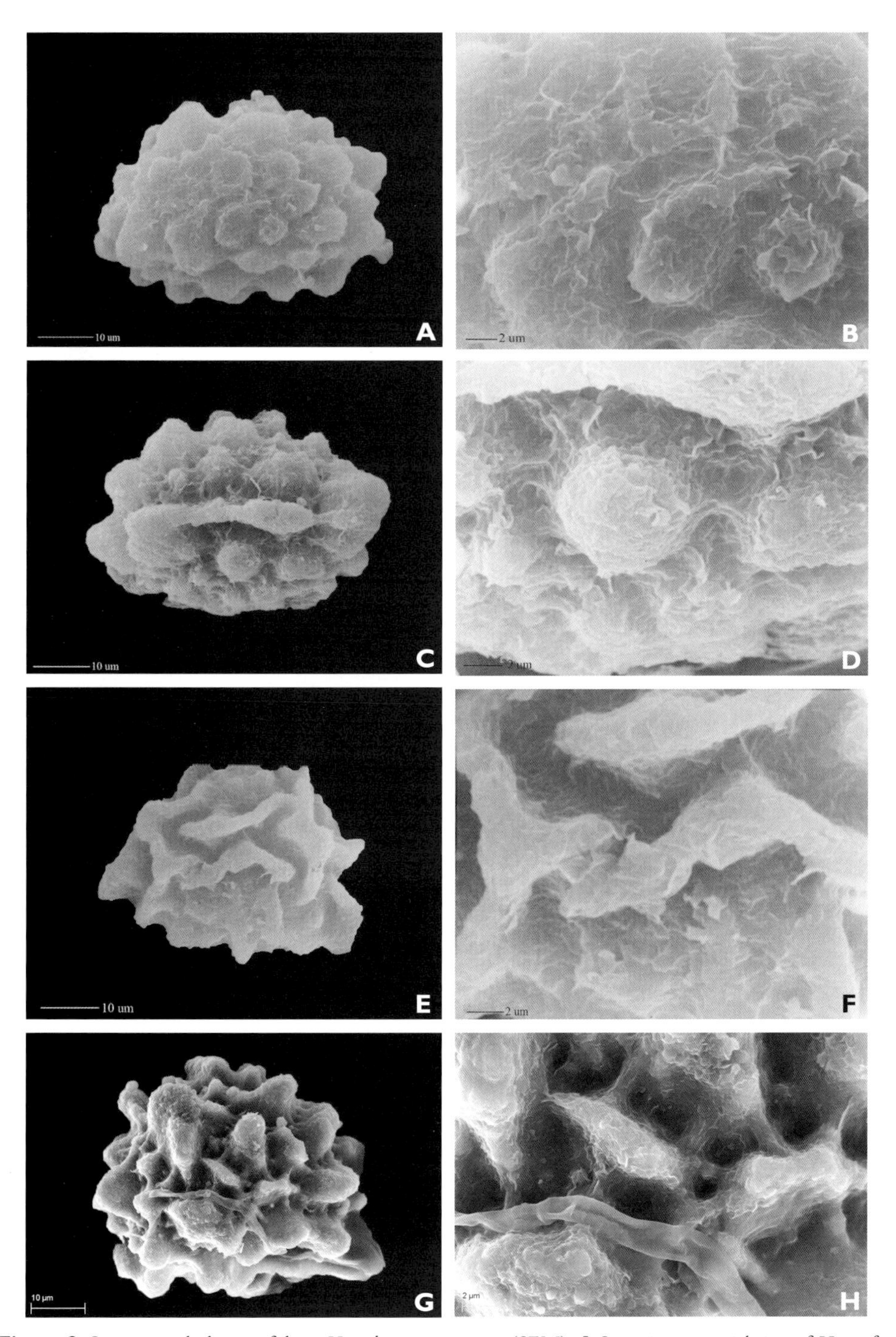

Figure 2. Spore morphologies of three *Hypodematium* species (SEM). **A** Spore in equatorial view of *H. confertivillosum* (1500×) **B** Detail of spore in equatorial view of *H. confertivillosum* (5000×) **C** Spore in polar view of *H. confertivillosum* (1500×) **D** Detail of spore in polar view of *H. confertivillosum* (5000×) **E** Spore in equatorial view of *H. crenatum* (1500×) **F** Detail of spore in equatorial view of *H. crenatum* (5000×) **G** Spore in equatorial view of *H. glanduloso-pilosum* (1500×) **H** Detail of spore in equatorial view of *H. glanduloso-pilosum* (5000×).

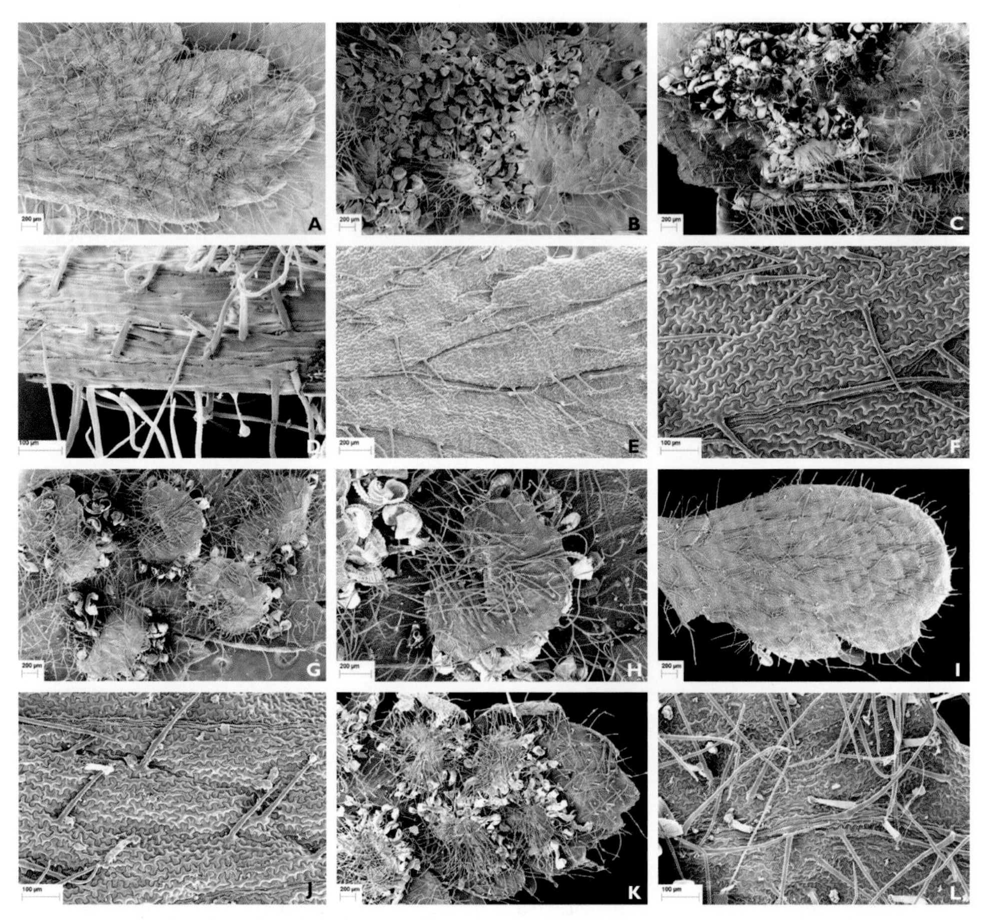

Figure 3. The fronds and rachis of *H. confertivillosum*, *H. crenatum* and *H. glanduloso-pilosum* (SEM). **A** *H. confertivillosum* fronds densely covered with long hairs adaxially (30×) **B** *H. confertivillosum* fronds and indusia densely covered with long hairs and sparsely rod-shaped glandular hairs abaxially (30×) **C** *H. confertivillosum* fronds and costae densely covered with long hairs and sparsely rod-shaped glandular hairs abaxially (30×) **D** *H. confertivillosum* costae densely covered with long hairs and sparsely rod-shaped glandular hairs abaxially (160×) **E** *H. crenatum* fronds sparsely covered with acicular hairs adaxially (60×) **F** Close-up view of *H. crenatum* fronds covered with acicular hairs adaxially (140×) **G** *H. crenatum* fronds and indusia densely covered with long hairs abaxially (30×) **H** Close-up view of *H. crenatum* indusia covered with long hairs abaxially (60×) **I** *H. glanduloso-pilosum* fronds densely covered with acicular hairs and rod-shaped glandular hairs adaxially (30×) **J** Close-up view of *H. glanduloso-pilosum* fronds covered with acicular hairs and rod-shaped glandular hairs adaxially (140×) **K** *H. glanduloso-pilosum* fronds and indusia densely covered with long hairs and rod-shaped glandular hairs abaxially (30×) **L** Close-up view of *H. glanduloso-pilosum* fronds covered with long hairs and rod-shaped glandular hairs abaxially (140×)

Acknowledgments

This work was supported by the Standardisation Construction of Traditional Chinese Medicine on *Rehmannia glutinosa* (ZYBZH-Y-HEN-18) and the Characteristics of the Commonly Used Chinese Drugs and its Region, Standards and Digital (2015FY111500). We thank Prof. Xianchun Zhang & Prof. Xiangyun Zhu from Chinese Academy of Sciences and Prof. Gangmin Zhang from Beijing Forestry University for the revision of the manuscript.

References

Ching RC (1935) On the genus *Hypodematium* Kunze. Sunyatsenia 3(1): 3–15. [pl. 2]

Ching RC (1940) On natural classification of the family Polypodiaceae. Sunyatsenia 5(4): 201–268.

Ching RC (1963) A reclassification of the family the Lypteridaceae from the mainland of Asia. Acta Phytotaxonomica Sinica 8(4): 289–335.

Ching RC (1975) Two new fern families. Acta Phytotaxonomica Sinica 13(1): 96–98.

Ching RC (1978a) The Chinese fern families and genera: systematic arrangement and historical origin. Acta Phytotaxonomica Sinica 16(3): 1–19.

Ching RC (1978b) The Chinese fern families and genera: systematic arrangement and historical origin (Cont.). Acta Phytotaxonomica Sinica 16(4): 16–37.

Iwatsuki K (1964) On *Hypodematium* Kunze. Acta Phytotaxonomica et Geobotanica. 21: 43–54.

Jermy AC (1980) Biosystematic studies of *Dryopteris*. Acta Phytotaxonomica Sinica 18(1): 37–44.

Li JX, Zhou FQ, Zhang YL (1988) Studies on the spore morphology of *Hypodematium* in China. Proceedings of the International Symposium on Systematic Pteridology: 269–272.

Liu JX, Li YX (1999) Study on the spore morphology of *Cystopteris* Bernh from Beijing. In: Shing K-H (Ed.) Ching Memorial Volume. China Forestry Publishing House, 328–330.

Shing KS, Chiu PS, Yao GH (1999) *Hypodematiaceae*. In: Shing KS (Ed.) Flora Reipublicae Popularis Sinicae, Vol. 4(1). Science Press, 151–191.

Thiers B (2016) Index Herbariorum: A global directory of public herbaria and associated staff. New York Botanical Garden's Virtual Herbarium. http://sweetgum.nybg.org/ih/

Wen J, Nowicke JW (1999) Pollen ultrastructure of *Panax* (the ginseng genus, Araliaceae), an eastern Asian and eastern North American disjunct genus. American Journal of Botany 86: 1624–1636. https://doi.org/10.2307/2656799

Wang FG, Liu DM, Xing FW (2010) Two new species of *Hypodematium* (Hypodematiaceae) from limestone areas in Guangdong, China. Botanical Studies 51(1): 99–106.

Zhou FQ, Gao CF, Zhang ZR, Li JX (1999) Studies on the morphology and anatomy of Hypodematiaceae from Shandong and its taxonomic significance. In: Shing K-H (Ed.) Ching Memorial Volume. China Forestry Publishing House, 357–369.

Zhang GM, Iwatsuki K (2013) *Hypodematium* Kunze. Flora of China, Vol. 2-3. Science Press, Beijing & Missouri Botanical Garden Press, St. Louis, 535–539.

主编工作彩照

致谢

中国科学院植物研究所、中国蕨协会长张宪春研究员，哈尔滨师范大学、中国蕨协副会长刘保东教授，美国密苏里植物园、中科院成都生物所张丽兵教授，为本书撰写给予关注；中科院昆明植物研究所左政裕博士来山东蒙山和崂山考察，为本书提供了崂山鳞毛蕨等生境彩照；曲阜师范大学侯元同教授提供水蕨孢子材料和冷蕨生境彩照；山东农业大学臧德奎教授提供河北峨眉蕨生境彩照；山东中医药大学徐凌川教授提供膀胱蕨孢子材料、青岛农业大学初庆刚教授提供全缘贯众生境照片一幅。对以上诸位的关注和支持，在此一并致谢！

编者

2021年3月于济南

拉丁学名索引

A

B

C

D

E

G

H

L

M

N

O

P

S

T

W

中文名索引

（按汉语拼音排序）

J

K

L

M

N

O

P

Q

S

T

W

X

Y

Z

中文名索引

（按笔画排序）

一画

二画

三画

四画

五画

六画

七画

八画

九画

十画

十一画

十二画

十三画

十四画

十五画

十六画

十八画

二十画